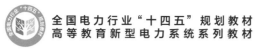
全国电力行业"十四五"规划教材
高等教育新型电力系统系列教材

U0171387

中国电力教育协会高校电气类专业精品教材

电力系统自动化

Power System Automation

第二版

主编　李岩松

编写　齐　郑　刘　君　刘其辉　王　彤

主审　张建华　吴文传

中国电力出版社
CHINA ELECTRIC POWER PRESS

内 容 提 要

本书为全国电力行业"十四五"规划教材。

全书共分十章，主要内容包括同步发电机的自动准同期、同步发电机励磁自动控制系统及特性分析、电力系统频率及有功功率的自动调节与控制、变电站自动化、配电网自动化、电力系统调度自动化、智能变电站与智能电网、电力系统仿真与实验。本次修订增加了150多个知识点讲解微课和实验微课，并添加了课后习题，便于教学和自学。

本书主要作为普通高等院校电气类专业及相关专业的本科教材，也可作为函授教育、高职高专教育的教材，还可供相关工程技术人员参考。

图书在版编目（CIP）数据

电力系统自动化/李岩松主编 . —2 版 . —北京：中国电力出版社，2023.7
ISBN 978 - 7 - 5198 - 7002 - 7

Ⅰ.①电… Ⅱ.①李… Ⅲ.①电力系统—自动化 Ⅳ.①TM76

中国国家版本馆 CIP 数据核字（2023）第 031400 号

出版发行：中国电力出版社
地 址：北京市东城区北京站西街 19 号（邮政编码 100005）
网 址：http://www.cepp.sgcc.com.cn
责任编辑：雷锦（010 - 63412530）
责任校对：黄 蓓 朱丽芳
装帧设计：郝晓燕
责任印制：吴 迪

印 刷：北京九天鸿程印刷有限责任公司
版 次：2014 年 4 月第一版 2023 年 7 月第二版
印 次：2023 年 7 月北京第十四次印刷
开 本：787 毫米×1092 毫米 16 开本
印 张：19.25
字 数：463 千字
定 价：59.00 元

前　言

2017 年国家提出的"新工科"战略要求加强对学生工程能力的培养力度。为此，华北电力大学电力系统自动化教学团队充分利用现代信息技术开发了丰富的教学资源，建立起"课堂教学＋MOOC/SPOC＋物理仿真＋虚拟仿真＋立体教材＋实践课＋大数据评估＋创新实验平台"的全景式协同教学模式，涵盖教学、实验、课程设计和实习等多个教学环节，实现了以学生为中心的"教、学、评、管"一体化教学。

本教材被北京市教育委员会评为"北京高等学校优质本科教材课件（重点）"；与本教材配套的"电力系统自动化"课程被北京市教育委员会评为"北京高等学校优质本科课程（重点）"；与本教材配套的"电力系统自动化 MOOC"被评为国家级本科线上一流课程。该课程（http：//www.icourse163.org/course/NCEPU - 1205936803）已经在爱课程（中国大学 MOOC）运行多年，可以方便地提供不受时空限制的自主学习、在线提问和讨论。配合教材第十章的"发电机组并网及电力系统功率调节虚拟仿真实验"，将实体及虚拟仿真线上线下深度融合，有助于工程能力的培养。

立体化教材《电力系统自动化（第二版）》，是在《电力系统自动化》的基础上增加了150 多个短视频，将抽象的专业知识和视频中形象生动的讲解有机结合，可以增强学生的学习兴趣和对专业知识的理解；在每章后增加了思考题，便于学生课后巩固知识；增加了第十章"电力系统仿真与实验"，从物理仿真、数字仿真和虚拟仿真等多维度讲述电力系统仿真技术与实验，并通过短视频讲解"电力系统综合实验"，手把手指导实验操作过程。

本书由华北电力大学李岩松、齐郑、刘君、刘其辉、王彤编写。全书共 10 章。其中第二、四、九章由李岩松执笔；第一、五、七章由刘君执笔；第三、六、八章由齐郑执笔，第十章由刘其辉执笔，每章的思考题由王彤执笔，全书的短视频由李岩松和刘君拍摄制作完成。全书由李岩松主编并统稿。

在本书的再版编写过程中，得到了各方面的大力支持和帮助。中国电力科学研究院电力系统研究所提供了 PSASP 软件和说明书，参阅了"参考文献"所列文献，以及国内有关制造厂、研究院、设计院、高等院校编写的说明书、图纸和运行规程等技术资料，以及中国电力科学研究院电力系统研究所提供的 PSASP 软件和说明书。在此，一并表示诚挚谢意！

由于时间和水平所限，书中难免存在疏漏、缺点和错误之处，恳请广大读者批评指正，提出宝贵的意见。

编者

2023 年 4 月

第一版前言

当前，电力系统自动化已成为电气工程专业的主干课程。本书所涉及的教学内容涵盖了从自动装置到自动化系统，从调度自动化、变电站自动化、配电自动化到智能变电站，力求将电气工程专业的其他基础课程在本课程中进行综合和发展。在编写过程中，重点强调基本概念和基本原理，结合现场实际应用情况讲述自动化装置和自动化系统的结构和应用。

本书既重视讲解电力系统自动化的传统知识，包括准同期并列、发电机自动励磁系统、发电机调速系统及有功调节等，还跟踪电力系统最新科研应用成果，包括智能电网和智能变电站、D-5000调度自动化系统、小电流单相接地故障选线技术、配电网故障定位方法等，使学生不仅对经典知识有全面的了解，而且对最新科学知识建立起初步的认识，便于在未来的工作中可以更好地学以致用。

本书由华北电力大学李岩松、齐郑和刘君编写，由李岩松任主编并统稿。全书共九章。其中第二、四、九章由李岩松编写；第一、五、七章由刘君编写；第三、六、八章由齐郑编写。全书承华北电力大学张建华教授、清华大学吴文传教授审阅，并对本书的编写提出许多宝贵的意见，在此表示衷心的感谢。

在本书的编写过程中，得到了各方面的大力支持和帮助。研究生季遥遥、孟璐、曹丽欣、王小虎、杜儒剑、张景明、欧阳进、严宇恒、石云飞、饶志帮助做了大量的录入和校对等工作。在本书的编写过程中，参阅了"参考文献"所列文献，以及国内有关制造厂、研究院、设计院编写的说明书、图纸和运行规程等技术资料。本书的编写还得到了国家自然科学基金项目（51277066）和北京市共建项目专项资助。在此，一并表示诚挚谢意！

时间和水平所限，书中难免存在疏漏和不足之处，恳请广大读者批评指正，提出宝贵的意见。

编　者
2013 年 12 月

目　录

电力系统自动化
综合资源

第一章 概 述

从 1882 年至今，电力系统已经发展有百余年历史了，电力系统在国民经济中的作用越来越大，已经成为社会发展的基础设施；系统规模越来越大，由最初的区域供电网发展成为全国联网和国家间联网，最终可能会实现洲际联网；新技术和新装备也越来越多地应用于电力系统中，使得电力系统的自动化和智能化水平得到了极大的提高。然而，电力系统出现大规模停电事故也呈现了上升趋势，停电事故造成的社会影响和经济损失也越来越大，为此，人们清醒地认识到，必须对电力系统的客观物理规律进行深入的研究，面对各种可能的状况采取有针对性的措施，建立完善的电力系统自动化系统，保证电力系统全天候健康地运行。

根据电力系统正常运行和故障及其影响，可以按照故障后时间将电力系统分为：电磁暂态、暂态稳定、小扰动稳定、长期稳定和系统稳态运行等过程，如图 1-1 所示。针对上述不同过程，电力系统建模和研究方法也有很大的不同，考虑的侧重点也各不同。面向这些过程所采取的自动化手段也不尽相同。

微课：电力系统发展历程及面临的问题

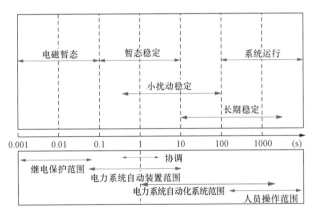

图 1-1 电力系统过程

我们知道，电力系统自动化的目的就是为电力系统安全、可靠和经济地运行而服务的。从装备上看，电力系统主要包括电力系统自动装置和电力系统自动化系统，这两类装备是针对电力系统不同的故障动态行为而应用。从图 1-1 可以看出，电力系统电磁暂态过程主要研究故障后的 100ms 以内的电力系统行为，对应的系统装备就是继电保护。电力系统暂态稳定过程主要研究故障后的 10s 以内的电力系统行为，对应的系统装备主要是电力系统自动装置和电力系统自动化系统。面对电力系统小扰动稳定和长期稳定问题，可以通过电力系统自动化系统加以控制。电力系统故障后 10min 以上的电力系统调度工作是调度人员通过调度电力系统自动化系统而完成的。从这里可以看出，电力系统自动化实际上涵盖了除继电保护以外的各类电力系统自动装备。本书的主要内容包括了电力系统自动装置和电力系统自动化系统，从准同期并列、发电机自动励磁、发电机调速系统、低频

微课：电力系统故障响应机制及运行过程

1

减载，到调度自动化、变电站自动化、配电自动化和智能变电站等，力求通过学习对电力系统自动化的知识体系有一个完整认识，在将来的实际工作中可以学以致用。

根据教学大纲的要求，本书的主要内容共分为十章。

第二章主要讲述电力系统自动装置和系统的硬件和软件基础知识。结合本科电子技术等其他基础课程，讲述了电力系统自动装置和系统的设计方法；结合计算机技术和典型应用，讲述了电力系统自动装置和系统的硬件结构和电路；结合信号与系统课程，讲述了电力系统自动装置和系统的软件算法。这章的软硬件知识可以应用于各种自动装置和系统中。

第三章主要讲述了同步发电机的自动准同期并列。介绍了同期并列的基本概念，讲述了准同期的基本原理和整定方法，分析了微机准同期的结构和实现方法，讲述了电网间的同期装置和方法。

第四章主要讲述发电机自动励磁系统。介绍了发电机自动励磁系统在电力系统中的主要作用；从励磁系统的发展过程讲述了励磁系统的分类和结构；从电力系统应用的角度分析了发电机自动励磁系统的调节特性；结合第二章的电力系统自动装置的软硬件知识，讲述了励磁调节器的结构与算法；应用自动控制理论课程知识，详细分析了自动励磁系统的动态特性及其稳定性；结合电力系统分析课程，分析了含励磁的电力系统动态过程和低频振荡，讲述了电力系统稳定器的作用与实现。

第五章主要讲述了电力系统频率及有功功率的调节和控制。分析了电力系统频率特性；讲述应用广泛的电气—液压调速系统的结构及其调节特性；分析了电力系统的调频方法和自动发电控制；结合电力系统标准，讲述了低频减载原理和整定方法，最后给出了低频减载的整定实例。

第六章主要讲述了变电站综合自动化。分析了变电站综合自动化系统的概念、功能和结构形式；讲述了变电站综合自动化系统中的电压和无功综合控制系统、备用电源自动投入装置、故障录波装置、自动调谐消弧线圈控制装置和小电流接地故障选线装置等，最后讲述了变电站综合自动化设计实例。

第七章主要讲述了电力系统调度自动化。分析了调度自动化的作用和电力系统各级调度的主要分工；讲述了最新的调度自动化系统 D-5000；结合应用实例，讲述了电力系统网络拓扑分析的方法和实现；从数学的角度推导了状态估计的基本方法，结合实例给出了电力系统状态估计方法；讲述了电力系统静态安全分析。

第八章主要讲述了配电网自动化系统与远程抄表计费系统。介绍了配电网自动化系统的组成和通信方式；讲述了配电网故障定位及隔离技术；分析了配电网自动化系统实例；讲述了远程自动抄表计费系统和负荷控制。

第九章主要讲述了智能电网和智能变电站。讲述了智能电网的架构和作用；结合电力系统行业标准，介绍了国内现有的智能变电站的结构；讲述了智能变电站的核心—IEC 61850 标准；讲述了现有电子式互感器的原理和结构，介绍了智能断路器和智能变压器。

第十章主要讲述了电力系统仿真及实验。讲述了电力系统数字和物理仿真的基本原理；介绍了电力系统电磁暂态仿真、机电暂态仿真以及实时数字仿真的建模工具及仿真算例；讲述了电力系统自动化试验平台及其系列实验；讲述了电力系统虚拟仿真及实验。

本书在讲述中注重与其他课程的衔接，通过学习力求使所涉及的基础知识在本书中可以融会贯通，为将来的工作打好基础。

第二章 电力系统自动装置和系统的软硬件原理

第一节 电力系统自动装置和系统的设计方法及电磁兼容

随着电力系统自动化的快速发展，先进的电子和计算机技术大量应用于电力系统自动化系统中。无论是自动准同期装置、励磁自动控制系统和同步发电机电气液压调速系统，还是变电站综合自动化、配电自动化和智能变电站都是基于先进、成熟的电子系统来实现相应的电力系统自动化功能的。因此，掌握电力系统自动装置和系统的设计、开发和实现方法是很有必要的。

一、电力系统自动装置和系统的设计方法

设计一个电力系统自动装置和系统，首先必须要明确系统的设计任务和要求，并以此为基础进行系统方案的比较和选择，然后对方案中的各部分进行单元电路的设计、参数计算和元器件的选择，再利用 EDA 技术对所设计的单元电路进行仿真，最后将各单元电路进行连接，绘制出一个符合设计要求的系统电路图，最后进行系统整体组装和调试。

1. 明确系统的设计任务和要求

要对电力系统自动装置和系统的设计任务以及该系统的工作环境进行深入具体的分析，充分了解系统的性能、指标、内容及技术要求，对于系统的关键技术指标一定要量化，明确系统必须完成的任务和设计过程中必须注意的问题，最后要将各项设计内容和技术要求落实到设计文档中。

2. 方案的比较和选择

在充分了解系统工作任务和环境的基础上，进行任务分解，把系统要完成的任务分配给若干个单元电路，绘制出能表示出各单元的系统原理框图。必须指出，实现同一任务的方案并不是唯一的，可以进行多个方案的设计比较。方案选择的重要任务是基于所掌握的知识、资料和经验，针对系统的任务、要求和条件完成系统的功能设计，争取使设计的方案达到设计合理、可靠、功能齐全、技术先进和性价比高的效果。在对系统方案不断进行可行性和优缺点分析的基础上，最终确定系统方案，设计出完整的系统框图。

3. 单元电路的设计、参数计算和元器件选择

根据系统指标和框图，进行单元电路设计、参数计算和元器件选择。

（1）单元电路的设计。必须明确本单元电路的任务，详细拟订出单元电路的性能指标，与前后级电路的关系，分析电路的实现形式。具体设计时，可以参考成熟的先进电

路，也可在其基础上进行改进和创新，但前提是必须保证满足单元电路性能和指标的要求。在这个过程中，仅考虑单元电路本身的合理性是不够的，必须考虑与相邻电路之间的配合，注意各部分的输入信号、输出信号和控制信号之间的关系。

（2）电路参数计算。为了保证单元电路到达功能指标要求，需要应用电子技术知识对参数进行计算，如放大电路的增益、滤波器中各元件参数、振荡器中各元件数值和频率等。只要很好地理解和掌握电路的工作原理，正确地应用计算方法，计算参数才能满足要求。需要指出的是，参数计算时，同一个电路可能会有多组数据，这时要注意选择一套既能满足电路要求，又能在实际中可行和易于实现的参数。

微课：电路
元器件的选择

（3）元器件的选择。在所设计电路中，最常见的元器件就是电阻和电容。电阻和电容的种类非常多，电阻有碳膜、金属膜、线绕型以及半导体型等类型，电容有云母、陶瓷、聚酯薄膜、聚苯乙烯、聚四氟乙烯、聚丙烯、钽电容、电解质电容等类型，正确选择电阻和电容对于实现电路功能至关重要。不同的电路对电阻、电容的要求也不尽相同。如滤波电路中常用大容量电解电容，为了滤除高频信号，通常还需要并联小容量的陶瓷电容。在精密仪器中通常采用漏电很小的钽电容。要根据电路要求选择性能和参数都合适的电阻、电容，并注意精度、功耗、容量、频率和耐压范围满足电路要求。此外电路中可能还有半导体分立元件，如二极管、三极管、场效应管、光电二极管、光电三极管、晶闸管等，要根据具体用途进行选择。如选择三极管时，要注意选择 PNP 管还是 NPN 管，是高频管还是低频管，是大功率管还是小功率管等。在所设计电路中通常会用到集成电路，集成电路分为模拟集成电路和数字集成电路。器件的型号、功能、电特性都可从厂家官方网站上下载的相关手册中查得。选择集成电路不仅要在功能和特性上实现设计方案，而且要满足功耗、电压、速度、价格等多方面的要求。

4. 电路仿真

利用 EDA 软件对所设计的系统进行仿真分析，不但能克服实验室在元器件品种、数量和规格上的限制，还能避免原材料的消耗和使用中仪器损坏等不利因素，因此，电路仿真已经成为系统设计的必要方法和手段。运用 EDA 软件对设计的单元电路进行实物模拟和调试，以分析检查所设计的电路是否达到设计要求的技术指标，如果检查结果不理想，可通过改变电路参数甚至电路结构，使整个单元电路的性能达到最佳。通过对单元电路的连接，可以对系统进行仿真，直至得到一个最佳方案。常见的电路仿真软件有 EWB、Protel、Orcad、PSPICE、Multisim 等。

5. 电路原理图和线路板图的绘制

系统的电路原理图和线路板图是最重要的设计文件，要求设计文件完全实现前面所进行的设计内容，主要在计算机电路设计软件中进行。目前应用比较广泛的电路绘制软件有 Protel、Cadence、Altium Designer6 等。

在设计电路原理图时，要求布局合理、排列均匀、图面清晰、有利于原理图的理解，可以按照电路单元功能进行分页绘制。要注意信号的流向，一般是从输入端或者信号源画起，按照信号从左到右、从上到下的方向依次绘制电路。图形符号要标准，在图中适当添加标注。注意运行 ERC（电气规则检查）对设计的原理图进行检查，以防止各种物理或逻辑冲突。

在设计好原理图后可以在同一软件（也可以在不同软件）中进行线路板图的设计，这样可以实现原理图到线路板的完全导入。在设计电路板图时，要注意各种连接线的线宽和线距等。如信号线的线宽与电源线的线宽不一样，总线间的线距与输入 I/O 的线距不一样等。元器件的摆放既要考虑连接线绘制的方便，也要考虑电磁兼容等问题。在设计过程中可以使用软件中具有的优化功能，注意运行 DRC（设计规则检查）进行设计错误的检查。

微课：系统
组装和调试

6. 系统的组装和调试

一个性能优良、可靠性高的系统，除了先进合理的设计，高质量的组装和调试也是非常关键的环节。组装主要包括电路板的焊接技术和系统组装技术。组装系统要求高度认真和细心，任何马虎都会给后续的调试工作留下后患，甚至会危及整个系统的性能指标。通常调试方法有边组装边调试的方法和整个系统总体调试的方法两种。常用的调试步骤有：①通电前检查，主要检查电路各部分接线是否正确，电源、地线和信号线之间是否短路等；②通电检查，确认电源是否符合要求，接通电源后各部分器件是否有异常，包括有无冒烟、异味等；③分模块调试，按照模块的性能指标，运行各种仪器和仪表测试电路的性能和观察波形等；④系统联调，观察各模块连接后的信号关系，检查系统的性能参数，分析测量数据和波形是否符合设计要求等。

二、电力系统自动装置和系统的电磁兼容技术

我们所设计的电力系统自动装置和系统最终是要应用于变电站、发电厂等现场实际环境中。这些应用场所的电磁环境非常恶劣，因此，要求电力系统自动装置和系统具有电磁兼容（EMC）能力；也就是这些自动装置和系统既不受周围电磁环境的影响，又不给环境以这种影响，它们不会因为电磁环境导致性能变差或者产生误动作，可以完全可以按照原设计可靠地工作。我国电力系统强制规定：安装在变电站的继电保护装置和自动装置等必须满足快速瞬变干扰试验、脉冲群干扰试验、静电放电试验和辐射电磁场骚扰试验等多项电磁兼容检测。可见，电磁兼容技术对于自动装置和系统的可靠性是至关重要的。

在研究电磁干扰时，要分析形成干扰的三个要素。所有形成的电磁干扰都是由这三个基本要素组合而产生的。它们是电磁干扰源、对该干扰能量敏感的接收器和将电磁干扰源传输到接收器的媒介即传输通道。相应的抑制措施也是由这三个要素着手解决。

自动装置和系统常见的干扰是电源干扰、电磁场干扰和通道干扰。需要指出的是，对于自动装置和系统而言，电磁干扰源不仅仅是来自装置外部，在装置内部的电子系统也存在相互影响的电磁干扰源。

电磁兼容的解决措施一般用在传输通道的末端或中间，用以消除或减弱干扰源的辐射或系统对干扰噪声的灵敏度。抑制措施加在电磁干扰源、接收器还是传输通道上，主要取决于技术上的限制和成本。

1. 在电磁干扰源处采取措施

考虑到一个单独的电磁干扰源可能会影响多台邻近的许多电子设备或系统，通常会把抑制电磁干扰源的设备或措施加到电磁干扰源或者靠近电磁干扰源的位置，这种方法对于固定或可控的电磁干扰源是很有效的。一般是首先找到电磁干扰源，然后分析电磁干扰源

的特性以及采取相应的抑制措施。

寻找电磁干扰源的基本原则之一就是，电流和电压发生突变的位置通常就是电磁干扰源。一般而言，电流变化大或者大电流工作场合，就是产生电感性耦合噪声的主要根源；电压变化大或者大电压工作场合就是电容性耦合噪声的主要根源；公共阻抗耦合噪声也是由于变化剧烈的电流在公共阻抗上所产生的压降所造成的。这里所说的大电流和大电压是指相对于电子系统工作环境而言相对比较大的。

在自动装置中会大量应用大规模数字集成电路，这种器件的工作电流变化很大，很容易形成噪声电流。例如，HYM71V16635HCT8P 动态 RAM 工作时会产生 120mA 的冲击电流，如果 16 片这样的芯片一起工作时冲击电流就可能会达到 1.92A，而这个冲击电流的变化是 20ns，这种电流突变是很陡峭的。对于这种电流变化，稳压电源是很难稳定跟踪调节的。对于这类噪声电流，可以在集成电路附近加上旁路电容进行抑制。通常，在每一片集成电路的电源处并联一个 0.10uF 的陶瓷电容，在电路板的电源处并联一个 100uF 电解电容和一个 0.05uF 陶瓷电容。

2. 在接收器上采取措施

接收器所接受到的噪声大致有导线传导的耦合噪声、经公共阻抗的耦合噪声和电磁场的耦合噪声。通常可以采取切断噪声通道或者削弱噪声的方法，以达到抑制噪声的目的。

（1）抑制由导线传导的噪声，最常用的方法就是串接滤波器。滤波器有 RC 或 LC 无源滤波器和基于运算放大器的有源滤波器，滤波器类型有巴特沃斯型、契比雪夫型和贝塞尔型，可以根据具体电路要求设计不同的滤波器。设计滤波器时首先要明确滤波器的技术指标，如截止频率、通频频宽等，之后参考相关的设计公式和计算曲线进行设计和计算，设计完成后可以在 EDA 软件上进行仿真，以检验是否符合设计要求。

（2）抑制经公共阻抗的耦合噪声的方法主要有采取一点接地，和尽可能降低公共阻抗两种。一点接地方法是把各回路的接地线集中到一点接地，这样既保证系统有统一的地电位，又避免地线形成公共阻抗。降低公共阻抗的方法是在设计印刷电路板时将地线尽可能地做短做粗，必要时可用大面积的铜箔作为地线来降低阻抗。

（3）抑制电容性耦合噪声的最基本方法就是减少与噪声源之间的分布电容。电容性耦合噪声是由于电力线的作用，从一个方向向另一个方向传送静电变化而形成的。通常采用静电屏蔽的方法，可以采用屏蔽罩、屏蔽板或者屏蔽线等手段。

（4）抑制电感性耦合噪声的方法就是采用电磁屏蔽。电感性耦合噪声是两根导线通过磁力线耦合而形成的。电磁屏蔽主要是利用低阻抗的金属屏蔽材料内流过的电流来防止频率较高的磁通干扰。它与静电屏蔽的区别在于电磁屏蔽必须没有缝隙地包围受屏蔽体，而静电屏蔽则没有这么严格，所用的金属材料只要求导电性能好。

3. 在传输通道上采取措施

电压或电流的变化通过导体传输时有两种形态，即"差模"和"共模"。设备的电源线、信号线等通信线、与其他设备或外围设备相互交换的通信线路等，至少有两根导体，这两根导体作为信号传输的往返线路。但是在这两根导线之外通常还有"第三导体"，这就是"地线"。干扰电压或电流分为两种：一种是在两根导体之间往返传输，这就是"差模"电压或电流；另一种是两根导体作为去路，地线作为返回路传输，这就是"共模"电压或电流。在电子信号的长线传输过程中，由于发送端和接收端之间存在接地的电位差，所以会产生差模干扰噪声。为了保证信号传输的可靠性，采用绝缘隔离的传输方式，常见的方法有变压器耦合隔离和光电耦合隔离等措施。这些方法的优点是能够抑制尖峰脉冲及其各种噪声的干扰，具有很强的抗干扰能力。

第二节　电力系统自动装置和系统的硬件原理

电力系统自动装置和系统的应用对象各有不同，不过，从硬件结构上基本上大同小异，所不同的是面向应用对象的软件及硬件结构的规模与性能不同，不同的应用对象采用不同的控制软件来实现，不同的使用场合可以选择不同的硬件规模和性能。电力系统自动装置和系统的典型的硬件结构如图 2-1 所示，主要包括模拟量输入/输出回路、微机系统、开关量输入/输出回路、人机对话接口回路、通信接口回路和电源等。

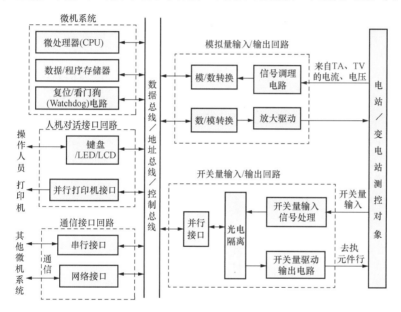

微课：电力系统自动装置和系统硬件架构

图 2-1　电力系统自动装置和系统的典型的硬件结构图

一、微机系统

电力系统自动装置和系统的硬件系统是基于数字核心部分而构成的。目前电力自动化装置市场上呈现多种多样的微机系统，但它们具有一定的共性，一般由微处理器（CPU）、存储器、定时器/计数器、Watchdog 等组成。微处理器就是集成在一片大规模集成电路上的运算器和控制器。从功能上讲，微处理器是微型机的核心部件，但它本身不能当计算机使用。用微处理器作 CPU 的计算机就是微型机，当然它还需配备一定容量的存储器、输入/输出设备的接口电路及系统总线，才能组成一台计算机。把 CPU、存储器和某些 I/O 接口电路集成在一块大规模集成芯片上的微型机称为单片微型机，简称单片机。在电力系统自动化系统的发展过程中，不断有各种装置推向市场，按数字核心部分来分有三种类型：以单片机为核心、DSP 为核心和以工业控制机（简称工控机）为核心。

1. 基于单片机的微机系统

单片机自身集成有 CPU、随机存储器、只读存储器、定时器/计数器、I/O 接口等主要部件，因此可以认为单片机是一台完整的微型计算机，通过执行指令完成一些具体的功能。

以 8051 为代表的 MCS-51 系列单片机最早由 Intel 公司推出，其后多家公司购买了 8051 内核，使得以 8051 为内核的 MCS 系列单片机在世界产量最大，应用也最广泛。Atmel 公司的 AT89 系列单片机是在 8051 单片机的基础上内置 Flash 存储器，用户可以随时编程和修改，设计更加容易和方便升级。关于 8051 单片机的有关内容已经有专门的课程进行讲述，这里就不再重复。除了 MCS-51 单片机以外，还有其他类型的单片机可以应用于不同场合。

TI 公司 MSP430 系列单片机是一种超低功耗的 16 位单片机，内置有 A/D 转换器、串行通信接口、硬件乘法器、LCD 驱动电路，具有很高的抗干扰能力，比较适合智能仪表、便携式设备等方面的应用。

Motorola 是世界上著名的单片机厂家，其典型的代表产品有 8 位单片机 M6805、M68HC05 系列，8 位增强单片机型 M68HC11、M68HC12，16 位单片机 M68HC16，32 位单片机 M683XX。Motorola 单片机的特点之一就是在同样计算速度下所使用的时钟频率较其他单片机要低，因而具有高频噪声低和抗干扰能力强的特点，适合于环境比较恶劣的工业控制领域。

Micro Chip 单片机的主要产品有 PIC16C 和 PIC17C 系列的 8 位单片机，该单片机采用 RISC 结构，指令简单，采用 Harvard 双总线结构，运算速度快，工作电压低，功耗低，具有较大的输入/输出直接驱动能力，体积小，比较适合于用量大、档次低、价格敏感的产品。此外，还有一些单片机，例如 EPSON 的 SMC62、SMC63、SMC60 和 SMC88 等系列单片机，华邦 W77、W78 系列单片机，东芝单片机等。

2. 基于 DSP 的微机系统

计算机的总线结构可以分为两种，其中一种是冯·诺依曼结构。这种结构的特点是程序和数据共用一个存储空间，统一编址，依靠指令计数器提供的地址来区分是指令数据还是地址，如图 2-2 所示。由于对数据和程序进行分时读写，执行速度慢，数据吞吐量低。不过，半导体工艺的飞速发展克服了这一缺陷；同时，由于这一结构使计算机结构得到简化，已经成为计算机发展的一个标准，以 MCS-51 单片机为代表的单片机就是这种计算机结构。然而，这种结构并不适用于高度实时要求的数字信号处理。尤其是电力系统越来越要求自动装置和系统具有快速实时处理能力，单片机显然不能担任实现这种要求的主处理器，这就需要 DSP 处理器。

DSP 处理器在计算机总线上采用另一种结构——哈佛结构。与冯·诺依曼结构相比，其主要特点是程序和数据具有独立的存储空间，有着各自独立的程序总线和数据总线，如图 2-3 所示。显然这使得计算机结构变得复杂，但由于可以同时对数据和程序进行寻址，大大提高了数据处理能力，非常适合于实时信号处理。

DSP 主要特点可以概括为以下八项。

（1）哈佛结构和改进哈佛结构。DSP 从哈佛结构发展到改进哈佛结构，它提供四条总线的能力，即在一个指令周期中，DSP 可以取下一条指令，完成两个数据的传输，并把数据移入或移出内部存储器，而这些均不占用 CPU 计算时间，且在一个指令周期内完成，

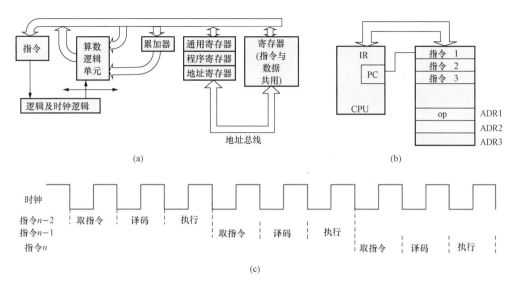

图 2-2　冯·诺依曼结构

（a）采用冯·诺依曼结构的处理器；（b）从存储器取指令的过程；（c）指令流的定时关系

减少了访问冲突，从而获得高速运算能力。

（2）流水线技术。取指令操作和执行指令操作重叠进行。一般 DSP 都具有二到三级流水线以及相对快速的中断时间。

（3）硬件支持的运算指令。DSP 直接支持硬件乘法器，使得乘除法等运算指令在单指令周期内完成。这有利于完成大负荷的复杂数学运算。通常 DSP 的指令周期从几纳秒到几十纳秒不等。

（4）支持灵活的寻址方式。DSP 支持如循环寻址、位翻转寻址等适合数字信号处理算法的特殊寻址方式。采用这些寻址方式可大大简化数字信号处理算法的实现，加快运算速度。

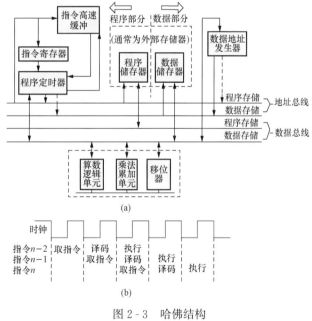

图 2-3　哈佛结构

（a）采用哈佛结构的 DSP 处理器；（b）指令流的定时关系

（5）特殊的 DSP 指令。在 DSP 器件中，通常有些针对数字信号处理算法的特殊指令，例如：在单指令周期中完成加载寄存器、移动数据同时进行累加操作。

（6）针对寄存器文件和累加器的优化。与前面提到的普通微控制器不同，DSP 是使用多种专用寄存器文件，为高速运算提供优化。许多 DSP 还提供很大的累加器，并可对数据溢出等异常情况进行处理。

（7）拥有简便的内存接口。很多 DSP 为了避免使用大型缓冲器以及复杂的内存接口，以尽可能简化电路设计，减少内存访问。许多 DSP 还有较大的片上内存和片内快闪存储器，进一步加快存储器访问速度，减少外围电路的复杂程度。

（8）可灵活构成并行处理系统。并行处理是计算机技术发展的一个重要方向，现在许多 DSP 都提供了用于直接进行并行处理器连接的端口。还有一些 DSP 处理器提供了高速并行处理所需的独立总线的支持，使其非常容易构成多 DSP 并行处理系统。

由于 DSP 具有先进的内核结构、高速运算能力以及与实时信号处理相适应的寻址方式等许多方面的优良特性，使许多过去由于微处理器性能等因素而无法实现的电力系统应用算法可以通过 DSP 来轻松完成。目前国际著名的 DSP 厂家及其典型 DSP 有：美国德州仪器公司 TI（Texas Instruments）的 TMS320 系列 DSP 芯片，包括 TMS320 C2000、TMS320 C3000、TMS320 C5000、TMS320 C6000，视频 PSD 芯片 DM642、DM6437、DM6467，双核处理器 OMAP3530 等；ADI 公司的定点 DSP 有 ADSP2101/2103/2105、ADSP2111/2115、ADSP2126/ 2162/2164 以及 Blackfin 系列，浮点 DSP 有 ADSP21000/21020、ADSP21060/21062 系列等；Freescale 公司的 DSP 芯片有 MC56001、MC96002、DSP53611、DSP56800、DSP563XX 和 MSC8101 等；Motorola 公司的 DSP 芯片有 MC56001、MC96002 和 MC56002 等。

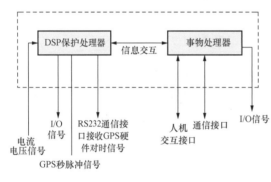

图 2-4 DSP 典型应用结构

国内很早就开始研究将 DSP 应用到继电保护中去，已有不少微机装置的生产厂家相继推出以 DSP 为核心所构成的微机保护和自动装置，其典型结构如图 2-4 所示。

在这种结构中，DSP 主要承担实时数据的采集以及实现装置功能，而将人机接口、网络通信、历史数据追忆等功能均交给监控管理 CPU 如单片机来完成。这样，将装置功能和其他扩展功能分离，一方面可以使 DSP 更专注于完成装置算法，降低软件设计的复杂程度以减少不必要的失误。另一方面，扩展功能可由更擅长于网络通信、人机接口等功能的单片机等来完成，做到各施所长。

3. 基于工控机的微机系统

工控机是具有一个国际通用标准总线并能构成集散控制系统（DCS）的工业控制微机。在这种工控机的插槽里可以插入适合自己总线（如 ISA、PCI 等总线）系统的 CPU、存储器、I/O、通信及电源模板等。因此它本身就可以构成一个测控单元，同时具有开放式扩展功能，能与其他工控机、主机等构成一个集散控制系统。

工控机与普通的微机很类似，工控机为了适应工业测控要求，取消了微机中的大主板，改成通用的底板总线插槽系统，将大主板分为几块插件，如 CPU、存储器等插板，改换工业用电源，密封机箱，加上内部正压送风，配上相应的工业用软件，并在可靠性、抗干扰能力及模板设计等方面采取相应措施，如机箱采用全金属结构，如图 2-5 所示。

工控机具有如下六个主要优点。

（1）具有丰富的过程输入/输出功能。工控机必须具有与工业监控系统紧密结合的，面向控制应用且有与各种生产工艺过程相匹配的组成部分，才能完成各种设备和工艺装置的监控任务。因此除了计算机的基本部分如存储器外还必须有丰富的过程输入/输出功能的插板（或称接口板）。对于工控机而言，总线不在于理论上有多先进，而在于为这种总线研制的各种输入/输出功能模板的数量和种类的丰富程度。

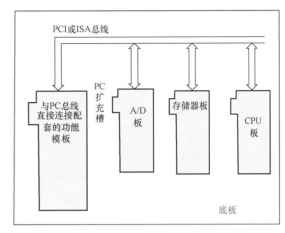

图 2-5 PCI 和 ISA 总线工控机的示意

（2）实时性。工控机应具有时间驱动和事件驱动的能力，要能对生产过程工况变化实时地进行监控，当过程参数出现偏差甚至故障时能迅速响应、判断，并及时处理。为此，需配有实时操作系统、过程中断系统等，否则工控机就无法很好地执行工业控制任务。

（3）高可靠性。一般工业监控机是连续不停地工作，因此要求工控机可靠性尽可能地高，故障率低，即平均无故障工作时间（MTBF）不应低于数千至上万小时；短的故障修复时间（MTTR）运行效率高，一年时间内运行时间所占比率为 99% 以上。

（4）环境适应性。工控机必须适应恶劣的工业环境，如适应高温、高湿、腐蚀、振动冲击、灰尘等环境。要求工控机有极高的电磁兼容性、高抗干扰能力和共模抑制能力。

（5）丰富的应用软件。目前工控机软件正向模块化、组态化发展，而这就要求正确建立反映生产过程规律的数学模型，建立模型和标准控制算法。

（6）技术综合性。工控机原本就是一个系统工程问题，除了计算机的基本部分外，需要解决如何与被测控对象建立接口关系，如何适应复杂的工业环境及如何与工艺过程结合等一系列问题。这里涉及专业多，例如过程知识、测量技术、计算机技术、通信技术和自动控制技术等，因此工控机综合性强。

由于工控机内部采用标准结构，内部各功能模块一般采用如 STD、VME 以及 CompactPCI 等国际标准总线来连接。这种结构的优点在于产品的开发周期短，通用性和互换性强，很容易升级换代。而且，由于所采用工业控制机通常为专业厂家生产，其可靠性和可维护性均能很好地满足工业现场的要求。另外，采用工控机作为数字核心微机装置紧跟世界计算机技术的发展趋势，充分利用计算机技术飞速发展所带来的好处。

二、模拟量输入回路

微课：模拟量
输入回路结构

电力系统自动装置和系统所采集的电力系统测控对象的电流、电压、有功功率、无功功率、温度等都属于模拟量。模拟量的输入电路是自动化装置中很重要的电路，自动装置的动作速度和测量精度等性能都与该电路密切相关。模拟量输入电路的主要作用是隔离、规范输入电压及完成模数变换，以便与 CPU 接口完成数据采集任务。

根据模数转换原理的不同，自动装置中模拟量输入电路有两种方式，一是基于 A/D 转换方式，它是直接将模拟量转变为数字量的转换方式；二是利用电压频率变换（VFC）原理进行模数转换方式，它是将模拟量电压先转换为频率脉冲量，通过脉冲计数转换为数字量的一种变换方式。

1. 基于 A/D 转换的模拟量输入电路

一个模拟量从测控对象的主回路到微机系统的内存，中间要经过多个转换环节和滤波环节。典型的模拟量输入电路的结构框图如图 2-6 所示，主要包括电压形成电路、低通滤波电路、采样保持、多路转换开关及 A/D 转换芯片五部分。

（1）电压形成电路。自动化装置常从电流互感器（TA）和电压互感器（TV）取得信息，但这些互感器的二次侧电流或电压量不能适应 A/D 转换器的输入范围要求，故需对它们进行变换，其典型原理图如图 2-7 所示。

一般采用中间变换器将由一次设备电压互感器二次侧引来的电压进一步降低，将一次设备电流互感器二次侧引来的电流进一步降压并变成交流电压。再经低通滤波器及双向限幅电路将经中间转换器降低或变换后

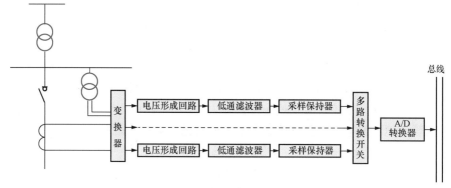

图 2-6　ADC 模拟量输入电路

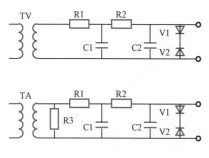

图 2-7　电压电流输入变换原理

的电压变成后面环节中 A/D 转换芯片所允许的电压。一般模数转换芯片要求输入信号电压为 $\pm 5\text{V}$ 或 $\pm 10\text{V}$，由此可以确定上述各种中间变换器的变比。

电压形成电路除了起电量变换作用外，另一个重要作用是将一次设备的 TA、TV 的二次回路与微机 A/D 转换系统完全隔离，提高抗干扰能力。图 2-7 电路中的稳压管组成双向限幅，使后面环节的采样保持器、A/D 转换芯片的输入电压限制在峰—峰值 $\pm 10\text{V}$（$\pm 5\text{V}$）以内。

（2）低通滤波器（LP）。大家知道，微机处理的都是数字信号，必须将随时间连续变化的模拟信号变成数字信号，为达到这一目的，首先要对模拟量进行采样。采样是将一个连续的时间信号变成离散的时间信号，在自动化装置中，被采样信号的频率 f_0 主要是工频 50Hz，通常以工频每个周期的采样点数来定义采样周期 T_s 或采样频率 f_s。例如若工频每个周期采样点数为 12 次，则采样周期是 $T_s = 20/12 = 5/3$（ms），

采样频率 $f_s=50\times12=600$（Hz）。

采样是否成功，主要表现在采样信号能否真实地反映出原始的连续时间信号中所包含的重要信息。根据采样定理，为了使信号被采样后不失真地还原，采样频率必须不小于两倍的输入信号的最高频率，即必须满足 $f_s\geqslant2f_0$。当 $f_s>2f_0$，采样后所看到的信号更加真实地代表了输入信号 $x(t)$；当 $f_s<2f_0$ 时，频率为 f_0 的输入信号被采样之后，将被错误地认为是一低频信号，这种现象就是"频率混叠"现象。举例来说，小电流接地系统检测装置，要采样的信号是 5 倍频的电流信号，即被采样信号的频率 $f_0=5\times50=250$（Hz），采样频率至少应选 $f_s\geqslant2\times250$（Hz）才能保证采样的 5 倍频电流信号不失真地还原。

电力系统在故障的暂态期间，电压和电流含有较高的频率成分，如果要对所有的高次谐波成分均不失真地采样，那么其采样频率就要取得很高，这就对硬件速度提出了很高要求，使成本增高，这是不现实的。实际上，目前大多数自动化装置原理都是反映工频分量的，或者是反映某种高次谐波（例如 5 次谐波分量），故可以在采样之前将最高信号频率分量限制在一定频带内，即限制输入信号的最高频率，以降低采样频率 f_s，一方面降低了对硬件的速度要求，另一方面对所需的最高频率信号的采样不至于发生失真。

要限制输入信号的最高频率，只需在采样前用一个模拟低通滤波器将 $f_s/2$ 以上的频率分量滤去即可。滤波器有 RC 或 LC 无源滤波器和基于运算放大器的有源滤波器，滤波器类型有巴特沃斯型、契比雪夫型和贝塞尔型，可以根据具体电路要求设计不同的滤波器。

模拟低通滤波器的幅频特性的最大截止频率，必须根据采样频率 f_s 的取值来确定。例如：当采样频率是 1000Hz 时，即交流工频 50Hz 每周期采 20 个点，则要求模拟低通滤波器必须滤除输入信号大于 500Hz 的高频分量；而采样频率是 600Hz 时，则要求必须滤除输入信号大于 300Hz 的高频分量。

（3）采样保持器（S/H）。将模拟量转换为数字量需要 A/D 转换器，而给每一路模拟量均配置一个 A/D 转换器，在经济上显然不合算。采用采样保持器和多路转换器使得多路模拟量共用一个 A/D 转换器，还能够满足多路 A/D 转换的同时性，结构如图 2-6 所示。模拟信号的采样保持就是在采样时刻上，把输入模拟信号的瞬时值记录下来，并按所需的要求准确地保持一段时间，供 A/D 转换器使用。图 2-8 是一典型的采样保持器 LF398 的电路原理图。该电路主要由两个高性能的运算放大器 A1 和构成跟随器的 A2 组成，利用保持电容 C_H 和电子控制的采样开关来完成对模拟输入信号的采样和保持功能。

微课：模拟量输入回路中的采样保持电路

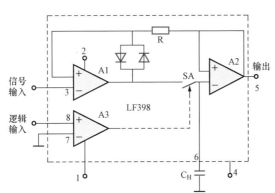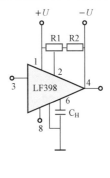

图 2-8　采样保持器 LF398 电路原理图

当控制开关 SA 闭合时，电容两端的电压将随模拟输入信号的变化而变化，这时该电路处于自然采样阶段。在接到来自微机发来的控制信号后，控制开关 SA 瞬时被打开，此刻输入模拟信号的电压值被电容 C_H 记忆下来。由于输入跟随器的输入阻抗很大，保持电容 C_H 上的电压能保持一段时间。在保持结束后，控制开关 SA 重新闭合，进入下一轮的采样保持阶段。采用的采样保持器集成芯片除了上述的 LF398，还有 LF198、AD528K、AD538K 等。

（4）模拟量多路转换开关（MPX）。在实际的数据采集模块中，被测量往往是几路或几十路，对这些回路的模拟量进行采样和 A/D 转换时，为了共用 A/D 转换器而节省硬件，可以利用多路开关轮流切换各被测量与 A/D 转换电路的通路，达到分时转换的目的。在模拟输入通道中，各路开关是"多选一"，即输入是多路待转换的模拟量，每次只选通一路，输出只有一个公共端接至 A/D 转换器。

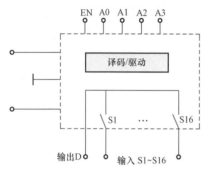

图 2-9 DG406 内部结构

以 MAXIM 公司的 16 路多路转换开关芯片 DG406 为例，说明多路转换开关的工作过程。DG406 的内部结构示于图 2-9，其引用的功能分述如下。

A0、A1、A2、A3：通道数选择，由 CPU 输出信号控制通道选择，以选通 16 路中对应电子开关 S，当某一路被选中，此路的 S 闭合，将此路输入接通到输出端。

S1～S16：输入端共 16 路，可以接入 16 个输入量。

D：输出端。

EN：使能，只有当 EN 为高电平时 DG406 才能工作。

当 CPU 根据要求输出不同的二进制地址，多路转换开关通过译码电路选通相应的地址时，就将相应路径接通，使输出电压 D 等于相应路径的输入量 S_i。

在实际中，常采用的多路开关有双四选一开关，如 CD4052、AD7052；八选一开关，如 DG407、CD4051、AD7051、AD7053 等；16 路选一开关如 CD4067、AD7506 等。

（5）模拟/数字变换器（A/D）。微机系统只能对数字量进行运算或逻辑判断，而电力系统中的电流、电压等信号均为模拟量。因此，必须用 A/D 转换器将连续变化的模拟信号转换为数字信号，以便微机系统或数字系统进行处理、存储、控制和显示。

由于应用特点和要求的不同，需要采用不同工作原理的 A/D 转换器。A/D 转换器主要有逐次逼近型、积分型、计数型、并行比较型等几种类型。在选用 A/D 转换器时，主要应根据使用场合的具体要求，按照分辨率、精度、转换时间、输出逻辑电平、工作温度范围、价格等主要技术性能进行选型。

1）分辨率。分辨率反映 A/D 转换器对输入微小变化响应的能力，通常用数字量的最小有效位（LSB）所对应的模拟输入的电平值表示。例如，8 位 A/D 转换器能对模拟量输入满量程的 $1/2^8 = 1/256$ 的增量作出反映。n 位 A/D 转换器能反映 $1/2^n$ 满量程的模拟量输入电压。由于分辨率直接与转换器的位数有关，所以一般也简单地用数字量的位数来表示分辨率。即 n 位二进制数最低位所具有的权值就是它的分辨率。

2）精度。精度有绝对精度和相对精度两种表示方法。①绝对精度。在一片转换器中，对应于一个数字量的实际模拟输入电压和理想的模拟输入电压之差并非是一个常数，而是一个范围。通常以数字量的最小有效位（LSB）的分数值来表示绝对精度。例如±1LSB、±$\frac{1}{2}$LSB、±$\frac{1}{4}$LSB等。②相对精度。它是指整个转换范围内，任一数字量所对应的模拟输入量的实际值与理论值之差，用模拟电压满量程的百分比表示。例如：满量程为10V的10位A/D转换芯片，若其绝对精度为±$\frac{1}{2}$LSB，则其最小有效位的量化单位ΔE＝9.77mV，其绝对精度为$\frac{1}{2}\Delta E$＝4.88mV，其相对精度为$\frac{4.88mV}{10V}$＝0.048％。

值得注意的是，分辨率与精度是两个不同的概念。精度是指转换或所得结果对于实际值的准确度，而分辨率是指能对转换结果产生影响的最小输入量。即使分辨率很高，也可能由于温度漂移、线性度等原因而使精度不够高。

3）电源灵敏度。电源灵敏度是指A/D转换芯片的供电电源的电压发生变化时产生的转换误差，一般用电源变化1％的模拟量变化的百分数来表示。

4）转换时间。转换时间是指完成一次A/D转换所需的时间，即由发出启动转换命令信号到转换结果信号开始有效的时间间隔。转换时间的倒数称为转换速率。例如AD574的转换时间为25μs，其转换速率为40kHz。

5）输出逻辑电平。多数A/D转换器的输出逻辑电平与TTL电平兼容。故在考虑数字量输出与微处理器的数据总线接口时，应注意是否要三态逻辑输出，是否要对数据进行锁存等。

6）工作温度范围。由于温度会对比较器、运算放大器、电阻网络等产生影响，故只在一定的温度范围内才能保证额定精度指标。一般A/D转换器的工作温度范围为0～70℃，军用品的工作温度范围为−55～+125℃。

7）量程。量程是指所能转换的模拟输入电压的范围，分单极性、双极性两种类型。例如：单极性量程为0～+5V、0～+10V、0～+20V；双极性量程为−2.5～+2.5V、−5～+5V、−10～+10V。

2. 基于V/F转换的模拟量输入电路

除了上述的基于A/D转换的模拟量输入电路外，在自动装置中也可以采用电压-频率转换技术进行模拟量/数字量变换。

电压-频率转换技术（VFC）的原理是将输入的电压模拟量u_{in}线性地转换为数字脉冲式的频率f，使产生的脉冲频率正比于输入电压的大小，然后在固定的时间内用计数器对脉冲数目进行计数，使CPU读入，其原理图如图2-10所示。

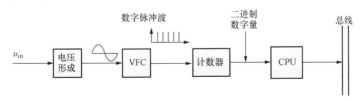

图2-10　VFC型模拟量输入电路

图中VFC采用低功耗同步电压-频率转换器AD7740芯片，计数器采用CPU内部计数器，也可采用可编程的集成电路计数器 8253。CPU 每隔一个采用间隔时间 T_s，读取计数器的脉冲计数值，并根据比例关系算出输入电压 u_{in} 对应的数字量，从而完成了模数转换。

VFC 型的模/数转换方式以及与 CPU 的接口，要比 ADC 型转换方式简单得多，CPU 几乎不需对 VFC 芯片进行控制。VFC 型的模/数转换电路具有很多优点：

（1）工作稳定，线性好，电路简单。

（2）抗干扰能力强，VFC 是数字脉冲式电路，因此它不受脉冲和随机高频噪声干扰。可以方便地在 VFC 输出和计数器输入端之间接入光隔元件。

（3）与 CPU 接口简单，VFC 的工作不需要 CPU 控制。

（4）可以方便地实现多 CPU 共享一套 VFC 变换。

三、开关量输入/输出回路

在自动装置中，除了采集模拟信号外，还有处理大量的以二进制数字变化为特点的信号，如断路器/隔离开关的状态，某些数值的限内或越限、断路器的触点以及人机联系的功能键的状态等。开关量信号都是成组并行输入到微机系统，或者微机系统以成组的方式输出开关量。每组一般为微机系统的数据字节，即 8、16、32 位。对于断路器、隔离开关等开关量的状态，体现在开关量信号的每一位上，如断路器的分、合两种工作状态，可用 0、1 表示。

开关量输入电路的基本功能就是将测控对象需要的状态信号引入微机系统，像输电线路断路器状态等。输出电路主要是将送出的数字信号或数据进行显示、控制或调节，如断路器跳闸命令、光字牌和报警信号等。图 2-11 是开关量输入电路的结构图。

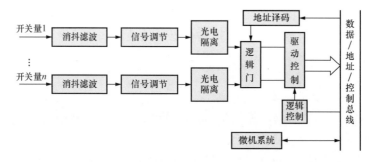

图 2-11　开关量输入电路结构图

如图 2-11 可知，开关量输入电路由信号调节电路、控制逻辑电路、驱动电路、地址译码电路、隔离电路等组成。开关量输出电路与开关量输入电路结构基本一样，只是信号流向正好相反。

1. 滤波消抖电路与信号调节电路

当开关量作为输入信号，因信号线长或者空间感应到干扰信号时，可能会使状态发生错误。为此，需增加滤波消除噪声，图 2-12（a）是一种消抖电路；图 2-12（b）、（c）分别为未采用滤波和采用滤波后的输入输出波形。通过对比可以看出，在加入了滤波电路及施密特触发器后，输出消除了开关量中的干扰信号。

微课：开关量
输入回路中的
消抖动电路

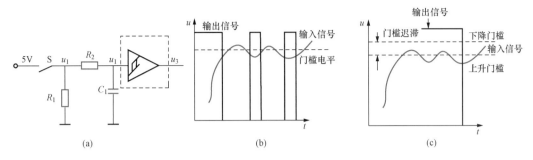

图 2-12　开关量消除抖动电路说明

(a) 消抖电路；(b) 未采用滤波的波形；(c) 滤波后的波形

2. 电隔离技术

现场开关量与微机系统之间采用电隔离技术，常用方法有光电隔离和继电器隔离两种。

(1) 光电隔离。最常用的是利用光电耦合器作为开关量输计算机的隔离器件时，其简单接线原理图如图 2-13 所示。当有输入信号时，二极管导通，发出光束，使光敏三极管饱和导通，于是输出端 U_0 表现一

微课：开关量输入回路中的信号隔离电路

定电位。在光电耦合器件中，信息的传递介质为光，但输入和输出都是电信号，由于信息的传递和转换的过程都是在密闭环境下进行，没有电的直接联系，它不受电磁信号干扰，所以隔离效果比较好。

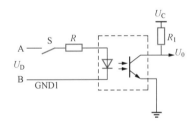

图 2-13　开关量光电耦合原理

(2) 继电器隔离。对于发电厂、变电站现场的断路器、隔离开关、继电器的辅助触点和主变压器分接开关位置等开关信号，输入至微机系统时，也可通过继电器隔离，其原理接线图如图 2-14 所示。

利用现场断路器或隔离开关的辅助触点 S1、S2 接通，去启动小信号继电器 K1、K2，然后由 K1、K2 的触点 K1-1、K2-1 等输入至微机系统，这样做可起到很好的隔离作用。输入至微机系统的继电器触点，可采用与微机系统输入接口板配合的弱电电源。

四、人机对话和通信回路

在自动化装置中，人机对话的主要内容有显示画面与数据、输入数据、人工控制操作和诊断与维护等；通信回路主要是通过计算机通信将自动装置与其他计算机设备相连，实现数据传输、定值下载、报文上传等功能。

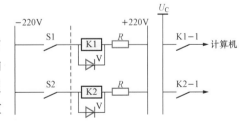

图 2-14　开关量继电器隔离原理

(1) 显示画面与数据包括时间日期、报警画面与提示信息、装置工况状态显示、装置整定值、控制系统的配置显示（包括退出运行的装置的显示以及信号流程图表）和控制系统的设定显示等内容。

(2) 输入数据包括运行人员的代码和密码、运行人员的密码更改、装置定值的更改、控制范围及设定的变化、报警界限、告警设置与退出、手动/自动设置和趋势控制等。

（3）人工控制操作包括断路器及隔离开关操作、开关操作排序、变压器分接头位置控制、控制闭锁与允许、装置的投入和退出、设备运行/检修的设置、当地/远方控制的选择和信号复归等。

（4）诊断与维护包括故障数据记录显示、统计误差显示和诊断检测功能的启动。

（5）通过串行通信方式 RS232/RS485、以太网等通信通道将自动装置中的存储数据和报文上传，通过通信通道将自动装置的整定值下载到装置中。

现代的自动化装置普遍采用多微处理器系统来实现其不同的监控功能，同时还具有与电力系统自动化网络相联系的微机系统接口。人机对话和通信的硬件电路主要有指键盘响应电路、显示器电路、打印机驱动电路和串口通信电路等。

这部分电路与所选用的微机系统有关，可以根据微机系统的 CPU，参考相应的典型设计电路进行改进或直接应用。例如：CPU 采用 8031，那么键盘电路、LCD 显示电路或者 LED 电路、打印机驱动电路就可以参考相应的技术资料或教材，将对应电路直接应用，或者根据系统设计修改对应电路的地址后加以应用。

第三节　电力系统自动装置和系统的软件算法原理

一、概述

在自动装置和系统中，连续型的电压、电流等模拟信号经过离散采样和模数转换成为可用计算机处理的数字量后，计算机将对这些数字量（采样值）进行分析、计算，得到所需的电流、电压的有效值和相位以及有功功率、无功功率等量，或者算出它们的序分量、线路和元件的视在阻抗、某次谐波的大小和相位等，并根据这些参数的计算结果以及定值，通过判据或控制策略决定装置的动作行为，而完成上述分析计算和比较判断以实现各种预期功能的方法，就称为算法。其主要任务是如何从包含有噪声分量的输入信号中，快速、准确地计算出所需要的各种电气量参数。

研究算法的作用主要有两个：一是提高运算的精确度。运算精度的研究是微机型装置理论研究的重点之一，一个好的算法应该具有良好的运算精度，只有保证这一点，才能达到自动化装置的判断和动作的准确性；二是提高运算的速度。算法的运算速度将影响自动化装置检测量的检测和自动化装置的动作速度。一个好的算法要求运算速度快，这就是说在运算时，所需的实时数据窗短，所需采样的点数少，运算工作量少。特别是在计算暂态量时，算法的运算速度则更为重要。然而在提高运算速度和运算精度两者之间是相互矛盾的。因此，研究算法的实质是如何在速度与精度之间进行权衡。

二、自动化系统常用算法

由于交流采样所得到的是信号的瞬时值，这些量是随时间而变化的交变量，人们无法直接识别它的大小和传送方向（指功率），这就需要通过一种算法把信号计算出来。交流采用的算法很多，下面介绍四种常用的算法。

1. 基于正弦函数模型的算法——半周积分算法

实际电力系统中，由于各种不对称因素及干扰的存在，电流和电压的波形并不是理想的 50Hz 正弦波形，而是存在高次谐波，尤其是在电力系统故障时，还会产生衰减直流分量。但一些较为简单的算法，考虑到交流输入回路中设有 RC 滤波电路，为了减少计算量、加快计算速度，往往假设电流、电压为理想的正弦波。当然这样会带来误差，但只要误差在某种应用的允许范围内，也是许可的。

半周积分算法的依据是一个正弦量在任意半周期的绝对值的积分是一常数 S，并且积分值 S 和其相角 α 无关。如图 2-15 所示，积分的起始点无论从 0 或从 α 角开始，积分半周期的绝对值总是常数，因为图中画斜线的两块面积是相等的。

据此，半周期的面积可写为

$$S = \int_0^{T/2} \sqrt{2} I \mid \sin(\omega t + \alpha) \mid \mathrm{d}t = \int_0^{T/2} \sqrt{2} I \sin\omega t \, \mathrm{d}t \qquad (2\text{-}1)$$

$$I = S \times \frac{\omega}{2\sqrt{2}}$$

在半周期面积 S 求出后，可利用式（2-1）算出交流正弦量 i 的有效值 I。而半周期面积 S 常数可以通过图 2-16 所示的梯形算法求和算出，即

$$S = \left(\frac{1}{2} \mid i_0 \mid + \sum_{k=1}^{N/2-1} \mid i_k \mid + \frac{1}{2} \mid i_{N/2} \mid \right) T_s \qquad (2\text{-}2)$$

式中：i_k 为第 k 次采样值，$k=0$ 时，采样值为 i_0。N 为一个周期的采样点数。

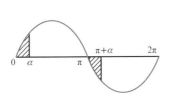

图 2-15　半周积分算法原理

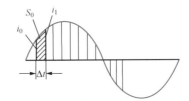

图 2-16　梯形法近似求解示意

只要采样点数 N 足够多，用梯形法近似积分的误差可以做到很小。半周期积分算法本身具有一定的高频分量滤除能力，因为叠加在基波上的高频分量在半周期积分中其对称的正负半周互相抵消，剩余的未被抵消部分占的比重就很小了。但这种算法不能抑制直流分量，可配一个简单的差分滤波器来抑制电流中的非周期分量（直流分量）。

半周积分算法用求和代替积分，因此必然带来误差。有资料分析结果表明，半周积分算法误差可达 3.5%。因此半周积分算法不能满足监控系统测量精度的要求。但在保护中，利用其运算量少的特点，可将其作为微机保护的启动算法。例如距离保护的电流启动元件就是采用半周积分法计算的。

2. 基于周期函数模型的算法——傅氏变换算法

半周积分算法的局限性是要求采样的波形为正弦波。当被采样的模拟量不是正弦波而是一个周期性时间函数时，可采用傅氏变换算法。傅氏变换算法来自傅里叶级数，即一个周期性函数 $i(t)$ 可以用傅里叶级数展开为各次谐波的正弦项和余弦项之和，计算式为

$$i(t) = \sum_{n=0}^{\infty} \left[a_n \sin(n\omega_1 t) + b_n \cos(n\omega_1 t) \right] \qquad (2\text{-}3)$$

式中：n 为自然数，$n=1$，2，3，…表示谐波分量次数。

于是电流 $i(t)$ 中的基波分量可表示为

$$i_1(t) = a_1 \sin\omega_1 t + b_1 \cos\omega_1 t \tag{2-4}$$

基波电流 $i_1(t)$ 还可以用一般表达式表示为

$$i_1(t) = \sqrt{2} I_1 \sin(\omega_1 t + \alpha_1) \tag{2-5}$$

式中：I_1 为基波有效值；α_1 为 $t=0$ 时基波分量初相角。

将式（2-5）中 $\sin(\omega_1 t + \alpha_1)$ 用和角公式展开，再与式（2-4）比较，可以得到 I_1 和 α_1、a_1、b_1 的关系式为

$$a_1 = \sqrt{2} I_1 \cos\alpha_1 \tag{2-6}$$

$$b_1 = \sqrt{2} I_1 \sin\alpha_1 \tag{2-7}$$

显然，式（2-6）和式（2-7）中，I_1 和 α_1 是待求数，只要知道 a_1 和 b_1，就可以算出 I_1 和 α_1。而 a_1 和 b_1 可以根据傅里叶级数的逆变换求得，即

$$a_1 = \frac{2}{T} \int_0^T i(t) \sin\omega_1 t \, dt \tag{2-8}$$

$$b_1 = \frac{2}{T} \int_0^T i(t) \cos\omega_1 t \, dt \tag{2-9}$$

现在来考虑计算机中怎样用最快捷的加法运算来求得 a_1 和 b_1。计算机中就交流采样时，设每周采样 N 点，采样间隔为 T_s，第 k 次采样时刻写为 $t=kT_s$，而采样周期 $T=NT_s$。所以 $\sin\omega_1 t = \sin\frac{2\pi}{T} t = \sin\left(k \times \frac{2\pi}{N}\right)$，这是基波正弦的离散化表达式。于是式（2-8）和式（2-9）用梯形法求和可得出

$$a_1 = \frac{1}{N}\left[2\sum_{k=1}^{N-1} i(k) \sin\left(\frac{2\pi}{N} k\right) \right] \tag{2-10}$$

$$b_1 = \frac{1}{N}\left[i(0) + 2\sum_{k=1}^{N-1} i(k) \cos\left(\frac{2\pi}{N} k\right) + i(N) \right] \tag{2-11}$$

式中：$i(k)$ 为第 k 次采样值；$i(0)$、$i(N)$ 分别为 $k=0$、N 时的采样值。

如果采样点选 $N=12$，则式（2-10）和式（2-11）化简为

$$6a_1 = i(3) - i(9) + \frac{1}{2}\left[i(1) + i(5) - i(7) - i(11) \right] + \frac{\sqrt{3}}{2}\left[i(2) + i(4) - i(10) \right]$$

$$6b_1 = \frac{1}{2}\left[i(0) + i(2) - i(4) - i(8) + i(10) + i(12) \right] + \frac{\sqrt{3}}{2}\left[i(1) - i(5) - i(7) + i(11) \right]$$

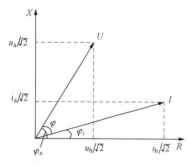

图 2-17 计算功率的电流、电压

在上两式中，可将 $\sqrt{3}/2$ 改为 $(1-1/8)$，误差不大，但计算快得多，因为乘 $1/2$ 和乘 $1/8$ 都可用右移指令来实现。这也是在微机保护中每周采样点选 12 点，并采用傅氏变换算法的原因。在自动化系统中，为了提高计算的精度，采样点选为 16、20 点或 24 点。

在算出 a_1 和 b_1 后，根据式（2-6）和式（2-7），不难得到基波的有效值和相角为

$$I_1 = \sqrt{\frac{a_1^2 + b_1^2}{2}} \tag{2-12}$$

$$\alpha_1 = \arctan(b_1/a_1) \tag{2-13}$$

3. 基于傅氏变换算法的功率算法

在监控程序中经常需要根据傅氏变换算法求出的电流和电压相量的实部与虚部来计算有功、无功功率和功率因数等，如图 2-17 所示。根据式（2-6）和式（2-7），基波分量的实部与虚部与有效值相差 $\sqrt{2}$ 系数。

$$P = UI\cos\varphi = UI\cos(\varphi_u - \varphi_i) = UI(\cos\varphi_u\cos\varphi_i + \sin\varphi_u\sin\varphi_i)$$

$$P = \frac{1}{2}(u_b i_b + u_a i_a) \tag{2-14}$$

$$Q = UI(\sin\varphi_u\cos\varphi_i - \cos\varphi_u\sin\varphi_i)$$

$$Q = \frac{1}{2}(u_a i_b - u_b i_a) \tag{2-15}$$

$$\cos\varphi = \frac{P}{UI} = \frac{u_b i_b + u_a i_a}{2\sqrt{u_a^2 + u_b^2}\sqrt{i_a^2 + i_b^2}} \tag{2-16}$$

除上述常见算法外，电力系统信号处理的算法还有很多，例如最小二乘算法、卡尔曼滤波算法，这两个算法在后续章节中有详细介绍。

4. 其他算法

小波分析是近代数学中一个迅速发展的新领域，它是一种典型的时域—频域分析，介于纯时域的方波分析和纯频域的傅里叶分析之间，它在时域和频域同时具有良好的局部化性质。小波分析具有伸缩、平移和放大功能，可以根据信号的不同频率成分采用逐渐精细的时域或频域取样步长，聚焦到信号的任意细节，并加以分析。这对于检测高频和低频信号以及信号的任意细节均很有效，小波分析在电力设备状态监测、电力系统故障诊断等诸多方面均有着广阔的应用前景。

数学形态学是从集合论和积分几何学发展而来，从 20 世纪 90 年代开始应用于电力系统中。应用数学形态学可以进行波形信号的奇异点辨识，还可以实现信号消噪、电能质量扰动分析、变压器涌流辨识等。

还有希尔伯特—黄变换（HHT）、S 变换、Prony 分析等，在电力系统中都有不错的应用。

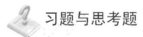 习题与思考题

2-1　请简述电力系统自动装置和系统的设计方法。

2-2　电力系统自装置和系统应该具备怎样的电磁兼容能力？

2-3　自动装置和系统常见的干扰源有哪些？如何抑制干扰源对自动装置和系统的干扰？

2-4　基于单片机的微机系统主要有哪些部件？

2-5　相比于冯诺依曼结构，哈佛结构有哪些优点？

2-6　冯诺依曼结构有哪些特点？

2-7　进行电力系统自动装置和系统的设计时，在设计电路原理图时应该满足哪些基本要求？如何进行电路仿真？如何进行系统的组装和调试？

2-8 自动装置中模拟量输入电路的方式有哪些？模拟量输入电路的主要作用是什么？

2-9 自动化系统有哪些常用算法？简述其基本原理。

2-10 在电力系统自动装置和系统中，研究算法的意义是什么？

第三章　同步发电机的自动准同期并列

第一节　并列操作的概念及分类

一、并列操作的概念

一台发电机组在投入电网运行之前，它的电压 u_G 与电网电压 u_S 往往不等，需要对发电机进行一系列适当的操作，使发电机满足一定条件后再投入电网，这一系列操作称为并列操作，又称为同期。

发电设备检修及运行方式改变等情况都会使发电机从电网中脱离，发电机重新投入电网就必须要经过并列操作这个过程，而且当系统发生某些事故时，也常要求将备用发电机组迅速投入电网运行。因此，同步发电机的并列操作是电力系统的一项重要操作。并列操作不仅包括发电机投入电网，也包括两个电网之间的互联运行。可见，提高并列操作的正确性，对于发电厂和电网的可靠运行有着重要的意义。

微课：并列操作的基本概念

同步发电机组并列操作时遵循如下的原则：

（1）断路器合闸时的冲击电流应尽可能小，其瞬时最大值一般不超过 1~2 倍的额定电流。

（2）发电机组并入电网后，应能迅速进入同步运行状态，其暂态过程要短，以减小对电力系统的扰动。

如果并列操作错误，有可能带来如下严重后果：

微课：同步发电机并列需遵循的基本原则

（1）产生巨大的冲击电流，甚至大于机端短路电流。

（2）引起系统电压严重下降。

（3）使电力系统发生振荡以致使系统瓦解。

二、同期点

无论是发电机投入电网还是两个电网互联，最终都是通过某个断路器实现并列操作，这个断路器就称为同期断路器或者同期点。需要注意的是，同期点与运行方式有关，不同的运行方式会出现不同的同期点，例如图 3-1 所示，两台发电机通过若干个断路器与系统连接，三种运行方式下的同期点情况为：

（1）并列操作前 QF1 断开、QF4 闭合，G1 通过 QF1 并列；

（2）并列操作前 QF1 闭合、QF4 断开，G1 通过 QF4 并列；

（3）并列操作前 QF1 闭合、QF4 断开，G1 通过 QF3 并列。

可见在实际系统中有可能出现多个同期点，在运行时必须要对这些断路器配备同期并列装置，保证同期的正确性。

三、并列操作的分类

同步发电机的并列操作可分为准同期并列和自同期并列两种。

1. 自同期并列

自同期并列就是先将励磁绕组经过一个电阻短路，在不加励磁的情况下，原动机带动发电机转子旋转。当待并发电机转子转速与系统频率接近时，合上同期断路器，紧接着加上励磁，利用原动机的转矩与同步转矩互相作用，将发电机拉入同步。

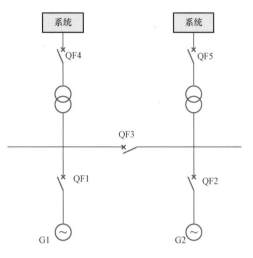

图 3-1　不同的运行方式

自同期并列原理如图 3-2 所示，在未经励磁的发电机接入电网瞬间，相当于电网经发电机直轴次暂态电抗 X''_d 短路，自同期并

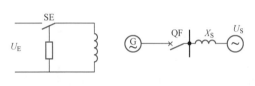

图 3-2　自同期并列原理

微课：自同期并列

列的冲击电流的周期分量，可由式（3-1）求得为

$$I''_h = \frac{U_S}{X''_d + X_S} \qquad (3-1)$$

式中：U_S 为归算到发电机端的电网电压；X_S 为归算后的电网等值电抗。

这时，发电机母线电压 U_G 为

$$U_G = \frac{U_S}{X''_d + X_S} X''_d$$

自同期并列的优点是并列过程中不存在调整发电机电压幅值、相位的问题，并列时间短且操作简单，在系统电压和频率降低的情况下，仍有可能将发电机并入系统。自同期并列的缺点是发电机未经励磁，并列时会从系统中吸收无功而造成系统电压下降，同时产生很大的冲击电流。

20 世纪 90 年代前，由于电源严重不足且控制技术水平不高，在电力系统发生事故、频率波动较大的情况下，应用自同期并列可以迅速把备用发电机组投入电网运行，所以曾一度广泛应用于水轮发电机组，作为处理系统事故的重要措施之一。但是进入 21 世纪后，随着控制技术的提高和电子技术的发展，自同期并列的优势不再明显，而其缺点却日益突出，因此自同期并列方法已很少采用。

2. 准同期并列

准同期并列就是发电机在并列合闸前已加励磁，通过调节发电机的转速和励磁，使发电机电压的相位、频率、幅值分别与并列点系统的电压、相位、频率、幅值相接近，然后将闭合同期断路器，完成并列操作。准同期并列的优点是并列时冲击电流小，不会引起系统电压降低。准同期并列的缺点是并列操作过程中需要对发电机电压、频率进行调整，并列时间较长且操作复杂，如果合闸时刻不准确，可能造成严重的后果。目前随着微机型自动准同期装置的广泛使用，准同期并列的成功率达到了很高的水平，因此现在几乎所有电厂都在采用准同期的并列方式。

微课：发电机
正常并列与
非正常并列

第二节　准同期并列的基本原理

一、准同期并列理想条件

电力系统运行中，任一母线或者发电机端电压的瞬时值可表示为

$$u = U_m \sin(\omega t + \varphi)$$

式中：U_m 为电压幅值；ω 为电压的角频率；φ 为初相角。

电压的幅值、频率和相角这三个重要参数常被指定为电压的状态量。

如图 3-3（a）所示，QF 为并列断路器，QF 的一侧为待并发电机组 G，另一侧为电网。并列断路器合闸之前，QF 两侧电压状态量一般不相等，需要对发电机 G 进行控制，使它符合并列条件，然后才能发出 QF 的合闸信号。

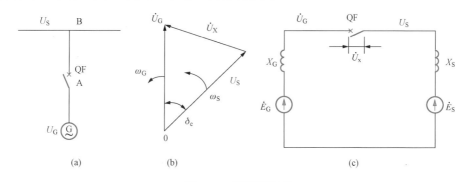

图 3-3　准同期并列
（a）电路示意；（b）相量图；（c）等值电路

由于 QF 两侧电压的状态量不等，QF 主触头间具有电压差，其值可由图 3-3（b）的电压相量求得。设发电机电压的角频率为 ω_G，幅值为 U_G，设电网电压的角频率为 ω_S，幅值为 U_S，它们间的相量差 $\dot{U}_G - \dot{U}_S = \dot{U}_X$。计算并列时冲击电流的等值电路如图 3-3（c）所示。当电网参数一定时，冲击电流决定于合闸瞬间的 $\dot{U}_X$ 值。要求 QF 合闸瞬间 $\dot{U}_X$ 的值尽可能小，最理想情况 $\dot{U}_X$ 的值为零，即 $\dot{U}_G = \dot{U}_S$。

微课：同步发
电机并列的
理想条件

综上所述，发电机并列的理想条件为并列断路器两侧电源电压的三个状态量全部相等，即图 3-3（b）中 $\dot{U}_G$、$\dot{U}_S$ 两个相量完全重合并且

保持同步旋转。所以并列的理想条件可表达为

$$\begin{cases} U_G = U_S & （即电压幅值相等） \\ \delta_e = 0 & （即相角差为零） \\ \omega_G = \omega_S \text{ 或 } f_G = f_S & （即频率相等） \end{cases} \tag{3-2}$$

这时，并列合闸的冲击电流等于零，并且并列后发电机与电网立即进入同步运行，不发生任何扰动现象。

二、准同期并列偏移理想条件的后果

实际运行中待并发电机组的调节系统很难实现式（3-2）的理想条件调节。因此三个条件很难同时满足。其实在实际操作中也没有这样苛求的必要，因为并列合闸时只要求冲击电流较小、不危及电气设备，合闸后发电机组能迅速拉入同步运行，对待并发电机和电网运行的影响较小，不致引起任何不良后果。

微课：同步发电机并列的现实情况

因此，在实际并列操作中，并列的实际条件允许偏离式（3-2），其偏离的允许范围则需经过分析确定。下面分析同步发电机组并列时偏离式（3-2）的理想条件所引起的后果。

1. 电压幅值差

设发电机并列时的电压相量如图3-4（a）所示，即并列时发电机频率 f_G 等于电网频率 f_S、相角差 δ_e 等于零、电压幅值不相等（$U_G \neq U_S$）。则冲击电流的有效值为

微课：准同期并列条件之电压幅值差

$$I_h'' = \frac{U_G - U_S}{X_d'' + X_S} \tag{3-3}$$

式中：U_G、U_S 为发电机电压、电网电压有效值；X_d'' 为发电机直轴次暂态电抗；X_S 为电力系统等值电抗。

从图3-4（a）可见，冲击电流主要为无功电流分量。冲击电流最大瞬时值的计算式为

$$i_{hm}'' = 1.8\sqrt{2} I_h'' \tag{3-4}$$

冲击电流的电动力对发电机绕组产生影响，由于定子绕组端部的机械强度最弱，所以须特别注意对它所造成的危害。由于并列操作为正常运行操作，冲击电流最大瞬时值限制在1~2倍额定电流以下为宜，通常要求电压幅值差在5%~10%额定电压以内，大型发电机组在1%额定电压以内。

2. 合闸相角差

设并列合闸时，断路器两侧电

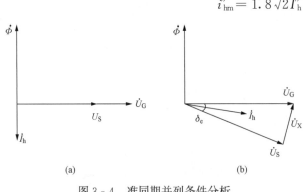

图3-4 准同期并列条件分析
(a) 存在电压幅值差；(b) 存在电压相角差

压相量如图3-4（b）所示，即：

（1）$U_G = U_S$，电压幅值相等；

（2）$f_G=f_S$，频率相等；

（3）$\delta_e\neq0$，合闸瞬间存在相角差。

这时发电机为空载情况，电动势即为端电压并与电网电压相等，冲击电流的有效值为

$$I_h''=\frac{2U_G}{X_q''+X_S}\sin\frac{\delta_e}{2} \tag{3-5}$$

式中：X_q''为发电机直轴次暂态电抗。

当相角差较小时，这种冲击电流主要为有功电流分量，说明合闸后发电机与电网间立刻交换有功功率，使发电机组大轴受到突然冲击，这对发电机组和电网运行都是不利的。为了保证发电机组安全运行，必须将有功冲击电流限制在较小数值，通常要求相角差在$10°$以内，大型机组在$2°$以内。

设待并发电机电压与电网电压之差为$\dot{U}_X$，当$\dot{U}_G$与$\dot{U}_S$间既存在幅值差，又存在相角差，这时$\dot{U}_X$所产生的冲击电流可综合以上两种典型情况进行分析。

3. 频率差

设待并发电机的电压相量如图3-5（a）所示，且有$U_G=U_S$电压幅值相等；$f_G\neq f_S$或$\omega_G\neq\omega_S$频率不相等。这时断路器QF两侧间电压差u_X为脉动电压，对u_X的描述为

$$u_X=U_{mG}\sin(\omega_G t+\varphi_1)-U_{mS}\sin(\omega_S t+\varphi_2)$$

其中$U_{mG}=\sqrt{2}U_G$，$U_{mS}=\sqrt{2}U_S$

设初始角$\varphi_1=\varphi_2=0$，则

$$u_X=2U_{mG}\sin\left(\frac{\omega_G-\omega_S}{2}t\right)\cos\left(\frac{\omega_G+\omega_S}{2}t\right) \tag{3-6}$$

令$U_X=\left|2U_{mG}\sin\left(\dfrac{\omega_G-\omega_S}{2}t\right)\right|$为脉动电压的幅值，则

$$u_X=U_X\cos\left(\frac{\omega_G+\omega_S}{2}t\right) \tag{3-7}$$

由式（3-7）可知，u_X波形可以看成是幅值在0到U_X之间变化、频率接近于工频的交流电压波形。发电机和系统的频率差$f_X=f_G-f_S$，称为滑差频率；对应的角频率差$\omega_X=\omega_G-\omega_S$，称为滑差角频率。图3-5所示两电压相量间的相角差为

$$\delta_e=\omega_X t \tag{3-8}$$

于是

$$U_X=\left|2U_{mG}\sin\left(\frac{\omega_X}{2}t\right)\right|=2U_{mG}\left|\sin\frac{\delta_e}{2}\right|=2U_{mS}\left|\sin\frac{\delta_e}{2}\right| \tag{3-9}$$

由此可见，u_X为正弦脉动波，其最大幅值为$2U_{mG}$（或$2U_{mS}$），$\dot{U}_X$的相量图及其瞬时值波形如图3-5所示。如用相量分析，为简单起见可设想系统电压$\dot{U}_S$固定，而待并发电机的电压$\dot{U}_G$以恒定滑差角频率ω_X对$\dot{U}_S$转动。当相角差δ_e从0到π变动时，U_X的幅值相应地从零变到最大值$2U_{mG}$；当δ_e从π到2π（与0重合）变动时，U_X的幅值又从最大值回到零。转动一圈的时间为脉动周期T_X。

由于滑差角频率ω_X与滑差频率f_X间具有式（3-10）所示的关系，即

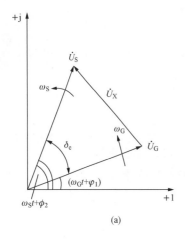

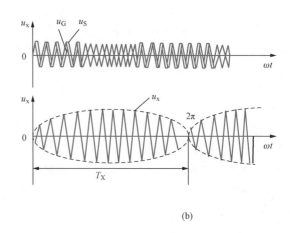

图 3 - 5　脉动电压

（a）相量图；（b）波形图

$$\omega_X = 2\pi f_X \tag{3-10}$$

所以频差周期为

$$T_X = \frac{1}{f_X} = \frac{2\pi}{\omega_X} \tag{3-11}$$

当滑差角频率用标幺值表示时，则有

$$\omega_X^* = \frac{\omega_X}{2\pi f_N} \tag{3-12}$$

式中：f_N 为额定频率，我国电网的额定频率为 50Hz。

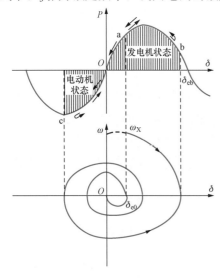

图 3 - 6　并列的同步过程分析

脉动电压周期 T_X，滑差频率 f_X 和滑差角频率 ω_X 都可用来表示待并发电机的频率与电网频率之间或两并列电网频率之间相差的程度。由式（3-8）可知，相角差 δ_e 是时间的函数，所以并列时合闸相角差 δ_e 与发出合闸信号的时间有关，如果发出合闸信号的时间不恰当，就有可能在相角差较大时合闸，以致引起较大的冲击电流。同时也可看到，如果发出合闸信号的时间恰当，就有可能在两电压重合的时间合闸，从而使冲击电流等于零。还需指出，如果并列时频率差较大，即使合闸时的相角差 δ_e 很小，满足要求，但这时待并发电机需经历一个很长的暂态过程才能进入同步运行状态，严重时甚至失步，因而也是不允许的。图 3-6 为待并发电机组进入同步运行的暂态过程示意图。

首先分析发电机的状态，我们知道当发电机组与电网间进行有功功率交换时，如果发电机的电压 $\dot{U}_G$ 超前电网电压 $\dot{U}_S$，即相角差 δ_e 为正时，发电机发出功率，这种情况对应图 3-6 中第一象限"发电机状态"。反之，当 $\dot{U}_G$ 落后 $\dot{U}_S$，即角差 δ_e 为负时，发电机吸收功率，这种情况对应图 3-6 中第三象限"电动机状态"。

下面分析频率差不为零时合闸后的过程。设合闸时的相角差为 δ_{e0}，并为超前情况，且 ω_G 大于 ω_S。合闸后发电机运行在图 3-6 的 a 点，可见合闸后发电机处于"发电机状态"。由于发电机转子的惯性，合闸后 ω_G 仍大于 ω_S，这样发电机功角继续增加，发电机的电磁功率将大于原动机的机械功率，发电机转子开始减速，即 ω_G 减小。当发电机电磁功率沿功角特性曲线到达图 3-6 中的 b 点时，ω_G 等于 ω_S，功角 δ_{eb} 达到最大，这时如果发电机的电磁功率仍大于原动机的机械功率，则 ω_G 继续减小，由于 ω_G 小于 ω_S，所以 δ_e 开始减小。当发电机电磁功率沿功角特性曲线往回摆动越过坐标原点到达第三象限后，因相角差 δ_e 为负，因此发电机组处于"电动机状态"，此时发电机的电磁功率将小于原动机的机械功率，发电机转子开始加速，即 ω_G 增加。当发电机电磁功率沿功角特性曲线到达图 3-6 中的 c 点时 ω_G 等于 ω_S，相角差 δ_e 又开始增加。这样来回摆动，由于阻尼等因素直到进入同步运行时为止。

显然，进入同步状态的暂态过程与合闸时滑差角频率 ω_X 的大小有关。当 ω_X 较小时，功角的摆动较小，可以很快进入同步运行。当 ω_X 较大时，就需经历较长时间振荡才能进入同步运行。如果 ω_X 很大，在到达原动机机械功率和发电机电磁功率的平衡点之前仍然没有完成减速过程，则发电机将重新加速，功角越来越大直至失步。所以合闸时 ω_X 的极限值应根据发电机能否进入同步运行的稳定条件进行校验。在一般情况下，并列时的 ω_X 值远小于上述极限值，因此可以不必校验。但是，当并列的发电机组与电网间的联系较弱时，也有可能需按稳定条件对 ω_X 进行校验。通常要求滑差周期在 10～16s 之间。

由式（3-11）中的关系可知，要求 ω_X 小于某一允许值，就相当于要求脉动电压周期 T_X 大于某一给定值。

例如，设滑差角频率的允许值 ω_X 规定为 $0.2\%\omega_N$，$f_N = 50\mathrm{Hz}$，即

$$\omega_X \leqslant 0.2 \times \frac{2\pi f_N}{100} \leqslant 0.2\pi \ (\mathrm{rad/s})$$

对应的脉动周期 T_X 的值为

$$T_X \geqslant \frac{2\pi}{\omega_X} = 10 (\mathrm{s})$$

所以 U_X 的脉动周期 T_X 大于 10s 才能满足 ω_X 小于 $0.2\%\omega_N$ 的要求。

三、准同期并列控制原理

前面已经论述在接近理想并列条件的情况下，只要控制得当就可使冲击电流很小且对电网扰动甚微。为了保证准同期装置控制正确，我国颁布了 JB/T 3950-1999《自动准同期装置》，实现了自动准同期装置的标准化。

设并列断路器 QF 两侧电压分别为 $\dot{U}_G$ 和 $\dot{U}_S$；并列断路器 QF 主触头闭合瞬间所出现的冲击电流值及进入同步运行的暂态过程，决定于合闸时的脉动电压 $\dot{U}_X$ 和滑差角频率 ω_X。因此，准同期并列主要是对脉动电压 $\dot{U}_X$ 和滑差角频率 ω_X 进行检测和控制，并选择合适的时间发出合闸信号，使合闸瞬间的 $\dot{U}_X$ 值在允许值以内。检测的信息取自 QF 两侧的电压，而且主要是对 $\dot{U}_X$ 进行检测并提取信息。准同期并列控制原则是当频率和电压都满足并列条件的情况下，在 $\dot{U}_X$ 与 $\dot{U}_S$ 两相量重合之前发出合闸信号。两电压相量重合之

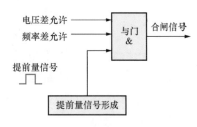

图 3-7　准同期并列合闸信号
控制的逻辑结构图

前的信号称为提前量信号，准同期并列合闸信号控制的逻辑结构图如图 3-7 所示。

四、导前相角和导前时间控制

1. 电压差的特征

如果发电机电压 $\dot{U}_G$ 与电网电压 $\dot{U}_S$ 的幅值相等，而 ω_G 与 ω_S 不等时，

微课：脉动电
压的基本概念

$\dot{U}_G$ 和 $\dot{U}_S$ 是相对运动的两个电压相量。令两电压相量重合瞬间为起始点，这时电压差幅值 U_X 的表达式由式（3-7）和式（3-9）得

$$u_X = U_X \cos\left(\frac{\omega_G + \omega_S}{2}t\right)$$

$$U_X = \left| 2U_{mS} \sin\left(\frac{\omega_X}{2}t\right) \right| = 2U_{mG} \left| \sin\frac{\delta_e}{2} \right|$$

U_X 脉动电压波形如图 3-8 所示，为正弦脉动波形，它的最大幅值为 $2U_{mS}$（或 $2U_{mG}$），频差周期 T_X 与 ω_X 的关系见式（3-11），相角差 δ_e 与 ω_X 的关系见式（3-8）。

如果发电机电压 $\dot{U}_G$ 与电网电压 $\dot{U}_S$ 的幅值不相等时，由图 3-3（b）的相量图，应用三角公式可求得 U_X 的值为

$$U_X = \sqrt{U_{mS}^2 + U_{mG}^2 - 2U_{mS}U_{mG}\cos\omega_X t} \qquad (3-13)$$

当 $\omega_X t = 0$ 时，$U_X = |U_{mG} - U_{mS}|$ 为两电压幅值差。

当 $\omega_X t = \pi$ 时，$U_X = |U_{mG} + U_{mS}|$ 为两电压幅值和。

此时 U_X 脉动电压波形如图 3-9 所示，由于脉动周期 T_X 只与 ω_X 有关，所以图 3-9 中的频差周期 T_X 与 ω_X 的关系见式（3-11），相角差 δ_e 与 ω_X 的关系见式（3-8）。

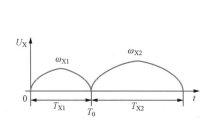

图 3-8　$U_G = U_S$ 时 U_X 脉动电压波形

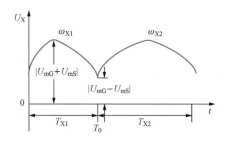

图 3-9　$U_G \neq U_S$ U_X 脉动电压波形

2. 导前时间和导前相角

微课：导前时
间和导前相角

无论发电机电压与电网电压是否相等，通过图 3-8 和图 3-9 可看出在 T_0 时刻电压的幅值差脉动电压的幅值最小，此时如果断路器刚好闭合，那么产生的冲击电流将最小。但是由于断路器存在固有的机械动作时间，控制回路也存在延时，如果在 T_0 时刻发出闭合断路器的信号，等到断路器触点闭合时必然已经越过了 T_0 时刻，无法取得最佳效果。因此必须在 T_0 时刻之前的某个时刻发出闭合断路器的信号，等到断路

器触点闭合时刚好到达 T_0 时刻,使冲击电流最小。

U_X 随相角差 δ_e 的变化规律为发出合闸信号的提前量提供了计算和判别依据。目前,准同期装置采用的提前量有导前相角和导前时间两种,在有些文献中又称为越前时间和越前相角。

(1)导前时间的概念。导前时间是在两个电压相量 $\dot{U}_G$、$\dot{U}_S$ 重合($\delta_e=0$)之前发出合闸信号的恒定提前时间,导前时间以参数的形式在准同期装置中设定。

显然理想的导前时间 t_{YJ} 的值应为

$$t_{YJ} = t_c + t_{QF} \tag{3-14}$$

式中:t_c 为自动装置合闸信号输出回路的动作时间;t_{QF} 为并列断路器的合闸时间。

通过式(3-14)可知 t_{YJ} 主要决定于 t_{QF},其值随断路器的类型而不同。所以装置中的 t_{YJ} 应便于整定,以适应不同断路器的需要。

(2)导前相角的概念。导前相角是在两个电压相量 $\dot{U}_G$、$\dot{U}_S$ 重合($\delta_e=0$)之前发出合闸信号的恒定提前相角,导前相角以参数的形式在准同期装置中设定。

显然理想的导前相角 δ_{YJ} 的值应为

$$\delta_{YJ} = \omega_X t_{YJ} \tag{3-15}$$

3. 导前相角控制

导前相角控制的基本原理是:在准同期并列装置中设定导前相角值 δ_{YJ},当装置检测到电压相角差 δ_e 等于 δ_{YJ} 时发出合闸信号。对工作原理的分析可用图 3-10 来表示,设导前相角为 δ_{YJ},导前时间为 t_{YJ}。如果 $\delta_{YJ}=\omega_{X2} t_{YJ}$,则经过 t_{YJ} 后(即 QF 主触头闭合瞬间),相角差等于零,ω_{X2} 就是最佳滑差频率。当 $\omega_{X1}>\omega_{X2}$ 时,经过 t_{YJ} 后,相角差越过了零值又将变大。当 $\omega_{X3}<\omega_{X2}$ 时,经过 t_{YJ} 后,相角差没有到达零值。因此可以看出为了保证导前相角控制效果达到最佳,准同期装置必须首先将滑差角频率 ω_X 的值调节在某一个较小的范围以内,其值可根据 $\omega_X = \dfrac{\delta_{YJ}}{t_{YJ}}$ 计算求得。

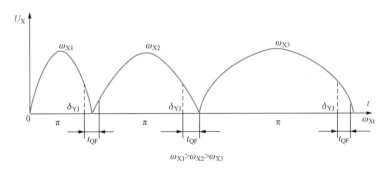

图 3-10 导前相角工作原理

4. 导前时间控制

导前相角控制的不足之处在于必须将频率差控制在一个较小的范围内,不利于快速准同期。导前时间控制则更加灵活,导前时间控制的基本原理是:在准同期并列装置中设定导前时间值 t_{YJ},装置根据频率差自适应调整导前相角 δ_{YJ},当装置检测到电压相角差 δ_e 等于 δ_{YJ} 时发出合闸信号。对工作原理的分析可用图 3-11 来表示,设定了导前时间 t_{YJ} 之后,

导前相角 δ_{YJ} 的值是随 ω_{X} 而变化的，其变化规律为 $\delta_{\mathrm{YJ}}=\omega_{\mathrm{X}}t_{\mathrm{YJ}}$。显然当 $\omega_{\mathrm{X1}}>\omega_{\mathrm{X2}}>\omega_{\mathrm{X3}}$ 时，$\delta_{\mathrm{YJ1}}>\delta_{\mathrm{YJ2}}>\delta_{\mathrm{YJ3}}$。

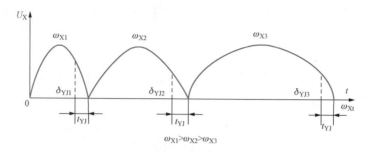

图 3-11　导前时间工作原理

【例 3-1】　假设断路器完成合闸动作需要的时间是 0.1s，0s 时发电机和系统电压相位差为 $7.2°$，0.04s 时相位差为 $6.2°$，发电机频率大于系统频率且滑差为匀速，则导前相角和合闸时刻为多少？

解　首先求出滑差角频率

$$\omega_{\mathrm{X}}=(7.2-6.2)/0.04=25°/\mathrm{s}$$

计算导前相角

$$\delta_{\mathrm{YJ}}=\omega_{\mathrm{X}}t_{\mathrm{YJ}}=25\times0.1=2.5°$$

计算合闸时刻

$$t=7.2/25-0.1=0.188(\mathrm{s})$$

另外，由于装置输出回路和断路器合闸动作时间都存在误差，因此就造成合闸相角误差 δ_{e}，在时间误差一定的条件下，δ_{e} 与 ω_{X} 成正比。设 δ_{ey} 为发电机组的允许的最大合闸相角，由式（3-16）可求得最大允许滑差角频率 ω_{xy} 为

$$\omega_{\mathrm{XY}}=\frac{\delta_{\mathrm{ey}}}{|\Delta t_{\mathrm{c}}|+|\Delta t_{\mathrm{QF}}|} \tag{3-16}$$

式中：$|\Delta t_{\mathrm{c}}|$、$|\Delta t_{\mathrm{QF}}|$ 为自动准同期装置、断路器的动作误差时间。

δ_{ey} 决定于发电机的允许冲击电流最大值 i''_{hm}，给定 i''_{hm} 值后，按式（3-4）和式（3-5）可求得

$$\delta_{\mathrm{ey}}=2\arcsin\frac{i''_{\mathrm{hm}}(X''_{\mathrm{q}}+X_{\mathrm{S}})}{2\times1.8\sqrt{2}U_{\mathrm{G}}}\ (\mathrm{rad}) \tag{3-17}$$

将求得的 δ_{ey} 值代入式（3-16），即可求得允许滑差角频率 ω_{xy}。

【例 3-2】　某发电机采用自动准同期并列方式与系统进行并列，系统的参数已归算到以发电机额定容量为基准的标幺值。一次系统的参数为：发电机交轴次暂态电抗 X''_{q} 为 0.125；系统等值电抗为 0.25；断路器合闸时间 $t_{\mathrm{QF}}=0.5\mathrm{s}$，它的最大可能误差时间为 $\pm20\%t_{\mathrm{QF}}$；自动准同期装置最大误差时间为 $\pm0.05\mathrm{s}$；待并发电机允许的冲击电流值为 $i''_{\mathrm{hm}}=\sqrt{2}I_{\mathrm{GN}}$。试计算允许合闸误差角 δ_{ey}、允许滑差角频率 ω_{xy}，与相应的脉动电压周期 T_{X}。

解　（1）允许合闸误差角 δ_{ey}。其计算式为

$$\delta_{\mathrm{ey}}=2\arcsin\frac{\sqrt{2}\times1\times(0.125+0.25)}{\sqrt{2}\times1.8\times2\times1.05}=2\arcsin0.0992=0.199(\mathrm{rad})=11.4°$$

式中：U_{G} 按 1.05 计算是考虑并列时电压有可能超过额定电压值的 5%。

（2）允许滑差角频率 ω_{xy}。

断路器合闸动作误差时间 $\Delta t_{\mathrm{QF}}=0.5\times0.2=0.1(\mathrm{s})$

自动准同期装置的误差时间 $\Delta t_c = 0.05(\text{s})$

所以 $\omega_{xy} = \dfrac{0.199}{0.15} = 1.33(\text{rad/s})$

如果滑差角频率用标幺值表示，则

$$\omega_{xy}^* = \frac{\omega_{xy}}{2\pi f_N} = \frac{1.33}{2\pi \times 50} = 0.42 \times 10^{-2}$$

（3）脉动电压周期 T_X。其计算式为

$$T_X = \frac{2\pi}{\omega_{xy}} = \frac{2\pi}{1.33} = 4.7(\text{s})$$

在准同期并列计算中，还应包括稳定性校验，就是由稳定性条件来确定并列的最大允许滑差角频率 ω_{xy}'。但从校验结果来看，在通常情况下，按冲击电流条件所得的滑差角频率 ω_{xy} 值远小于按稳定条件求得的滑差角频率值 ω_{xy}'。由于总是取其中较小的 ω_{xy} 作为并列允许条件，因此一般就不必进行该项校验计算，如果待并发电机组与系统间的联系较弱，则还应进行稳定性校验，以确定其允许滑差角频率值。

第三节　微机型自动准同期装置

传统的模拟型准同期装置由于存在着导前时间不稳定、同步操作速度很慢、构成装置元器件参数不稳定等缺点，已经不再适应于现代电力系统的并网操作的需要。而现代的微机型自动准同期装置不仅克服了上述的诸多不足，还有其独特的优点。随着计算机技术、通信技术和电力电子技术的发展，同期装置逐渐微机化、智能化，加之现代控制理论在同期装置上的使用，新一代微机型自动准同期装置已经在电力系统得到了广泛的应用，积累了丰富的运行经验，并取得了良好的经济效益和社会效益。如第二章所述，微机型准同期装置由硬件和软件组成，两者协调配合实现同步发电机组的准同期并列。

一、微机型准同期装置的硬件

用大规模集成电路中央处理单元（CPU）等器件构成的微机型准同期装置，由于硬件简单、编程方便灵活、运行可靠、且技术上已经成熟，成为当前自动准同期装置的主流。中央处理单元（CPU）具有高速运算和逻辑判断能力，它的指令周期以微秒计，这对于发电机频率为 50Hz、每周期 20ms 的信号来说，可以具有足够充裕的时间进行相角差 δ_e 和滑差角频率 ω_X 近乎瞬时值的运算，并按照频率差值的大小和方向、电压差值的大小和方向，确定相应的调节量，对机组进行调节，以达到较满意的并列控制效果。一般模拟型准同期装置为了简化电路，在一个滑差周期 T_X 时间内，把 ω_X 假设为恒定。而微机型准同期装置可以克服这一假设的局限性，采用较为严密的公式，计及考虑相角差 δ_e 可能具有加速运动等问题，能按照 δ_e 当时的变化规律，选择最佳的导前时间发出合闸信号，可以缩短并列操作的过程，提高了自动准同期装置的技术性能和运行可靠性。准同期装置引入了计算机技术后，可以较方便地应用检测和诊断技术对装置进行自检，提高了装置的维护水平。

1. 中央处理器

以中央处理单元（CPU）为核心的微机型准同期装置，就是一台专用的计算机控制系

统。因此按照计算机控制系统组成原则，硬件的基本配置由主机、输入、输出接口和输入、输出过程通道等部件组成。它的原理框图如图 3 - 12 所示。

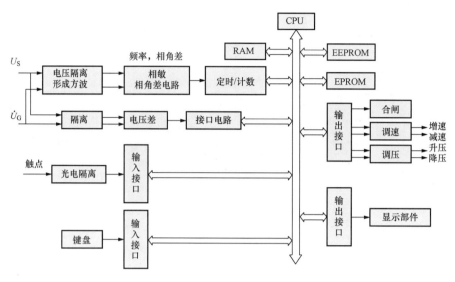

图 3 - 12 微机数字自动准同期装置硬件原理框图

中央处理单元（CPU）是控制装置的核心。它和存储器（RAM、ROM）一起，通常又称为主机。控制对象运行变量的采样输入存放在可读写的随机存储器 RAM 内，固定的系数和设定值以及编制的程序，则固化存放在只读存储器 EPROM 内。自动准同期装置的重要参数，如断路器合闸时间、频率差和电压差允许并列的阈值、频率和电压控制调节的脉冲宽度系数等，为了既能固定存储、又便于设置和整定值的修改，可存放在可擦存储器 EEPROM 中。

程序是按照人们事先选用的控制规律（数学模型）进行信息处理（分析和计算）并作出相应的调节控制决策，以数码形式通过接口电路、输出过程通道作用于控制对象，编制的程序通常也固化在 EEPROM 内。

2. 输入、输出接口电路

为了实现发电机自动并列操作，须将电网和待并发电机的电压、频率等物理量按要求送到接口电路进入主机。计算机用调节量、合闸信号等输出来控制待并机组，就需要把计算机接口电路输出信号变换为适合于对待并机组进行调节或合闸的操作信号。可见在计算机接口电路和并列操作控制对象的过程之间必须设置信息的传递和变换设备，通常人们称之为过程输入、输出通道。它是接口电路和控制对象之间传递信号的媒介。所以必须按控制对象的要求，选择与之匹配的器件为传输信号的通道。

准同期装置在现场工作时，需输入的信号有下列三项。

（1）状态量输入。并列点两侧电压互感器二次侧交流电压是并列条件的信息源，其中载有电压幅值差、频率差、相角差等信息，经隔离及电路转换后送到接口电路。有关状态量输入接线的原理已在前面作了介绍，请参阅相关内容。

（2）并列点参数调用的地址（数字量）。自动准同期装置在现场运行时，还需要输入具有并列点地址意义的信息，用于调用与并列点对应的一套参数，如导前时间（t_{YJ}）、允许滑差角频率（ω_X 或 f_X）、允许电压幅值差（U_X）、频率差控制和电压差控制的调整系数等。当操作控制对象确定后，由运行人员控制（就近操作或远方操作），给出一组数码（数字量）通过接口电路输入。自动准同期装置按数码指引地址调用各项参数。为了安全可靠起见，输入数码的编码宜采用特定规则（容错技术），如出现错码也不会调错参数，以防止引起不良操作。

（3）工作状态及复位按钮。微机型自动准同期装置，按程序执行操作任务，其工作状态有参数设定调试和并列操作之分，为此设置相应的工作状态输入信号，引导程序走向。装置启动后，通过输入接口读入。

微机型自动准同期装置启动后一般都有自检，在自检或工作中可能由于硬件、软件或某种偶然原因，导致出错或死机，为此，需设置一复位按钮，能使装置重新启动。操作复位后，装置重新运行，若正常，这说明装置本身无故障，属偶然因素；若仍旧出错或死机，说明装置确有问题，应检查排除故障。

自动准同期装置的输出控制信号有：

（1）调节发电机转速的增速、减速信号；

（2）调节发电机电压的升压、降压信号；

（3）并列断路器合闸脉冲控制信号。

这些控制信号可由并行接口电路输出，经转换后驱动继电器，用触点控制相应的电路。在计算机控制系统中，输入、输出过程通道的信息不能直接与主机的总线相接，它必须由接口电路来完成信息传递的任务。现在各种型号的 CPU 芯片都有相应的通用接口芯片供选用。它们有串行接口、并行接口、管理接口（计数/定时、中断管理等）、模拟量数字量间转换（A/D、D/A）等电路。这些接口电路与主机总线相连接，供主机读写，有关这些通用接口电路的介绍，可参阅有关微机原理教材。

3. 人-机交互设备

这是计算机控制系统必备的设施，属常规外部设备，其配置视具体情况而定。自动准同期装置的人-机联系主要用于程序调试、设置或修改参数；装置运行时，用于显示发电机并列过程的主要变量，如相角差 δ_e、频率差、电压差的大小和方向以及调速、调压的情况。总之，人-机交互设备应为运行操作人员监控装置的运行提供方便。其常用的设备有：

（1）键盘，用于输入程序、数据和命令；

（2）CRT 显示器，生产厂调试程序时需要；

（3）数码和发光二极管 LED 显示指示，为操作人员提供直观地显示，以利于对并列过程的监控，例如两电压间相角差用 LED 发光作圆周运动显示，直观醒目，较受欢迎；

（4）操作设备，为运行人员提供控制的设备，如按钮、开关等。

二、微机型准同期装置的软件

微机型自动准同期装置借助于中央处理单元的高速处理信息能力，利用编制的程序（软件），在硬件配合下实现发电机的并列操作，因此软件在控制系统中占有十分重要的地位。自动准同期装置按所制订的软件流程进行工作，然而程序流程细节可能因人而异，无标准可循，这和每个人处理问题的方式方法一样，各有"个性"，不会完全一致，这里介绍的仅为一种示例。

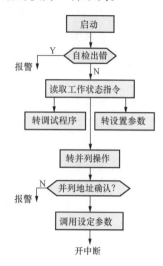

图 3-13 主程序原理框图

1. 主程序

装置启动后第一步工作就是对主要部件进行自检，见图3-13主程序原理框图。如出错，输出信号报警。如正常，即开始工作。首先读取工作状态指令，调试或设置参数或并列操作，然后进入相应程序。如为并列操作，首先读入并列点地址编码。如出错，即输出报警。如确认无误，就调用该并列点所设定的参数，然后开中断，进入并列条件检测程序。

2. 并列条件检测程序

在并列操作中，满足并列条件后才允许发出合闸指令，为了防止运行的波动性，电压差、频率差采用定时中断约20ms计算一次，因此，并列条件在实时监视之中，以确保并列操作的安全性。f_X、U_X 只要有一项越限，程序就不进入导前时间发合闸信号的计算。

设电压、频率都具有自动调节功能或其中一项具有自动调节功能，如频率、电压检测越限，就由频差调整、电压差调整按设定好的调整系数和预定调节准则，输出调节控制信号进行调节，促使其满足并列条件。

对于没有电压或频率自动调节功能的准同期装置，则输出 U_G（或 f_G）与 U_S（或 f_S）间差值的显示信息，供运行人员参考，以利于并列条件尽快实现。

如果 f_X、U_X 都小于设定限值，运行工况已满足并列条件，那就万事俱备，只等待捕捉最佳并列合闸时机，下面的程序就是为实现这一目标制订的，如图3-14所示。

首先进行当前相角差 δ_e 计算，以了解当前并列点间脉动电压 U_X 的状况，检查 δ_e 是否处于 $\pi \sim 2\pi$ 区间。因为导前时间 t_{YJ} 一般限定在两相量间相角差逐渐减小区段。因此，如果 δ_e 的值在 $0 \sim \pi$ 之间，则是相角差 δ_e 逐渐增大区间，就可不必作导前时间（t_{YJ}）最佳导前相角（δ_{YJ}）计算。

如果 δ_e 是在 $\pi \sim 2\pi$ 区间内，那么，千万别错过良机，要设法捕捉最佳导前相角 δ_{YJ} 时发出合闸指令。因为一旦错失时机，就得等待到下一个脉动周期才能发出合闸指令，一个本来可以及时完成的控制，不应该被随便推迟，特别是要求快速并网时，能争取几秒钟也可能是对电网的巨大贡献。需要注意的是除了前文所讲的电压幅值差、相角差和频率差之外，相角差加速度也是需要考虑的一个条件。如果相角差角速度过大，不仅表明转速不稳定，还说明原动机的驱动能量较大，合闸后其暂态过程严重，甚至失步，所以需设置限值加以限制，力求并列后能顺利进入同步运行。在电压幅值差、频率差和相角差加速度满足的前提下，计算得到的 δ_{YJ} 与当前的 δ_e 作比较，如果式 $|(2\pi - \delta_i) - \delta_{YJ}| \leqslant \varepsilon$ 成立，则立刻发合闸脉冲。

如果差值大于 ε，则进行预测合闸时间差 Δt_e 计算，如果大于下一个计算点的间隔，则返回，待下一个计算点重新计算。如果 Δt_e 小于或等于下一计算点时间，那么就延迟 Δt_e，发出并列合闸指令。

这里介绍的准同期装置主程序仅介绍了核心控制算法，并不是准同期装置软件全部，

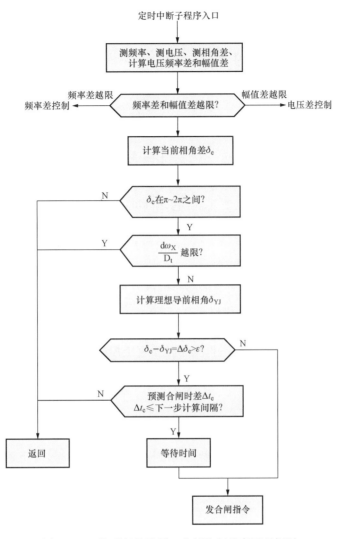

图 3-14 并列条件检测、合闸控制程序原理框图

准同期装置还有自动电压调整和频率调整，以及参数设定、调试等程序，这里就不一一列举。程序编制方法则由相关课程讲授。

三、频率差、相角差和电压差的检测

1. 整步电压

整步电压指的是通过模拟电路形成的，能够反映 $\dot{U}_G$ 和 $\dot{U}_S$ 之间相角差特性的电压。在模拟型准同期装置里，整步电压非常重要，是保证准同期并列成功的关键。整步电压包括半波线性整步电压、全波线性整步电压等多种，本章只介绍半波线性整步电压的基本原理。

半波线性整步电压如图 3-15 所示，半波线性整步电压的数学描述可以用两个直线方式来表示

$$u_{SL} = \frac{U_{SLm}}{\pi}\delta_e \qquad 0 \leqslant \delta_e \leqslant \pi$$

$$u_{SL} = 2U_{SLm} - \frac{U_{SLm}}{\pi}\delta_e \qquad \pi \leqslant \delta_e \leqslant 2\pi$$

式中：U_{SLm} 为 $\delta_e = \pi$ 时的顶值电压。

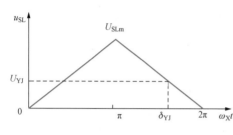

图 3 - 15　半波线性整步电压

当相角差 δ_e 从 0 向 π 变化时，两个相量 $\dot{U}_G$ 和 $\dot{U}_S$ 之间的相角差逐渐增大至反相，这个过程中半波线性整步电压不断增加；当相角差 δ_e 从 π 向 2π 变化时，两个相量 $\dot{U}_G$ 和 $\dot{U}_S$ 之间的相角差逐渐减小至重合，这个过程中半波线性整步电压不断减小，因此半波线性整步电压可以反映相角差特性。由于半波线性整步电压的两条直线与横轴形成一个三角形，所以又称为三角波整步电压。

在图 3 - 15 中，导前相角 δ_{YJ} 对应的整步电压值为 U_{YJ}。当整步电压的斜率为负且整步电压值小于 U_{YJ} 发出合闸信号，就可以实现合闸时相角差为零，这就是模拟型准同期装置的工作原理。

在微机型准同期装置里，虽然不再利用整步电压控制并列操作，但是周期变化的整步电压可以驱动一些模拟设备，比如驱动同期表的指针不断旋转，使准同期的过程更加直观。

2. 频率差的检测

频率差检测是在确定导前相角之前完成的检测任务，用来判别是否符合并列条件。由式（3 - 8）可知 $\delta_e = \omega_X t$，这样在微机型自动准同期装置中，通过分析相角差 δ_e 可以计算出滑差角频率 ω_X。

ω_X 的值可以每一工频（约 20ms）计算一次。由 ω_X 在已知时段（Δt）间的变化还可求得 ω_X 的一阶导数 $\frac{\Delta\omega_X}{\Delta t}$，$\omega_X$ 的一阶导数说明待并发电机组的转速尚未稳定，还在升速（或减速）之中，如其值过大，并网后进入同步运行的暂态过程就会较长甚至失步，因此也宜作为并列条件之一加以限制。对于启动水轮发电机组要求快速并网运行的操作而言，就有必要设置 $\frac{\Delta\omega_X}{\Delta t}$ 限制，作为防止操之过急的技术措施之一。

频率差检测也可用直接测量两并列电压频率的方法，求得频率差值及频率高、低的信息。数字电路测量频率的基本方法是测量交流信号的周期 T。其典型线路如图 3 - 16 所示。

把交流电压正弦信号转换为方波，经二分频后，它的半波时间即为交流电压的周期 T。具体的实施可利用正半周高电平作为可编程定时/计数器开始计数的控制信号，其下降沿即停止计数并作为中断申请信号，由

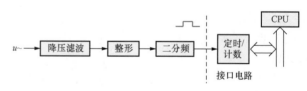

图 3 - 16　频率测量典型线路

CPU 读取其中计数值 N，并使计数器复位，以便为下一个周期计数做好准备。

如可编程定时/计数器的计时脉冲频率为 f_c，则交流电压的周期 T 为

$$T = \frac{1}{f_c} N$$

于是求得交流电压的频率为

$$f = \frac{f_c}{N} \qquad\qquad (3-18)$$

为了简化准同期装置输入接线并且能与 $\delta_e(t)$ 测量电路合用，因此省略二分频环节，把交流电压正弦信号转换成方波后，就去控制定时/计数电路，要知道这时的计数时间只有半个周期 $\left(\frac{1}{2}T\right)$，所以计算机也可很方便地求得频率值、频率大小和频率高低。只有在频率差允许的条件下，才进行导前时间的计算。

3. 相角差的检测

相角差的运动轨迹 $\delta_e(t)$ 包含了除电压幅值外极其丰富的并列条件信息，可以计算求得当前的相角差 δ_{e0}、滑差角频率 $\left(\frac{\Delta\delta_e}{\Delta t}\right) = \omega_X$、相角差加速度 $\frac{\Delta\omega_X}{\Delta t}$ 及导前时间的最佳合闸导前相角差 δ_{YJ} 等。微机型自动准同期装置发挥高速运算优势，充分利用 $\delta_e(t)$ 信息，提高了准同期装置的合闸控制技术水平。

相角差 δ_e 测量的方案之一如图 3-17 所示，把电压互感器二次侧 u_S、u_G 的交流电压信号转换成同频、同相的两个方波，把这两个方波信号接到异或门，当两个方波输入电平不同时，异或门的输出为高电平，用于控制可编程定时计数器的计数时间，其计数值

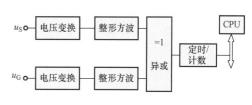

图 3-17 相角差测量

N 即与两波形间的相角差 δ_e 相对应。CPU 可读取矩形波的宽度 N 值，求得两电压间相角差的变化轨迹 $\delta_e(t)$。

为了叙述方便起见，设系统频率为额定值 50Hz。待并发电机的频率低于 50Hz。从电压互感器二次侧来的电压波形如图 3-18（a）所示，经削波限幅后得到图 3-18（b）所示方波，两方波异或就得到图 3-18（c）中一系列宽度不等的矩形波。CPU 可读取 τ 时间的计数 N，如图 3-18（d）所示。

显然这一系列矩形波的宽度 τ_i 与相角差 δ_i 相对应。系统电压方波的宽度 τ_X 为已知，它等于 $\frac{1}{2}$ 周期（180°），因此 δ_i 可按式（3-19）求得，即

$$\begin{cases} \delta_i = \dfrac{\tau_i}{\tau_X}\pi & (\tau_i \geqslant \tau_{i-1}) \\ \delta_i = 2\pi - \dfrac{\tau_i}{\tau_1}\pi = \left(2 - \dfrac{\tau_i}{\tau_1}\right)\pi & (\tau_i < \tau_{i-1}) \end{cases} \qquad (3-19)$$

式（3-19）中 τ_X 和 τ_i 的值，CPU 可从定时器读入求得。

4. 电压差的检测

由于在频率差和相角差 $\delta_e(t)$ 检测电路中，没有并列点两侧幅值的信息，所以需要设置专门电压差检测电路。电压差检测的任务和频率差检测任务相似，也在确定导前相角之

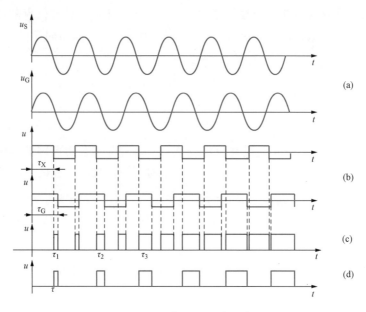

图 3 - 18　相角差测量波形分析

（a）交流电压波形；（b）交流电压对应的方波；（c）异或门输出的相角差方波；
（d）定时器计数时间（图示为每一工频周期一次）

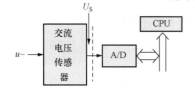

图 3 - 19　电压差检测原理电路

前作出电压幅值差是否符合并列条件的判断。

电压差检测的原理如图 3 - 19 所示，采用第二章的方法直接读入 U_G 和 U_S 的交流瞬时值，然后利用软件程序进行傅氏变换或者均方根计算求出电压幅值。

四、频率差和电压差调整

1. 频率差调整

频率差调整的任务是将待并发电机的频率调整到接近于电网频率，使频率差趋向并列条件允许的范围，以促成并列的实现。如果待并发电机的频率低于电网频率，则要求发电机升速，发升速脉冲；反之，应发减速脉冲。发电机的转速按照比例调节准则，当频率差 f_X 值较大时，发出的调节量相应大些。当频率差值较小时，发出的调节量也就小些，以配合并列操作的工作。频率差调整通过发电机的调速系统完成。

2. 电压差调整

电压差调整的任务是在并列操作过程中自动调节待并发电机的电压值，使电压差条件符合并列的要求。它的实施原理与频率差调整相似，只是调整的对象是发电机的励磁系统。当发电机电压大于系统电压时，发出减少励磁的控制脉冲；当发电机电压小于系统电压时，发出增加励磁的控制脉冲。

第四节　电网之间的准同期并列

电力系统中的准同期并列操作分为两种情况，一是发电厂中的发电机组与电网之间的准同期并列，二是两个电网之间的准同期并列及环网并列操作。与发电厂准同期并列类似，两个电网在并列之前，并列点两侧各自电压的状态量往往不相等，必须对同期断路器两侧电网电压进行适当的调整，使之符合并列条件后才允许闭合同期断路器，这一系列操作称为电网之间的准同期并列。

电网准同期并列的目的是使多个电网互联运行，以提高系统的稳定性、可靠性，以及使线路负荷得到优化分配。与发电机准同期相比，电网的准同期并列主要有以下特点。

（1）既存在差频并网，又存在同频准同期。

（2）同期点设在变电站，不能就地调控频率。

（3）随着电网运行方式的变化，同期点的性质（差频并网或者同频准同期）在变化。

电网间同期并列应遵循的基本原则：

（1）并列断路器合闸时，冲击电流应尽可能小，各电网中的发电机组的冲击电流不应超过规定的允许值。

（2）两电网并列后，各电网中的发电机组应能迅速进入同步运行状态，其暂态过程要短，以减小对电力系统的扰动。

一、电网的差频准同期并列

由前面所学知识我们知道，进行差频并网是要按准同期条件实现并列点两侧的电压相近、频率相近时，捕获两侧电压相位差为零的时机来完成的平滑并网操作。但两个电气上没有联系的电力系统并网时，在同步并列点处两侧电源的电压、频率均可能不同，且由于频率不相同，使得两电源之间的功角（电压相位差）在不断变化。

当待并两系统出现频率差时，需通过调频电厂来调整系统频率，主要使用的手段是发电机组原动机的调频器实现二次调频，从而使频率接近。

电力系统的电压水平和无功功率密切相关，电力系统电压的高低直接反映了电网无功功率的平衡状况。当断路器两侧待并两系统电压差不为零时，可通过调节同期断路器两侧系统发电机端电压和改变变压器变比调压，而当系统中无功功率不够充裕时，可以采用各种附加的补偿设备进行调压，比如并联电容器，调相机和静止无功补偿器。

由前面第三节所学内容可知，从理论上讲，按照导前时间原理可以使合闸瞬间相角差等于零。

二、电网的同频准同期并列

电网的准同期并列除了差频准同期外，当前在电力系统还存在另外一种更为常见的并网形式—同频准同期，即环网开环点的合环操作。

同频准同期是指在电气上原已存在联系的两个电源的并列，其主要特征是在并网实现前并列点两侧电源的电压幅值可能不相同，但频率相同，且存在一个固定的相角差，这个相角差取决于并网前系统设备参数和潮流分布。未解列两系统间联络线并网属于同频准同期，如线路断路器、母联断路器、单母分段断路器或 3/2 接线的中间串断路器等。

同频准同期的并网条件应是当并列点断路器两侧的压差及功角在给定范围内时，即可实施并网操作。完成并网后，并列点断路器两侧的功角消失，系统潮流将重新分布。因此，同频准同期的允许功角整定值取决于系统的运行方式及潮流重新分布后的影响，即以系统潮流重新分布后不至于引起电力系统内继电保护及其他安全自动装置的误动，或导致并列点两侧系统失步为原则进行合理整定。

因此同频准同期条件只有两个：

（1）断路器两侧的电压幅值相近，其差值 ΔU 在给定容许值内；

（2）断路器两侧的电压相位差 δ 在给定值内。

如图 3-20 所示，设除了 QF1 断路器外其他断路器都已经闭合，现在需要再闭合 QF1 断路器。显然并网前开环点 QF1 断路器两侧是同一个系统，QF1 断路器的左侧电压 U_1 和右侧电压 U_2 均为同一频率，但在其两侧有电压差和相角差，电压差和相角差由线路参数、潮流分布等多种因素决定。

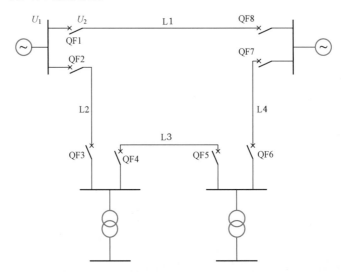

图 3-20　同频准同期（合环）示意图

当合上 QF1 时，相当于在原运行等值线路两端突然并联了一条线路 L_1，其直接导致的结果是分流了原运行线路的一部分负荷，改善了电压质量，提高了系统的稳定储备，这是同频准同期的共性。新投入运行线路必然会缓解原运行线路的过负荷压力，但其分流的负荷应受以下条件制约。

（1）不能因合闸瞬间冲击电流过大而导致继电保护动作再次断开线路。

（2）分流的负荷不能因超过该线路的静态稳定极限，导致线路过负荷。

调度部门根据系统中发电机、变压器、线路等设备的电气参数，可以通过潮流计算软件计算出 QF1 断路器进行同频准同期操作后 L_1 将分得负荷的大小，这就为评价同频准同期操作可行性提供了依据。同时根据冲击电流分析软件可以计算出合闸的冲击电流，综合这两个计算结果可以对各个开环点断路器进行定值设置。这样既保证了同频准同期操作的安全，又不致因定值过小失去同频准同期机会。而且，目前复杂电力系统中一个断路器的同期性质并不是固定的，在系统不同运行方式时，对同一个断路器有时会进行差频准同期操作，而有时又可能要进行同频准同期操作，所以自动同期装置必须具备自动识别同期性质的功能。同时，同频准同期的情况随着当前电力系统网络结构的日趋紧凑将越来越多，而不加计算盲目合闸的后果也更为严重。不断提高自动同期装置的分析处理能力有助于解决这一问题，对提高系统的安全稳定性大有益处。

习题与思考题

3-1　如果同步发电机组并列操作错误，有可能带来什么后果？

3-2　什么是同期点？在发电厂，哪些断路器可以作为同期点？

3-3　同步发电机的并列操作可分为哪几种类型？分别有什么特点？分别适用什么场合？

3-4　发电机准同期并列后立即向系统发出（吸收）无功（有功）功率，请分别说明合闸瞬间发电机与系统的电气量之间存在什么关系？为什么？

3-5　请简述应用准同期并列方法将发电机组并入电网的过程。

3-6　自动准同步装置主要由哪些部分组成，各部分的主要作用是什么？

3-7　电力系统中的同步发电机并列操作应满足什么要求？为什么？

3-8　同步发电机准同步并列的理想条件是什么？实际条件是什么？

3-9　说明同步发电机采用自动准同步方式并列时，产生冲击电流的原因，为什么要检查并列合闸时的滑差？

3-10　为什么存在频率差会影响发电机进入同步运行的过程？

3-11　断路器合闸脉冲为什么需要导前时间？

3-12　如何分别利用正弦整步电压和线性整步电压来检测发电机是否满足准同步并列条件？利用如何检测发电机是否满足准同步并列条件？

3-13　线性整步电压的最小值不为零，对导前时间有影响吗？为什么？

第四章　同步发电机励磁控制系统及特性分析

第一节　概　　述

发电机是将旋转形式的机械能量转换成三相交流电能量的设备，为了完成这一转换并满足电力系统运行要求，除了需要原动机（汽轮机或水轮机）供给动能外，它本身还需要有可调的直流磁场，以适应运行工况的变化。产生这个可调磁场的直流励磁电流称为发电机的励磁电流。为发电机提供可调励磁电流的设备构成了发电机励磁系统。励磁系统及其控制对象（发电机）共同组成的闭环反馈控制系统称为励磁控制系统，其系统框图如图4-1所示。

励磁系统一般由两个基本部分组成：第一部分是励磁功率单元（包括整流装置及其交流电源），它向发电机的励磁绕组提供直流

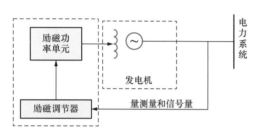

图4-1　同步发电机励磁控制系统框图

励磁电流；第二部分是励磁调节器，它接收到发电机电压及运行工况的变化，按照控制策略自动地调节励磁功率单元输出的励磁电流的大小，以满足系统运行的要求。整个同步发电机励磁控制系统就是一个由发电机、励磁功率单元和励磁调节器共同构成的稳定运行的负反馈控制系统。

一、同步发电机励磁控制系统的作用

在同步发电机正常运行或事故情况下，励磁控制系统都起着十分重要的作用。性能优良的励磁控制系统不仅能保证发电机的安全运行，还能有效地提高发电机及其相连的电力系统的技术经济指标。根据系统运行方面的要求，励磁系统应承担下述任务。

（一）根据发电机所带负荷的情况调整励磁电流，以维持发电机机端电压在给定水平

电力系统在正常运行时，负荷总是经常波动的，同步发电机的输出功率也就相应变化。随着负荷的波动，需要对励磁电流进行闭环反馈调节以维持机端电压或者电力系统中某一点的电压在给定的水平。同步发电机励磁控制系统具有维持电压水平的作用，这是同步发电机励磁控制系统最基本的作用。

为了阐明它的基本概念，可用最简单的单机运行系统来进行分析。图4-2（a）是同步发电机运行原理图，图中GEW是励磁绕组，机端电压为$\dot{U}_G$、电流为$\dot{I}_G$。在正常情况

下，流经 GEW 的励磁电流为 I_{EF}。由它建立的磁场使定子产生空载感应电动势 $\dot{E}_q$。改变 I_{EF} 则 $\dot{E}_q$ 值就相应改变。$\dot{E}_q$ 与 $\dot{U}_G$ 之间的关系可用等值电路图 4-2（b）来表示，关系式为

$$\dot{U}_G + j\dot{I}_G X_d = \dot{E}_q \tag{4-1}$$

式中：X_d 为发电机直轴电抗。

隐极发电机相量图如图 4-2（c）所示。发电机感应电动势 $\dot{E}_q$ 与端电压 $\dot{U}_G$ 的幅值关系为

$$E_q \cos\delta_G = U_G + I_Q X_d$$

式中：δ_G 为 $\dot{E}_q$ 与 $\dot{U}_G$ 间的相角，即发电机的功率角；I_Q 为发电机的无功电流。

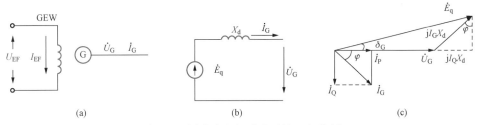

图 4-2　同步发电机励磁系统运行分析
（a）同步发电机运行原理；（b）等值电路；（c）隐极发电机的相量

一般 δ_G 的值很小，可近似认为 $\cos\delta_G \approx 1$，于是，可得简化的发电机感应电势与端电压的幅值关系为

$$E_q \approx U_G + I_Q X_d \tag{4-2}$$

式（4-2）表明，负荷中的无功电流是造成 E_q 和 U_G 幅值差的主要原因，发电机的无功电流越大，两者间的差值也越大。

式（4-2）是式（4-1）的简化，目的是为了突出最基本的关系。由式（4-2）可以看出，同步发电机的外特性必然是下降的。当励磁电流 I_{EF} 一定时，发电机端电压 U_G 随无功负荷增大而下降。图 4-3 说明，当无功电流为 I_{Q1} 时，发电机端电压为额定值 U_{GN}，励磁电流为 I_{EF1}。当无功电流增大到 I_{Q2} 时，如果励磁电流不增加，则端电压降至 U_{G2}，

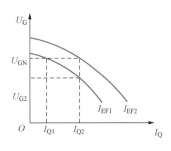

图 4-3　同步发电机外特性

可能满足不了远行的要求，必须将励磁电流增大至 I_{EF2} 才能维持端电压为额定值 U_{GN}。同理，无功电流减小时，U_G 也会上升，必须减小励磁电流。同步发电机的励磁自动控制系统就是通过不断地调节励磁电流来维持机端电压维持在给定水平。

（二）使并列运行的各同步发电机组所带的无功功率得到稳定而合理的分配

为了使分析简单起见，设同步发电机与无限大母线并联运行，即发电机端电压不随负荷大小而变，是一个恒定值，其原理接线如图 4-4（a）所示，图 4-4（b）是它的相量图。

由于发电机发出有功功率只受调速器控制，与励磁电流的大小无关。故无论励磁电流如何变化，发电机的有功功率 P_G 均为常数，即

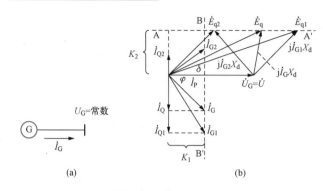

图 4-4　同步发电机与无限大母线并联运行

（a）原理接线；（b）相量

$$P_G = U_G I_G \cos\varphi = \text{常数} \tag{4-3}$$

式中：φ 为功率因数角。

当不考虑定子电阻和凸极效应时，发电机功率又可用式（4-4）表示，即

$$P_G = \frac{E_q U_G}{X_d}\sin\delta = \text{常数} \tag{4-4}$$

式中：δ 为发电机的功率角。

以上两式分别说明当励磁电流改变时，$I_G\cos\varphi$ 和 $E_q\sin\delta$ 的值均保持恒定，即

$$I_G\cos\varphi = K_1\,; E_q\sin\delta = K_2$$

由图 4-4（b）中的相量关系可以看到，这时感应电动势 $\dot{E}_q$ 的端点只能沿着 AA′ 虚线变化，而发电机电流 $\dot{I}_G$ 的端点则沿着 BB′ 虚线变化。因为发电机端电压 U_G 为定值，所以发电机励磁电流的变化只是改变了发电机组的无功功率和功率角 δ 值的大小。

当两台发电机并列运行时，如图 4-5 所示，两台发电机的机端电压相同，通过改变各自的运行特性就可以使发电机发出不同的无功功率。

在实际运行中，与发电机并联运行的母线并不是无限大母线，即系统等值阻抗并不等于零，母线的电压将随着负荷波动而改变。电厂输出无功功率与它的母线电压水平有关，改变其中一台发电机的励磁电流不仅影响发电机的电压和无功功率，而且也将影响与之并联运行机组的无功功率，其影响程度与系统情况有关。因此，同步发电机的励磁自动控制系统还具有并联运行机组间无功功率合理分配的作用。

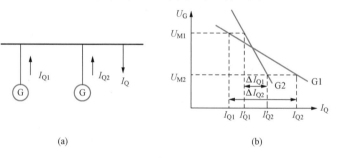

图 4-5　两台同步发电机并联运行无功分配

（a）原理接线；（b）发电机机端电压与无功电流分配关系

（三）增加电力系统运行发电机的阻尼转矩，以提高电力系统稳定性及输电线路的有功功率传输能力

在电力系统发生短路故障造成发电机机端电压严重下降时，通过强行励磁（强励）使励磁电压迅速增升到足够的顶值，以提高电力系统的暂态稳定性。

1. 电力系统稳定性分类及定义

通过对稳定性分类及定义，可以对电力系统稳定性有一个概括性理解，这对于电力系统稳定性分析及同步发电机励磁控制系统提高稳定性方法是很重要的。

在 20 世纪 60 年代及以前，习惯上将电力系统稳定性分成静态稳定性和动态稳定性。

（1）静态稳定性：指系统受到小扰动后，保持所有运行参数接近正常值的能力。

（2）动态稳定性：指系统受到大扰动后，系统运行参数恢复到正常值的能力。

理论上说，上述的静态稳定性包括了以"滑行"失步形式（即功角单调地增长直到失步，基本上无振荡），也包括了以振荡形式失步的现象。同样动态稳定性包括了第一摆中滑行失步，也包括了后续摆动中振荡失步。只不过早期电力系统中以振荡形式失步的现象不多见。

在北美，由于电力系统规模扩大以及高灵敏度快速励磁系统的应用，以低频振荡形式出现的不稳定现象日益增多，于是重新分类稳定性。北美的分类法是将早期的静态稳定性及动态稳态性中，以振荡形式失去同步的现象抽出来，定义为动态稳定性，而将原来的动态稳定性称作暂态稳定性。这样的分类法有它的积极意义，因为它是按照不稳定产生的原因分类的，这种动态不稳定性是由于发电机与转速变化成正比的阻尼转矩为负值引起的，静态不稳定性及暂态不稳定性都是因发电机的与功角变化成正比的同步转矩不足引起的。由于有了这个认识，促进了励磁控制的新技术发展，包括电力系统稳定器及暂态稳定控制的诞生，给电力系统带来了一系列深刻的变化。但是这种分类借用了动态稳定性这个以前表达另一种形式稳定性的术语，造成了混乱。美国电气及电子工程师学会（IEEE）为了澄清电力系统稳定性分类，由电力系统动态过程及行为分会组成了一个工作小组，于1981 年在 IEEE 电力工程分会的冬季会议上提出了关于电力系统稳定性新的分类及定义，主要内容如下。

（1）静态稳定性/小干扰稳定性：对于某个稳态运行状态，如果说系统是静态稳定的，那么当系统受到小的干扰后，系统会达到与受干扰前相同或接近的运行状态。

（2）暂态稳定性/大干扰稳定性：对于某个稳态运行状态及某种干扰，如果说系统是暂态稳定的，那么当系统遭受到这个干扰后，系统可以达到一个可接受的稳态运行状态。

1981 年北美的分类法与 1974 年分类法的不同在于取消了动态稳定，把小干扰或大干扰引起的振荡形式的不稳定，分别归类到静态或暂态稳定性中。所谓干扰是指电力系统的一个或几个参数或状态变量发生突然的或连续的改变，而小干扰及大干扰分别定义为：

（1）小干扰，所加的干扰足够小，以致可以用系统的线性化方程式来描述系统过渡过程，这样的干扰称作小干扰；

（2）大干扰，所加的干扰较大，以致不能用系统的线性化方程式来描述系统过渡过程，这样的干扰称作大干扰。

可以看出，上述的分类法是按照干扰的大小，也就是按照是否可以把描述系统过渡过程的方程式线性化来分类的。在上述分类方法中，IEEE 提出的分类法及定义，具有概括性，直到 2004 年，这种分类法一直为国际公认的标准。2004 年 8 月，IEEE 发表了 CI-GRE 第 38 委员会与 IEEE 的系统动态行为委员会联合小组制定的最新电力系统稳定性的定义及分类。新的分类法，以系统失去稳定的特征在三个运行变量上的表现，分成功角、电压、频率三种不同形式的稳定性。而在每一种稳定性下面又分成小干扰稳定性及大干扰稳定性，并且建立了短期稳定性及长期稳定性与上述各种形式稳定性之间的联系。

我国在 2001 年制定的 DL 755—2001《电力系统安全稳定导则》中将稳定性分成了静态稳定性、动态稳定性、暂态稳定性。

（1）静态稳定性（Steady stability）：指当电力系统的负载（或电压）发生微小扰动时，系统本身保持稳定传输的能力。这一稳定性定义主要涉及发电机转子功角过大而使发电机同步能力减少的情况。

（2）动态稳定性（Dynamic stability）：指系统遭受大扰动之后，同步发电机保持和恢复到稳定运行状态的能力。失去动态稳定的主要形式为发电机之间的功角和其他量产生随时间而增长的振荡，或者由于系统非线性的影响而保持等幅振荡。这一振荡也可能是自发性的，其过程较长。应说明的是：在大扰动事故后，采用快速和高增益的励磁系统所引起的振荡频率在 0.2～3Hz 之间的自发振荡稳定性，属于动态稳定范畴。

（3）暂态稳定性（Transient stability）：当系统受到大扰动时，例如各种短路、接地、断线故障以及切除故障线路后系统保持稳定的能力。发生暂态不稳定的过程时间较短，主要发生在事故后发电机转子第一摇摆周期内。

微课：励磁对
电力系统静态
稳定性的影响

2. 励磁对静态稳定的影响

在分析电力系统稳定性问题时，不论静态稳定或暂态稳定，在数学模型表达式中总含有发电机空载电动势 E_q，而 E_q 与励磁电流有关。励磁自动控制系统通过改变励磁电流从而改变 E_q 值来改善系统稳定性的。下面分别分析励磁控制系统对静态稳定和暂态稳定的影响。

图 4-6（a）为一个简单的电力系统原理接线图，其中发电机经升压变压器、输电线路和降压变压器接到受端系统。设受端母线电压恒定不变，系统等值网络如图 4-6（b）所示。

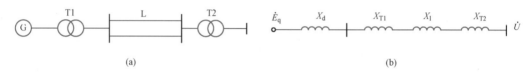

| (a) | (b) |

图 4-6　单机到无穷大系统运行

（a）原理接线；（b）等值网络

发电机的输出功率为

$$P_G = \frac{E_q U}{X_\Sigma}\sin\delta \qquad (4-5)$$

式中：X_Σ 为系统总电抗，一般为发电机、变压器、输电线电抗之和；δ 为发电机空载电动势 $\dot{E}_q$ 和受端电压 $\dot{U}$ 间的相角。

当 δ 小于 90°时，发电机是静态稳定的。当 δ 大于 90°时，发电机不能稳定运行。δ 等于 90°时为稳定的极限情况，最大可能传输的功率极限为 P_M，即

$$P_M = \frac{E_q U}{X_\Sigma}$$

实际运行时，为了可靠起见留有一定裕度，运行点总是对应低于功率极限值。

上述分析表明，静态稳定极限功率 P_M 与发电机空载电动势 E_q 成正比，而 E_q 值与励磁有关。无自动调节励磁时，因励磁电流恒定，E_q＝常数，此时的功角特性称为内功率特性。当快速励磁调节器作用时，则可以保持发电机端电压为恒定，U_G＝常数。此时发电机功率特性曲线为外功角特性，它是由相应一簇不同 E_q 值的功角特性所求得的曲线，如图 4-7 中曲线 B。曲线 B 最大值出现在 U_G 与 U 之间功率角 δ'＝90°时，即

$$P_M = \frac{U_G U}{X_\Sigma}\sin\delta'$$

此时 δ 大于 $90°$。这表明，在励磁控制系统的作用下，发电机可以在功角 δ 大于 $90°$ 范围的人工稳定区运行，从而提高发电机输送功率极限或提高系统的稳定储备。

微课：励磁对电力系统暂态稳定性的影响

3. 励磁对暂态稳定的影响

电力系统遭受大扰动以后，要求发电机组继续保持同步运行，励磁控制系统对电力系统暂态稳定性仍然具有明显作用。

现以单机到无限大系统为例，设在正常远行情况下，发电机输送功率为 P_E，在功角特性的 a 点运行，如图 4-8 所示。首先

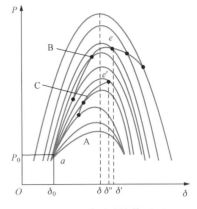

图 4-7　励磁系统作用下发电机功率特性曲线

考虑同步发电机励磁控制系统没有参与暂态稳定调节的情况。当突然受到某种扰动后，即在双回线路上的一回线路上发生三相故障，系统运行点由特性曲线 I 上的 a 点突然变到曲线 II 上的 b1 点。由于动力输入部分存在惯性，输入功率仍为 P_E，于是发电机轴上将出现过剩转矩使转子加速，系统运行点由 b1 点沿曲线 II 移动。当故障线路切除后，系统运行点从曲线 II 跳变到曲线 III 的 c2 点，然后沿着曲线 III 运行。根据等面积定则，由曲线 II 与直线 P_E 构成了加速面积，由曲线 III 与直线 P_E 构成减速面积，如图 4-8 中的阴影部分，只有当减速面积大于等于加速面积，系统才能稳定运行。

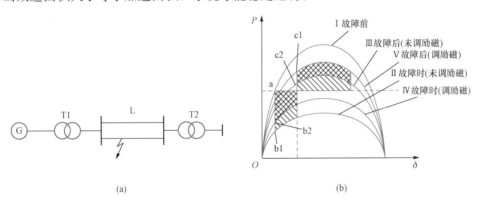

图 4-8　励磁控制系统作用下的发电机功加速及减速面积
(a) 原理接线；(b) 电机无穷大系统的加速及减速面积

提高暂态稳定性有两种方法：减小加速面积或增大减速面积。减小加速面积的有效措施之一是加快故障切除时间，而增加减速面积的有效措施是在提高励磁系统励磁电压响应比的同时，提高强励电压倍数，使故障切除后的发电机内电势 E_q 迅速上升，增加功率输出，以达到增加减速面积的目的。

考虑同步发电机励磁控制系统参与了暂态稳定调节的情况。在系统发生故障时，系统运行点由 a 点跳变到曲线 IV 上 b2 点，沿着曲线 IV 运行后在故障切除后系统运行点又跳变到曲线 V 上的 c1 点。同样根据等面积定则，由曲线 IV 与直线 P_E 构成了加速面积，由曲线 V 与直线 P_E 构成减速面积。从图中可以看出，对比励磁控制系统参与调节前后的加速面

积和减速面积，发电机采取强行增加励磁后，不但减小了加速面积，而且还增大了减速面积，因而改善了发电机的暂态稳定性。

从上述示例分析中可以得到启示：在一定的条件下，励磁控制系统如果能按照要求进行某种适当的控制，同样可以改善电力系统的暂态稳定性。

然而，由于发电机励磁系统时间常数等因素的影响，要使它在短暂过程中完成符合要求的控制也并不容易，这要求励磁系统首先必须具备快速响应的条件。为此，一方面缩小励磁系统的时间常数，另一方面要尽可能提高强励的倍数。只有当励磁系既有快速响应特性又有高强励倍数时，才对改善电力系统暂态稳定有明显的作用。此外，根据电力系统稳定性定义，在分析电力系统动态稳定性时，必须考虑励磁调节等自动控制系统的影响。

4. 励磁对动态稳定性的影响

动态稳定是研究电力系统受到扰动后，恢复到原始平衡点或过渡到新的平衡点（大扰动后）过程的稳定性。研究它的前提是：原始平衡点（或新的平衡点）是静态稳定的，以及大扰动的过程是暂态稳定的。

电力系统的动态稳定问题，可以理解为电力系统机电振荡的阻尼问题。当阻尼为正时，动态是稳定的；阻尼为负时，动态是不稳定的；阻尼为零时，是临界状态。对于零阻尼或很小的正阻尼，都是电力系统运行中的不安全因素，应采取措施提高系统阻尼。

励磁控制系统中的自动电压调节作用，是造成电力系统机电振荡阻尼变弱（甚至变负）的最重要的原因之一。在一定的运行方式及励磁系统参数下，电压调节作用在维持发电机电压恒定的同时也将产生负的阻尼作用。励磁电压调节的负阻尼作用会随着开环增益的增大而加强。解决这个问题的措施如下：

（1）降低调压精度要求，减少励磁控制系统的开环增益。但是，这个方法对静态稳定性和暂态稳定性均有不利的影响。

（2）电压调节通道中，增加一个动态增益衰减环节。这种方法既可保持电压调节精度，又可减少电压调压通道的负阻尼作用。但是，这个动态增益衰减环节，实际上是一个大的惯性环节，会使励磁电压的响应比减少，影响强励倍数的利用，而不利于暂态稳定。

（3）在励磁控制系统中，增加附加励磁控制通道，采用电力系统稳定器是有效措施之一。这种附加信号可以通过相位调节使整个励磁系统在低频振荡范围内具有正阻尼作用。关于电力系统稳定器会在后面详细介绍。

（4）采用线性和非线性励磁控制方法改善励磁系统的动态品质。

（四）改善发电机和电力系统的运行条件

当电力系统出现短时低电压时，励磁控制系统可以发挥其调节功能，大幅度地增加励磁以提高系统电压，改善系统的运行条件。

1. 改善异步电动机的自启动条件

微课：改善
电力系统运
行条件

短路切除后可以加速系统电压的恢复过程，改善异步电机的自启动条件。电网发生短路等故障时，电网电压降低，使大多数用户的电动机处于制动状态。故障切除后，由于电动机自启动时需要吸收大量无功功率，延缓了电网电压的恢复过程。发电机强励的作用可以加速电网电压的恢复，有效地改善电动机的运行条件。

2. 为发电机异步运行创造条件

同步发电机失去励磁时，需要从系统中吸收大量无功功率，造成系统电压大幅度下降，严重时甚至危及系统的安全运行。在此情况下，如果系统中其他发电机组能提供足够的无功功率，以维持系统电压水平，则失磁的发电机还可以在一定时间内以异步运行方式维持运行，这不但可以确保系统安全运行而且有利于发电机组热力设备的运行。

3. 提高继电保护装置动作的正确性

当系统处于低负荷运行状态时，发电机的励磁电流不大，若系统此时发生短路故障，其短路电流较小且随时间衰减，可能导致带时限继电保护不能正确工作。励磁自动控制系统就可以通过调节发电机励磁以增大短路电流，使继电保护正确工作。

（五）在发电机突然解列甩负荷时强行减磁

励磁控制系统在发电机甩负荷将励磁电流迅速降到安全数值，以防止发电机电压升高。实际上，水轮发电机组在甩负荷时要求实行强行减磁。

微课：发电机组突然解列实行强行减磁

当发电机组发生故障突然跳闸时，由于调速系统具有较大的惯性，不能迅速关闭导水叶或者关闭汽门，会导致发电机转速急剧上升。如果不采取措施迅速降低发电机的励磁电流，发电机电压有可能升高到危及定子绝缘的程度。此时，要求励磁控制系统能实现强行减磁。

（六）在发电机内部发生短路故障时快速灭磁

励磁控制系统在发电机内部故障时将励磁电流迅速减到零值，以减小故障损坏程度。

（七）在不同运行工况下适当采用辅助励磁控制

根据系统运行要求对发电机实行过励磁限制和欠励磁限制等限制确保发电机组的安全稳定运行。

二、对励磁系统的基本要求

前面已经分析了同步发电机励磁控制系统的主要作用，这些作用主要由励磁控制系统来实现。励磁控制系统是由励磁功率单元和励磁调节器两部分组成的，为了充分发挥它们的作用，完成发电机励磁控制系统的各项任务，对励磁功率单元和励磁调节器性能分别提出如下的要求。

1. 对励磁调节器的要求

励磁调节器的主要任务是检测和综合系统运行状态的信息，以产生相应的控制信号，经处理放大后控制励磁功率单元以得到所要求的发电机励磁电流。所以对它的要求如下：

（1）系统正常运行时，励磁调节器应能对发电机电压的变化做出反应以维持其在给定水平。通常认为：励磁调节器应能保证同步发电机电压静差率 $(U_{ref}-U_G)/U_G \times 100\%$；半导体型的励磁调节器的同步发电机电压静差率为 $<1\%$；电磁型的励磁调节器的同步发电机电压静差率为 $<3\%$。

（2）励磁调节器应能合理分配发电机组的无功功率，保证同步发电机电压调差率在下列范围内进行调整：半导体型的励磁调节器的电压调差率为 $\pm5\%$；电磁型的励磁调节器的电压调差率为 $\pm10\%$。

（3）为了使远距离输电的发电机组在人工稳定区域运行，要求励磁调节器没有失灵区。

（4）励磁调节器应能迅速反应电力系统故障，具备强励等控制功能，以提高暂态稳定和改善系统运行条件。

（5）具有较小的时间常数，能迅速响应输入信息的变化。

（6）励磁调节器正常工作与否直接影响到发电机组的安全运行，要求能够长期可靠工作。

2. 对励磁功率单元的要求

（1）要求励磁功率单元具备高可靠性和一定的调节容量。在电力系统运行中，发电机依靠励磁电流的变化进行电压和无功功率的控制。因此，励磁功率单元应具备足够的调节容量以适应电力系统中各种运行工况的要求，励磁系统应保证励磁电流在 1.1 倍额定励磁电流时能长期运行，保证强励允许持续时间不小于 10～20s。

（2）具有足够的励磁顶值电压和电压上升速度。从改善电力系统运行条件和提高电力系统暂态稳定性来说，希望励磁功率单元具有较大的强励能力和快速的响应能力。因此，在励磁系统中励磁顶值电压和电压上升速度是两项重要的技术指标。关于这两项技术指标在第四节中详细介绍。

由于励磁系统的强励倍数和电压上升速度涉及励磁系统的结构和造价等，所以在选择方案时应根据发电机在系统中的地位和作用等因素，提出恰当的指标以适应运行上的要求，过高的要求有时也未必合理。

第二节　同步发电机的励磁控制系统

在电力系统发展初期，同步发电机的容量不大，励磁电流由与发电机组同轴的直流发电机供给，即直流励磁机励磁系统。随着发电机容量的提高，所需励磁电流也相应增大，机械整流子在换流方面遇到了困难，而大功率半导体整流元件制造工艺又日益成熟，于是大容量机组的励磁功率单元就采用了交流发电机和半导体整流元件组成的交流励磁机励磁系统。

微课：同步发电机组励磁控制系统的分类

不论是直流励磁机励磁系统还是交流励磁机励磁系统，一般都是与主机同轴旋转。为了缩短主轴长度，降低造价，减少环节，又出现用发电机自身作为励磁电源的方法，即发电机自并励系统，又称为静止励磁系统。

按照励磁电流供给方式，将同步发电机励磁控制系统做如下分类：①直流励磁机系统：自励式直流励磁机系统、他励式直流励磁机系统；②交流励磁机系统：他励可控整流式交流励磁机系统、自励式交流励磁机系统（二机系统）、具有副励磁机交流励磁机系统（三机系统）、无刷励磁系统；③静止励磁系统（发电机自并励系统）。

一、直流励磁机系统

直流励磁机励磁系统是过去常用的一种励磁方式。采用同轴的直流发电机作为励磁机，通过励磁调节器改变直流励磁机的励磁电流，从而改变供给发电机转子的励磁电流，达到调节发电机电压和无功的目的。

直流励磁机励磁方式的主要问题如下。

（1）直流励磁机受换向器所限，其制造容量不大。

（2）整流子、电刷及滑环磨损，降低绝缘水平，运行维护麻烦。

（3）励磁调节速度慢，可靠性低。

早期的中、小型汽轮发电机容量较小，所需的励磁容量也较小，因此采用直流励磁机励磁方式。按励磁机励磁绕组供电方式的不同，可分为自励式和他励式两种。

微课：直流励磁机励磁系统

1. 自励式直流励磁机系统

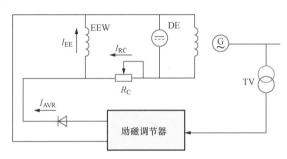

图 4-9　自励式直流励磁系统原理框图

这种系统中的直流励磁机的励磁是由励磁机电枢经磁场电阻供给的。自励式直流励磁机系统的原理框图如图 4-9 所示。发电机转子绕组中的励磁电流由直流励磁机 DE 提供，手动调整励磁机磁场电阻 R_C 可以改变直流励磁机励磁电流 I_{EE} 中的 I_{RC}，实现人工调整发电机转子电流的目的；通过励磁调节器（AVR）控制晶闸管直流励磁机励磁电流 I_{EE} 中的 I_{AVR}，实现自动调节发电机励磁电流。

通常直流励磁机与发电机是同轴的，也有的是由另一台感应电动机拖动，而感应电动机由厂用母线供电。这种系统在小型发电机上使用较为广泛，是一种传统的励磁方式。但是这种励磁系统的缺点是反应速度较慢，运行维护也不方便。

2. 他励式直流励磁机系统

这种励磁系统中主励磁机 DE 的励磁电流是由励磁机的电枢及与发电机同轴的副励磁机 PE 提供的，原理框图如图 4-10 所示。他励式比自励式多用了一台副励磁机，副励磁机常为一台直流永磁机。由于他励式取消了励磁机的自励，励磁单元的时间常数就是励磁机励磁绕组

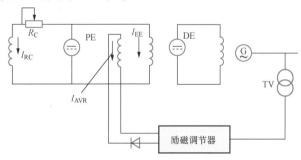

图 4-10　他励式直流励磁系统原理框图

的时间常数。与自励式相比，他励方式减小了时间常数，提高了励磁系统的电压增长速率。他励式直流励磁机励磁系统一般用于水轮发电机组。直流励磁机有电刷、整流子等转动接触部件，运行维护繁杂，是励磁系统中的薄弱环节。

二、交流励磁机励磁系统

目前，容量在 100MW 及以上的同步发电机组都普遍采用交流励磁机系统。同步发电机的励磁机也是一台交流同步发电机，其输出交流电流经大功率整流器整流后供给发电

转子。交流励磁机励磁系统的核心是励磁机，它的频率、电压等参数是根据需要特殊设计的，其频率一般为100Hz或更高。

交流励磁机励磁系统根据励磁机电源整流方式及整流器状态的不同可分为以下四种。

1. 他励可控整流交流励磁机系统

这种系统结构如图4-11所示，同轴的交流励磁机AE经过晶闸管VS整流后通过滑环向发电机转子供电，而励磁机AE的励磁电流是由励磁机的电枢经过自动恒压装置（其输出电压与励磁机电枢电压及电流成正比）控制整流电路供电。发电机励磁电流的调节是由励磁调节器AVR控制晶闸管VS导通角来实现的。在发电机组启动时，利用启励电源保证发电机组顺利进入正常工作状态。当发电机组进入正常工况后启励电源就退出工作。这是励磁反应速度最快的一种系统。励磁电压的调节范围可以由正向最大到负向最大。由于励磁机与主发电机同轴，其电源不受发电机电压的影响，可以说是保证和提高电力系统稳定性的理想系统，不过这种系统造价较高。在美国GE（通用电气公司）生产的这种系统称为ALTHYREX系统。

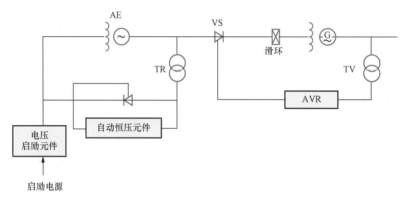

图4-11　他励可控整流交流励磁机系统原理框图

2. 自励式交流励磁机系统（二机系统）

这种系统的结构如图4-12所示，交流励磁机输出电流经不可控整流器供电给发电机转子，而励磁机的励磁电流是由励磁机本身的电枢经可控整流器VS供电。励磁调节器通过控制VS来控制励磁机的励磁电流，从而实现控制发电机励磁电流的目的。这种系

统不使用副励磁机，简化了系统，但是，为了使发电机在各种运行方式下，励磁机自励系统都能正常工作，励磁机的控制系统比较复杂。由于同轴上有发电机和励磁机，国内称之为二机系统。美国GE公司生产的这类系统称为ATERREX。

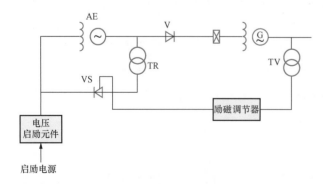

图4-12　自励交流励磁机励磁系统原理框图

3. 具有副励磁机的交流励磁机系统（三机系统）

这种系统的结构如图 4 - 13 所示，励磁机输出交流电流经不可控整流器供电给发电机转子，而励磁机的励磁电流是由副励磁机经可控整流提供的，副励磁机为采用自励式交流发电机或者永磁式交流发电机。交流励磁机静止硅整流器励磁方式的励磁能源取自主轴功率，不受电力系统扰动的影响，工作稳定可靠。大容量交流励磁机制造容易，大容量静止整流器替代了转动的换向整流，解决了整流子和电刷的运行维护问题。

微课：交流励磁机励磁系统（他励型）

由于同轴上有发电机 - 励磁机 - 副励磁机，故称三机系统。三机励磁方式目前在 300MW 大容量汽轮发电机组上采用较为广泛。

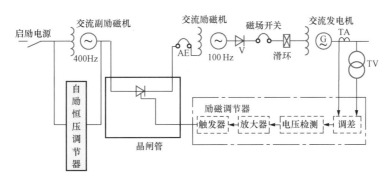

图 4 - 13　具有副励磁机的交流励磁机励磁系统原理框图

为了加快励磁系统的响应，通常将交流励磁机的频率设计得高些，以减少其励磁绕组的电感及时间常数，减小调节的时滞。交流副励磁机本身的励磁通常有两种方式，一种是感应式交流副励磁机，采用晶闸管自励恒压方式，如图 4 - 13 所示，先由外部电源启励，建压后转为自励，依靠励磁调节器保持其端电压恒定。另一种是采用永磁式发电机作为副励磁机，这样，既简化了结构，又提高了副励磁机运行的可靠性。目前大型汽轮发电机励磁系统多采用永磁式副励磁机。

这种励磁系统的性能和特点如下。

（1）交流励磁机和副励磁机是与发电机同轴的独立励磁电源，不受电网干扰，可靠性高。

（2）交流励磁机时间常数较大。为了提高励磁系统快速响应，励磁机转子采用叠片结构，以减少其时间常数和因整流器换相引起的涡流损耗，输出频率为 100Hz 或 150Hz。这是因为 100Hz 叠片式转子与相同尺寸的 50Hz 实心转子相比，励磁机时间常数可减少一半。交流副励磁机频率为 400～500Hz。

（3）发电机、交流励磁机和副励磁机同轴安装，加长了发电机主轴的长度，使厂房长度增加，造价较高。

（4）励磁系统中仍有转动部件，需要一定的维护工作量。

（5）一旦副励磁机或自励恒压调节器发生故障，均可导致发电机组失磁。如果采用永磁发电机作为副励磁机，不但可以简化调节设备，而且励磁系统的可靠性也可大为提高。

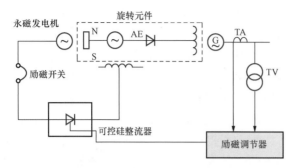

图 4-14 无刷励磁系统原理框图

微课：交流励
磁机励磁系统
（无刷励磁型）

4. 无刷励磁系统

无刷励磁系统原理框图如图 4-14 所示，与三机励磁系统最大的区别在于，它的交流励磁机的励磁绕组安放在定子上，而三相电枢绕组安置在转子上，其输出所连接的二极管整流器固定在发电机转轴上，与转子一同旋转，其输出的直流电流可以直接接入发电机转子而不需要滑环及电刷，当发电机容量进一步增大，无法解决滑环接触的困难时，这可能就是可选用的方案。

在这种励磁系统中，主励磁机一般 100Hz 电枢旋转式交流发电机，交流励磁机的输出经硅二极管整流桥整流后直接接入发电机转子。二极管组成三相桥式整流电路，一般分成两组，分别安装在两组同轴旋转的与轴绝缘的散热盘上。一组为阴极型硅二极管，阴极固定在同一个散热盘上，称共阴极组。另一组用阳极型硅二极管，其阳极固定在另一个散热盘上，称共阳极组。每臂的硅二极管可以串联或并联。硅二极管的并联个数根据额定励磁电流，加上 20%的裕度，还要考虑 15%左右的电流不平衡来选择，以保证当一个并联支路的快速熔断器熔断后，其余支路仍能维持发电机额定出力运行。

由于无刷励磁方式硅整流元件和熔断器均装在旋转圆盘周围，因此必须考虑圆盘承受强大离心力的机械强度。连接在整流器件上用于保护的并联电阻、电容等元件，也要采用耐离心力的材料，并用环氧树脂固定。为了简单可靠，往往取消与二极管并联的阻容抑制保护回路，而选用反向峰值电压高的硅二极管。为了简化过电压保护，一般仅在整流器直流侧装设一个并联电阻。

无刷励磁方式取消了滑环和电刷后带来了两方面新的问题：一是无法用常规的方法直接测量转子电流、转子温度、转子回路对地绝缘以及监视旋转整流桥的熔断器等，而必须采用特殊的测量和监视手段；二是无法在发电机转子回路装设快速灭磁开关和放电电阻等传统灭磁装置，只能在交流励碰机转子回路装设灭磁开关，因此灭磁时间相对较长，300MW 汽轮发电机组无刷励磁的灭磁时间长达 20s。

此种励磁系统的特点如下。

（1）无电刷和滑环，维护工作量可大为减少。

（2）发电机励磁电流由励磁机独立供电，供电可靠性高。

（3）发电机励磁控制是通过调节励磁机的励磁电流来实现，因而励磁系统的响应速度较慢。为提高励磁响应速度，除采用前述的励磁机转子叠片结构外，还采用减少绕组电感和取消极面阻尼绕组等措施。另外，在发电机励磁控制策略上还采用增加励磁机励磁绕组顶值电压，以及引入转子电压深度负反馈以减少励磁机的等值时间常数。

（4）发电机转子及其励磁回路都随轴旋转，因此发电机转子回路无法实现直接灭磁，无法实现对励磁系统的常规检测，须采用特殊的测试方法。

（5）要求旋转整流器和快速熔断器等有良好的机械性能，能承受高速旋转的离心力。

（6）因为没有接触部件的磨损，电机的绝缘寿命较长。

三、静止励磁系统 （发电机自并励系统）

静止励磁系统（发电机自并励系统）中发电机的励磁电源不用励磁机，而由机端励磁变压器供给整流装置。这类励磁装置采用大功率晶闸

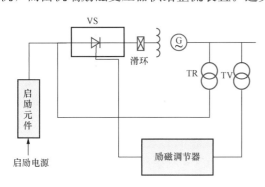

图 4-15 静止励磁系统原理框图

管元件，没有转动部分，故称静止励磁系统。由于励磁电源是由发电机本身提供，故又称为发电机自并励系统。

静止励磁系统原理框图如图 4-15 所示，由机端励磁变压器供给整流器电源，经三相全控整流桥直接控制发电机的励磁电流。这种励磁系统具有明显的优点，被推荐用于大型发电机组，特别是水轮发电机组。国外某些公司把这种方式列为大型发电机组的定型励磁方式。我国已在一些发电机组上以及引进的一些大型发电机组上，采用静止励磁方式。

静止励磁系统的主要特点如下。

（1）静止励磁系统接线和设备比较简单，无转动部分，维护费用省，可靠性高。国外统计资料表明，静止励磁系统的强迫停机率仅为交流励磁机励磁系统的 1/3，平均修复时间仅为交流励磁机励磁系统的 1/4。

（2）缩短发电机组的轴系长度，改善发电机轴系稳定性。300MW 及以上容量的大型汽轮发电机组的轴系长度可减少大约 3m，改善轴系振动，从而提高机组的安全运行水平。

（3）静止励磁系统响应速度快，可以提高电力系统稳定性。由于发变组保护可以快速切除短路故障，短路后发电机端电压恢复较快，因此静止励磁系统与同样强励倍数的交流励磁机励磁系统的暂态稳定性相当。

（4）提高发电机运行水平。由于静止励磁系统输出的励磁电压与机组转速的一次方成比例，而交流励磁机励磁系统输出的励磁电压与转速的平方成正比。因此，当发电机组甩负荷时静止励磁系统机组的过电压相对低。

静止励磁系统适于采用发电机单元接线。由于发电机引出线采用封闭母线，机端电压引出线故障的可能性极小，设计时只需考虑在变压器高压侧三相短路时励磁系统有足够的电压即可。

第三节 励 磁 调 节 器

一、概述

如前所述，同步发电机励磁系统包括励磁功率单元和励磁调节器。励磁功率单元通常

都包含有整流电路。整流电路的主要任务是将交流电整流成直流电供给发电机转子或励磁机励磁绕组。大型发电机转子回路通常采用三相桥式不可控整流电路，在发电机自并励系统中采用三相桥式全控整流电路；励磁机励磁回路通常采用三相桥式半控整流或三相桥式全控整流电路。有关整流电路方面的详细内容，限于篇幅不作介绍，可参阅有关电力电子方面的专著。本章重点介绍励磁调节器。

随着自动装置元器件的不断更新，励磁调节器经历了机电型、电磁型及电子型等模拟型励磁调节的不同发展阶段，在性能上也从单一的调节电压发展为励磁调节。我国在1953年以前把调整同步发电机励磁电流的自动装置成为"自动调压器"，之后称为"自动励磁调节器"。至20世纪末，由于计算机控制技术的成熟，微机型励磁调节器替代了模拟型励磁调节器，现在已普遍推广采用。

早期机电型电压调节器的任务只是调节电压，其线圈中的电流与发电机电压成正比，通过调节线圈中的电流产生磁场力作用于变阻器，从而改变励磁机磁场电阻来调节发电机的电压。由于它需要克服摩擦，因此具有不灵敏区。

20世纪50年代磁放大器出现后，电力系统中广泛采用由磁放大器组成的电磁型电压调节器，各单元皆由电磁元件构成，时间常数较大。其优点是可靠性高，能满足当时电力系统维持电压水平和无功分配的运行要求。

随着电子技术的发展，调节器又改由电子器件组成。电子元件几乎没有时滞，综合放大能力强，到20世纪70年代初就在应用中一直占主导地位，其功能也基本上满足了大型同步发电机对励磁控制的要求，原理框图如图4-16所示。

但是电子型励磁调节器也存在很多不足，特别是在实现自检测功能以及硬件功能修改方面有很多困难，为此，需要设置多种

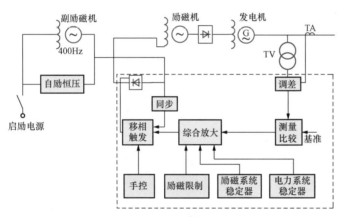

图4-16 励磁调节器原理框图

专用功能组件以满足不同控制要求。

这种情况一直延续到20世纪90年代，由于数字化处理器技术的飞速发展，使得采用电子模拟技术的传统励磁调节器逐步开始向数字化方向转变。

由于微处理器技术在所有工业范围内均获得了广泛的应用，使得过去由许多硬件实现的多种功能可以集成在一个芯片上，这种基于微处理器构成的装置在运算速度和应用功能上均有极大地提升。基于此，工程上越来越倾向于应用数字电子技术来实现对现代励磁系统的控制与保护功能。应该强调的是，这些微机型励磁系统不仅是模拟型励磁系统的数字化实现，而且是提供了更加完善的复杂控制功能。微机型励磁系统具有优异的性能价格比和高度可靠性，特点有：①以微处理器为核心组成硬件系统，运算由软件完成，可以方便扩展系统和功能；②微机型运算回路的特性经久无变化，易于实现多重化控制和高可靠性；③跟踪及自诊断功能容易实现；④通过软件处理方便实现控制功能的变化。

二、微机型励磁调节器

微机型励磁调节器本质上是以 CPU 为核心的数字化控制系统，CPU 通过总线和接口电路与具体控制对象的过程通道连接，采集发电机组的运行状态信息，在 CPU 中完成励磁调节控制算法，输出脉冲调节励磁功率柜中的晶闸管，实现对发电机组励磁的综合调节控制。由于计算机具有强大的运算和逻辑判别能力，可以方便地实现各种控制策略，便于修改和更新，灵活性强。微机型励磁调节器在信息技术的推动下获得了很大的发展。

微机型励磁系统的框图如图 4-17 所示，图中虚线部分是通过数字技术实现，具体地说是由一个或多个微处理器系统来实现。由于数字化励磁调节器处理的数字信号，而被控对象输入信号是模拟信号，因此通过 A/D 接口单元完成实现模拟量和数字量之间的信号转换。微机型励磁的参考输入一般是存储在微处理器随机存储器（RAM）中，参考输入与发电机输出电压的量测量进行比较后得出电压偏差，比较结果作用于储存在微处理器中的控制逻辑程序，用以完成预期的控制算法。

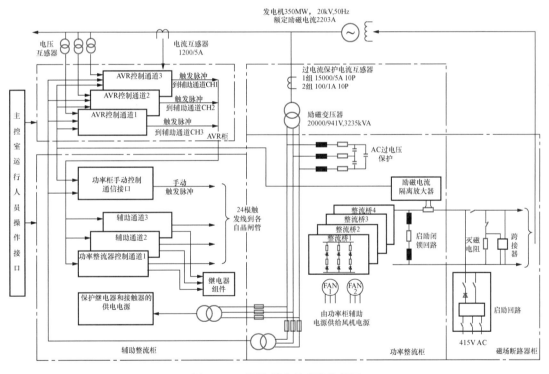

图 4-17　微机型励磁系统的框图

传统的控制算法包括比例、积分和微分即 PID 算法，还可采用线性或非线性控制理论以及模糊逻辑和自适应控制等新理论控制算法，将控制结果转换成控制输出信号，以驱动励磁系统的功率放大单元。输出的驱动信号由微处理器通过隔离电路直接发出脉冲提供给功率放大单元。

微机型励磁系统的人机接口可以通过键盘和显示器来完成，操作人员控制励磁系统，使系统处于某种运行状态，如调试和检修等。励磁系统可以与其他系统（调速器或监控系统等）进行通信，实现数据交换。通信方式可以采用串行通信和区域网络等。通过人机接口和通信系统进行交换的数据有输入值、输出值、整定值、内部信号、限制值、控制继电器状态以及故障情况等。

数字系统还可记录励磁系统中的各种参数，包括输入到励磁系统中的以及其内部的参数，通过 D/A 转换器送给外部的数据记录仪，或在计算机内部进行循环记录。

在仪表测量方面，大多数模拟系统均需外接仪表设备来测量系统中的各种参数，而数字系统可显示这些参数，不必外加变送器等设备。数字系统还可将这些数据送给发电厂的上位计算机，省去了测量仪表及导线的连接。

和模拟型系统比较，微机型系统可提供更多的信息与控制功能，而且易于实现，数字化系统一般都具有自检测功能，能提前发现系统内部故障，并安全有序地将故障部分解除。另外，数字系统的参数易于设定，这样可显著减少励磁系统现场调试的时间及工作量。

三、励磁调节器的控制算法

控制运算部分是微机励磁调节器的核心。在微型计算机硬件系统的支持下，由应用软件实现下列运算。

（1）数据采集，定时采样及运算。对测量数据正确性进行检查，标度变换，选择显示等，这部分算法可以参考第二章。

（2）调节算法。按所用的调节规律进行计算。

（3）控制输出。将调节算法的计算结果进行转换并限幅输出，通过移相触发环节对晶闸管进行控制。

（4）其他处理。输入整定值，修改参数，改变运行方式，声光报警，实现其他功能等。

下面主要叙述调节算法。

比例—积分—微分（PID）控制是依据经典控制理论的频域法进行设计的一种校正方法，是连续系统控制中技术成熟、应用最为广泛的一种调节器，此设计方法可用于改善发电机的电压静态、动态性能。

对于励磁调节器，PID 调节规律用微分方程表示为

$$Y(t) = K_p e(t) + K_i \int_0^t e(t) \mathrm{d}t + K_d \times \frac{\mathrm{d}e(t)}{\mathrm{d}t}$$

$$= K_p \left[e(t) + \frac{1}{T_i} \int_0^t e(t) \mathrm{d}t + T_d \times \frac{\mathrm{d}e(t)}{\mathrm{d}t} \right] \qquad (4-6)$$

$$e(t) = U_g - U_c$$

式中：$Y(t)$ 为控制输出；$e(t)$ 为机端电压偏差信号；U_g 为电压给定值；U_e 为电压测量值，与机端电压成比例；T_i 为积分时间常数用于消除静态误差；K_P 为比例系数用于提高控制系统的响应速度，以减少静态偏差；T_d 为微分时间常数用于改善系统的动态性能。

对于计算机控制系统，必须将式（4-6）离散化，用差分方程代替微分方程。采用梯形积分来逼近积分，采用后向差分来逼近微分，可得 PID 数字控制算法为

$$Y(k) = K_p \left\{ e(k) + \frac{T}{T_i} \sum_{j=1}^{k} e(j) + \frac{T_d}{T} [e(k) - e(k-1)] \right\}$$

$$e(k) = U_g - U_c(k) \qquad (4-7)$$

式中：T 为采样周期；$e(k)$ 为第 k 次采样时的机端电压偏差值。

式（4-7）为数字控制 PID 的位置控制算法，其存在的问题是：每次输出与过去所有采样值有关，占内存多；如果计算有误，将使 $Y(k)$ 的累积误差很大，影响安全运行。故 PID 调节多采用增量式算法。

将式（4-7）中的 k 用 $k-1$ 置换，得

$$Y(k-1) = K_p \left\{ e(k-1) + \frac{T}{T_i} \sum_{j=1}^{k-1} e(j) + \frac{T_d}{T} [e(k-1) - e(k-2)] \right\} \qquad (4-8)$$

由式（4-8）减去式（4-7），得增量方程为

$$\Delta Y(k) = Y(k) - Y(k-1)$$

$$= K_p \left\{ [e(k) - e(k-1)] + \frac{T}{T_i} e(k) + \frac{T_d}{T} [e(k) - 2e(k-1) + e(k-2)] \right\}$$

故

$$Y(k) = Y(k-1) + K_p [e(k) - e(k-1)] + K_i e(k)$$
$$+ K_d [e(k) - 2e(k-1) + e(k-2)] \qquad (4-9)$$

$$K_i = K_p \times \frac{T}{T_i}$$

$$K_d = K_p \times \frac{T_d}{T}$$

式中：K_i 为积分系数；K_d 为微分系数。

在式（4-9）中，如果取 $K_d = 0$，则为 PI 调节算法，如再取 $K_i = 0$，则为比例调节算法。

增量式 PID 调节的优点是，因为数字调节器只输出增量，所以计算误差或精度对控制量影响较小，控制的作用不会发生大幅度变化，且增量方程只于最近几次采样值有关，容易获得较好的控制效果。

第四节　同步发电转子磁场的强励与灭磁

当同步发电机三相突然短路，如果不调节励磁电流，励磁电动势和暂态电势都会随时间迅速衰减，如果不采取强励措施，同步发电机必将失去稳定，强励是励磁控制系统的重要技术指标。

同步发电机发生内部故障时，虽然继电保护能够快速把发电机与系统断开，但是磁场电流产生的感应电势继续维持故障电流。无论是发电机端部短路或者是部分绕组内部短路，时间较长，都可能造成绝缘的损坏。如果系统对地故障电流足够大，就有可能烧坏铁芯。因此，当发电机发生内部故障时，在继电保护装置动作切除主电源的同时，还需要迅速灭磁。需要指出的是，当采用发电机-变压器组接线时，在发电机外部至变压器，以及与断路器连接的导线出现故障时，发电机也需要快速灭磁。

一、同步发电机强励

励磁系统在大扰动时同步发电机机端电压严重下降，励磁控制系统进入强励阶段，励

磁顶值电压和和励磁电压响应比是对系统稳定性影响很大。国际电工委员会 IEC 对励磁控制系统动态性能的评价指标主要是强励倍数和励磁电压响应比。

强励电压是指励磁系统在强励时可能提供的最高励磁电压 $U_{f,max}$，它与额定工况下的励磁电压 U_{fN} 之比，称为励磁系统强励电压倍数 K_U，其值一般取 2，可以高于 2，但不宜低于 1.8。励磁系统允许强励的时间应与发电机转子过负荷能力相适应。

理论分析及运行实践表明：仅有较高的强励倍数而无快速响应性能的励磁系统，对改善电力系统暂态稳定的效果并不明显，要提高电力系统暂态稳定性，励磁系统必须同时具有较高的强励倍数和足够的励磁电压上升速度。通常，评价励磁电压上升速度的两项指标是电压响应比和电压响应时间。

电压响应比定义：在强励作用的 0.5s 内，根据等面积原则确定并用标幺值表示的励磁电压平均增长率。对一般励磁系统，其值为 2.0 左右。该指标适用于具有励磁机的励磁系统。现在大容量机组往往采用快速励磁系统，励磁系统电压响应时间为 0.1s 或更短。由于其强励快速，用电压响应比来衡量电压上升速度是不合适的。用响应时间作为动态性能评定指标。

电压响应时间定义：在强励作用下，励磁电压由额定值向顶值电压增长，直至升到顶值电压与额定电压之差的 95% 所花费的时间。该时间小于或等于 0.1s 的励磁系统称为高起始励磁系统。

二、同步发电机灭磁

1. 定义

所谓灭磁，就是把转子励磁绕组中的磁场储能可靠而快速地减弱到最小程度。最简单的灭磁方法就是切断发电机的励磁绕组与电源的连接。但是，这样将使励磁绕组两端产生较高的过电压，危及主机的绝缘安全。为此，灭磁时必须使励磁绕组接至可以使磁场能量消耗的闭合回路中。完成这样功能的设备称为自动灭磁装置。

2. 灭磁装置的基本要求

（1）在灭磁装置动作后，应使发电机最终的剩余电压低于能维持短路点电弧的数值。

（2）在灭磁过程中，发电机的转子励磁绕组所承受的灭磁反电压不应超过规定的数值。

（3）灭磁时间应尽可能短。

（4）灭磁装置的电路和结构应简单可靠。灭磁装置应该具有足够大的热容量，能够把发电机磁场中的能量全部或者大部分吸收，而装置不会因为过热而烧坏。

当发电机定子电压降低到某一值时，在此电压以下，由发电机内部故障所引起的电弧会自然熄灭，即定子电压低于这一值以下，此电压不足以继续维持故障点的燃弧，此时可认为灭弧过程已经结束。从灭弧装置动作到灭磁过程结束所经历的时间称为灭磁时间。

为了满足上述的技术要求，假定灭磁开始时的转子励磁电流初始值 I_{fd0} 以某一变化率 (di_{fd0}/dt) 衰减，而磁通的变化率在转子滑环间产生的电压刚好等于 U_{fdm}，以后励磁电流 i_{fd} 保持这一速率直线规律衰减到零，如图 4-18 中的直线所示。在这个灭磁过程中，转子电压既没有超过容许值 U_{fdm}，灭磁时间又最短，这样灭磁过程就是理想灭磁过程。在实际灭磁过程中，灭磁过程曲线如图 4-18 中曲线 2、曲线 3 或曲线 4，越靠近理想灭磁曲线 1，灭磁效果越好。

为了比较上述不同灭磁方式的效果，通常按照有效灭磁时间法进行计算比较。有效灭磁时间的定义为：在灭磁过程中，发电机磁场电流对时间的积分值除以初始励磁电流所确定的时间，表达式为

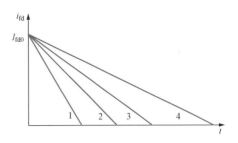

图 4-18　不同灭磁方式的灭磁曲线

$$T = \frac{1}{I_{fd0}} \int_0^\infty i \, \mathrm{d}t$$

式中：T 为有效灭磁时间；I_{fd0} 为发电机励磁电流初始值。

上式表明，在恒定电弧电压条件下，有效灭磁时间 T 正比于灭磁系统所消耗的能量。根据上述计算公式可以计算有效灭磁时间，灭磁时间越短，灭磁效果越好。

3. 灭磁方法

当前国内外同步发电机所采用的灭磁系统，从其原理而言可以分为：具有短弧灭弧栅片的灭磁系统、利用非线性电阻的灭磁系统、利用线性电阻的灭磁系统和晶闸管逆变灭磁系统。

微课：具有短弧灭弧栅片的灭磁系统

（1）具有短弧灭弧栅片的灭磁系统。采用短弧原理设计的短弧灭弧栅片的灭磁系统在一定程度上满足了灭磁装置的要求。当栅片间的距离在 3～6mm 时，电流由几安培变化到 2kA 范围内所产生的电弧压降近似保持在 30V 左右。由于灭弧电压降基本为常数，等效电弧电阻具有随电流增大而减少的非线性特性，也就是短弧灭弧栅片的灭磁系统具有了非线性电阻特性，从而达到快速灭磁的要求。短弧灭弧栅片的灭磁系统如图 4-19 所示。在发电机正常运行时，主触头 S1 闭合，弧触头 S2 断开。在灭磁时，弧触头 S2 先闭合，将并联灭弧栅回路接入，利用短弧特性将弧电阻作为非线性灭磁电阻。发电机的励磁电流流过这个

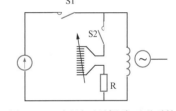

图 4-19　短弧灭弧栅片灭磁系统

并联灭弧栅回路，电弧在灭弧栅片中受轴向磁场作用不断地旋转，其释放的热能被铜栅片所吸收，直到电弧熄灭，励磁电流下降到零。为了防止灭磁失败时将励磁绕组短接，在并联灭磁栅回路中串联了一个限流电阻 R。

（2）利用线性电阻的灭磁系统。采用耐高温的线性电阻作为灭磁电阻，是一种传统的灭磁方法。线性电阻灭磁系统的优点之一就是在灭磁过程中，只要保证线性电阻在吸收灭磁能量时所产生的耗散温升不超过允许值，灭磁过程结束后，线性电阻又自行恢复到正常

微课：利用线性电阻的灭磁系统

状态。一般线性电阻的选择多取为发电机励磁绕组热态电阻值的 2～3 倍，在灭磁过程中，转子励磁绕组产生的过电压，受到励磁绕组绝缘强度的限制，一般取转子过电压倍数不超过 4～5 倍发电机额定励磁电压值。

由于单级线性电阻灭磁系统的快速性受到灭磁时过电压倍数的制约，具有较长的灭磁时间。为了减少线性电阻灭磁系统的灭磁时间常数，通常采用分级线性电阻以改善灭磁的快速性，如图 4-20 所示。第

一级线性电阻 R1 和第二级线性电阻 R2 在阻值上的选择，是以在灭磁过程中灭磁电阻 R1 和 R1＋R2 上的电压值不超过转子绕组容许值为约束条件，通常取过电压倍数为 5。在初始灭磁阶段，当灭磁开关主触头开断后，转子励磁电流流 I_{fd0} 过第一级灭磁电阻 R1。当转子电流下降到 $AI_{fd0}(A<1)$ 时，触头 S2 开断，第二级灭磁电阻 R2 投入，加速灭磁时间。

微课：利用非线性电阻的灭磁系统

（3）利用非线性电阻的灭磁系统。这种灭磁系统在结构上与单级线性电阻灭磁系统基本一致，只是将线性电阻改为非线性电阻，如图 4-21 所示。所谓非线性电阻就是指加于此电阻两端的电压与通过的电流呈非线性关系，其电阻值随着电压的增大而减少。常见的非线性电阻的材料是氧化锌和碳化硅。由于氧化锌灭磁电阻具有很陡的伏安特性，主触头 S0 开断，S1 投入，励磁电流可以安全转移到灭磁电阻 R 中，开断瞬间在开关主触头间建立的恢复电压基本不变，可以确保在严重的灭磁工况下安全灭磁。

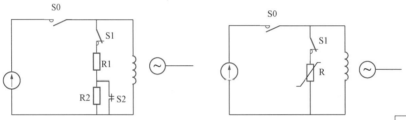

图4-20　分级线性电阻灭磁系统　　　图4-21　非线性电阻灭磁系统

微课：晶闸管逆变灭磁系统

（4）晶闸管逆变灭磁系统。这种灭磁系统就是利用晶闸管全控整流桥在灭磁过程中将励磁绕组中的能量从直流侧反送回交流侧。主励磁回路不需要另设灭磁开关和装置。这种逆变灭磁方式简单、经济，没有灭磁触点，是一种比较理想的灭磁方式。

第五节　励磁控制系统的调节特性

一、励磁调节器的基本特性

如前所述，励磁调节器在检测到发电机的电压、电流或其他状态量后，按指定的调节准则对励磁功率单元发出控制信号，实现控制功能。常用的励磁调节器是比例式励磁调节器，它的主要输入量是发电机端电压 U_G，其输出用来控制励磁功率单元。励磁调节器的过程可以分解为测量、判断、执行几个步骤。发电机电压 U_G 升高时，调节器根据测量信息，减小输出电流；反之，当 U_G 降低时，增大输出电流。它与励磁功率单元配合，控制发电机的转子电流，组成如图 4-22 所示的闭环控制回路，实现对发电机端电压的自动调节。比例式自动励磁调节器稳定运行的前提就是满足在 $U_{Gb} \sim U_{Ga}$ 区间内具有图 4-23 中线段 ab 所示的负斜率调节特性。

励磁调节器的构成环节如图 4 - 24 所示。图中每个环节的具体实现方式在不同类型的励磁调节器中可能有相当大的差异，但其构成环节及特性还是大致相同的。

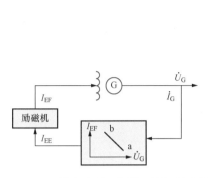

图 4 - 22　比例式励磁调节器反馈控制示意图

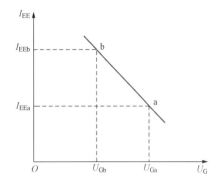

图 4 - 23　比例式励磁调节器工作特性

在图 4 - 24 中，测量比较元件将发电机端电压值与设定的基准电压进行比较后得到差值，用差值作为前置级至功率放大级的输入信息，最后在功率放大级的末端输出一个与此差值反方向的励磁调整电流，使调节器的输入量 U_G 与输出量 I_{EF} 之间达到图 4 - 23 中表示的比例关系。当 U_G 下降时，I_{EF} 就增加，发电机的感应电动势随即增大，使 U_G 重新回到基准值附近；反之，当 U_G 升高时，I_{EF} 就减小，使 U_G 重新回到基准值附近。

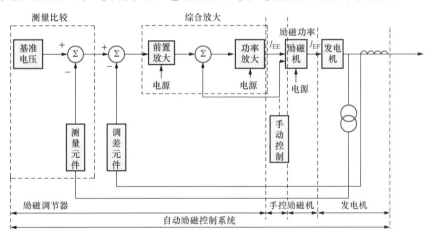

图 4 - 24　励磁调节器的构成环节

二、励磁调节器的静态工作特性

1. 静态工作特性的合成

前面已经分析了励磁调节器的构成，得到励磁调节器的简化框图如图 4 - 25 所示，图中 K_1、K_2、K_3、K_4 分别表示各单元的增益，输入量、输出量的符号如图中所示。

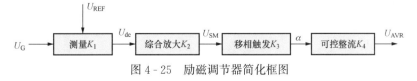

图 4 - 25　励磁调节器简化框图

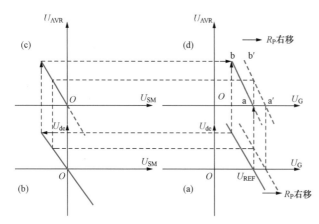

图 4 - 26　励磁调节器的静态工作特性
（a）测量单元的工作特性；（b）放大单元的工作单元；
（c）输入—输出特性；（d）调节器静态工作特性的组合过程

测量比较单元的工作特性如图 4 - 26（a），它的输出电压 U_{de} 和发电机电压 U_G 之间的关系为

$$U_{de} = K_1(U_{REF} - U_G) \quad (4 - 10)$$

式中：K_1 为测量比较单元的放大倍数；U_{REF} 为发电机电压的整定值。

综合放大单元是线性元件，其特性示于图 4 - 26（b）。在其工作范围内有

$$U_{SM} = K_2 U_{de} \quad (4 - 11)$$

式中：K_2 为综合放大单元放大系数。

三相桥式全控整流电路采用具有线性特性的触发电路，因此

$$U_{AVR} = K_3 K_4 U_{SM} \quad (4 - 12)$$

式中：K_3、K_4 为移相触发和可控整流单元的放大倍数。

图 4 - 26（c）是其输入—输出特性，将它与测量比较单元、综合放大单元特性相配合，就可方便地求出励磁调节器的静态工作特性。

图 4 - 26 中表示了励磁调节器静态工作特性的组合过程。由图 4 - 26（d）可见，在励磁调节器工作范围内，U_G 升高，U_{AVR} 减小；U_G 降低，U_{AVR} 增加。其中线段 ab 为励磁调节器的工作区，工作区 ab 内发电机电压变化很小，可达到维持发电机端电压水平的目的。图4 - 26（a）所示的测量比较单元工作特性对应于励磁调节器的电压整定为某一定值，当测量比较单元中用于整定基准电压 U_{REF} 的整定电位器 R_P 滑动端移向负电源时，特性曲线将右移。反之，特性曲线将左移。因此，励磁调节器的静态工作特性曲线将随给定值的变化而移动。

励磁调节器的特性曲线在工作区内的陡度，是调节器性能的主要指标之一，即

$$K = \frac{\Delta U_{AVR}}{U_{REF} - U_G} \quad (4 - 13)$$

式中：K 为调节器的放大倍数。

调节器放大系数 K 与组成调节器的各单元增益的关系为

$$K = \frac{\Delta U_{AVR}}{U_{REF} - U_G} = \frac{\Delta U_{de}}{U_{REF} - U_G} \times \frac{\Delta U_{SM}}{\Delta U_{de}} \times \frac{\Delta \alpha}{\Delta U_{SM}} \times \frac{\Delta U_{AVR}}{\Delta \alpha} \quad (4 - 14)$$

$$= K_1 K_2 K_3 K_4$$

可见励磁调节器总的放大倍数等于各组成单元放大倍数的乘积。

2. 发电机励磁控制系统的静态特性

发电机励磁控制系统是由励磁系统和被控对象发电机组成。励磁系统的种类很多，现以交流励磁机系统为例，说明励磁控制系统调节特性。

发电机的调节特性是发电机转子电流 I_{EF} 与无功负荷电流 I_Q 的关

微课：发电机组静态工作特性

系。由于在励磁调节器作用下，发电机端电压仅在额定值附近变化，因此图 4 - 27（a）仅表示发电机额定电压附近的调节特性。励磁机的工作特性在一般情况下是接近线性的，即励磁机定子电流和励磁机的励磁电流 I_{EF} 之间近似呈线性关系。这样，发电机转子电流就可以直接用励磁机励磁电流 I_{EF} 表示。图 4 - 27（b）是利用作图法做出的发电机无功调节特性曲线 $U_G = f(I_Q)$，图上用虚线示出工作段 a、b 两点的作图过程。

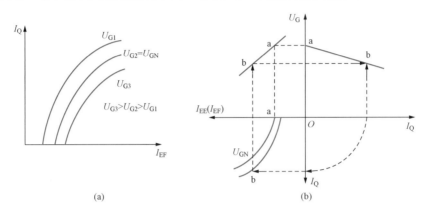

图 4 - 27　发电机无功调节特性

（a）发电机的 $I_{EF} = f(I_Q)$；（b）发电机调节特性

图 4 - 27 所示的 $U_G = f(I_Q)$ 曲线说明，发电机带自动励磁调节器后，无功电流 I_Q 变动时，电压 U_G 基本维持不变。调节特性稍有下倾，下倾的程度表征了发电机励磁控制系统运行特性的一个重要参数—调差系数。

调差系数用 δ 表示，其定义为

$$\delta = \frac{U_{G1} - U_{G2}}{U_{GN}} = U_{G1}^* - U_{G2}^* = \Delta U_G^* \qquad (4 - 15)$$

式中：U_{GN} 为发电机额定电压；U_{G1}、U_{G2} 分别为空载运行和输出额定无功电流时的发电机电压，如图 4 - 28 所示，一般取 $U_{G2} = U_{GN}$。

调差系数 δ 也可以用百分数表示，称为调差率，即

$$\delta\% = \frac{U_{G1} - U_{G2}}{U_{GN}} \times 100\% \qquad (4 - 16)$$

由式（4 - 16）可见，调差系数 δ 表示无功电流从零增加到额定值时，发电机电压的相对变化。调差系数越小，无功电流变化时发电机电压变化越小。所以调差系数 δ 表征了励磁控制系统维持发电机电压的能力。

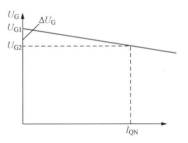

图 4 - 28　发电机无功调节特性

对于按电压偏差进行比例调节的励磁控制系统，当调差单元退出工作时，其固有的无功调节特性也是下倾的，称为自然调差系数，用 δ_0 表示。其值随控制系统放大倍数的增大而减小。

由于同步发电机在电网运行中情况各异，对无功调节提出了不同的要求，因此在励磁调节器中设置了调差单元，可以设定不同的调差系数。在公共母线上并联运行的发电机组间无功功率的分配，主要取决于各台发电机的无功调节特性。而无功调节特性是用调差系

数 δ 来表征的。

三、励磁调节器静态工作特性的调整

对励磁调节器特性进行调整主要是为了满足运行方面的要求。这些要求是：①发电机投入和退出运行时，能平稳地改变无功负荷，不致发生无功功率的冲击，通过上下平移无功调节特性实现；②保证并联运行的发电机组间无功功率的合理分配，改变调差系数来实现。

1. 调差系数的调整

由式 4-16 可知，发电机的调差系数取决于自动励磁调节系统的总的放大倍数。通常，自动励磁调节系统的总的放大倍数足够大，因为发电机带有励磁调节器时的调差系数一般小于 1%，所以必须附加调差环节，人为地把调差率提高到 $4\% \sim 6\%$，无功负荷才能按机组容量稳定分配。

图 4-29 为发电机调节特性的三种类型。由式（4-16）可知，$\delta > 0$ 为正调差系数，其调节特性下倾，即发电机端电压随无功电流增大而降低。$\delta < 0$ 为负调差系数，其调节特性上翘，发电机端电压随无功电流增大而上升。$\delta = 0$ 称为无差特性，这时发电机端电压恒为定值。

在实际运行中，发电机一般采用正调差系数，因为它具有系统电压下降而发电机电流增加的特性，这对于维持稳定运行是十分必要的。至于负调差系数，一般只能在大型发电机-变压器组单元接线时采用，这时发电机外特性具有负调差系数，但考虑变压器阻抗压降以后，在变压器高压侧母线上看，仍具有正调差系数。因此负调差系数主要是用来补偿变压器阻抗上的压降，使发电机—变压器组的外特性下倾度不致太厉害，这对于大型机组是必要的。正、负调差系数可以通过改变调差接线极性来获得，调差系数一般在 $\pm 5\%$ 以内。

调差系数的调节原理如下。在不改变调压器内部元件结构的条件下，在测量元件的输入量中（有时改在放大元件的输入量中），除 U_G 外，再增加一个与无功电流 I_Q 成正比的分量，就获得了调整调差系数的效果。

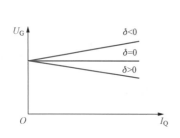

图 4-29 发电机无功调差特性

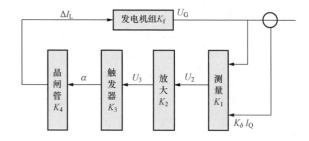

图 4-30 调差系数调整原理框图

在图 4-30 中，测量单元的内部结构并未改变，其放大倍数仍为 K_1，于是测量输入变为

$$U_G \pm K_\delta I_Q$$

于是，测量输入变为

68

$$U_{\text{REF}} - (U_{\text{G}} \pm K_\delta I_{\text{Q}}) = \Delta U_{\text{G}} \mp K_\delta I_{\text{Q}}$$

由于测量单元的放大倍数 K_1 没有变化，所以可以适当选择系数 K_δ，就可以改变调差系数 δ 的大小。

下面以两相式正调差接线为例，说明调差环节的工作原理，其接线如图 4 - 31 所示。

图 4 - 31 中，TV 为 Yy_0 连接，在发电机电压互感器的二次侧，A、C 二相中分别串入电阻 R，在 A 相电阻 R 上引入 C 相电流 $\dot{I}_c$，在 C 相电阻 R 上引入 A 相电流 $\dot{I}_a$。这些电流在电阻上产生的电压降与电压互感器二次侧三相电压按相位组合后，送入测量单元的测量变压器。

在正调差接线时，在图中规定的正方向下，调差环节输出电压 $\dot{U}'_a$、$\dot{U}'_b$、$\dot{U}'_c$ 与调差环节输入电压 $\dot{U}_a$、$\dot{U}_b$、$\dot{U}_c$ 之间有如下关系

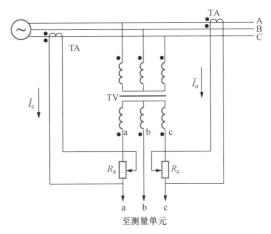

图 4 - 31　两相式正调差接线

$$\begin{cases} \dot{U}'_a = \dot{U}_a + \dot{I}_c R \\ \dot{U}'_b = \dot{U}_b \\ \dot{U}'_c = \dot{U}_c - \dot{I}_a R \end{cases} \tag{4-17}$$

根据这一关系，作出功率因数 $\cos\varphi = 1$ 和 $\cos\varphi = 0$ 的矢量图，如图 4 - 32 所示。

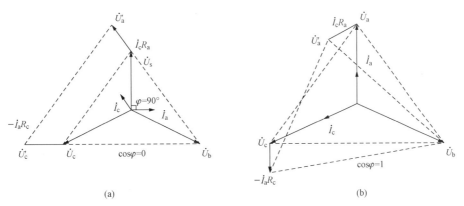

(a) 　　　　　　　　　　　　　　　(b)

图 4 - 32　调差环节矢量图

当 $\cos\varphi = 0$ 时，各相为纯无功电流，由图 4 - 32（a）可见，输出的线电压三角形仍为正三角形，其大小随无功电流增大而增大。根据励磁调节器的工作特性，测量单元输入电压上升，励磁电流将减少，迫使发电机的电压下降，其外特性的下倾度加强。因此可以在图 4 - 31 所示接线给出了一个 $\delta > 0$ 的正调差环节，改变 R 可获得适当的 δ。当 $\cos\varphi = 1$ 时，各相为纯有功电流，由图 4 - 32（b）可见，输出电压 $\dot{U}'_a$、$\dot{U}'_b$、$\dot{U}'_c$ 与调差环节输入电压 $\dot{U}_a$、$\dot{U}_b$、$\dot{U}_c$ 相比有变化，幅值基本不变，故认为调差环节不反应有功电流。当 $0 < \cos\varphi <$

1，即正常运行情况下，发电机可以分解为有功和无功两个分量，测量变压器的一次电压可以看作是 4 - 32（a）和（b）的叠加，而调差环节只反映无功分量的影响，故只要计算其中的无功电流的影响即可。对于负调差接线，在图 4 - 31 中将 TAc 和 TAa 二次侧接线反相，则式（4 - 17）中 $\dot{I}_cR$、$\dot{I}_aR$ 反号，就可得到负调差特性。

2. 发电机调节特性的平移

发电机投入或退出电网运行时，要求能平稳地转移负荷，不要引起对电网的冲击。

假设某一台发电机带有励磁调节器，与无穷大母线并联运行。由图 4 - 33 可见，发电

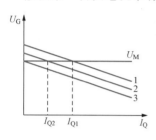

图 4 - 33　外特性的平移
与机组无功功率的关系

机无功电流从 I_{Q1} 减小到 I_{Q2}，只需要将调节特性由 1 平移到 2 的位置。如果调节特性继续向下移动到 3 的位置时，则它的无功电流将减小到零，这样机组就能够退出运行，不会发生无功功率的突变。

同理，发电机投入运行时，只要将其特性调节于 3 的位置，带机组并入电网后再进行向上移动特性的操作，使无功电流逐渐增加到运行要求值。

移动发电机调节特性的操作是通过改变励磁调节器的整定值来实现的。

图 4 - 34 表示了励磁调节器工作特性的合成过程。由图 4 - 26 可见，当整定单元的整定值增加时，励磁调节器的测量特性将向右移，所对应的励磁调节器工作特性也将右移。与此相对应，由图 4 - 43 可见，当整定单元的整定值增加时，励磁调节器输出特性 $I_{EF} = f(U_G)$ 曲线平行上移，发电机无功调节特性也随之上移。反之，整定值减小，无功调节特性平行下移。因此，现场运行人员只要调节机组的励磁调节器中的整定器件就可以控制无功调节特性上下移动，实现无功功率的转移。

四、并联运行机组间无功功率的分配

几台发电机在同一母线上并联运行时，改变任何一台机组的励磁电流不仅影响该机组的无功电流，而且还影响同一母线上并联运行机组的无功电流。与此同时也引起母线电压的变化。这些变化与机组的无功调节特性有关。

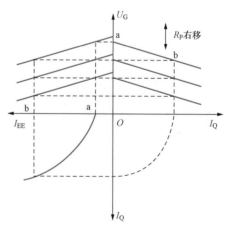

图 4 - 34　调节特性的平移

（一）无差调节特性

1. 一台无差调节特性的机组与有差调节特性机组的并联运行

假设两台发电机组在公共母线上并联运行，其中第一台发电机为无差调节特性，其特性见图 4 - 35 中曲线 1；第二台发电机为有差调节特性，调差系数 $\delta > 0$，特性如图中曲线 2。这时母线电压必定等于 U_1 并保持不变，第二台发电机无功电流为 I_{Q2}。如果电网供电的无功负荷改变，则第一台发电机的无功电流将随之改变，而第二台发电机的无功电流维持不变，仍为 I_{Q2}。移动第二台发电机特性曲线 2 可改变发电机之间无功负荷的分配。如果需要改变母线电压，可移动第一台发电机组调节特性曲线 1。

以上分析可知：一台无差调节特性的发电机可以和多台正调差特性的发电机组并联运行。但在实际运行中，由于具有无差调节特性的发电机将承担无功功率的全部增量，一方面一台发电机组的容量有限，另一方面，发电机组间无功功率的分配也很不合理，所以这种运行方式实际上很难采用。

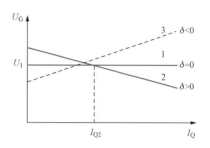

图 4-35 并列运行机组间的无功功率分配

若第二台发电机的调差系数 $\delta < 0$（即特性向上翘），那么，虽然两台发电机组也有交点，但它不是稳定运行点。如果由于偶然因素使两台发电机组输出的无功电流增加，则根据机组的调节特性，即图 4-35 中虚线所示的特性，励磁调节器将增大发电机的励磁电流，力图使机端电压升高，从而导致发电机输出的无功电流进一步增加，而第一台发电机组则力图维持端电压，使其励磁电流减小，于是无功电流也将减小，这个过程将一直进行下去，以致不能稳定运行。不难推论，具有负调差特性的发电机是不能在公共母线上并联运行的。

2. 两台无差调节特性的机组不能并联运行

假定有两台无差调节特性的发电机在公共母线上并联运行，图 4-35 中曲线 1 为无差调节特性曲线，两台无差调节发电机的特性曲线就是两条平行直线。根据几何原理，两条平行如果有交点则必须重合。由于在实际运行中基本做不到两台发电机特性完全重合，因此这两台无差调节特性的发电机是不能并联运行的。

（二）正调差特性的发电机的并联运行

假定两台正差调节特性的发电机在公共母线上并联运行，如图 4-36 所示，其调节特性分别为直线 1 和直线 2。由于两台发电机端电压是相同的，等于母线电压 U_{G1}。每台发电机所负担的无功电流是确定的，分别为 I_{Q1} 和 I_{Q2}。

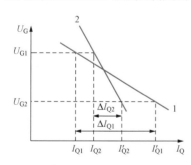

图 4-36 两台正调差特性的发电机并列运行

现假定无功负荷增加，于是母线电压下降，调节器动作，增加励磁电流，设新的稳定电压值为 U_{G2}，这时每台发电机负担的无功电流分别为 I'_{Q1} 和 I'_{Q2}。机组 1 和机组 2 分别承担一部分增加的无功负荷。机组间无功负荷的分配取决于各自的调差系数。

以发电机 G1 的调节特性为例。无功电流为零时发电机端电压 U_{G0}，无功电流为额定值 I_{QN} 时，发电机端电压为 U_{GN}，母线电压为 U_G 时发电机的无功电流可由式（4-18）表示为

$$I_Q = \frac{U_{G0} - U_G}{U_{G0} - U_{GN}} I_{QN} \tag{4-18}$$

其标幺值表示为

$$I_Q^* = \frac{U_{G0^*} - U_{G^*}}{\dfrac{U_{G0} - U_{GN}}{U_{GN}}} = \frac{1}{\delta}(U_{G0^*} - U_{G^*}) \tag{4-19}$$

若母线电压变化，则由式（4-19）可得到机组的无功电流变化量的标幺值为

$$\Delta I_{Q^*} = -\frac{\Delta U_{G^*}}{\delta} \qquad\qquad (4 - 20)$$

式（4-20）表明，当母线电压波动时，发电机无功电流的增量与电压偏差成正比，与调差系数成反比，而与电压整定值无关。式（4-20）中负号表示在正调差情况下（$\delta >$ 0），当母线电压降低时，发电机无功电流将增加。

两台有正差调节特性的发电机在公共母线上并联运行，当系统无功负荷波动时，其电压偏差相同。由式（4-20）可知，调差系数较小的发电机承担较多的无功电流增量。通常要求各台发电机无功负荷的波动量与它们的额定容量成正比，即希望各发电机无功电流波动量的标幺值 ΔI_{Q^*} 相等，这就要求在公共母线上并联运行的发电机组具有相同的调差系数。

【例 4-1】 某电厂有两台发电机在公共母线上并联运行，1 号机的额定功率为 25MW，2 号机的额定功率为 50MW。两台机组的额定功率因数都是 0.85。励磁调节器的调差系数都为 0.05。若系统无功负荷增长了总无功容量的 20%，求各机组承担的无功负荷增量是多少？母线上电压波动是多少？

解 1 号机的额定无功功率 $Q_{G1N} = P_{G1N}\tan\varphi_1 = 25 \times \tan(\arccos 0.85) = 15.49\text{(Mvar)}$

2 号机的额定无功功率 $Q_{G2N} = P_{G2N}\tan\varphi_2 = 50 \times \tan(\arccos 0.85) = 30.99\text{(Mvar)}$

$\Delta Q_{1^*} = -\dfrac{\Delta U_*}{\delta_1}, \Delta Q_{2^*} = -\dfrac{\Delta U_*}{\delta_2}$

$\Delta Q_{1^*} Q_{G1N} + \Delta Q_{2^*} Q_{G2N} = (Q_{G1N} + Q_{G2N}) \times 20\%$

得 $\Delta Q_{1^*} = 0.2, \Delta Q_{2^*} = 0.2, \Delta U_* = -0.01$

因此 $\Delta Q_1 = \Delta Q_{1^*} Q_{G1N} = 3.1\text{(Mvar)}, \Delta Q_2 = \Delta Q_{2^*} Q_{G2N} = 6.2\text{(Mvar)}$

【例 4-2】 1 号机励磁调节器的调差系数为 0.04，2 号机励磁调节器的调差系数为 0.05。求各机组承担的无功负荷增量是多少？母线上电压波动是多少？

解 1 号机的额定无功功率 $Q_{G1N} = P_{G1N}\tan\varphi_1 = 25 \times \tan(\arccos 0.85) = 15.49\text{(Mvar)}$

2 号机的额定无功功率 $Q_{G2N} = P_{G2N}\tan\varphi_2 = 50 \times \tan(\arccos 0.85) = 30.99\text{(Mvar)}$

$\Delta Q_{1^*} = -\dfrac{\Delta U_*}{\delta_1}, \ \Delta Q_{2^*} = -\dfrac{\Delta U_*}{\delta_2}$

$\Delta Q_{1^*} Q_{G1N} + \Delta Q_{2^*} Q_{G2N} = (Q_{G1N} + Q_{G2N}) \times 20\%$

得 $\Delta Q_{1^*} = 0.23, \Delta Q_{2^*} = 0.185, \Delta U_* = -0.009\,2$

因此 $\Delta Q_1 = \Delta Q_{1^*} Q_{G1N} = 3.56\text{(Mvar)}, \Delta Q_2 = \Delta Q_{2^*} Q_{G2N} = 5.73\text{(Mvar)}$

以上讨论，同样适用于多台发电机并联运行情况。运行中需要改变发电机组的无功负荷时，调整励磁调节器的整定元件，使特性曲线上下移动即可。如果要求改变发电机母线电压又不改变无功负荷的分配比例，那就需要移动所有并联运行发电机的调节特性。

五、励磁调节器的辅助控制

随着电力系统的发展，发电机容量不断增大，大容量发电机组对励磁控制提出了更高要求。例如，在超高压电力系统中输电线路的电压等级很高，此时输电线路的电容电流也相应增大。因此，当线路输送功率较小时，线路的容性电流引起的剩余无功功率使系统电压上升，以致超过允许的电压范围。使发电机进相运行吸收剩余无功功率是一个比较经济的办法，但发电机进相运行时，允许吸收的无功功率和发出的有功功率有关，此时发电机最小励磁电流值应限制在发电机静态稳定极限及发电机定子端部发热允许的范围内。为此在自动励磁装置中设置了最小励磁限制。又如：对大容量发电机组由于系统稳定的要求，励磁系统应具有高起始响应特性，这对于带有交流励磁机的无刷励磁系统而言，必须采取相应措施才能达到高起始响应特性。这些措施之一是提高晶闸管整流装置电压，使发电机励磁顶值电压大大超过其允许值。励磁电流过大，超过规定的强励电流会危及发电机的安全。为此，在励磁调节器中都必须设置瞬时电流限制器以限制强励顶值电流。对励磁调节器这些功能的要求，由励磁调节器的辅助控制完成。

辅助控制与励磁调节器正常情况下的自动控制的区别是，辅助控制不参与正常情况下的自动控制，仅在发生非正常运行工况，需要励磁调节器具有某些特有的限制功能时起相应控制作用。

励磁调节器中的辅助控制对提高励磁系统的稳定性、提高电力系统稳定及保护发电机变压器、励磁机的安全运行有极重要的作用。下面对五种常用的励磁限制功能做一些简述。

（1）瞬时电流限制。由于电力系统稳定性的要求，大容量发电机组的励磁系统必须具有高起始响应的性能。交流励磁机、旋转整流器励磁系统（无刷励磁）在通常情况下很难满足这一要求。唯有采用高励磁顶值的方法才能提高励磁机输出电压的起始增长速度，如图 4 - 37 所示，当加在励磁机励磁绕组上的励磁顶值电压 $U_{EEq2} > U_{EEq1}$ 时，对同一时间 t_1 而言，$U_{E2} > U_{E1}$，即 U_{EEq} 之值越高，励磁机输出电压 U_E 的起始增长速度越快。这样，励磁系统的响应速度得到了改善。但是高值励磁电压将会危及励磁机及发电机的安全，为此，当励磁机电压达到发电机允许的励磁顶值电压数倍时，应立即对励磁机的励磁电流加以限制，以防止危及发电机的安全运行。

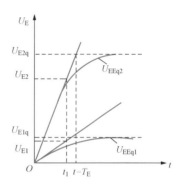

图 4 - 37　励磁机励磁电压
对励磁机电压响应的影响

微课：瞬时
励磁电流控制

励磁调节器内设置的瞬时电流限制器检测励磁机的励磁电流，一旦该值超出发电机允许的强励顶值，限制器输出立即由正变负。通过信号综合放大器闭锁正常的电压控制，由瞬时电流限制器与信号综合放大器构成调节器，使励磁机强励顶值电流自动限制在发电机允许范围内，图 4 - 38 是其控制原理框图。

（2）最大励磁限制。最大励磁限制是为了防止发电机转子绕组长时间过励磁而采取的安全措施。按规程规定，当发电机电压下降至 80%～85% 额定电压时，发电机励磁应迅速强励到顶值电流，一般为 1.6～2 倍额定励磁电流。由于受发电机转子绕组发热的限制，强励时间不允许超过规定值，制造厂给出的发电机转子绕组在不同励磁电压时的允许时间。

为使机组安全运行，对过励磁应按允许发热时间运行，若超过允许时间，励磁电流仍不能自动降下来，则由最大励磁限制器执行限制功能，它具有反时限特性，如图 4 - 39 所示。

（3）最小励磁限制。同步发电机欠励磁运行时，由滞后功率因数变为超前功率因数，发电机从系统吸收无功功率，这种运行方式称进相运行。吸收的无功功率随励磁电流的减小而增加。发电机进相运行受静态稳定极限限制。以单机—无穷大系统为例来讨论这个问题。

微课：最大
励磁限制器

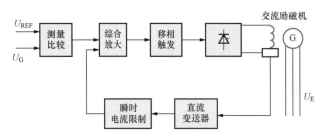

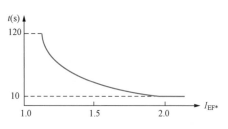

图 4-38 瞬时电流限制控制原理框图   图 4-39 最大励磁限制反时限特性

图 4-40（a）是发电机经升压变压器、输电线路与无穷大母线相连的等值电路图。设发电机内电动势（励磁电动势）为 $\dot{E}_q$，负荷电流为 $\dot{I}$，发电机端电压为 $\dot{U}_G$，无穷大母线电压为 $\dot{U}$，X_d 为发电机同步电抗，$X_e = X_T + X_L$ 为包括变压器和线路电抗的发电机外电抗。则可画出发电机进相运行时的向量图如图 4-40（b）所示。

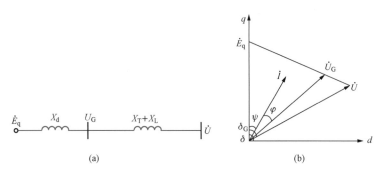

图 4-40 单机—无穷大系统
（a）系统等值电路；（b）相量图

微课：最小
励磁限制器

根据相量图，可以推导出进相运行时有功和无功功率的表达式为

$$P = U_G I\cos\varphi = U_G I\cos(\delta_G - \Psi) = U_G I(\cos\delta_G\cos\Psi + \sin\delta_G\sin\Psi) \quad (4-21)$$

$$Q = U_G I\sin\varphi = U_G I\sin(\delta_G - \Psi) = U_G I(\sin\delta_G\cos\Psi - \cos\delta_G\sin\Psi) \quad (4-22)$$

而

$$I\sin\Psi = I_d = (U_G\cos\delta_G - U\cos\delta)/X_e \quad (4-23)$$

$$I\cos\Psi = I_q = (U_G\sin\delta_G)/X_d \quad (4-24)$$

将式（4-23）、式（4-24）代入式（4-21）、式（4-22），得

$$P_G = \frac{U_G^2}{2}\left(\frac{1}{X_e}+\frac{1}{X_d}\right)\sin2\delta_G - \frac{U_G U}{X_e}\sin\delta_G\cos\delta \quad (4-25)$$

$$Q_G = \frac{U_G^2}{2}\left(\frac{1}{X_e}-\frac{1}{X_d}\right) + \frac{U_G^2}{2}\left(\frac{1}{X_e}+\frac{1}{X_d}\right)\cos2\delta_G - \frac{U_G U}{X_e}\cos\delta_G\cos\delta \quad (4-26)$$

当处于静态极限时，$\delta=90°$，$\cos\delta=0$，则式（4-25）、式（4-26）简化为

$$P_m = \frac{U_G^2}{2}\left(\frac{1}{X_e}+\frac{1}{X_d}\right)\sin2\delta_G \quad (4-27)$$

$$Q_m = \frac{U_G^2}{2}\left(\frac{1}{X_e}+\frac{1}{X_d}\right) + \frac{U_G^2}{2}\left(\frac{1}{X_e}+\frac{1}{X_d}\right)\cos2\delta_G \quad (4-28)$$

或

$$Q_m - \frac{U_G^2}{2}\left(\frac{1}{X_e} - \frac{1}{X_d}\right) = \frac{U_G^2}{2}\left(\frac{1}{X_e} + \frac{1}{X_d}\right)\cos2\delta_G \qquad (4-29)$$

将式（4-27）两边平方后与式（4-29）两边平方后相加得到静稳下功率圆图方程为

$$P_m^2 + \left[Q_m - \frac{U_G^2}{2}\left(\frac{1}{X_e} - \frac{1}{X_d}\right)\right]^2 = \left[\frac{U_G^2}{2}\left(\frac{1}{X_e} + \frac{1}{X_d}\right)\right]^2 \qquad (4-30)$$

由式（4-30）可以看出，在静态稳定极限下，有功率极限 P_m 和无功功率极限 Q_m 之间的函数关系为一圆。在 $P\text{-}Q$ 平面上，此圆的圆心在 $\left[0, \frac{U_G^2}{2}\left(\frac{1}{X_e} - \frac{1}{X_d}\right)\right]$，圆的半径为 $\frac{U_G^2}{2}\left(\frac{1}{X_e} + \frac{1}{X_d}\right)$。如图4-41所示曲线 M。凡曲线 M 上的各点都是静态稳定功率极限（P，Q）。M 曲线外侧属于不稳定区，而圆内任意点属稳定区。

发电机进相运行要考虑发电机定子端部发热在允许范围内。发电机由迟相转进相运行时，转子电流减少，吸收无功增加，使定子端部合成磁通越来越大，造成端部发热。现代大型汽轮发电机定子铁芯采用氢冷，并在端部采取了防止局部发热的措施，进相运行时定子端部铁芯及金属件温升一般不再是限制低励磁运行的主要因素。实际运行中还必须计及静稳定储备及一些无法确定的因素，因此励磁调节器中最小励磁限制曲线如图4-41中曲线 N' 所示。

如图4-41所示，假设发电机进相运行于 A 点，当电网电压升高时，在励磁调节器的作用下，发电机减少励磁，运行点沿 AC 向下移动，当达到 C' 点即达到静态稳定极限，再超过就失去稳定。在 A 点运行，如增加有功输出，运行点向 AB 方向移动，到达 B' 点后若继续沿 AB 方向移动同样会失去稳定。为确保发电机安全运行，在励磁调节器中必须设置最小励磁限制器。

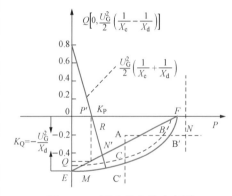

图4-41　同步发电机功率圆

实现欠励限制时，可以用直线或折线来近似圆弧。当考虑留有一定的稳定储备，用直线作为限制线，直线 $\overline{EF}$ 的方程为

$$\frac{P}{K_P} + \frac{Q}{K_Q} = 1 \qquad (4-31)$$

式中，$K_P > 0$，$K_Q < 0$，由发电机欠励运行特性决定。无功要限制在直线 $\overline{EF}$ 之内。励磁调节器检测 P、Q 值，当 $\frac{P}{K_P} + \frac{Q}{K_Q} > 1$ 时，则发出欠励限制信号，阻止励磁电流减小，使进相无功功率减小到允许范围之内。

（4）电压/频率（V/Hz）限制和保护。电压/频率限制器亦称磁通限制器，它的作用是限制发电机端电压和频率的比值，防止发电机及与其连接的主变压器由于电压过高和频率过低，引起铁芯饱和发热。

众所周知，交流电压 $U = kf\phi_m$，所以 $\phi_m = U/(kf)$，可见，磁通量与机端电压/频率成正比，所以 U_G/f_G 越大，发电机和变压器铁芯饱和越严重，铁芯饱和，励磁电流会增大，造成铁芯发热加剧。例如：①发电机解列运行时，其端电压升得较高，频率较低；②机组

微课：电压频率限制与保护

启动期间，频率较低；③甩负荷时，电压较高等。如果其机端电压 U_G 与频率 f_G 的比值 U_G/f_G 过高，反映了发电机和与之相连接的变压器的磁密过大，则同步发电机和变压器的铁芯就会饱和，使发电机的同步电抗、变压器的励磁电抗变小，发电机的无功电流及变压器的励磁电流加大，造成铁芯过热。电压/频率限制器的任务就是保证在任何情况下，将比值 U_G/f_G 限制在允许的安全数值以下。

（5）发电机失磁监控。发电机"失磁"是指发电机在运行中全部或部分失去励磁电流，使转子磁场减弱或消失。这是发电机运行过程中可能发生的一种故障运行状态。

造成发电机失磁的原因可能是由于励磁开关误跳闸、励磁机或晶闸管励磁系统元件损坏或发生故障、自动灭磁开关误跳闸、转子回路某处断线及误操作等。

发电机正常运行时，定子磁场和转子磁场同步旋转。失磁后，励磁电流逐渐衰减到零，原动机的驱动转矩使发电机加速，导致功角 δ 加大，发电机失步，进入异步发电运行状态。

微课：发电机失磁监视

发电机在异步运行下，在向系统送出有功的同时，还从系统吸收无功功率，对系统和发电机本身产生如下不良影响。

1）发电机失步，在转子和励磁回路中产生差频电流，使转子铁芯、转子绕组及其他励磁回路差生附加损耗，引起过热。转差越大，过热越严重。

2）正常运行时，发电机要向系统输出无功功率；失磁后，要从系统吸收无功功率。如果系统无功储备不足，将引起系统电压下降，甚至造成因电压崩溃而使系统瓦解。

3）其他发电机力图补偿上述无功差额，容易造成过电流。如果失磁是一台大容量发电机，则承担补偿无功的发电机过电流就更严重。

汽轮发电机组异步功率比较大，调速器也较灵敏，因此，当发电机超速时，调速器会立即关小气门，使汽轮机的输出功率和发电机的异步功率很快达到平衡，可在较小的转差下稳定运行。而水轮机组，因其异步功率较小，在较大的转差下才能达到功率平衡。

实际运行中，水轮发电机一般不允许失磁运行。汽轮发电机失磁后，适当降低其有功输出，在很小的转差下，可以异步运行一段时间（例如 $10\sim30min$），使运行、调度人员有一段时间来排除失磁故障、采取措施恢复励磁，尽量减少对电力系统运行和用户供电的影响。但是否允许其异步运行，还应根据电力系统具体情况而定。大型发电机组失磁的后果是很严重的，发电机组本身的热容量相对较小，无励磁运行的能力也较低，系统很难提供所需的无功功率，因此，大型发电机组通常不允许失磁运行。

对大机组大多配置有失磁保护，现代发电机组励磁系统中，设置了失磁监视功能。

第六节　励磁控制系统稳定性

对任一线性自动控制系统，首先建立自动控制的传递函数，然后根据特征方程式按照稳定判据来确定其稳定性。当系统稳定性不满足要求时，须采用适当的矫正措施加以改善。在这方面根轨迹法是较为有用的方法，采用它能迅速的获得近似的结果。

为了得到高阶系统动态特性的精确结果，也可列出状态方程，直接求解系统的特征值。随着计算机应用的普及，这种方法已得到了广泛的应用。

一、同步发电机励磁控制系统的传递函数

建立同步发电机励磁控制系统的传递函数，其意义不仅在于研究自动控制系统的稳定性，而且在电力系统分析计算中也是必需的。建立一个详细和准确的励磁控制系统的传递函数对于电力系统动态和暂态分析计算而言是非常重要的。这里运用机理建模方法展示励磁控制系统的建模过程，在最后给出在电力系统分析中常用的几种 IEEE 励磁控制系统模型。

微课：同步发电机励磁系统分析方法

在第二节中，我们已经讨论的各种同步发电机的励磁控制系统，这里以他励式直流发电机励磁控制系统为例展示建模过程。

1. 他励式直流励磁机的传递函数

励磁调节器的输出加于励磁绕组输入端、输出为励磁机电压 u_E，如图 4-42 所示。励磁机励磁绕组两端的电压方程为

$$\frac{\mathrm{d}\lambda_E}{\mathrm{d}t} + R_E i_{EE} = u_{EE} \tag{4-32}$$

式中：λ_E 为励磁机励磁绕组的磁链；R_E 为励磁机励磁绕组的电阻；i_{EE} 为励磁机励磁绕组的电流；u_{EE} 为励磁绕组的输入电压。

微课：励磁机的数学模型

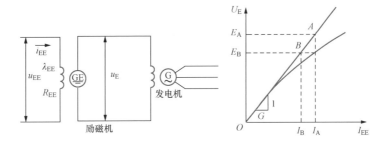

图 4-42　他励式直流励磁机及其饱和曲线

用磁通 ϕ_E 代换磁链 λ_E，并且假定磁通与 N 匝磁链，则可得

$$N\frac{\mathrm{d}\phi_E}{\mathrm{d}t} + R_E i_{EE} = u_{EE} \tag{4-33}$$

只要把 ϕ_E、i_{EE} 用 u_{EE} 表示，就可求得励磁机电压 u_E 与 u_{EE} 之间的微分方程式。由于励磁电流 i_{EE} 与励磁机电压 u_E 之间是非线性关系，通常采用图 4-42 所示的励磁机的饱和特性曲线来计及其饱和影响。定义饱和函数为

$$S_E = \frac{I_A - I_B}{I_B} \tag{4-34}$$

于是可写出

$$I_A = (1 + S_E)I_B \tag{4-35}$$

$$E_A = (1 + S_E)E_B \tag{4-36}$$

微课：励磁机的饱和特性

S_E 随运行点而变，它是非线性的，在整个运行范围内可用某一线

性函数来近似地表示。如果气隙特性的斜率是 $1/G$，则可写出励磁机电压与励磁电流间的关系式 $I_B = Gu_E$，可得

$$i_{EE} = Gu_E(1 + S_E) = Gu_E + Gu_E S_E \tag{4-37}$$

在恒定转速下，电压 u_E 与气隙磁通 ϕ_a 成正比，即

$$u_E = K\phi_a \tag{4-38}$$

在确定 ϕ_a 与 ϕ_E 之间的关系时，注意到 ϕ_E 穿过空气隙时，存在漏磁，通常假定漏磁通 ϕ_l 与 ϕ_a 成正比，即

$$\phi_l = C\phi_a \tag{4-39}$$

因为

$$\phi_E = \phi_a + \phi_l \tag{4-40}$$

由此可得

$$\phi_E = (1 + C)\phi_a = \sigma\phi_a \tag{4-41}$$

式中：C 为常数；σ 为分散系数，取 $1.1 \sim 1.2$。

微课：励磁机的磁通

将式（4-37）、式（4-38）、式（4-41）代入式（4-33）得

$$T_E \frac{\mathrm{d}u_E}{\mathrm{d}t} = u_{EE} - R_E i_{EE} = u_{EE} - R_E Gu_E - R_E GS_E u_E \tag{4-42}$$

如表示为典型的传递函数形式，则为

$$G_E(s) = \frac{u_E(s)}{u_{EE}(s)} = \frac{1}{T_E s + R_E G + R_E GS_E} = \frac{1}{T_E s + K_E + S_E'} \tag{4-43}$$

其中：$T_E = N\sigma/K$，$K_E = R_E G$，$S_E' = R_E GS_E$

由式（4-43）可得他励直流励磁机的传递函数框图，如图 4-43（a）所示。在图 4-43 中还考虑了励磁机端电压 u_E 与其所对应的同步发电机励磁电动势 E_{de} 的换算关系。图 4-43（b）是其规格化后的框图。

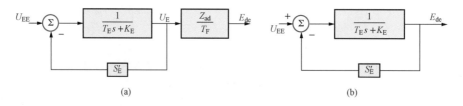

图 4-43　他励式直流励磁机传递函数
（a）他励式直流励磁机传递函数框图；（b）他励式直流励磁机规格化框图

2. 励磁调节器各单元的传递函数

励磁调节器主要由电压测量比较、综合放大及功率放大等单元组成。

（1）电压测量比较单元的传递函数。电压测量比较单元由测量变压器、整流滤波电路及测量比较电路组成。其中电压测量的整流滤波电路略有延时，可用一阶惯性环节来近似描述。比较电路一般可以忽略它们的延时。因此，测量比较电路的传递函数可表示为

微课：励磁机的传递函数

$$G_{\mathrm{R}}(s) = \frac{U_{\mathrm{de}}(s)}{U_{\mathrm{G}}(s)} = \frac{K_{\mathrm{R}}}{1 + T_{\mathrm{R}}s} \tag{4-44}$$

式中：K_{R} 为电压比例系数；T_{R} 为电压测量回路的时间系数。

时间常数 T_{R} 是由滤波电路引起的，T_{R} 的数值通常在 0.02～0.06s 之间。

微课：测量
比较单元的
传递函数

（2）综合放大单元的传递函数。综合放大单元在电子型励磁调节器中是由运算放大器组成，在电磁型励磁调节器中则采用磁放大器。它们的传递函数通常都可视为放大系数为 K_{A} 的一阶惯性环节，其传递函数为

$$G_{\mathrm{A}}(s) = \frac{K_{\mathrm{A}}}{1 + T_{\mathrm{A}}s} \tag{4-45}$$

微课：前置
放大单元的
传递函数

式中：K_{A} 为电压放大系数；T_{A} 为放大器的时间常数。

对于运算放大器，由于其响应快，可近似地认为 $T_{\mathrm{A}} \approx 0$。此外，放大器具有一定的工作范围，输出电压满足 $U_{\mathrm{SM,min}} \leqslant u_{\mathrm{SM}} \leqslant U_{\mathrm{SM,max}}$。

（3）功率放大单元的传递函数。电子型励磁调节器的功率放大单元是晶闸管整流器。由于晶闸管整流元件工作是断续的，因而它的输出与控制信号间存在着时滞。功率放大单元主要用于交流励磁控制系统。

众所周知，一个在正向电压作用下的晶闸管整流元件，从控制极加上触发脉冲到晶闸管导通，通常只经历几十微秒的时间，这对控制系统的动态而言是忽略不计的。然而，一旦晶闸管元件导通后，控制极任何脉冲信号都不能改变它的状态，直到该元件受到反向电压作用而关断为止。晶闸管的这一段断续控制现象就有可能造成输出平均电压 u_{d} 滞后于触发器控制电压信号 u_{SM}。

微课：功率
放大单元的
传递函数

在分析中，这样一个延迟环节可近似为一个惯性环节，其传递函数为

$$G(s) = \frac{K_{\mathrm{Z}}}{1 + T_{\mathrm{Z}}s} \tag{4-46}$$

微课：发电机
的传递函数

3. 同步发电机的传递函数

要仔细分析同步发电机的传递函数是相当复杂的，但如果我们只研究发电机空载时励磁控制系统的相关性能，则可对发电机的数学描述进行简化。通常在稳态运行中，发电机端电压不会发生大的变化，可以不考虑其饱和特性，发电机端电压的稳态幅值就可以被认为与其转子励磁电压成正比。考虑到发电机的响应过程，发电机的传递函数可以用一阶滞后环节来表示，其传递函数为

$$G_{\mathrm{G}}(s) = \frac{K_{\mathrm{G}}}{1 + T'_{\mathrm{do}}s} \tag{4-47}$$

式中：K_{G} 为发电机的放大倍数；T'_{do} 为时间常数。

4. 励磁控制系统的传递函数

求得励磁控制系统各单元的传递函数后，按图 4-44 的典型直流励磁控制系统结构框图构成直流励磁控制系统传递函数框图如图 4-45 所示，在图中不含有功率放大单元。

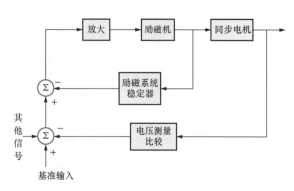

图 4 - 44　典型直流励磁控制系统结构框图

在图 4 - 45 中，如果用 $G(s)$ 表示前向传递函数，$H(s)$ 表示反馈传递函数，该系统的传递函数为

$$\frac{U_G(s)}{U_{REF}(s)} = \frac{G(s)}{1 + G(s)H(s)}$$

为简化起见，忽略励磁机的饱和特性和放大器的饱和限制，则由图 4 - 45 可得

$$G(s) = \frac{K_A K_G}{(1 + T_A s)(K_E + T_E s)(1 + T'_{d0} s)}$$

$$(4 - 48)$$

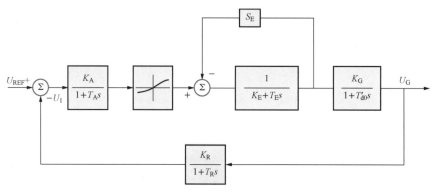

图 4 - 45　直流励磁控制系统传递函数框图

$$H(s) = \frac{K_R}{1 + T_R s} \qquad (4 - 49)$$

所以

$$\frac{U_G(s)}{U_{REF}(s)} = \frac{K_A K_G (1 + T_R s)}{(1 + T_A s)(K_E + T_E s)(1 + T'_{d0} s)(1 + T_R s) + K_A K_G K_R} \qquad (4 - 50)$$

式（4 - 50）即为空载时同步发电机励磁控制系统的传递函数。

5. IEEE 励磁控制系统传递函数

以上分析了励磁控制系统的建模过程，实际中运行的励磁控制系统比上述分析的系统要复杂得多，模型也相对复杂，这里介绍三种 IEEE 标准励磁系统模型以供参考。

（1）IEEE AC2A（高起始响应交流励磁机系统）。IEEE AC2A 描述的是高起始响应的系统，传递函数框图如图 4 - 46 所示，它能够控制发电机励磁电压由额定值上升到顶值电压的 90% 所需时间小于 0.1s，这主要是靠增加强励顶值倍数及用负反馈减小励磁机等效时间常数来达到。

由图 4 - 46 可以看出，在正常工作状态下，低励及过励都不起作用，$K_E = 1$，不考虑 i_{fd} 负反馈效应，励磁机的框图如图 4 - 47（a）所示，将 u_{FE} 负反馈相加点，移到放大倍数 K_B 的前面，则得到图 4 - 47（b）的等效框图。

等效的励磁传递函数为

微课：励磁控制系统的传递函数

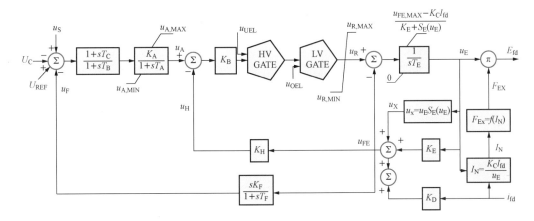

图 4 - 46 IEEE AC2A（高起始响应交流励磁机系统）传递函数框图

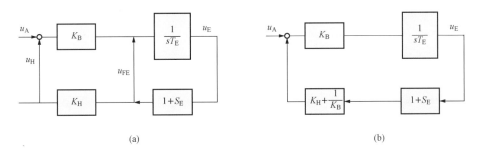

(a)   (b)

图 4 - 47 励磁环节的等值

（a）励磁机框图；（b）等效框图

$$\frac{u_{\mathrm{E}}}{u_{\mathrm{A}}} = \frac{K_{\mathrm{B}}/sT_{\mathrm{E}}}{1 + \dfrac{K_{\mathrm{B}}}{sT_{\mathrm{E}}}\left(K_{\mathrm{H}} + \dfrac{1}{K_{\mathrm{B}}}\right)(1 + S_{\mathrm{E}})} = \frac{K_{\mathrm{B}}/\left[(K_{\mathrm{B}}K_{\mathrm{H}} + 1)(1 + S_{\mathrm{E}})\right]}{1 + sT_{\mathrm{E}}/\left[(K_{\mathrm{B}}K_{\mathrm{H}} + 1)(1 + S_{\mathrm{E}})\right]}$$

可见，等效的励磁机时间常数减少到原来的 $1/(K_{\mathrm{B}}K_{\mathrm{H}} + 1)$，上式中 $\dfrac{1}{(1 + S_{\mathrm{E}})}$ 是反映了饱和效应使等效时间常数减少的比例。

为了达到高起始响应，励磁机励磁电压的强励倍数可达几十倍，甚至上百倍。由于励磁机励磁绕组，特别是发电机励磁绕组的惯性，励磁电流可能会产生过调，以及超过绕组的最大电流允许值，所以一定要有可靠的过电流限制。

IEEE 提供的 AC2A 的典型参数如下：

$K_{\mathrm{A}} = 400; K_{\mathrm{F}} = 0.03; u_{\mathrm{R,MAX}} = 105; T_{\mathrm{E}} = 0.6; T_{\mathrm{F}} = 1.0; u_{\mathrm{R,MIN}} = -95; T_{\mathrm{A}} = 0.01;$ $K_{\mathrm{E}} = 1.0; u_{\mathrm{FE,MAX}} = 4.4; T_{\mathrm{B}} = 0; K_{\mathrm{D}} = 0.35; S_{\mathrm{E}}(u_{\mathrm{E1}}) = 0.037; T_{\mathrm{C}} = 0; K_{\mathrm{C}} = 0.28; u_{\mathrm{E1}} = 4.4; K_{\mathrm{B}} = 25; u_{\mathrm{A,MAX}} = 8.0; S_{\mathrm{E}}(u_{\mathrm{E2}}) = 0.012; K_{\mathrm{H}} = 1.0; u_{\mathrm{A,MIN}} = -8.0; u_{\mathrm{E2}} = 3.3$。

（2）IEEE AC3A（自励式交流励磁机系统）。IEEE AC3A 描述的是由交流励磁通过不可控整流器供主发电机励磁，交流励磁机是采用自并励（经可控整流器）或自复励（经自励恒压装置）方式，电压调节器的电源也取自励磁机机端，如图 4 - 48 所示。框图中有一个 E_{fd} 经 K_{R} 的正反馈，它与调节器输出 u_{A} 相乘后形成 u_{R}。

IEEE 提供的 AC3A 的典型参数如下：

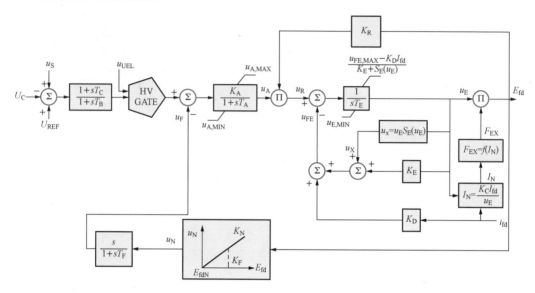

图4-48 IEEE AC3A（自励式交流励磁机系统）传递函数框图

$T_C = 0; u_{E,MAX} = u_{El} = 6.24; K_R = 3.77; T_B = 0; S_E(u_{El}) = 1.143; K_C = 0.104;$
$T_A = 0.013; u_{E2} = 0.75 \cdot u_{E,MAX}; K_D = 0.499; T_E = 1.17; S_E(u_{E2}) = 0.100; K_E = 1.0; T_F = 1.0;$
$E_{fdN} = 2.36; K_F = 0.143; u_{A,MAX} = 1.0; K_A = 45.62; K_N = 0.05; u_{A,MIN} = -0.95; u_{FE,MAX} = 16.$

（3）IEEE AC4A（他励晶闸管交流励磁机系统）。在IEEE AC4A（图4-49）中，交流励磁机通过可控整流供给发电机励磁。交流励磁机的励磁是由一个自励的交流副励磁机供给，其输出电压是固定的，维持在可供强励的高电压水平，发电机励磁电压的调整完全靠励磁机输出的可控整流器来进行。励磁机电枢电流的去磁效应已被略去，但整流换向压降在励磁输出电压的上限中加以近似的考虑。

IEEE AC4A的典型参数如下：

$T_R = 0; u_{I,MAX} = 10; K_A = 200; T_C = 1.0; u_{I,MIN} = 10; K_C = 0; T_B = 10; u_{R,MAX} = 5.64;$
$T_A = 0.015; u_{R,MIN} = -4.53.$

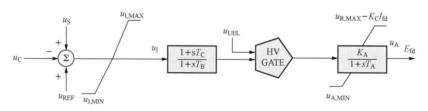

图4-49 IEEE AC4A（他励晶闸管交流励磁机系统）传递函数框图

微课：典型励
磁控制系统根
轨迹绘制（1）

二、典型励磁控制系统的稳定计算

发电机空载条件下，励磁控制系统的稳定性是励磁调节器工作的先决条件。根据励磁控制系统的传递函数，运用经典控制理论可以对系统的稳定性进行分析，这里运用根轨迹法对经典机组的空载稳定性进行讨论。

设某励磁控制系统的参数如下：

$T_A = 0s$，$T'_{d0} = 8.38s$，$T_E = 0.69s$，$T_R = 0.04s$，$K_E = 1$，$K_G = 1$。

由图 4 - 45 可求得系统的开环传递函数为

$$G(s)H(s) = \frac{4.32 K_A K_G K_R}{(s+0.12)(s+1.45)(s+25)} = \frac{K}{(s+0.12)(s+1.45)(s+25)}$$

式中：$K = 4.32 K_A K_G K_R$。

开环极点为：$s = -0.12$，$s = -1.45$，$s = -25$，它们是根轨迹的起始点。

（1）根轨迹渐近线与实轴的交点及倾角

$$\sigma_a = -\frac{\sum_{j=1}^{n} p_j - \sum_{i=1}^{m} z_i}{n-m} = -8.8$$

$$\beta = \frac{(2k+1)\pi}{n-m} (k=0,1,2)$$

$$\beta_1 = \frac{\pi}{3}, \beta_2 = \pi, \beta_3 = \frac{5\pi}{3}$$

（2）根轨迹在实轴上的分离点。

闭环特征方程为

$$(1+T_A s)(K_E + T_E s)(1+T'_{d0} s)(1+T_R s) + K_A K_G K_R = 0$$

用给定值代入，得

$$K = -(s^3 + 26.57 s^2 + 39.42 s + 4.32)$$

由 $\dfrac{\mathrm{d}K}{\mathrm{d}s} = 0$ 及 $K > 0$

解得 $s = -0.775$，这是根轨迹在实轴上的分离点。

（3）在 $j\omega$ 轴交叉点的放大系数。

闭环特征方程为

$$\Phi(s) = s^3 + 26.57 s^2 + 39.42 s + K + 4.32$$

运用劳斯判据，可解得 $K < 1044$，即 $K_A K_R < 241$。

由 s^2 项的辅助多项式可计算根轨迹与虚轴交叉点。解得 $s = \pm j6.28$。

因此，根轨迹与虚轴的交点为 $+j6.28$，$-j6.28$。

由以上计算结果可以绘制出该励磁控制系统的根轨迹如图 4 - 50 所示。

由图 4 - 50 可见，发电机、励磁机的时间常数所对应的极点都很靠近坐标的原点，系统的动态性能不够理想，并且随着闭环回路增益的提高，其轨迹变化趋向转入右半平面，使系统失去稳定。为了改善控制系统的稳定性能，必须限制调节器的放大倍数，而这又与系统的调节精度要求相悖。由此分析可知，在发电机励磁控制系统中，需增

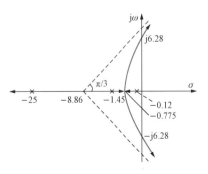

图 4 - 50　励磁系统的根轨迹

加校正环节，才能适应稳定运行的要求。

在励磁控制系统中通常用电压速率反馈环节来提高系统的稳定性，即将励磁系统输出的励磁电压微分后，再反馈到综合放大器的输入端。这种并联校正的微分负反馈网络即为励磁系统稳定器。

微课：保证励
磁控制系统
稳定性分析

三、励磁控制系统空载稳定性的改善

图 4-50 的根轨迹说明，要想改善该励磁自动控制系统的稳定性，必须改变发电机极点与励磁机极点间根轨迹的射出角，也就是要改变根轨迹的渐近线，使之只处于虚轴的左半平面。为此必须增加开环传递函数的零点，使渐近线平行于虚轴并处于左半平面。这可以在发电机转子电压 u_E 处增加一条电压速率负反馈回路，同样将其换算到 E_{de} 处后，其传递函数为 $K_F s/(1+T_F s)$，典型补偿系统框图如图 4-51 所示。

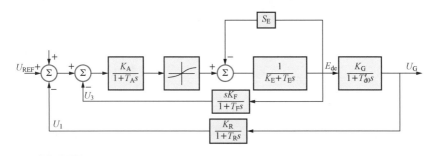

微课：改善
励磁控制系统
稳定性的思考

图 4-51　典型补偿系统框图

微课：提高励
磁控制系统稳
定性的方法

为了分析转子电压速率反馈对励磁系统根轨迹的影响，可以对图 4-51 所示框图进行简化，其简化过程如图 4-52 所示。图 4-52 得到了增加转子电压速率反馈后（$T_A = 0s$）励磁控制系统的等值前向传递函数为

$$G(s) = \frac{K_A K_G}{T_E T'_{d0}} \frac{1}{\left(s+\frac{K_E}{T_E}\right)\left(s+\frac{1}{T'_{d0}}\right)} \tag{4-51}$$

反馈传递函数为

$$H(s) = \frac{T'_{d0} K_A}{K_G T_F} \frac{s\left(s+\frac{1}{T'_{d0}}\right)\left(s+\frac{1}{T_R}\right)+\frac{K_R}{T_R}\left(s+\frac{1}{T_F}\right)\frac{K_G T_F}{K_F T'_{d0}}}{\left(s+\frac{1}{T_F}\right)\left(s+\frac{1}{T_R}\right)} \tag{4-52}$$

于是得励磁控制系统的开环传递函数为

$$G(s)H(s) = \frac{K_A K_F}{T_E T_F} \frac{s\left(s+\frac{1}{T'_{d0}}\right)\left(s+\frac{1}{T_R}\right)+\frac{K_G K_R T_F}{T'_{d0} T_R K_F}\left(s+\frac{1}{T_F}\right)}{\left(s+\frac{1}{T'_{d0}}\right)\left(s+\frac{K_E}{T_E}\right)\left(s+\frac{1}{T_R}\right)\left(s+\frac{1}{T_F}\right)} \tag{4-53}$$

将前面已知的数据及 $K_R = 1$ 代入式（4-53），得

$$G(s)H(s) = 1.45 \times \frac{K_A K_F}{T_F} \frac{s(s+0.12)(s+25)+2.985\frac{T_F}{K_F}\left(s+\frac{1}{T_F}\right)}{(s+0.12)(s+1.45)(s+25)\left(s+\frac{1}{T_F}\right)} \tag{4-54}$$

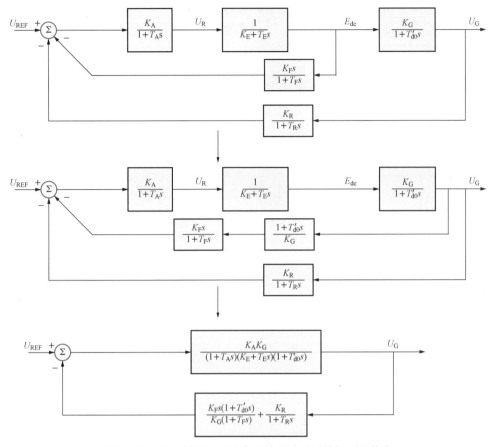

图 4 - 52　具有转子电压速率反馈的励磁系统框图的简化

式（4 - 54）说明，增加了电压速率反馈环节后，系统就有四个极点、三个零点。当 T_F 值给定后，式（4 - 54）的所有极点就被确定了。根轨迹的形状还与零点的位置有关，为此求式（4 - 54）的零点，方程可写为

$$s(s + 0.12)(s + 25) + 2.985 \frac{T_F}{K_F}\left(s + \frac{1}{T_F}\right) = 0 \tag{4 - 55}$$

由式（4 - 55）可知，零点位置随 T_F、K_F 而变，为了探求最佳的零点位置，就需绘制其变化轨迹，因此把式（4 - 55）转化为

$$1 + \frac{K\left(s + \dfrac{1}{T_F}\right)}{s(s + 0.12)(s + 25)} = 0 \tag{4 - 56}$$

式中：$K = 2.985 T_F / K_F$。

由式（4 - 56）可知，其零点的确切位置与 T_F、K_F 值有关。当 $0.12 < \dfrac{1}{T_F} < 25$ 时，$G(s)H(s)$ 的根轨迹的形状如图 4 - 53 所示，其渐近线与实轴上交点的横坐标为 m，m 的范围为 $-12.5 < m < 0.06$。当 K 值给定后，由图 4 - 53 即可确定式（4 - 56）的零点，其位置如图 4 - 53 中 z_1、z_2、z_3。这样，引入电压速率反馈后，励磁控制系统的根轨迹就如图 4 - 54 所示。由图 4 - 54 的根轨迹可见，引入电压速率反馈后，由于新增加了一对零点，

把励磁系统的根轨迹引向左半平面，从而使控制系统的稳定性大为改善。

因此，在发电机的励磁控制系统中，一般都附有励磁系统稳定器，作为改善发电机空载运行稳定性的重要部件。

四、励磁系统稳定器电路

微课：增加励磁系统稳定器的根轨迹对比

励磁系统稳定器电路原理如图 4-55 所示，输入信号为直流励磁电压 U_E，U_E 经可调电位器 W_1、电容 C_4 和隔离变压器 GB 构成的隔直微分环节，输入到由 $R_1R_2R_3C_1C_2C_3$ 所构成双 T 带阻滤波网络后，输入到综合放大单元的输入端。在调节励磁电流的动态过程中，当 U_E 增大时，发电机电压 U_G 也会增大。在 U_E 升高后，经过励磁系统稳定器后，产生一个相当于发电机电压升高的信号，反馈到综合放大单元后，经过励磁调节器使控制角后移，减少励磁电压，使发电机端电压上升速度减慢；反之亦然，当 U_E 下降时，经过励磁系统稳定器作用后使发电机端电压下降速度减慢，从而起到了稳定励磁的作用。励磁系统稳定器中的微分负反馈的作用就是相当于减少了调节器的暂态增益，从而抑制了励磁系统的振荡，减少了励磁的超调过程，起到了稳定调节励磁的效果。

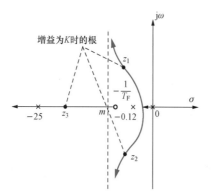

图 4-53 式（4-56）的根轨迹

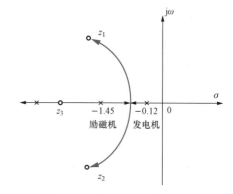

图 4-54 式（4-54）的根轨迹

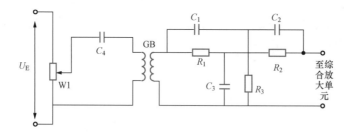

图 4-55 励磁系统稳定器电路原理

微课：励磁系统稳定器的实现电路

在稳定器中增加一个双 T 带阻滤波网络的目的是阻止励磁系统中非振荡的交流分量通过，如三相桥式整流电路输出电压 U_E 的 300Hz 交流分量。双 T 带阻滤波网络对称选频特性的中心频率为

$$f_0 = \frac{10^6}{2\pi RC} \qquad\qquad (4 - 57)$$

通常在双 T 带阻滤波网络中，$C_3 = 2C_1 = 2C_2$，$R_1 = R_2 = 2R_3$。在设计时，选择 $C_1 = C_2 = C$，就可以计算出所有参数。

第七节　低频振荡与电力系统稳定器 （PSS）

20 世纪 70 年代发展起来的电力系统稳定器（Power System Stabilizer，简称 PSS）是科学技术上的一项突破，在各国的大型发电机组上长期运行，产生了重要的影响。PSS 是在人们长期的工程实践中，根据电力系统运行的物理规律进行了深入分析，结合控制理论和电子技术而发展起来的。

电力系统中发电机经输电线路并列运行，在扰动下会发生发电机转子间的相对摇摆，并在缺乏阻尼时引起持续振荡。此时，输电线上功率也会发生相应的振荡。由于其振荡频率很低，一般为 0.2～2.5Hz，故称为低频振荡（又称为功率振荡、机电振荡）。电力系统低频振荡在国内外均有发生。美国西部电力系统在 20 世纪 70 年代发生了低频振荡，造成联络线过电流跳闸，引发了大面积停电。之后西欧、日本等国也相继发生多次输电线低频振荡事故。我国在近十多年来也发生过联络线低频振荡。研究表明，这种低频振荡常出现在长距离、重负荷输电线上，在采用快速、高顶值倍数励磁系统的条件下更容易发生，究其原因主要是互联系统缺乏阻尼而造成的。在励磁系统引入适当的信号，可以增强系统的阻尼，对于抑制低频振荡是一种较为有效的措施，电力系统稳定器 PSS 是实现抑制低频振荡的励磁系统中的装置。

励磁控制系统对电力系统稳定的影响与同步发电机的动态特性密切相关，因此下面先简单地介绍同步发电机的动态方程式。

一、同步发电机动态方程式

在研究同步发电机电磁转矩时，一般将电磁转矩分解为两个分量，即同步转矩分量和阻尼转矩分量。同步转矩分量与 $\Delta\delta$ 同相位，阻尼转矩与 $\Delta\omega$ 同相位。如果同步转矩不足，将发生滑行失步；阻尼转矩不足，将发生振荡失步。

低频振荡的研究涉及同步发电机的数学模型，对这些方程线性化后可以得到用于研究低频振荡的同步发电机的模型。

在研究电力系统稳定问题时，一般以一台同步发电机经外接阻抗 $R_e + jX_e$ 接于无限大母线为典型例子，如图 4 - 56 所示。

微课：研究低频振荡的同步发电机模型（1）

微课：研究低频振荡的同步发电机模型（2）

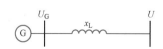
图 4 - 56　单机—无穷大系统

在描述同步发电机动态方程时，假设系统处于小扰动情况下（即偏离运行点不大），其运动方程可进行线性化。从电力系统暂态分析课程可以知道，根据发电机的"不计阻尼绕组的模型"，经过线性化后可以得到发电机暂态电动势偏差方程式

$$\Delta E'_q = \frac{K_3}{1 + T'_{d0}K_3 s}\Delta E_{fd} - \frac{K_3 K_4}{1 + T'_{d0}K_3 s}\Delta\delta \qquad (4\text{-}58)$$

$$K_3 = \frac{x'_d + x_L}{x_d + x_L} \qquad (4\text{-}59)$$

$$K_4 = \frac{x_d - x'_d}{x'_d + x_L}U\sin\delta_0 \qquad (4\text{-}60)$$

微课：暂态
电动势方程

由此可见，K_3 是只与阻抗有关，而与发电机的运行状态无关的阻抗系数；K_4 则与转子功角 δ 有关。式（4-58）的第一个分量与励磁电压偏差 ΔE_{fd} 成正比，它反映 $\Delta E'_q$ 中与励磁电流成正比的部分，第二分量与 $\Delta\delta$ 成正比，反映定子电流的去磁效应。

根据发电机转子运动方程，经过线性化后得到转子运动偏差方程为

$$\Delta\delta = \frac{\omega_0}{T_j s^2}(\Delta M_m - \Delta M_e) \qquad (4\text{-}61)$$

根据发电机电磁转矩方程，经过线性化后得到发电机电磁转矩增量方程为

$$\Delta M_e = K_1\Delta\delta + K_2\Delta E'_q \qquad (4\text{-}62)$$

$$K_1 = \frac{\Delta M_e}{\Delta\delta}\bigg|_{E'_q = C} = \frac{X_q - X'_d}{X'_d + X_L}i_{q0}U\sin\delta_0 + \frac{U\cos\delta_0}{X_q + X_L}E_{Q0} \qquad (4\text{-}63)$$

$$K_2 = \frac{\Delta M_e}{\Delta E'_q}\bigg|_{\delta = C} = \frac{X_q + X_L}{X'_d + X_L}i_{q0} \qquad (4\text{-}64)$$

式中：K_1 为在恒定的转子 d 轴磁链下，当转子相位角有小变化时所引起的电磁转矩变化的系数，它是 $\Delta E'_q$ 恒定时同步转矩系数，相当于同步转矩，反映同步电机的自同步能力；K_2 为在恒定的转子相位角下，相对于 d 轴磁链小的变化所引起的电磁转矩变化的系数。

微课：发电机
电磁转矩方程

根据发电机端电压方程，经过线性化后，得到发电机电压偏差方程为

$$\Delta U_G = K_5\Delta\delta + K_6\Delta E'_q \qquad (4\text{-}65)$$

$$K_5 = \frac{u_{Gd0}}{U_{G0}}\frac{x_q}{x_q + x_L}U\cos\delta_0 - \frac{u_{Gq0}}{U_{G0}}\frac{x'_d}{x'_d + x_L}U\sin\delta_0 \qquad (4\text{-}66)$$

$$K_6 = \frac{u_{Gq0}}{U_{G0}}\frac{x_L}{x'_d + x_L} \qquad (4\text{-}67)$$

微课：发电
机端电压方程

式中：K_5 为在恒定 d 轴磁链下，转子相位角小的变化所引起的发电机端电压变化的系数；K_6 为在恒定的转子相位角下，d 轴磁链小的变化所引起的发电机端电压变化的系数。

将式（4-58）、式（4-61）、式（4-62）、式（4-65）汇总起来就是同步发电机的动态方程组，发电机相量图如图 4-57 所示，对应得到同步发电机传递函数框图如图 4-58 所示。由 $K_1 \sim K_6$ 的表达式可见，K_3 只与外接串联阻抗有关，与发电机的运行工况无关，而其他系数均随运行点的改变而变化。

在远距离输电系统中，这些系数随发电机有功负荷、无功负荷变化，其中 K_1、K_2、

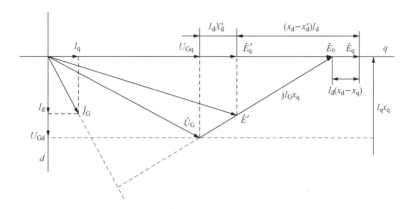

图 4 - 57　同步发电机相量图

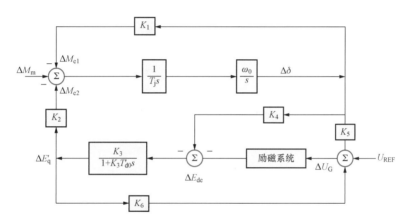

图 4 - 58　经外阻抗接于无限大母线的同步发电机的传递函数框图

K_4 和 K_6 均为正值。在远距离送电的情况下，当负荷加重时，功角 δ 增大，系数 K_5 的值由正变为负值。这是因为当 δ 增大时，U_G 在 q 轴上的分量是减少的，即 ΔU_{Gq} 为负；U_G 在 d 轴上的分量是增大的，即 ΔU_{Gd} 为正。由于 ΔU_{Gq} 与 $-\sin\delta_0 \Delta\delta$ 成正比，相当于式（4 - 66）中 K_5 的第二项；ΔU_{Gd} 与 $\cos\delta_0 \Delta\delta$ 成正比，相当于式（4 - 66）中 K_5 的第一项。因此，当 δ 增大到较大值时，ΔU_{Gq} 的减少量比 ΔU_{Gd} 的增大量要大的时候，则系数 K_5 的值会变为负值。这是一个非常重要的现象。

上述数学模型被称之为海佛荣—飞利浦斯（Heffron-Philips）模型。由于保留了同步发电机在小扰动过程中的重要变量，并且物理概念十分清楚，所以被广泛采用。

微课：海佛荣—
飞利浦斯模型
及参数规律

二、计及励磁系统的同步发电机稳定性分析

应用阻尼转矩及同步转矩分析同步电机受到小干扰后的动态过程，是一种有效且概念清楚的方法，下面据此进行理论分析。

对于发电机而言，决定发电机转子振荡的变量 $\Delta\delta$、$\Delta\omega$ 是与机械惯性时间常数有关的，它的振荡频率最低且衰减较慢；而与励磁系统相关的变量 ΔE_{fd}、$\Delta E'_q$ 等是由小时间常数决定的，它的振荡频率较高且衰减较快。因此，当研究与转子振荡相关的问题，可以认为快速过

微课：计及励
磁系统的同步
发电机稳定性
分析方法

程已经结束；与励磁系统相关的变量将随着 $\Delta\delta$、$\Delta\omega$ 以某个频率做正弦振荡。从特征根在 s 平面的分布来看，由转子机械环节决定的特征根位于零点附近的区域，由励磁系统决定的特征根远离零点。现在研究振荡过程很长，转子机械环节决定的特征根起着主要作用，在分析中可以只考虑这些特征根。这其实就是一种降阶分析方法，也是阻尼转矩及同步转矩分析的理论依据。

从图 4-58 所示的框图可以看出，励磁调节器是通过改变 $\Delta E'_q$ 来改变转矩增量 ΔM_{e2} 的，因 $\Delta\delta$ 变化而产生转矩改变 ΔM_{e1}，ΔM_{e2} 与 $\Delta\delta$ 的传递函数框图如图 4-59 所示，图中 G_e 代表励磁系统的传递函数。

在图 4-59 中，将 K_4 输出的相加点移至 G_e 的前面，如虚线所示。由加点迁移规则可知，K_4 就变为 K_4/G_e，这样就可求出含励磁系统的传递函数

$$\frac{\Delta M_{e2}(s)}{\Delta\delta(s)} = -\frac{K_2 G_3(K_4 + K_5 G_e)}{1 + G_3 G_e K_6} \tag{4-68}$$

$$G_3 = K_3/(1 + K_3 T'_{d0} s)$$

在这里考虑采用快速励磁系统。如果将励磁系统完整框图引入图 4-59 中分析，将会遇到较大的麻烦。在不影响其主要特征的条件下对励磁系统进行简化，将其化简为一阶惯性环节，等值放大系数为 K_e，时间常数为 T_e，如图 4-60 所示，传递函数为

$$G_e = \frac{\Delta E_{fd}}{\Delta U_G} = \frac{K_e}{1 + T_e s} \tag{4-69}$$

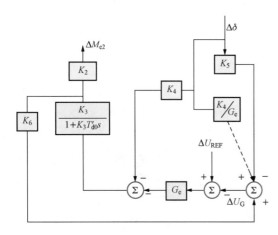

图 4-59 计及励磁系统的同步发电机传递函数

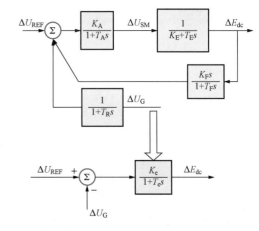

图 4-60 励磁系统简化传递函数

将 G_e、G_3 和 $s = j\omega_d$ 代入到式（4-68）中，经过化简得到

$$\frac{\Delta M_{e2}}{\Delta\delta} = -\frac{K_2 K_3 K_4 + K_2 K_3 K_5 K_e + j\omega_d K_2 K_3 K_4 T_e}{1 + K_3 K_e K_6 - \omega_d^2 K_3 T'_{d0} T_e + j\omega_d(K_3 T'_{d0} + T_e)} \tag{4-70}$$

考虑到快速励磁系统中的时间系数 T_e 很小 K_e 的值较大，即 $T_e \approx 1$，$K_3 K_e K_6 \gg 1$，因此略去上式分母中的第一项可得

$$\frac{\Delta M_{e2}}{\Delta\delta} = -\frac{\frac{K_2}{K_6}\left(\frac{K_4}{K_e} + K_5\right)}{1 + \omega_d^2 T_{EQ}^2} + j\omega_d \frac{\frac{K_2}{K_6} T_{EQ}\left(\frac{K_4}{K_e} + K_5\right)}{1 + \omega_d^2 T_{EQ}^2} \tag{4-71}$$

其中，$T_{\mathrm{EQ}} = \dfrac{T'_{\mathrm{d0}}}{K_{\mathrm{e}} K_6}$。

上式可以表示为

$$\Delta M_{\mathrm{e2}} = \Delta M_{\mathrm{S}} \Delta \delta + \Delta M_{\mathrm{D}} s \Delta \delta \tag{4-72}$$

式（4-72）表明，因磁链变化（包括由励磁系统的作用）产生的转矩可以分解为两个分量，即与 $\Delta \delta$ 成比例的同步转矩 $\Delta M_{\mathrm{S}} \Delta \delta$ 和与转速 $s \Delta \delta$ 成比例的阻尼转矩 $\Delta M_{\mathrm{D}} s \Delta \delta$。其中，

$$\Delta M_{\mathrm{S}} = -\frac{\dfrac{K_2}{K_6}\left(\dfrac{K_4}{K_{\mathrm{e}}} + K_5\right)}{1 + \omega_{\mathrm{d}}^2 T_{\mathrm{EQ}}^2} \approx \frac{1}{K_6} \frac{K_2 K_5}{1 + \omega_{\mathrm{d}}^2 T_{\mathrm{EQ}}^2} \tag{4-73}$$

$$\Delta M_{\mathrm{D}} = -\frac{T_{\mathrm{EQ}} \dfrac{K_2}{K_6}\left(\dfrac{K_4}{K_{\mathrm{e}}} + K_5\right)}{1 + \omega_{\mathrm{d}}^2 T_{\mathrm{EQ}}^2} \approx \frac{1}{K_6} \frac{K_2 K_5 T_{\mathrm{EQ}}^2}{1 + \omega_{\mathrm{d}}^2 T_{\mathrm{EQ}}^2} \tag{4-74}$$

当励磁系统不起作用时，$K_{\mathrm{e}} = 0$，$T_{\mathrm{e}} = 0$，则有

$$\frac{\Delta M_{\mathrm{e2}}}{\Delta \delta} = -\frac{K_2 K_3 K_4}{1 + \mathrm{j}\omega_{\mathrm{d}} K_3 T'_{\mathrm{d0}}} = -\frac{K_2 K_3 K_4 (1 - \mathrm{j}\omega_{\mathrm{d}} K_3 T'_{\mathrm{d0}})}{1 + \omega_{\mathrm{d}}^2 K_3^2 T'^2_{\mathrm{d0}}} \tag{4-75}$$

$$\Delta M_{\mathrm{S}} = -\frac{K_2 K_3 K_4}{1 + \omega_{\mathrm{d}}^2 K_3^2 T'^2_{\mathrm{d0}}} \tag{4-76}$$

$$\Delta M_{\mathrm{D}} = -\frac{T'_{\mathrm{d0}} K_2 K_3^2 K_4}{1 + \omega_{\mathrm{d}}^2 K_3^2 T'^2_{\mathrm{d0}}} \tag{4-77}$$

ΔM_{S} 和 ΔM_{D} 分别为同步电机转矩系数和阻尼转矩系数。式（4-73）和式（4-74）表示有励磁系统时的同步和阻尼转矩系数，它们与 K_5 有关。式（4-76）和式（4-77）表示机组本身同步和阻尼转矩系数，这时的同步转矩是由定子电流去磁效应产生的，因而是负值；阻尼转矩是由励磁绕组本身产生的。

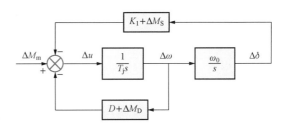

图 4-61 含励磁系统的发电机等效模型

将励磁产生的 $\Delta M_{\mathrm{S}} \Delta \delta$ 和 $\Delta M_{\mathrm{D}} s \Delta \delta$ 与发电机数学模型框图合并，可得如图 4-61 所示的等效模型框图，这个框图的传递函数为

$$\frac{\Delta \delta}{\Delta M_{\mathrm{m}}} = \frac{1}{T_{\mathrm{j}}} \frac{\omega_0}{s^2 + \dfrac{D + \Delta M_{\mathrm{D}}}{T_{\mathrm{j}}} s + \dfrac{(K_1 + \Delta M_{\mathrm{S}})\omega_0}{T_{\mathrm{j}}}} \tag{4-78}$$

特征根为

微课：计及励磁系统的同步发电机稳定性分析

$$s_{1,2} = -\frac{(\Delta M_{\mathrm{D}} + D)}{2T_{\mathrm{j}}} \pm \frac{1}{2}\sqrt{\left(\frac{\Delta M_{\mathrm{D}} + D}{T_{\mathrm{j}}}\right)^2 - 4\omega_0 \frac{\Delta M_{\mathrm{S}} + K_1}{T_{\mathrm{j}}}} \tag{4-79}$$

由上式可知，只要出现负实根，系统就会发生滑行失步，因此，不发生滑行失步的条件为 $K_1 + \Delta M_{\mathrm{S}} > 0$。不发生振荡失步的条件为 $D + \Delta M_{\mathrm{D}} > 0$。

现在讨论远距离输电的情况（$x_{\mathrm{L}} \gg r_{\mathrm{L}}$）。

（1）当负荷较轻时，功角 δ 较小，$K_5 > 0$，由 ΔM_{S} 和 ΔM_{D} 的表达

式可知，此时 $\Delta M_S < 0$，但是，机组总的同步转矩为 $M_S = (K_1 + \Delta M_S)\Delta\delta$，$K_1$ 一般较大，仍然保证 $M_S > 0$。这样，在功角 δ 较小时，不会出现因励磁系统的加入而使 $M_S < 0$ 所导致的滑行失步的情况。另外，$\Delta M_D > 0$，说明励磁系统加入后，机组的阻尼转矩增大，也不会出现振荡失步的情况。

（2）当负荷较重时，功角 δ 较大，$K_5 < 0$，此时 $\Delta M_S > 0$，这说明励磁系统加入会增加系统同步能力。但是，此时 $\Delta M_D < 0$，这说明励磁系统加入会减少总的阻尼转矩系数，这是不利的。随着励磁系统放大系数 K_e 的增大，由式（4-74）可知，T_{EQ} 减小，$|\Delta M_D|$ 增大。当总的阻尼转矩系数 $(D + \Delta M_D) < 0$ 时，阻尼转矩将促使 $\Delta\delta$ 上下变化，机组就发生振荡失步。这说明此时励磁系统恶化了机组的阻尼。

上述情况从物理过程看，当系统处于平衡状态，若扰动使功角 δ 产生了一个振荡，此时 $K_5 < 0$，则与 K_5 成正比的电压偏差中的第一个分量 ΔU_{G1} 与 $\Delta\delta$ 反向。由于励磁系统是按照 $-\Delta U_{G1}$ 调节的，输出为 ΔE_{fd}。由于励磁系统的时间常数很小，因此 ΔE_{fd} 与 $-\Delta U_{G1}$ 间的相角差很小。ΔE_{fd} 输入到机组励磁绕组，其输出是与 ΔM_{e2} 成正比的 $\Delta E'_q$，机组励磁绕组的时间常数为 T'_d。在振荡过程中，从 $-\Delta U_{G1}$ 到 ΔM_{e2} 滞后了一个 $0° \sim 90°$ 的相位角。如果功角 δ 增大，端电压 U_{G1} 下降，经过励磁系统作用，励磁电压升高，但磁链的增长由于机组励磁绕组的惯性要滞后一段时间以至于转子向回摆。当转速 $\Delta\omega$ 成为负值时，磁链仍在增大。这样，制动的电磁转矩增大，以致使转子向回摆的幅值增大，起了相反的作用，这就是所谓的"负阻尼"。

上述分析表明，在远距离输电并且联系薄弱的电力系统中，采用励磁调节器后，减弱了系统的阻尼能力，导致电力系统可能出现低频振荡现象。因此，必须采取适当的措施来改善电力系统运行的稳定性。

三、电力系统稳定器 （PSS）

在远距离输电系统中，励磁控制系统会减弱系统的阻尼能力，引起低频振荡，其原因可以归结为两点。

（1）采用电压作为励磁调节器的控制量按比例调节。

（2）励磁控制系统具有惯性。

由于上述原因，在远距离输电且负荷较重时，如果转子角出现振荡，励磁系统提供的附加磁链的相位落后于机组功角的振荡，它的一个分量与转速反相位，产生了负阻尼转矩，这就使功角振荡加大，从而出现了低频振荡。从发电机励磁系统看，为了解决这个问题而取消定子电压作为控制量是不现实的，因为维持发电机电压恒定是励磁系统的最基本任务。为此，世界各国普遍采用一种简单且行之有效的技术，就是采用电力系统稳定器 PSS 来改善电力系统稳定性，PSS 可以产生正阻尼转矩以抵消励磁控制系统引起的负阻尼转矩。

从上面分析可知，如果励磁系统产生的附加磁链在相位上与转子功角振荡摇摆的相位同相或反相（相当于正的或负的同步转矩系数），则只能使转子角振荡的幅值减少或增大，不能平息转子的振荡，只有提供的附加磁链在相位上超前转子角的摇摆，才可能产生正阻尼转矩，从而平息摇摆振荡。由于励磁系统产生的附加转矩落后于 $\Delta\delta$，如果能产生一个足够大的正阻尼转矩 ΔM_P，使得 ΔM_P 与 ΔM_{e2} 的合成转矩的两个分量同步转矩和阻尼转矩都是正的，就可以平息振荡。这个正阻尼转矩 ΔM_P 是在励磁系统电压参考点输入一个附加信号 Δu_S 产生的，因此，要使 Δu_S 产生正阻尼转矩，Δu_S 的相位必须超前 $\Delta\omega$，这样输入到励磁系统后，经过时间滞后，刚好可以产生正阻尼转矩，这就是稳定器补偿的基本思路。

电力系统稳定器所采用的信号可以是发电机轴角速度偏差 $\Delta\omega$ 或机端电压频率偏差 Δf、电功率偏差 ΔP_e 和过剩功率 ΔP_m 及它们的组合等。由于这些信号相对于轴角速度的相位不同，为使 PSS 的输出信号具有产生正阻尼的合适的相位，一般 PSS 都要求配备相位为超前/滞后网络。这里以转速信号经传递函数 $G_P(s)$ 后被引入到励磁调节器的参考点，如图 4-62 所示。

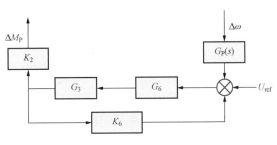

图 4-62 PSS 信号引入

根据图 4-62，可以得出由稳定器提供的附加转矩为

$$\Delta M_P(s) = \frac{K_2 G_P(s) G_3(s) G_e(s)}{1 + K_6 G_3(s) G_e(s)} \Delta\omega(s) \tag{4-80}$$

分别把 $G_3(s)$、$G_e(s)$ 代入，可得

$$\Delta M_P(s) = \frac{G_P(s) K_2 K_e}{T'_{d0} T_e s^2 + \left(T'_{d0} + \frac{T_e}{K_3}\right)s + K_6 K_e + \frac{1}{K_3}} \Delta\omega(s) \tag{4-81}$$

因为 $K_6 K_e \gg \frac{1}{K_3}$，可将 $\frac{1}{K_3}$ 略去，则

$$
\begin{aligned}
\Delta M_P(s) &= \frac{G_P(s) K_2 K_e}{\left[s^2 + \left(\frac{T_e + K_3 T'_{d0}}{K_3 T_e T'_{d0}}\right)s + \frac{K_6 K_e}{T'_{d0} T_e}\right] T'_{d0} T_e} \Delta\omega(s) \\
&= \frac{G_s(s) K_2 K_e}{(s^2 + 2\xi_X \omega_X s + \omega_x^2) T'_{d0} T_e} \Delta\omega(s) \\
&= G_X(s) G_P(s) \Delta\omega(s)
\end{aligned} \tag{4-82}
$$

$$G_X(s) = \frac{1}{T'_{d0} T_e} \frac{K_2 K_e}{s^2 + 2\xi_X \omega_X s + \omega_X^2}$$

$$\xi_X = (T_e + K_3 T'_{d0})/(2\omega_X K_3 T'_{d0} T_e)$$

$$\omega_X = \sqrt{K_6 K_e / T'_{d0} T_e}$$

式中：ω_X 为励磁控制系统的无阻尼自然振荡频率；ξ_X 为系统的阻尼比。

由此可见，如果稳定器的传递函数 $G_P(s)$ 准确地与 $G_X(s)$ 相消，则可使稳定器提供的附加转矩与转速 $\Delta\omega$ 成正比，提供正阻尼转矩。实际上，这样做很困难也没有必要，只要使 $G_P(s)$ 与 $G_X(s)$ 具有相反的相角，在支配机组振荡频率时，$G_P(s)$ 与 $G_X(s)$ 有相近的幅值，稳定器就能提供正阻尼转矩。

由前所述的同步转矩与阻尼转矩的理论分析可知，支配机组振荡频率是由发电机的机械惯性环节决定的，如图 4-63 所示。化简上述框图，可得传递函数为

$$-\frac{\Delta\delta}{\Delta M_{e2}} = \frac{-\omega_0/T_j}{s^2 + \frac{D}{T_j}s + \frac{K_1\omega_0}{T_j}} = \frac{-\omega_0/T_j}{s^2 + 2\xi_n\omega_n s + \omega_n^2} \tag{4-83}$$

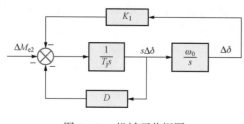

图 4-63 机械环节框图

$$\omega_n = \sqrt{K_1\omega_0/T_j}\,;\,\xi_n = \frac{D}{2\sqrt{T_jK_1\omega_0}}$$

式中：ω_n 为机械环节的无阻尼自然振荡频率；ζ_n 为机械环节的阻尼比。

在欠阻尼（$0<\zeta_n<1$）情况下，当阶跃输入后，机械环节的振荡频率是由阻尼自然振荡频率 ω_d（支配机组振荡频率）决定的，其值为

$$\omega_d = \omega_n\sqrt{1-\xi_n^2} \tag{4-84}$$

当参数给定后可以计算出 ζ_X、ω_X、ω_d，可以求出 $G_P(s)$ 应具备的超前相位角。如前所述，$G_P(s)$ 应该包含超前环节，传递函数为

$$G_\varphi(s) = \frac{1}{a}\left(\frac{1+aT_\varphi s}{1+T_\varphi s}\right)^n \tag{4-85}$$

式中：$a>1$；n 为串联级数，一般 $n=1\sim3$。

从系统运行出发，不希望电力系统稳定器信号对发电机的维持电压产生影响，即不因电力系统稳定器信号的稳态值的改变影响发电机的稳态电压。所以电力系统稳定器中还需串联一个隔离信号稳定值的环节，传递函数为

$$G_{re}(s) = \frac{K_{re}}{1+T_{re}s} \tag{4-86}$$

式中：T_{re} 为隔离环节的时间常数，通常为 $2\sim4s$。

隔离环节的传递函数在阶跃信号作用下的响应特性表明，在稳态下它的输出为零，在暂态过程中可以使振荡信号通过。

这样，电力系统稳定器信号单元总的传递函数为

$$G_s(s) = \frac{K_{re}}{1+T_{re}s}\left(\frac{1+aT_\varphi s}{1+T_\varphi s}\right)^n \tag{4-87}$$

上述关于同步转矩、阻尼转矩的分析方法对于分析弱联系的电力系统低频振荡的物理本质，如何引入电力系统稳定器以及决定适当的相位补偿都是十分有用的。但是，由于略去了特征方程中对应的励磁机、调节器环节的一些根，使得这种方法具有一定的近似性。特别是在励磁调节器和电力系统稳定器的放大系数较大时，就不能反映实际可能出现的不稳定现象。严格的分析方法，可采用状态空间—特征值法，运用计算机求解系数矩阵的特征值，来确定系统的稳定性。

根据电力系统稳定器 PSS 的传递函数，构成了实用的 PSS 装置，结构如图 4-64 所示。在 PSS 中，环节 1—电抗补偿器是为补偿发电机电抗上的频率变化而设置的，使得由机端电压和电流可以准确地测量出发电机内电势和转速的变化。环节 2—频率测试环节和滤波器是提供转速变化信号的，可以根据具体测频器设置相应的滤波器。环节 3—相位超前—滞后环节，环节 4—隔离环节，输入信号除了频率偏差外，有时还有电压偏差信号。这个电压偏差的作用是当电压升高时，经过一个惯性环节的延时以抵消频差的输入稳定器的信号，这样就不至于使发电机电压产生严重的突然变化。环节 8—为了防止端电压产生严重突变而设定的，当电压超过设定值时就断开稳定器。环节 5—输出限幅器，是为了防

止 PSS 输出电压过高。环节 6—PSS 输出故障诊断器，为了防止 PSS 故障后输出异常电压。

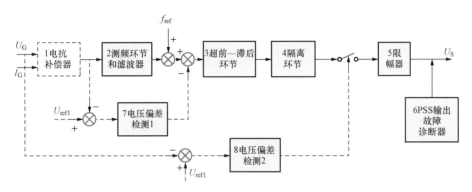

图 4-64　电力系统稳定器 PSS 的结构框图

习题与思考题

4-1　同步发电机励磁控制系统主要是由哪些部分组成，各部分的主要作用是什么？

4-2　同步发电机励磁控制系统如何分类？并举例说明。

4-3　请阐述同步发电机励磁控制系统在电力系统运行方面的作用和任务。

4-4　简述同步发电机励磁控制系统的各种类型及其优缺点，试画出各种类型同步发电机励磁控制系统的原理框图。

4-5　同步发电机有哪几种励磁调节方式？有什么根本区别？

4-6　强励的基本作用是什么？衡量强励性能的指标是什么？

4-7　根据励磁调节器的静态工作特性，分析励磁调节器是如何具有维持机端电压保持不变的能力？

4-8　何谓灭磁？常见的灭磁方法有哪些？请阐述说明并作出对比分析。

4-9　请阐述发电机励磁调节器静态特性曲线的斜率调整（调差系数调整）和平移的实现方法。

4-10　发电机励磁调节器的辅助控制包括哪些内容？

4-11　从自动控制理论的角度，发电机励磁控制系统稳定性的分析方法有哪些？针对其中任一种分析方法的原理步骤进行简要说明。

4-12　设某励磁自动控制系统结构图如图 4-65 所示，其中 $U_{ref}(s)$ 为基准电压，U_e 为励磁机输出电压，U_g 为发电机极端电压，K 为励磁调节器放大倍数，$K>0$。

（1）写出从 U_{ref} 到 U_g 的传递函数；

（2）K 为何值时，系统处于稳定边界？

（3）试定性分析如何提高系统的稳定性。

4-13　在图 4-66 中，（a）为发电机励磁控制系统的结构，（b）为相应的传递函数框图，请说明两图中各个环节的对应关系，并对传递函数框图的各个环节及其参数的意义进行分析。

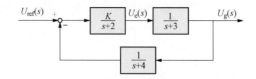

图 4 - 65　题 4 - 12 某励磁自动控制系统结构图

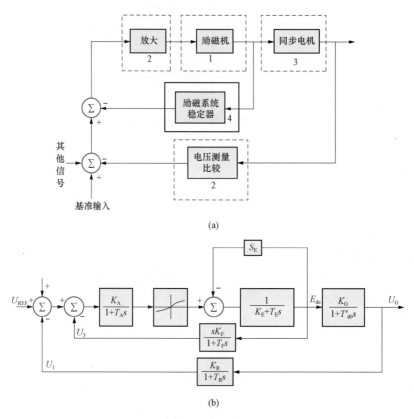

(a)

(b)

图 4 - 66　题 4 - 13 发电机励磁控制系统
(a) 结构；(b) 传递函数框图

4 - 14　请对比分析发电机励磁控制系统中的励磁系统稳定器和电力系统稳定器 PSS 在输入输出信号、原理、作用方面的异同。

第五章 电力系统频率及有功功率的自动调节与控制

第一节 电力系统的频率特性

一、概述

众所周知，电力系统频率是衡量电能质量的三大指标之一，电力系统频率反映了发电有功功率和负荷之间的平衡关系，是电力系统运行的重要控制参数，与广大用户的电力设备和发电设备本身的安全和效率有着密切的关系。

微课：电力
系统频率
变化概述

设系统中有 m 台发电机组，各发电机组原动机的输入总功率为 $\sum_1^m P_{\text{Ti}}$，各发电机组的电功率总输出为 $\sum_1^m P_{\text{Gi}}$。当忽略发电机组内部损耗时，$\sum_1^m P_{\text{Ti}} = \sum_1^m P_{\text{Gi}}$，输入输出功率平衡。如果这时由于系统中的负荷突然变动而使发电机组输出功率增加 ΔP_{L}，而由于机械的惯性，输入功率还来不及做出反应，这时

$$\sum_1^m P_{\text{Ti}} < \sum_1^m P_{\text{Gi}} + \Delta P_{\text{L}} \tag{5-1}$$

则发电机组输入功率小于负荷要求的电功率，为了保持功率平衡，发电机组只有把转子的一部分动能转换成电功率，致使发电机组转速降低，系统频率降低。其间的关系式为

$$\sum_1^m P_{\text{Ti}} = \sum_1^m P_{\text{Gi}} + \Delta P_{\text{L}} + \frac{\mathrm{d}}{\mathrm{d}t}(\sum_1^m W_{\text{Ki}}) \tag{5-2}$$

式中：W_{Ki} 为机组的动能。

可见，系统频率的变化是由于发电机的负荷与原动机输入功率之间失去平衡所致，因此调频与有功功率调节是不可分开的。电力系统负荷是不断变化的，而原动机输入功率的改变较缓慢，因此系统中频率的波动是难免的。

频率降低较大时，对系统运行极为不利，甚至会造成系统崩溃的严重后果。

（1）对汽轮机的影响。运行经验表明，某些汽轮机在长时期低于频率 49～49.5Hz 以下运行时，叶片容易产生裂纹，当频率低到 45Hz 附近时，个别级的叶片可能发生共振而引起断裂事故。

（2）发生频率崩溃现象。当频率下降到 47～48Hz 时，火电厂的厂用机械（加给水泵等）的出力将显著降低，使锅炉出力减少，导致发电厂输出功率进一步减少，致使功率缺

额更为严重。于是系统频率进一步下降，这样恶性循环将使发电厂运行受到破坏，从而造成所谓"频率崩溃"现象。

（3）发生电压崩溃现象。当频率降低时，励磁机、发电机等的转速相应降低，由于发电机的电动势下降和电动机转速降低，加剧了系统无功不足情况，使系统电压水平下降。运行经验表明，当频率降至 $46 \sim 45\mathrm{Hz}$ 时，系统电压水平受到严重影响，当某些中枢点电压低于某一临界值时，将出现所谓"电压崩溃"现象，系统运行的稳定性遭到破坏，最后导致系统瓦解。

所以，电力系统运行中的主要任务之一，就是对频率进行监视和控制。当系统机组输入功率与负荷功率失去平衡而使频率偏离额定值时，控制系统必须调节机组的出力，以保证电力系统频率的偏移在允许范围之内（一般允许偏差不得超过 $\pm 0.2\mathrm{Hz}$，我国某些电力系统以 $\pm 0.1\mathrm{Hz}$ 作为频率偏差合格范围的考核指标）。

调节频率或调节发电机组转速的基本方法是改变单位时间内进入原动机的动力元素（即蒸汽或水）。当用一台或几台发电机组来调节频率时还会引起发电机组间负荷分配的改变，这就涉及电力系统经济运行问题。因此，频率的调节与电力系统负荷的经济分配有着密切的关系。在调整系统频率时，要求维持系统频率在规定范围内。此外，还要力求使系统负荷在安全运行约束条件下，实现经济运行，发电机组之间实现经济分配。

为了分析电力系统频率调节系统的特性，首先要讨论调节系统各单元的数学表达式。其中负荷和发电机组是两个最基本的单元。

二、电力系统负荷的功率—频率特性

当电力系统频率变化时，整个系统的有功负荷也要随着改变，这种有功负荷随频率而改变的特性叫做负荷的功率—频率特性，是负荷的静态频率特性。

电力系统中各种有功负荷与频率的关系，可以归纳为以下五类。

（1）与频率变化无关的负荷，如照明、电弧炉、电阻炉、整流负荷等。

（2）与频率成正比的负荷，如切削机床、球磨机、往复式水泵、压缩机、卷扬机等。

（3）与频率的二次方成比例的负荷，如变压器中的涡流损耗，但这种损耗在电网有功损耗中所占比重较小。

（4）与频率的三次方成比例的负荷，如通风机、静水头阻力不大的循环水泵等。

（5）与频率的更高次方成比例的负荷，如静水头阻力很大的给水泵等。

负荷的功率 - 频率特性一般可表示为

$$P_\mathrm{L} = a_0 P_\mathrm{LN} + a_1 P_\mathrm{LN}\left(\frac{f}{f_\mathrm{N}}\right) + a_2 P_\mathrm{LN}\left(\frac{f}{f_\mathrm{N}}\right)^2$$
$$+ a_3 P_\mathrm{LN}\left(\frac{f}{f_\mathrm{N}}\right)^3 + \cdots + a_n P_\mathrm{LN}\left(\frac{f}{f_\mathrm{N}}\right)^n \tag{5-3}$$

式中：f_N 为额定频率；P_L 为系统频率为 f 时，整个系统的有功负荷；P_LN 为系统频率为额定值 f_N 时，整个系统的有功负荷；a_n 为上述各类负荷 P_LN 占的比例系数，$\sum_0^N a_n = 1$。

以 P_LN 和 f_N 分别作为功率和频率的基准值，则上式可得标幺值形式为

$$P_{\mathrm{L}*} = a_0 + a_1 f_* + a_2 f_*^2 + a_3 f_*^3 + \cdots + a_n f_*^n \tag{5-4}$$

在一般情况下，应用式（5-3）及式（5-4）计算时，通常取到三次方项即可，因为

系统中与频率高次方成比例的负荷很小，一般可忽略。把这一有功功率负荷的频率静态方程用曲线表示出来，如图 5 - 1 所示。由图可知，当频率下降时，负荷功率也减少；当频率升高时，负荷功率将增加。这说明，当系统中由于有功功率失去平衡而导致的频率变化时，负荷也参与对频率的调整。这一特性有助于系统中有功功率在新的频率值下重新获得平衡。这种现象称为负荷频率调节效应。这种效应在电力系统低频减载中也得到应用。为衡量负荷频率调节效应的大小，定义负荷频率调节效应系数（以标幺值表示）为

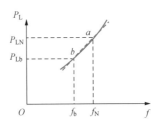

图 5 - 1　有功功率负荷的静态频率特性

$$K_{L*} = \frac{\mathrm{d}P_{L*}}{\mathrm{d}f_*} \mid f_{N*} \tag{5 - 5}$$

K_{L*} 的值就是负荷静态频率特性曲线上对应的额定频率点的切线斜率，如图 5 - 1 中直线 ab 的斜率，直线的斜率为式（5 - 6）所示。由式（5 - 5）可知，系统负荷频率调节效应系数取决于负荷的性质，与各类负荷所占比例有关。在电力系统运行中，允许频率变化的范围是很小的，在此允许频率变化的较小范围内，例如在 48～51Hz，根据国内外一些系统的实测，有功功率负荷与频率的关系曲线接近于一直线，如图 5 - 1 中的直线 ab。直线的斜率为

$$K_{L*} = \frac{\Delta P_{L*}}{\Delta f_*} = \frac{P_{Lb} - P_{LN}}{f_b - f_N} \frac{f_N}{P_{LN}} \tag{5 - 6}$$

用有名值表示为

$$K_L = \frac{\Delta P_L}{\Delta f} \quad (\mathrm{MW/Hz}) \tag{5 - 7}$$

有名值与标幺值的换算关系为

$$K_{L*} = K_L \frac{f_N}{P_{LN}} \tag{5 - 8}$$

K_L 和 K_{L*} 都是负荷频率调节效应系数，K_{L*} 是系统调度部门要求掌握的一个数据。在实际系统中，需要经过测试求得，也可根据负荷统计资料分析估算确定。对于不同的电力系统，因负荷的组成不同，K_{L*} 值也不相同，一般在 1～3。同时每个系统的 K_{L*} 值亦随季节即昼夜交替而有所变化。

K_{L*} 是无量纲的常数，它表明系统频率变化 1% 时负荷功率变化的百分数。

【例 5 - 1】　某电力系统中，与频率无关的负荷占 30%，与频率一次方成比例的负荷占 40%，与频率二次方程比例的负荷占 10%，与频率三次方成比例的负荷占 20%。求系统频率由 50Hz 下降到 47Hz 时，负荷功率变化的百分数及其相应的 K_{L*} 值。

解　当 $f=47$Hz 时，$f_* = \frac{47}{50} = 0.94$

由式（5 - 4）可以求出当频率下降到 47Hz 时系统的负荷为

$$\begin{aligned}
P_{L*} &= a_0 + a_1 f_* + a_2 f_*^2 + a_3 f_*^3 \\
&= 0.3 + 0.4 \times 0.94 + 0.1 \times 0.94^2 + 0.2 \times 0.94^3 \\
&= 0.3 + 0.376 + 0.088 + 0.166 = 0.930
\end{aligned}$$

则

$$\Delta P_L\% = (1 - 0.930) \times 100 = 7$$

于是

$$K_{L*} = \frac{\Delta P_{LN}\%}{\Delta f_N\%} = \frac{7}{6} = 1.17$$

【例 5 - 2】 某电力系统总有功功率负荷为 3200MW（包括电网的有功损耗），系统的频率为 50Hz，若 $K_{L*} = 1.5$，求负荷频率调节效应系数 K_L 值。

解 由 $K_{L*} = K_L \dfrac{f_N}{P_{LN}}$ 得

$$K_L = K_{L*} \frac{P_{LN}}{f_N} = 1.5 \times \frac{3200}{50} = 96 \text{(MW/Hz)}$$

若系统的 K_{L*} 值不变，有功负荷增长到 3650MW 时，则

$$K_L = 1.5 \times \frac{3650}{50} = 109.5 \text{(MW/Hz)}$$

即此时频率降低 1Hz，系统负荷减少 109.5MW，由此可知，K_L 的数值与系统的负荷大小有关，调度部门只要掌握了 K_{L*} 值后，很容易求出 K_L 的值，从而得出频率偏移量与功率调节量间的关系。

三、发电机组的功率—频率特性

发电机转速的调整是由原动机的调速系统来实现的。因此，发电机组功率—频率特性取决于调速系统特性。当系统的负荷变化引起频率改变时，发电机组调速系统工作，改变原动机进汽量（或进水量），调节发电机的输入功率以适应负荷需要。通常把由于频率变化而引起发电机组输出功率变化的关系称为发电机组的功率—频率特性或调节特性。

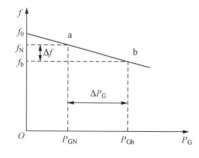

图 5 - 2 发电机组的功率—频率特性

从电力系统稳态分析中可以知道，配有调速系统的发电机组的功率—频率特性，如图 5 - 2 所示。如发电机以额定频率 f_N 运行时（相当于图中 a 点），其输出功率为 P_{GN}；当系统负荷增加而使频率下降到时 f_b，则发电机由于调速器的作用，使输出功率增加到 P_{Gb}（相当于图中 b 点）。可见，对应于频率下降 Δf，发电机组的输出功率增加 ΔP_G。很显然，这是一种有差调节，其特性称为有差调节特性。特性曲线的斜率为

$$R = -\frac{\Delta f}{\Delta P_G} \tag{5 - 9}$$

式中：R 为发电机组的调差系数；负号表示发电机输出功率的变化和频率的变化符号相反。

调差系数 R 的标幺值表示式为

$$R_* = -\frac{\Delta f / f_N}{\Delta P_G / P_{GN}} = -\frac{\Delta f_*}{\Delta P_{G*}} \tag{5 - 10}$$

或写成

$$\Delta f_* + R_* \Delta P_{G*} = 0 \tag{5 - 11}$$

式（5 - 11）又称为发电机组的静态调节方程。

在计算功率与频率的关系时，常常采用调差系数的倒数 K_{G*}，即

$$K_{G*} = \frac{1}{R_*} = -\frac{\Delta P_{G*}}{\Delta f_*}$$

即

$$K_{G*} \Delta f_* + \Delta P_{G*} = 0 \tag{5 - 12}$$

式中：K_{G*} 为发电机组的功率—频率静特性系数或原动机的单位调节功率。

K_G 也可用有名值表示为

$$K_G = -\frac{\Delta P_G}{\Delta f} \tag{5-13}$$

一般发电机组调差系数或单位调节功率，可采用下列数值：

对汽轮大电机组 $R_* = 4\% \sim 6\%$ 或 $K_{G*} = 16.6 \sim 25$；

对水轮发电机组 $R_* = 2\% \sim 4\%$ 或 $K_{G*} = 25 \sim 50$。

发电机组功率—频率特性的调差系数主要决定于调速器的静态调节特性，它与机组间有功功率的分配密切相关。

四、调差特性与机组间有功功率分配的关系

调差特性与机组间有功功率分配的关系，可用图 5-3 来说明。图中表示两台发电机并列运行的情况，曲线①代表 1 号发电机组的调节特性，曲线②代表 2 号发电机组的调节特性。假设此时系统总负荷为 P_L，如线段 CB 的长度所示，系统频率为 f_N 时，1 号机承担的负荷为 P_1，2 号机承担的负荷为 P_2，于是有

$$P_1 + P_2 = \sum P_L$$

当系统负荷增加，经过调速器的调节后，系统频率稳定在 f_1，这时 1 号发电机组的负荷为 P'_1，增加了 ΔP_1；2 号发电机组的负荷为 P'_2，增加了 ΔP_2，两台发电机组增量之和等于 ΔP_L。

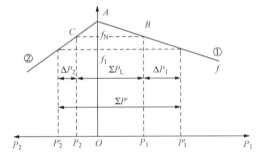

图 5-3　两台并联机组间有功功率分配

根据式（5-10），可得

$$\frac{\Delta P_{1*}}{\Delta P_{2*}} = \frac{R_{2*}}{R_{1*}} \tag{5-14}$$

式（5-14）表明，发电机组的功率增量用各自的标幺值表示时，在发电机组间的功率分配与机组的调差系数成反比。调差系数小的机组承担的负荷增量标幺值要大，而调差系数大的机组承担的负荷增量标幺值要小。

在电力系统中，如果多台机组调差系数等于零是不能并联运行的，如果其中一台机组的调差系数等于零，其余机组均为有差调节，这样虽然可以运行，但是由于目前系统容量很大，一台机组的调节容量已远远不能适应系统负荷波动的要求，因此也是不现实的。所以，在电力系统中，所有机组的调速器都为有差调节，由它们共同承担负荷的波动。

五、电力系统的频率特性

电力系统主要是由发电机组、输电网络及负荷组成，如果把输电网络的功率损耗看成是负荷的一部分，则电力系统有功功率—频率特性如图 5-4 所示。在稳态频率为 f_N 的情况下，发电机组的输出功率 P_G 和负荷消耗的功率 P_L 都相等，即图 5-4 中发电机组的有功功率—频率特性（直线 1）与负荷的有功功率—频率特性（直线 3）交点 a 就是电力系

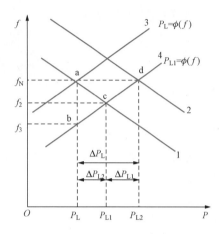

图 5-4　电力系统有功功率—频率特性

统频率的稳定运行点。

　　如果系统中的负荷增加 ΔP_L，则总负荷静态频率特性变为 P_{L1}，负荷的有功功率—频率特性就变为直线 4。假设这时系统内的所有机组均无调速器，机组的输入功率恒定为 $P_G=P_L$，则系统频率将逐渐下降，负荷所取用的有功功率也逐渐减小。依靠负荷调节效应系统达到新的平衡，运行点移到图中 b 点，频率稳定值下降到 f_3，系统负荷所取用的有功功率仍然为原来的 P_L 值。在这种情况下，频率偏差值 Δf 决定于 ΔP_L 值的大小，一般是相当大的。但是，实际上各发电机组都装有调速器，当系统负荷增加，频率开始下降后，调速器即起作用，增加机组的输入功率 P_G。经过一段时间后，运行点稳定在 c 点，这时系统负荷所取用的功率为 P_{L1}，小于额定频率下所需的功率 P_{L2}，频率稳定在 f_2。此时的频率偏差 Δf 要比无调速器时小得多了。由此可见，调速器对频率的调节作用是很明显的。调速器的这种调节作用通常称为一次调频。

第二节　调速器及频率调节特性

　　调速器通常分为机械—液压调速器和电气—液压调速器（简称电液调速器）两类，如按其控制规律来划分，又可分为比例积分（PI）调速器和比例—积分—微分（PID）调速器等。

　　早期的调速器是机械型的，采用一只离心飞摆直接控制进汽阀。机械—液压调速器是在此基础上发展起来的，至 20 世纪 30 年代已经很完善。机械—液压调速器死区较大，动态性能指标较差，且难于综合其他信号参与调节，于是发展了电气—液压调速器。按调速器的控制器件的不同，又分为有模拟式与微机型电气—液压调速器。现在投运的大型汽轮发电机组已采用微机型电气—液压调速器。

一、模拟式电气—液压调速器

与机械—液压调速器相比，电气—液压调速器具有较多的优点。
（1）灵敏度高，调节速度快，调节精度高，机组甩负荷时的转速的过调量小。
（2）容易实现各种信号的综合调节，有利于综合自动控制。
（3）参数整定灵活方便，可在运行中改变参数，便于增添改善动态性能的校正控制部件。
（4）体积小，检修维护方便。
机械—液压调速器只按照转速（频率）偏差产生控制作用，而电气—液压调速器的输入信号除了频率偏差信号外，还可加进功率偏差信号。在大型汽轮发电机或水轮发电机的调速控制系统中，为了提高机组的功率动态响应性能和抗动力元素（蒸汽或水）参数扰动能力，采用频率和功率两种信号同时作用，所以这种电气—液压调速器又被称为功率—频率电气—液压调速器，简称功频电液调速器或者功频电调装置。用于汽轮发电机组的模拟式功频电气—液压调速系统的基本工作原理如图5-5所示。它主要由转速测量、功率测量及其给定环节，电量放大器和电气—液压转换器及液压系统等部件组成。

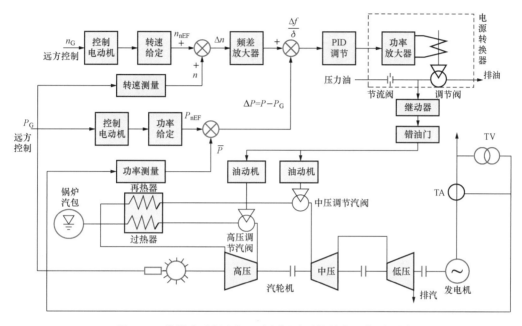

图5-5 模拟式功频电气—液压调速系统基本工作原理图

1. 转速测量

转速测量可以分为两类：一类是直接法，就是直接测量特定时间内机械旋转的圈数，从而测量出机械运动的转速；另一类是间接法，就是测量由于机械旋转导致的其他物理量的变化，从这些物理量的变化与转速之间的关系间接计算出机械运动的转速。常用的转速测量方法是光电码盘测速法、磁阻测速法、离心式转速表测量法、测速发电机测速法、漏磁测速法、闪光测速法和振动测速法等。

下面以磁阻测速法为例说明转速测量方法。磁阻发送器将转速转变为电信号，转速变送器将磁阻发送器输入的脉冲信号转化为可以进行数据采集的标准电压信号（0~10V）或者电流信号（4~20mA）。

（1）磁阻发送器。磁阻发送器的作用是将转速转换为相应的频率的电压信号，其结构如图5-6所示。它由齿轮和测速磁头两部分组成，齿轮与主轴连在一起，测速磁头由永久磁钢和线圈组成，且与齿轮相距一定间隙δ。当汽轮机转动时带动齿轮一起旋转，测速磁头所对的齿顶及齿槽交替的变化，这种磁阻的变化导致通过测速磁头磁通的相应变化，

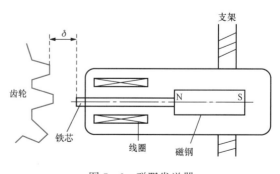

图5-6 磁阻发送器

于是在线圈中感应出微弱的脉动信号，该信号的频率与机组转速成正比。

（2）频率—电压变送器。频率—电压变送器的作用是将磁阻发送器输出的脉冲信号转换成与转速成正比的输出电压值 U_n，其原理框图如图 5-7 所示。

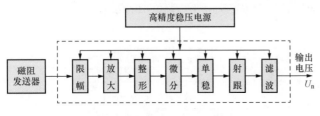

图 5-7　频率—电压变送器原理框图

磁阻发送器输出的脉动信号经限幅、放大后得到近似于梯形的脉冲波，如图 5-8 所示。整形电路是一个施密特触发器，于是把梯形波转换为方波。

微分电路在方波的上升沿时，获得正向尖峰脉冲，去触发一个单稳态触发器，单稳电路翻转后，输出一个幅度为 U、宽度为 τ 的正向方波脉冲。可见，在单位时间内，单稳态触发器输出正脉冲数与磁阻发送器输出信号的频率成正比，也就是与汽轮机的转速 n 成正比。滤波后输出电压 U_n 的特性如图 5-9 所示。

2. 功率测量

将发电机的有功功率转换成与之成正比的直流电压，即有功功率变送器。功率测量通常用磁性乘法器和霍尔效应原理等，这里只介绍霍尔功率变送器。

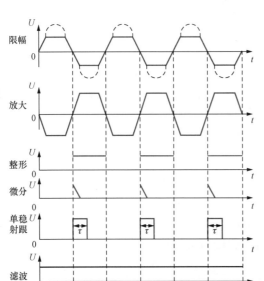

图 5-8　频率—电压变送器工作电压波形

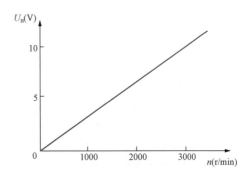

图 5-9　频率—电压变送器的输出特性

霍尔效应是物理学家 E. H. Hall 于 1879 年发现的半导体基本电磁效应之一。如果把一片半导体材料的薄片放在磁场中，并使磁场线与薄片平面垂直，当在薄片的 1、2 端通以电流 i 时，则在垂直于磁场方向和电流方向的 3、4 端遵循左手定则就会有电动势产生，如图 5-10 所示，这一物理现象称为霍尔效应，E_H 称为霍尔电动势。

霍尔电动势可表示为

$$E_H = \frac{R_H}{d} i_C B \cos\theta \times 10^{-8} \tag{5-15}$$

式中：R_H 为霍尔系数，与材料性质有关，cm^3/c；d 为薄片厚度，cm；i_C 为控制电流，A；B 为磁感应强度，T；θ 为磁感应强度 B 与薄片平面法线的夹角。

图 5-11 为单相霍尔功率变送器电路原理图，发电机电压互感器二次侧电压 $\dot{U}_G$ 加在

带气隙变压器 TB 的一次侧，二次侧通过微调电阻接到霍尔片的控制端上，产生控制电流 i_C，则有

$$i_C = K_1 u_G = K_1 U_m \sin\omega t \tag{5-16}$$

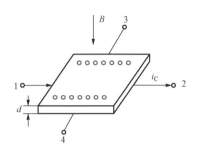

图 5-10　霍尔效应

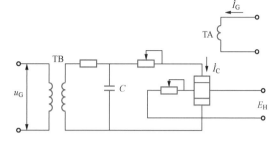

图 5-11　单相霍尔功率变送器的电路原理图

电流互感器二次侧的电流 i_G 接至变流器 TA 的绕组上，在气隙内产生磁场强度 H，霍尔片置于气隙内，则磁感应强度 B 为

$$B = K_2 i_G = K_2 I_m \sin(\omega t + \varphi) \tag{5-17}$$

因此

$$E_H = K_3 i_C B = K_1 K_2 K_3 U_m I_m \sin\omega t \sin(\omega t + \varphi) \tag{5-18}$$

$$E_H = K \frac{U_m I_m}{2} [\cos\varphi - \cos(2\omega t + \varphi)] \tag{5-19}$$

式中：第一项即为正比于所测有功功率的直流分量；第二项为二倍频率的交流分量；$\cos\varphi$ 为功率因数。

霍尔电动势 E_H 的平均值正比于有功功率，这就是霍尔元件测量单相有功功率的基本原理。图 5-11 中的电容用于对相位误差的补偿作用。如果将控制电流移相 90°（或将电压移相 90°），则可测得无功功率。如果将控制电流、励磁电流都加以整流，则可以测量视在功率。稍加变换还可用作其他电量的测量变送器。

3. 转速和功率给定环节

转速和功率给定环节可用高精度稳压电源供电的精密多圈电位器构成。其输出电压值即可表示为给定转速或功率，多圈电位器有控制电机带动，以适应当地或远方控制的需要。图 5-5 中的放大器和 PID 调节，由运算放大器组成，由于 PID 输出功率很小，不能直接驱动电气—液压转换器（电液转换器），因此加入一个功率放大环节。

4. 电气—液压转换及随动系统

电气—液压转换器把调节量由电量转换成非电量油压。随动系统由继动器、错油门和油动机组成，见图 5-12（a），在图 5-12（b）中描述了电液转换器及随动系统的动作传递过程。

电气—液压转换器线圈将功率放大器输出的变化量转化为调节油阀开度的变化。当调解油阀关小时，油压上升，进入继动器上腔的油压升高，将活塞压下，带动继动器蝶阀向下错油门内腔是一个"王"字形滑阀。滑阀中间有一个油孔和底部排油孔相通，当蝶阀下移时使滑阀中间排油孔的排油量减小，其上腔油压升高，推动滑阀向下移动，使油动机上腔与排油接通，下腔与压力油接

微课：电液转换器动作特性分析

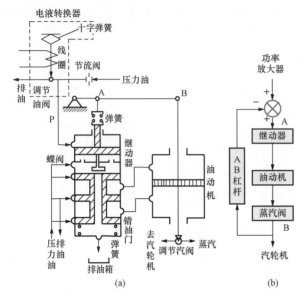

图 5-12　电液转换器及随动系统原理及传递框图

(a) 电液转换器及随动系统原理图；(b) 传递框图

通，因而开大调节汽阀，增加汽轮机的输入功率。这个机械动作过程可以描述为功率放大器→继动器→A 点→油动机→蒸汽阀→汽轮机，通过这个过程就可以控制汽轮机的输入功率。

油动机活塞向上移动时 B 点上移，带动 A 点也上移，继动器活塞是差动式的，下边面积大于上边面积，因此在 A 点向上移动时，在油压的推动下继动器蝶阀将向上移动，使错油门内滑阀中间拍油孔的排油量增加，其压力减小，在错油门底部弹簧作用下，"王"字形滑阀向上移动，当它又回到原位置时，即进入新的平衡状态，调节汽阀也稳定在一个新的开度，调节随即结束。调节汽阀开度的变化与

功率放大器输出的变化量成正比。这个机械动作过程可以描述为蒸汽阀→B 点→AB 杠杆→继动器，这个过程输入到继动器的信号是负信号。将上述两个过程结合起来就是图 5-12 (b) 的传递框图。从这个图可以看出整个电液转换及随动系统是一个负反馈系统，这个负反馈结构可以保证整个系统动作过程的稳定性。

5. 调速器的工作过程

按发电机组是否并入电网两种情况来讨论调速器的工作。

(1) 发电机组未并网。图 5-5 中的功率测值及功率给定值信号均为零。运行人员操作增速或减速按钮，控制电动机正转或反转，使它驱动转速给定电位器，改变转速给定值 n_{ref} 的电压。频率—电压变送器输出电压与机组运行转速 n 相对应。可见两个电压的差值 $(n_{ref} - n)$ 与成正比，即

$$U_{\Delta n} = m_n(n_{REF} - n_G)$$

这里 m_n 为比例系数，把它送入频差放大器、经 PID 调节、功率放大器等环节，由电液转换器去控制调节汽阀的开度，改变机组的转速，使 $m_n(n_{ref} - n) = m_n\Delta n$ 值趋于零，转速 n 趋于给定转速 n_{ref} 为止，即达到调速目的。

(2) 机组在并网情况下运行。假设电网频率恒定且为额定值，频差放大器输出的 Δf 信号为零，同样理由，如果改变功率设定值 P_{ref} 电压，发电机输出功率 P_G 的电压与功率设定值 P_{ref} 的电压之差值信号为

$$U_{\Delta p} = m_p(P_{REF} - P_G)$$

通过 PID 等环节的调节作用，将使 $(P_{ref} - P)$ 差值电压为零。即发电机输出功率 P_G 与功率设定值 P_{ref} 相等，达到调节发电机组输出功率目的。

现设电网频率波动，机组在并网运行，这时转速给定值 n_{ref} 和功率设定值 P_{ref} 为某一定值，调速器工作随输入 PID 的两个信号之和调节汽阀开度，改变机组的输出功率。

设频差放大器输出电压正比于 $\dfrac{\Delta f}{R}$，即频差放大器输出电压为

$$U_{\Delta f} = m_{f}\frac{\Delta f}{R}$$

发电机输出功率 P_{G} 的电压与功率设定值 P_{ref} 之差的电压值为

$$U_{\Delta p} = m_{p}\Delta P$$

上述两信号之和给 PID 调节，控制电气—液压转换器调节汽阀开度，稳态时输入 PID 的电压信号应为零，即

$$m_{f}\frac{\Delta f}{R} + m_{p}\Delta P = 0$$

令功率和频率为标幺值，m_{P} 和 m_{f} 取相同值，这时调速器的特性为

$$K_{G*}\Delta f_{*} + \Delta P_{*} = 0 \quad \left(K_{G*} = \frac{1}{R_{*}}\right) \tag{5-20}$$

显然该式就是调速器的静态调节特性，同式（5-12）所示。通过图5-5中的频差放大器可以改变调差系数 R_{*}。

二、微机型电气—液压调速器

虽然模拟式电气—液压调速器在技术上比机械—液压调速器有很大进步，但是仍存在许多不足，主要是工作稳定性差、难以实现现代控制方法、功能比较单一等。微机型电气—液压调速器是自动控制与计算机相结合的产物，利用计算机强大的存储能力、优良的逻辑判断能力和快速处理能力可以方便地实现发电机组调速系统的各种功能。

目前微机型电气—液压调速器已在发电机组上广泛应用，其原理框图如图5-13所示。它与模拟式电气—液压调速器的主要区别是控制电路部分的功能用微机来实现。微机系统的结构与第二章中讲述的微机结构是一致的，在这里为具体应用。微机系统与控制对象发电机组（包括原动机）间输出、输入过程通道和模拟式电气—液压调速器是相同的，包括电液转换器及随动系

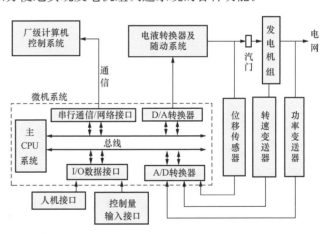

图5-13　微机型电气—液压调速器原理框图

统、位移转换器、转速和功率传感器等。它们由 D/A 或 A/D 转换电路与微机接口交换实时信息。除此以外，微机系统通过I/O数据接口接收控制量输入和操作指令，通过人机接口实时显示调节器状态，通过串行通信接口或者网络接口与厂级计算机控制系统进行数据交换。

调速器的调节控制规律由计算机实现，首先要建立数学模型以及制定运行中的控制原则，然后根据主CPU来编制程序实现其控制规律。也就是主机根据采集到的实时信息，按预先确定的控制规律进行调节量计算，计算结果经 D/A 输出去控制电/液压转换，再由液压伺服系统控制原动机的输入功率，完成调速或调节功率的任务。

微机型电气—液压调速器可以充分发挥计算机高速运算和逻辑判断优势，除了完成调

微课：电力系统频率变化分析方法

速和负载控制功能外，还可实现机组自启动控制功能；在接近额定转速时，可使发电机转速跟踪电网频率快速同期并列等功能；如果是汽轮机，在启动过程还附有热应力管理功能等，从而极大地提高了电厂自动化程度。

三、调节系统的传递函数

传递函数是分析调节系统性能的重要工具，电力系统的频率和有功功率调节系统，主要是由调速器，发电机组包括原动机和电网等环节组成，它们的传递函数分别讨论如下。

1. 调速器

我们知道，进入原动机的动力元素（蒸汽或水）是由调速器控制的。频率变化时，调速器首先反应，进行频率的一次调节。它的动作较快，是电力系统频率和有功功率调节系统基本组成部分，是电力系统调频特性的基础。

微课：调速器模型

不论是汽轮机还是水轮机，调速器的执行环节都是利用液压放大原理控制汽门（或导水叶）的开度。各种调速器的构成器件各异，但是它们主要部件微分方程式的形式是相同的。这里以电气—液压调速器为例。从图 5-5 可知，调速器的输入量是电网与设定频率值之差 Δf，以及输出功率与功率设定值之差 ΔP_c；从图 5-12 可知，电液转换器上的 B 点的位移可以表示调速器输出的汽门开度的变化，调速器输入与输出之间的关系为

$$
\begin{aligned}
\Delta X_B(s) &= \frac{K_n}{1+sT_n}\left[\Delta P_c(s) - \frac{1}{R}\Delta F(s)\right] \\
&= G_n(s)\left[\Delta P_c(s) - \frac{1}{R}\Delta F(s)\right]
\end{aligned}
\tag{5-21}
$$

其中，$\Delta F(s) = \mathscr{L}[\Delta f]$，$\Delta P_c(s) = \mathscr{L}[\Delta P_c]$，$\Delta X_B(s) = \mathscr{L}[\Delta X_B]$

式中：K_n 为调速器静态增益；T_n 为调速器时间常数，通常 $T_n \in (0.05, 0.25)\mathrm{s}$；$R$ 为调速器的调差系数；G_n 为调速器传递函数，$G_n = \dfrac{K_n}{1+sT_n}$。

式（5-21）表示了原动机调节量与控制指令信号及系统频率间的动态特性。

2. 原动机

微课：原动机（汽轮机）模型

对于汽轮机，由于汽阀位置 X_B 的改变导致进汽量的改变，使汽轮机输入功率变动 ΔP_T，因而引起发电机功率 ΔP_G 变化。

汽轮机由于调节汽门和第一级喷嘴之间有一定的空间存在，当汽门开启或关闭时，进入汽门的蒸汽量虽有改变，但这个空间的压力却不能立即改变。这就形成了机械功率滞后于汽门开度变化的现象，称为汽容影响。在大容量汽轮机中，汽容对调节过程的影响很大。

汽容影响在数学上可以用一阶惯性环节来模拟，这样汽轮机的传递函数可表示为

$$
G_T(s) = \frac{\Delta P_T(s)}{\Delta X_B(s)} = \frac{K_T}{1+sT_T}
\tag{5-22}
$$

式中：T_T 为汽容时间常数，一般为 0.1～0.3s；K_T 为增益，通常与 K_n 一起考虑。

对于再热式汽轮机，还要考虑再热段充汽时延，其传递函数可表示为

$$G_T(s) = \frac{\Delta P_T(s)}{\Delta X_B(s)} = \frac{K_T(1 + sK_r T_r)}{(1 + sT_T)(1 + sT_r)} \qquad (5-23)$$

式中：T_r 为再热时间常数，一般在 10s 左右；K_r 为再热系数，它大致等于 $0.2\sim0.3$ 倍汽轮机总功率。

当不考虑再热时，即 T_r、K_r 均为零，则式（5-23）就成为式（5-22）。

对于水轮机，则要考虑到水锤效应的影响。水锤效应是由流动着的水的惯性所引起的。压力导管中的水在稳态情况下，水的流速是一定的，但当迅速关小导向叶片的开度时，导管中的压力将急剧上升，而当迅速开大导向叶片的开度时，导管中的压力将急剧下降，这种现象称为水锤效应。它使水轮机功率不能追随开度的变化而有一个滞延。水轮机的传递函数为

微课：原动机
（水轮机）
模型

$$G_n(s) = \frac{1 - T_W s}{0.5 T_W s + 1} \qquad (5-24)$$

式中：T_W 为水锤时间常数。

微课：汽轮
发电机组的
传递函数

3. 汽轮发电机组的传递函数

将调速器和非再热式汽轮机的传递函数级联，汽轮发电机组的模型框图如图 5-14 所示。

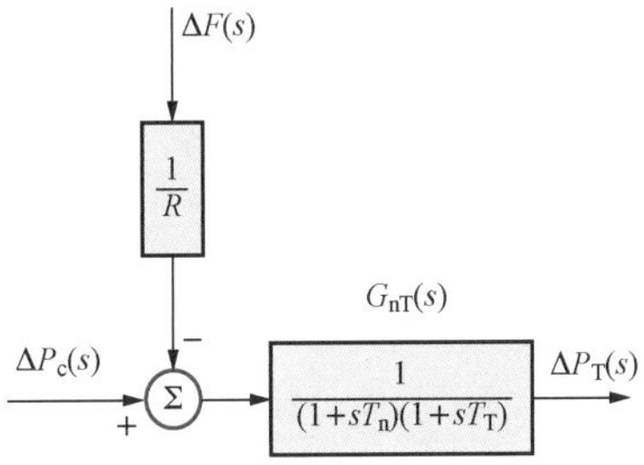

当发电机组与无穷大电力系统并列运行，这时，发电机功率变化对系统的频率没有影响。由于转速恒定，$\Delta F(s)$ 等于零，且 $\Delta P_T = \Delta P_G$，由图 5-14 可得

$$\Delta P_T(s) = \Delta P_G(s)$$
$$= \frac{K_n}{1 + sT_n} \times \frac{K_T}{1 + sT_T} \Delta P_c(s) \qquad (5-25)$$

图 5-14　非再热式汽轮
发电机组的模型框图

为了清晰地了解发电机功率的变化过程，加一个单位阶跃变化的控制功率 ΔP_c，对单位阶跃输入 ΔP_c 进行拉氏变换，则式（5-25）变为

$$\Delta P_G(s) = \frac{K_n}{1 + sT_n} \times \frac{K_T}{1 + sT_T} \times \frac{\Delta P_c}{s} \qquad (5-26)$$

微课：汽轮
发电机组特
性分析

由终值定理求得发电机输出功率增量的稳态值

$$\Delta P_G = \lim_{s \to 0}[s\Delta P_G(s)] = K_n K_T \Delta P_c \qquad (5-27)$$

式（5-27）表明，对于一台强迫以同步转速运行的发电机来说，发电机的稳态输出功率增量 ΔP_G 与控制指令信号 ΔP_c 成正比。并且由于两个时间常数均为正值，在调节过程中不可能出现振荡现象，其过程始终是衰减的，而且因 $T_n < T_T$，所以衰减过程主要取决于汽轮机的时间常数 T_T。

第三节　电力系统调频与自动发电控制

一、概述

系统频率的波动主要是由于负荷变化引起的，调频问题实质上是电力系统在正常运行中，控制发电机的输入功率使之与负荷所需功率之间的平衡问题。调频是二次调节，是通过调整机组的输入功率实现的。机组功率改变时，它所需的燃料费用也就跟着改变，同时全电网的潮流分布，以至于系统中的网损也都随之而变。在电力系统运行中，在确保安全运行前提下，燃料费用和线路网损是考虑经济运行的重要因素，所以现代电力系统调频的主要任务，不只是维持系统频率在给定水平，同时还需考虑机组负荷的经济分配。

调度在确定各发电厂的发电计划和安排调频任务时，一般将运行电厂分为调频电厂、调峰电厂和带基本负荷的发电厂三类，其中全天不变的基本负荷由带基本负荷的发电厂承担，这类电厂一般为经济性能好的高参数火电厂、热电厂及核电厂。负荷变动部分按计划下达给调峰电厂，调峰电厂一般由经济性能较差的机组担任。在实际运行中，计划负荷与实际负荷不可能完全一致，其差值部分称为计划外负荷，由调频电厂担任。

为了保证调频任务的完成，系统中需要备有足够容量的调频机组来应付计划外负荷的变动，而且还须具有调整速度以适应负荷的变化，当电网容量较大，一个调频电厂不能满足调节要求时，则选择几个电厂共同完成调频任务。

二、调频方法

前面已经谈到，调频是二次调节，自动改变功率给定值 ΔP_c，用移动调速器的调节特性的办法使频率恢复到额定值。调速器的控制电动机称为同步器或调频器，它是一个积分环节。将综合后的信号作为调频器控制信号，改变功率设定值 ΔP_c，直到控制信号为零时为止。电力系统中实现频率和有功功率自动调节的方法有如下两种。

1. 主导发电机法

在电力系统中，一台主要的调频机组使用无差调频器作为主导发电机，其他调频机组只安装有功功率分配器，这样的系统调频方法叫做主导发电机法。

假设系统有 n 台发电机组，主导发电机 1 的调节方程式为 $\Delta f=0$，其功率为 P_{G1}，其余调频机组的有功功率由下式决定

$$P_{Gi}=a_i P_{G1} \quad (i=2,3,\cdots,n) \tag{5-28}$$

式中：a_i 为第 i 台协助调频机组的功率分配系数；P_i 为第 i 台协助调频机组的有功功率。

假设这时系统的负荷出现新的增量 ΔP_L，在调频器动作前必然会出现频率偏差 Δf。由于 $\Delta f \neq 0$，主导发电机调节方程原有的平衡被破坏，无差调节器按其调解方程，对主导发电机的有功功率进行调节，随之出现了新的 P_{G1} 值，其余的 $(n-1)$ 台调频机组的功率分配方程式的原有平衡均被破坏，它们全向着满足其功率分配方程式的方向，对机组有功率进行调整，于是就出现了"成组调频"的状态。这一调频过程一直持续到不再出现新的 P_{G1} 值，整个调节过程才结束。

此时

$$P_{\mathrm{L}} = \sum_1^n \Delta P_{\mathrm{G}i} = (1 + a_2 + a_3 + \cdots + a_n)\Delta P_{\mathrm{G1}}, \Delta f = 0$$

各台调频机组分担的有功功率增量为

$$\Delta P_{\mathrm{G}i} = \Delta P_{\mathrm{L}} a_i / (1 + a_2 + a_3 + \cdots + a_n) \tag{5-29}$$

式（5-29）说明各调频机组的有功功率是按照一定的比例进行分配的。

主导发电机法的主要缺点是各机组在频率调节过程中的作用有先有后，缺乏同时性。这种调节方法必然导致对调频容量不能充分和快速地利用，从而使整个调节过程较为缓慢，调频的动态特性不够理想，只适用于中小型电力系统。

微课：同步
时间法

2. 同步时间法（积差调节）

电力系统的频率积差调节是多台调频机组根据系统频率偏差的积分值进行调频。假设 n 台机组参与系统调频，则其调频方程组如下

$$\begin{cases} K_{\mathrm{G1}}\displaystyle\int \Delta f \mathrm{d}t + P_{\mathrm{G1}} = 0 \\ \cdots \\ K_{\mathrm{G}i}\displaystyle\int \Delta f \mathrm{d}t + P_{\mathrm{G}i} = 0 \\ \cdots \\ K_{\mathrm{G}n}\displaystyle\int \Delta f \mathrm{d}t + P_{\mathrm{G}n} = 0 \end{cases} \tag{5-30}$$

式中：P_{G1}、$\cdots P_{\mathrm{G}i}$、$\cdots$、$P_{\mathrm{G}n}$ 为各调频机组的实际有功功率；K_{G1}、$\cdots K_{\mathrm{G}i}$、$\cdots K_{\mathrm{G}n}$ 为各调频机组的有差调节系数；Δf 为系统频率对额定频率的偏差。

由于系统中的各点频率是一致的，所以各机组的频率积分值 $\displaystyle\int \Delta f \mathrm{d}t$ 可以认为是相等的，各机组也同时进行频率调整。此时，系统的调频方程式为

$$\begin{cases} \displaystyle\sum_1^n P_{\mathrm{G}i} = -\sum_1^n K_{\mathrm{G}i}\int \Delta f \mathrm{d}t \\ \displaystyle\int \Delta f \mathrm{d}t = -\sum_1^n P_{\mathrm{G}i} \Big/ \Big(\sum_1^n K_{\mathrm{G}i}\Big) = -K_{\mathrm{Gs}}\sum_1^n P_{\mathrm{Gs}} \end{cases} \tag{5-31}$$

$$K_{\mathrm{Gs}} = 1 \Big/ \sum_1^n K_{\mathrm{G}i}$$

每台机组分担的有功功率为

$$P_{\mathrm{G}i} = \Big(\sum_1^n P_{\mathrm{G}i}\Big)(K_{\mathrm{Gs}}/K_{\mathrm{G}i})$$

可以看出，当机组按积差调节法进行调频时，各调频机组之间的有功功率是按照一定的比例自动进行分配的。

积差调节法的优点是能确保系统频率维持恒定，额外的有功功率在所有参与机组调频的机组之间按照一定的比例自动进行分配的。这种方法的缺点是频率的积差信号滞后于频率瞬时值的变化，调节过程较为缓慢。

为了使系统频率偏差较大（小）时调频机组的有功功率调整量也相应地增大（减少），

可在频率积差调节的基础上，增加频率瞬时偏差信号，得到改进的频率积差调节方程式

$$K_{Gi} \cdot \Delta f + \left(P_{Gi} - a_i \int K_{Gs} \Delta f \mathrm{d}t\right) = 0 \qquad (5\text{-}32)$$

式中：P_{Gi} 为第 i 台调频机组的实际有功功率；K_{Gi} 为第 i 台调频机组的有差调节系数；a_i 为第 i 台调频机组的有功功率分配系数；Δf 为系统频率对额定频率的偏差。

在式（5-32）中，第一项 Δf 完全是为了加快调节过程而增加的。在调节过程结束时，Δf 必须为零；否则，$\int K_{Gs} \Delta f \mathrm{d}t$ 就会不断地增加或减少，整个调节过程永远不会结束，所以在调节过程结束时，仍有

$$P_{Gi} = a_i \int K_{Gs} \Delta f \mathrm{d}t$$

对于整个系统来说，如计划外负荷为 P

$$P = \sum_1^n P_{Gi} = \sum_1^n a_i \int K_{Gs} \Delta f \mathrm{d}t$$

$$K_{Gs} \int \Delta f \mathrm{d}t = P / \sum_1^n a_i$$

则调频结束时，分配到每台机组的有功功率为

$$P_{Gi} = P \times \left(a_i / \sum_1^n a_i\right)$$

因此，计划外的负荷是按照一定的比例在各台调频机组之间进行分配的。

随着电力系统扩大，主导发电机的调节容量已很难满足要求，而积差调节法虽然可动用多个电厂参与调频，但由于信号分设于各地很难综合考虑优化控制，无法全面完成调频经济功率分配方面的任务，而自动调频除了维持电力系统频率为额定值外，还必须使系统中的潮流分布符合经济、安全等原则，所以集中式联合调频具有显著优点，是电力系统自动调频的方向。

微课：自动发
电控制 AGC

三、自动发电控制 （AGC）

随着电力系统远动技术的成熟并广泛应用，电力系统调度的 SCA-DA 系统（Supervisory Control And Data Acquisition System）也早已走上实用化阶段，联合自动调频具备了可实施的基础，调度中心实时监控计算机系统中配置自动发电控制（Automatic Generation Control，简称 AGC），它是建立在电力系统调度自动化能量管理系统与发电机组协调控制系统（简称 CCS）间闭环控制的一种先进技术手段。实施 AGC 可以获得以高质量电能为前提的电力供需实时平衡，提高电力系统运行的经济性，减少调度运行人员的劳动强度。

1. 自动发电控制 AGC 的基本原理

自动发电控制 AGC 的基本目标如下。

（1）使全系统的发电机输出功率和总负荷功率相匹配。

（2）维持系统频率为额定值，在正常稳态情况下，其频率偏差在 0.05～0.2Hz 范围内。

（3）控制地区电网间联络线的交换功率与计划值相等，实现各地区有功功率就地平衡。

（4）在安全运行前提下，所管辖系统范围内，机组间负荷实现经济分配。

（5）监视和调整备用容量，满足电力系统安全要求。

对于一个由三个区域及三条联络线组成的联合电力系统，各区域内部有较强的联系，各区域之间的联系相对较弱，如图 5 - 15 所示。在正常情况下，各区域应该负责调整自己区域内的功率平衡。当某一区域（图 5 - 15 中的 B 区域）接入了新的负荷：开始联合电力系统全部汽轮机的转动惯量提供能量，整个联合电力系统的频率下降，系统中所有机组调节器动作加大发电功率提高频率到某一水平，这时整

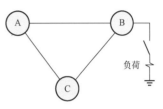

图 5 - 15 联合电力系统

个电力系统发电与负荷达到新的平衡；一次调节留下了频率偏差 Δf 和净交换功率偏差 ΔP_{T}，AGC 因此动作，提高区域 B 的发电功率，恢复频率到达正常值 f_0 和交换功率计划值，这就是二次调节。此外，AGC 将随着时间调整机组的发电功率执行发电计划（包括机组启停），或者非计划的负荷变化积累到一定程度时按照经济调度原则重新分配发电功率，这就是三次调节。

对于一次调节，这是系统的自然特性，需要快速平稳；二次调节不仅要考虑机组的调节特性，还要考虑安全和经济特性；三次调节则主要考虑安全和经济，必要时要求校验网络潮流的安全性。这些调节的设定周期随区域控制误差的大小而不同。通常，SCADA 采样周期为 1～2s；AGC 启动周期为 4～8s；经济调度的启动周期由几秒到几分钟直到几十分钟。

AGC 的总体结构如图 5 - 16 所示，主要有三个控制环：机组控制环、区域调度控制环和计划跟踪环。机组控制环是由基本控制回路来调节机组控制误差为零。通常情况下，一台电厂控制器能够同时控制多台机组，AGC 的信号送到电厂控制器后再分到各台机组。区域调节控制的目的是使区域误差调节为零，这是 AGC 的核心；功能是在可调机组之间分配区域控制误差，将此可调分量加到机组跟踪计划的发电基点功率值之上，得到设置发电功率值

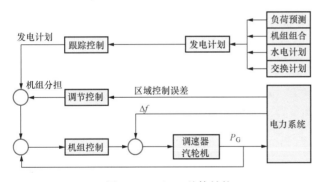

图 5 - 16 AGC 总体结构

发送到电厂控制器。区域计划跟踪控制的目的是按照计划提供发电基点功率，它与负荷预测、机组经济组合、水电计划和交换功率有关。

自动发电控制的目的是控制系统频率和区域净交换功率，将其与目标的差值加权线性相加构成区域 i 的控制误差，即

$$ACE_i = \beta_i \Delta f + \Delta P_{\mathrm{T}i} \qquad (5 - 33)$$

式中：β_i 为区域 i 的频率偏差因子；Δf 为频率偏差，$\Delta P_{\mathrm{T}i}$ 是区域 i 的净交换功率 $P_{\mathrm{T}i}$ 与计划交换功率 I_i 的偏差。

若考虑时差校正和交换电量校正，则可在式（5-33）中增加新项，则区域 i 的控制误差为

$$ACE_i = \beta_i(\Delta f - \Delta f_0) + \Delta P_{Ti} - \Delta I_i$$

式中：Δf_0 是时差；ΔI_i 为区域 i 的净交换电量差。

AGC 有三种基本控制方式：①联络线和频率偏差控制（TBC），这种方式完整地使用了式（5-33）；②恒定频率控制（CFC），这种方式是忽略了式（5-33）中的 ΔP_{Ti}；③恒定净交换功率控制（CNIC），这种方式是忽略了式（5-33）中的 $\beta_i \Delta f$。

显然，对于孤立电力系统，AGC 采用恒定频率控制（CFC）；对于与大系统联合运行的小系统，AGC 采用恒定净交换功率控制（CNIC）；大系统的 AGC 采用联络线和频率偏差控制（TBC）。

2. AGC 对机组的功率分配

AGC 对机组功率分配包括两个方面。

（1）按照经济调度原则分配计划负荷和计划外负荷，送出基点功率值。

（2）将消除式（5-33）区域控制误差所需的调节功率分配给机组。

对于区域控制误差，AGC 发出的调节功率 P_R 按比例积分式计算

$$P_{Ri} = G_{Ii}\int ACE_i dt + G_{Pi}ACE_i = P_{Ii} + P_{Pi} \tag{5-34}$$

式中：G_{Ii} 为区域 i 的积分增益；G_{Pi} 为区域 i 的比例增益；P_{Ii} 为区域 i 的稳态调节功率；P_{Pi} 为区域 i 的暂态调节功率。

区域 i 的 AGC 的调节功率 P_{Ri} 以式（5-35）分配给区域 i 中的具体机组

$$P_{s,ij} = P_{O,ij} + (a_{ij}P_{Ii} + \beta_{ij}P_{Pi}) \tag{5-35}$$

式中：a_{ij} 为区域 i 机组 j 的经济分配系数，满足 $\sum_{j\in i} a_{ij} = 1$；β_{ij} 为区域 i 机组 j 的调节能力系数，满足 $\sum_{j\in i} \beta_{ij} = 1$；$P_{s,ij}$ 为区域 i 机组 j 的功率设置点；$P_{O,ij}$ 为区域 i 机组 j 的实际发出的功率点。

AGC 所需信息，如各发电机组实发功率 P_{Gi}、线路潮流、节点电压等，由各厂站侧的远动装置送到调度中心，形成实时数据库。AGC 软件按预定数学模型和调节准则确定各调频电厂（或机组）的调节量，通过远动下行通道把指令送到各厂站机组，形成各调频机组的调节指令。

第四节　电力系统自动低频减载

一、概述

电力系统的频率反映了发电机组所发出的有功功率与负荷所需的有功功率之间的平衡情况，不仅反映了电能质量，也是影响电力系统安全稳定运行的重要因素。为保证频率运行于额定值，通常在电力系统中采取两类控制措施：一类是自动发电控制 AGC；另一类是紧急状态下的频率调节，其任务就是在系统有功功率出现大的扰动，频率出现大的偏差

时，尽快恢复频率至正常值，以确保电力系统的安全。本节所讨论的内容是当系统发生较大事故时，系统出现严重的功率缺额，其缺额值超出了正常热备用可以调节的能力，这时即使令系统中运行的所有发电机组都发出其设备可能胜任的最大功率，仍不能满足负荷功率的需要，所引起的系统频率下降值将远远超出系统安全运行所允许的范围。在这种情况下从保障系统安全运行的观点出发，为了保证电网安全和对重要用户的供电，不得不采取应急措施，切除部分负荷，以使系统频率恢复到可以安全运行的水平以内。

我国明确规定按频率降低自动减负荷（自动低频减载）是防止系统崩溃的最后一道防线。当频率下降时，采用迅速切除不重要负荷的办法来制止频率下降，以保障电力系统安全，防止事故扩大。

电力系统对自动低频减载的基本要求。

（1）当电力系统在实际可能的各种运行情况下，因故发生突然的有功功率缺额后，必须能及时切除相应的部分负荷，使保留运行的系统部分能迅速恢复到额定频率附近继续运行，不发生频率崩溃，也不使事件后的系统频率长期悬浮于某一过高或过低的数值。

（2）自动低频减负荷的先后顺序，应按负荷的重要性进行安排。

（3）应该充分利用系统的旋转备用容量，当发生使系统稳态频率只下降到不低于 49.5Hz 的有功功率缺额时，自动减负荷装置不动作；应避免因发生短路故障以及失去供电电源后的负荷反馈引起的自动减负荷装置的误动作，但不考虑在系统失步振荡时的动作行为。

二、电力系统频率静态特性

微课：电力系统频率的静态特性模型

在电力系统出现较大功率缺额时，如能在较低的频率维持运行，主要是依靠了负荷频率特性所起的调节作用。有关内容已在第一节中的负荷频率调节效应中作了阐述，其物理概念是：当频率降低时，负荷按照自身的频率特性，自动地减少了从系统中所取用的功率，使之与发电机所发出的功率保持平衡。根据负荷调节效应能自动减少从系统取用功率的概念，不难确定此时系统负荷所减少的功率就等于功率缺额。

令 ΔP_{h} 表示功率缺额值，由式（5-6）可得

$$\Delta f = \frac{50 \Delta P_{\mathrm{h}}}{K_{\mathrm{L}*} P_{\mathrm{LN}}} \qquad (5-36)$$

式中：P_{LN} 为额定频率工况下系统的有功负荷。

通过对负荷静态频率特性的分析，可以较方便地得出功率缺额与频率降低值之间的关系，求得系统频率的降低值。

【例5-3】 电力系统在某一运行方式时，运行机组的总额定容量为 450MW，此时系统中负荷功率为 430MW，负荷调节效应为 $K_{\mathrm{L}*}=1.5$，设这时发生事故，突然切除额定容量为 100MW 的发电机组，如不采取任何措施，求事故情况下的稳态频率值。

解 当时系统的热备用为 20MW，所以实际功率缺额为 80MW。将有关数据代入式（5-36）得

$$\Delta f = \frac{50 \times 80}{1.5 \times 430} = 6.2 (\mathrm{Hz})$$

所以该事故后的系统稳态频率将降至 43.8Hz。（实际不可能运行，这里只是演算。）

微课：电力系统频率的动态特性模型

三、电力系统频率动态特性

电力系统由于有功功率平衡遭到破坏而引起系统频率发生变化，频率从正常状态过渡到另一个稳定值所经历的时间过程，称为电力系统频率动态特性。当系统中出现功率缺额时，系统中旋转机组的动能都为支持电网的能耗做出贡献，频率随时间变化的过程主要决定于有功功率缺额的大小与系统中所有转动部分的机械惯性。

电网中有很多发电机并联运行，把系统所有机组作为一台等值机组来考虑，系统的运动方程式为

$$M \frac{\mathrm{d}\omega}{\mathrm{d}t} = T_\mathrm{M} - T_\mathrm{e} = \frac{P_\mathrm{M}}{\omega} - \frac{P_\mathrm{L}}{\omega} \tag{5-37}$$

式中：T_M 为发电机组的机械转矩；T_e 为发电机组的电磁转矩；P_M 为发电机组的输出电功率；P_L 为负荷功率；ω 为发电机组的转子角速度。

在系统频率变化期间，负荷母线电压保持不变，负荷特性为

$$P_\mathrm{L} = P_0 \left(\frac{f}{f_0}\right)^{K_\mathrm{L}} \tag{5-38}$$

式中：P_L 为系统频率为 f 时负荷有功功率，f_0 为额定频率，P_0 为额定频率下的有功功率，K_L 为负荷的频率调节系数。

在事故情况下，自动低频减载装置动作时，可认为系统中所有机组的功率已达最大值，系统完全没有旋转备用容量，功率缺额用 $\Delta P_{\mathrm{h}*}$ 表示，则可得

$$T_\mathrm{xf} \frac{\mathrm{d}\Delta f_*}{\mathrm{d}t} + \Delta f_* = \frac{\Delta P_{\mathrm{h}*}}{K_{\mathrm{L}*}} \tag{5-39}$$

式中：T_xf 为系统频率下降过程的时间常数。

这是一个典型的一阶惯性环节的微分方程式。公式表明，当系统中出现功率缺额或功率过剩时，系统频率 f_x 的动态特性可用指数曲线来描述。如能及早切除负荷功率，可延缓系统频率下降过程。

由式（5-37）和式（5-38）可得

$$\frac{\Delta f}{f} = \frac{\Delta \omega}{\omega} = \frac{P_{\mathrm{M}*} - P_{\mathrm{L}*}}{P_{\mathrm{M}*} + (K_\mathrm{L} - 1)P_{\mathrm{L}*}}(1 - \mathrm{e}^{-At}) \tag{5-40}$$

$$A = \frac{P_{\mathrm{M}*} + (K_\mathrm{L} - 1)P_{\mathrm{L}*}}{\omega M} \tag{5-41}$$

式中：$P_{\mathrm{L}*}$ 为在系统频率为 f 时的负荷有功功率标幺值；$P_{\mathrm{M}*}$ 为保留在运行中的发电机输出有功功率标幺值；M 为以保留在运行中的发电机容量为基准的系统惯性常数。

由上式可得频率的绝对变化，表达式为

$$\Delta f = \frac{T_\mathrm{a}}{D_\mathrm{T}}(1 - \mathrm{e}^{\frac{D_\mathrm{T}}{M}t})f \tag{5-42}$$

式中：Δf 为系统频率的变化量；f 为计算阶段开始时的系统频率；D_T 为系统总阻尼因数，$D_\mathrm{T} = \frac{P_{\mathrm{M}*}}{\omega} + (K_\mathrm{L} - 1)\frac{P_{\mathrm{L}*}}{\omega}$；$T_\mathrm{a} = \frac{P_{\mathrm{M}*}}{\omega} - \frac{P_{\mathrm{L}*}}{\omega}$，以保留在运行中的发电机力矩为基准的加速力矩标幺值。

由式（5-37）可得频率变化率为

$$\frac{\mathrm{d}f}{\mathrm{d}t}\Big|_f = \frac{1}{M}(fT_a + D_T\Delta f) \tag{5-43}$$

当考虑系统频率接近 50Hz，即 $f=50$，式（5-42）和式（5-43）可变为

$$\Delta f = \frac{50T_a}{D_T}(1 - \mathrm{e}^{-\frac{D_T}{M}t}) \tag{5-44}$$

$$\frac{\mathrm{d}f}{\mathrm{d}t}\Big|_f = \frac{1}{M}(50T_a + D_T\Delta f) \tag{5-45}$$

式（5-44）和式（5-45）在自动低频减载整定计算中经常用到。

四、自动低频减载的工作原理

当系统发生严重功率缺额时，自动低频减载装置的任务是迅速断开相应数量的用户负荷，使系统频率在不低于某一允许值的情况下，达到有功功率的平衡，以确保电力系统安全运行，防止事故的扩大，是防止电力系统发生频率崩溃的系统性事故的保护装置。

微课：电力系统频率的动态特性分析

1. 最大功率缺额的确定

微课：低频减载的最大功率缺额确定

在电力系统中，自动低频减载装置是用来对付严重功率缺额事故的重要措施之一，它通过切除负荷功率（通常是比较不重要的负荷）的办法来制止系统频率的大幅度下降，以取得逐步恢复系统正常工作的条件。因此，必须考虑即使在系统发生最严重事故的情况下，即出现最大可能的功率缺额时，接至自动低频减载装置的用户功率量也能使系统频率恢复在可运行的水平，以避免系统事故的扩大。可见，确定系统事故情况下的最大可能功率缺额，以及接入自动低频减载装置的相应的功率值，是系统安全运行的重要保证。确定系统中可能发生的功率缺额涉及对系统事故的设想，为此应做具体分析。一般应根据最不利的运行方式下发生事故时，实际可能发生的最大功率缺额来考虑，例如按系统中断开最大机组或某一电厂来考虑。如果系统有可能解列成几个子系统（即几个部分）运行时，还必须考虑各子系统可能发生的最大功率缺额。

自动低频减载装置是针对事故情况的一种反事故措施，并不要求系统频率恢复至额定值，一般希望它的恢复频率 f_h 低于额定值，约为 $49.5\sim50$Hz 之间，所以接到自动低频减载装置最大可能的断开功率 $\Delta P_{L,\max}$ 可小于最大功率缺额 $\Delta P_{h,\max}$。设正常运行时系统负荷为 P_{LN}，额定频率与恢复频率 f_h 之差 Δf，根据式（5-36）可得

$$\frac{\Delta P_{h,\max} - \Delta P_{L,\max}}{P_{LN} - \Delta P_{L,\max}} = K_{L*}\Delta f_*$$

$$\Delta P_{L,\max} = \frac{\Delta P_{h,\max} - K_* P_L\Delta f_*}{1 - K_{L*}\Delta f_*} \tag{5-46}$$

式（5-46）表明，当系统负荷 P_L、系统最大功率缺额 $\Delta P_{h,\max}$ 已知后，只要系统恢复频率 f_h 确定，就可按式（5-46）求得接到自动低频减载装置的功率总数。

【例 5-4】　某系统的负荷总功率为 $P_L=5000$MW，设想系统最大的功率缺额为 $\Delta P_{h,\max}=1200$MW，设负荷调节效应系数为 $K_{L*}=2$，自动低频减载装置动作后，希望系统恢复频率为 $f_h=48$Hz，求接入低频减载装置的功率总数 $\Delta P_{L,\max}$。

解 希望恢复频率偏差的标幺值为

$$\Delta f_* = \frac{50 - 48}{50} = 0.04$$

由式（5-46）得

$$\Delta P_{L,max} = \frac{1200 - 2 \times 5000 \times 0.04}{1 - 2 \times 0.04} = 870 \text{（MW）}$$

接入自动低频减载装置功率总数为 870MW，这样即使发生如设想那样的严重事故，仍能使系统频率恢复值不低于 48Hz。

2. 自动低频减载装置的动作顺序

在电力系统发生事故的情况下，被迫采取断开部分负荷的办法确保系统的安全运行，这对于被切除的用户来说，无疑会造成不少困难，因此，应力求尽可能少地断开负荷。

如上所述，接于自动低频减载装置的总功率是按系统最严重事故的情况来考虑的。然而，系统的运行方式很多，而且事故的严重程度也有很大差别，对于各种可能发生的事故，都要求自动低频减载装置能做出恰当的反应，切除相应数量的负荷功率，既不过多又不能不少，只有分批断开负荷功率采用逐步修正的办法，才能取得较为满意的结果。

自动低频减载装置是在电力系统发生事故时、系统频率下降过程中，按照频率的不同数值按顺序地切除负荷。也就是将接至低频减载装置的总功率 $\Delta P_{L,max}$ 分配在不同启动频率值来分批地切除，以适应不同功率缺额的需要。根据启动频率的不同，低频减载可分为若干级，也称为若干轮。

为了确定自动低频减载装置的级数，首先应定出装置的动作频率范围，即选定第一级启动频率 f_1 和最末一级启动频率 f_n 的数值。

（1）第一级启动频率 f_1 的选择。由系统频率动态特性可知，在事故初期如能及早切除负荷功率，这对于延缓频率下降过程是有利的。因此第一级的启动频率值宜选择得高些，但又必须计及电力系统动用旋转备用容量所需的时间延迟。避免因暂时性频率下降而不必要地断开负荷的情况，所以一般第一级的启动频率整定在 48.5～49Hz。在以水电厂为主的电力系统中，由于水轮机调速系统动作较慢，所以第一级启动频率宜取低值。

（2）末级启动频率 f_n 的选择。电力系统允许最低频率受"频率崩溃"或"电压崩溃"的限制，对于高温高压的火电厂，频率低于 46～46.5Hz 时，厂用电已不能正常工作。在频率低于 45Hz 时，就有"电压崩溃"的危险。因此，末级的启动频率以不低于 46～46.5Hz 为宜。

（3）频率级差。当 f_1 和 f_n 确定以后，就可在该频率范围内按频率级差 Δf 分成 n 级断开负荷，即

$$n = \frac{f_1 - f_n}{\Delta f} + 1 \qquad (5-47)$$

级数 n 越大，每级断开的负荷越小，这样装置所切除的负荷量就越有可能接近于实际功率缺额，具有较好的适应性。

3. 频率级差 Δf 的选择

强调各级动作的次序，要在前一级动作以后还不能制止频率下降的情况下，后一级才动作。

设频率测量元件的测量误差为 $\pm \Delta f$。最严重的情况是前一级启动频率具有最大负误

差，而本级的测频元件为最大正误差。设第 i 级在频率为 $f_i-\Delta f_\sigma$ 时启动，经 Δt 时间后断开负荷，这时频率已下降至 $f_i-\Delta f_\sigma-\Delta f_t$。第 i 级断开负荷后如果频率不继续下降，则第 $i+1$ 级就不切除负荷，这才算是有选择性。这时考虑选择性的最小频率级差为

$$\Delta f = 2\Delta f_\sigma + \Delta f_t + \Delta f_y \tag{5-48}$$

式中：Δf_σ 为频率测量元件的最大误差频率；Δf_t 为对应于 Δt 时间内的频率变化，一般可取 $0.15\mathrm{Hz}$；Δf_y 为频率裕度，一般可取 $0.05\mathrm{Hz}$。

按照各级有选择地顺序切断负荷功率，级差 Δf 值主要取决于频率测量元件的最大误差 Δf_σ 和 Δt 时间内频率的下降数值 Δf_t。模拟式频率继电器的频率测量元件的最大误差为 $\pm0.15\mathrm{Hz}$ 时，选择性级差 Δf 一般取 $0.5\mathrm{Hz}$，这样整个低频减载装置只可分成 $3\sim8$ 级。

现在微机型频率继电器已在电力系统中广泛采用，其测量误差（$0.015\mathrm{Hz}$ 甚至更低）已大为减小且动作延时也已缩短，为此频率级差可相应减小 $0.3\sim0.2\mathrm{Hz}$。

微课：低频减载的每段切除功率限制

4. 每级切除负荷 ΔP_{Li} 的限制

低频减载装置采用了分级切除负荷的办法，以适应各种事故条件下系统功率缺额大小不等的情况。在同一事故情况下，切除负荷越多，系统恢复频率就越高，可见每一级切除负荷的功率受到恢复频率的限制。我们不希望恢复频率过高，更不希望频率恢复值高于额定值。

设第 i 级的动作频率为 f_i，它所切除的用户功率为 ΔP_{Li}。电力系统频率 f_x 下降特性是与功率缺额相对应的。显然它是随机的，是不确定的。如果特性曲线的稳态频率正好为 f_i，这是能使第 i 级启动的功率缺额为最小临界情况，因此当切除 ΔP_{Li} 后，系统频率恢复值 f_h 达最大值。在其他功率缺额较大的事故情况下也能使第 i 级启动，不过它们的恢复频率均低于 f_h。

如上所述，若系统恢复频率 f_h 为已知，则第 i 级切除功率的限值就不难求得，即按第 $i-1$ 级动作切除负荷后，系统的稳定频率正好按第 i 级的启动频率 f_i 来考虑。

此时 $\Delta f_i = f_\mathrm{N}-f_i$，系统当时的功率缺额 ΔP_{i-1}，由负荷调节效应的减小功率来补偿，因此

$$\frac{\Delta P_{i-1}}{P_{\mathrm{LN}} - \sum_{k=1}^{i-1}\Delta P_{Lk}} = K_{\mathrm{L}*}\frac{\Delta f_i}{f_\mathrm{N}}$$

式中：$\sum\limits_{k=1}^{i-1}\Delta P_{Lk}$ 为低频减载装置前 $i-1$ 级断开的负荷总功率。

为了把所有功率都表示为系统负荷 P_{LN} 的标幺值，则上式表示为

$$\Delta P_{i-1*} = \left(1 - \sum_{k=1}^{i}\Delta P_{Lk*}\right)K_{\mathrm{L}*}\Delta f_{i*} \tag{5-49}$$

当第 i 级切除负荷 ΔP_{Li*} 后，系统频率稳定在 f_h，同样这时系统的功率缺额相应地由负荷调节效应 $\Delta P_{\mathrm{h}i}$ 所补偿，即

$$\Delta P_{\mathrm{h}i*} = \left(1 - \sum_{k=1}^{i}\Delta P_{Lk*}\right)K_{\mathrm{L}*}\Delta f_{\mathrm{h}*}$$

由于 i 级动作前的功率缺额等于第 i 级切除功率与动作后频率为 f_h 时系统功率缺额之和，即

$$\Delta P_{i-1*} = \Delta P_{Li*} + \Delta P_{\mathrm{h}i*}$$

所以
$$\Delta P_{\mathrm{L}i*} = \left(1 - \sum_{k=1}^{i-1}\Delta P_{\mathrm{L}k*}\right)K_{\mathrm{L}*}\Delta f_{i*} - \left(1 - \sum_{k=1}^{i}\Delta P_{\mathrm{L}k*}\right)K_{\mathrm{L}*}\Delta f_{\mathrm{h}*}$$

整理后可得

$$\Delta P_{\mathrm{L}i*} = \left(1 - \sum_{k=1}^{i-1}\Delta P_{\mathrm{L}k*}\right)\frac{K_{\mathrm{L}*}(\Delta f_{i*} - \Delta f_{\mathrm{h}*})}{1 - K_{\mathrm{L}*}\Delta f_{\mathrm{h}*}} \qquad (5 - 50)$$

微课：低频减
载的特殊轮

一般希望各级切除功率小于按式（5-50）计算所求得的值，特别是在采用 n 增大、级差减小的系统中，每级切除功率值就更应小些。

在自动低频减载装置的工作过程中，当第 i 级启动切除负荷以后，如系统频率仍继续下降，下面各级则会相继动作，直到频率下降被制止为止。如果出现的情况是：第 i 级动作后，系统频率可能稳定在 $f_{\mathrm{h}i}$，它低于恢复频率的极限值 f_{h}，但又不足以使下一级减载装置启动，因此要装设特殊轮，以便使频率能恢复到允许的限值 f_{h} 以上。特殊轮的动作频率应不低于前面基本段第一级的启动频率，它是在系统频率已经比较稳定时动作的。因此其动作时限可以为系统时间常数 T_{s} 的 $2\sim3$ 倍，最小动作时间为 $10\sim15\mathrm{s}$。特殊轮可按时间分为若干级，也就是其启动频率相同，但动作时延不一样，各级时间差可不小于 $5\mathrm{s}$，按时间先后次序分批切除用户负荷，以适应功率缺额大小不等的需要。在分批切除负荷的过程中，一旦系统恢复频率高于特殊轮的返回频率，低频减载装置就停止切除负荷。

接于特殊轮的功率总数应按最不利的情况来考虑，即低频减载装置切除负荷后系统频率稳定在可能最低的频率值，按此条件考虑特殊轮所切除用户功率总数的最大值，并且保证具有足以使系统频率恢复到 f_{h} 的能力。

5. 自动低频减载装置的动作时延及防止误动作措施

自动低频减载装置动作时，原则上应尽可能快，这是延迟系统频率下降的最有效措施。但考虑到系统发生事故，电压急剧下降期间有可能引起频率继电器误动作，所以往往采用一个不大的时限（通常用 $0.1\sim0.2\mathrm{s}$）以躲过暂态过程可能出现的误动作。

自动低频减载装置是通过测量系统频率来判断系统是否发生功率缺额事故的，在系统实际运行中往往会出现装置误动作的例外情况，例如地区变电站某些操作，可能造成短时间供电中断，该地区的旋转机组如同步电动机、同步调相机和异步电动机等的动能仍短时反馈输送功率，且维持一个不低的电压水平，而频率则急剧下降，因而引起自动低频减载装置的错误启动。当该地区变电站很快恢复供电时，用户负荷已被错误地断开了。

当电力系统容量不大、系统中有很多冲击负荷时，系统频率将瞬时下跌，同样也可能引起自动低频减载装置启动，错误地断开负荷。

在上述自动低频减载装置误动作的例子中，可引入其他信号进行闭锁，防止其误动作，如电压过低和频率急剧变化率闭锁等。有时可简单地采用自动重合闸来补救，即当系统频率恢复时，将被自动低频减载装置所断开的用户按频率分批地进行自动重合闸，以恢复供电。

按频率进行自动重合以恢复对用户的供电，一般都是在系统频率恢复至额定值后进行，而且采用分组自动投入的方法（每组的用户功率不大）。如果重合后系统频率又重新下降，则自动重合就停止进行。

五、自动低频减载装置整定实例

1. 基础数据

(1) 电力系统的基本条件。

1）切负荷总量为系统保留运行总发电容量的 35%。

2）大型机组的低频保护为 47.7Hz，0s，要求在最严重情况下系统经历的最低频率值大于 48Hz。

3）系统负荷的频率调节系数未确切掌握，为安全计，取较低值 $K_L=1.5$。

4）系统机组的惯性常数 $M=10s$。

5）自动低频减负荷装置全部采用数字频率继电器。

(2) 自动低频减负荷装置的安排。自动低频减负荷装置共分两组，即基本轮与特殊轮。基本轮为快速动作，用以抑制频率下降；特殊轮则为在基本轮动作后，用以恢复系统频率到可以运行操作的较高数值，基本轮的整定安排如下：

1）当 $K=0.35$ 时，快速动作的基本轮可安排 5 轮，每轮切负荷份额的分配可考虑平均取为 7%。

2）基本轮的最高一级可取为 49.0Hz，级差 0.2Hz，即分为 49.0、48.8、48.6、48.4、48.2Hz 五轮。

3）基本轮所带的延时（不包括断路器的动作时间）取为 0.2s，以保证选择性。

2. 求解过程

按以上具体整定值，进行低频减载的整定计算过程如下。

如果第一轮的切负荷量不超过 10%，按启动频率 49～49.1Hz 计，最严重的负荷过切量将不超过 7%，频率超调量不会大于 0.5Hz，如果保留运行中的机组有 50% 以上为水轮发电机组，允许的负荷过切量需作具体计算，以求得系统的频率超调不超过 51Hz。

(1) 对基本轮的整定计算。

1）第一轮 49.0Hz，过 0.2s 后切 7% 负荷。

取 $K_L=1.5$，按式（5-44），当突发有功功率缺额略小于 3% 时，系统频率将下降到略高于 49.0Hz。原则上，所有自动低频减负荷装置都不能起动。在实际上，由于各点频率波动，系统中会有一些第一轮装置动作，使系统频率悬浮在 49.0Hz 以上，只有依靠手动操作才能使系统频率恢复到高于 49.5Hz 水平。

当有功功率缺额略大于 3% 时，49Hz 的第一轮动作，最大过切 4% 负荷，系统频率最大超调量将低于 51.0Hz，因而是允许的。

如果以最大过切不超过 4% 为目标，则当突发有功功率缺额为 10% 时，第二轮装置不动作，并保留一定裕度。在 10% 的缺额下，依靠第一轮装置的动作，系统频率可以恢复到 49.0Hz 或以上。考虑断路器的动作时间 0.1s，当 $T_a=-10\%$ 时，系统频率下降到 49.0Hz 后第一轮装置的频率继电器开始动作，经 0.2s 启动断路器，再经 0.1s 才动作切负荷，使系统频率恢复。

在系统频率下降到 49.0Hz 以后的 0.3s 间，可认为系统频率变化率 $\dfrac{\mathrm{d}f}{\mathrm{d}t}\Big|_{\Delta f=1.0}$ 为恒定值，从而可求得第一轮装置切负荷时的系统频率最低值 $f_{\min}$，由式（5-45）可求得

121

$$f_{min} = 49.0 + \frac{df}{dt}\Big|_{\Delta f = 1.0} \times 0.3$$

$$= 49.0 + \frac{1}{10}\{50(-0.10) + [1 + (1.5 - 1.0) \times 1.10] \times (50.0 - 49.0)\} \times 0.3$$

$$= 48.90(Hz)$$

第一轮切负荷后，系统的频率变化率由式（5-45），按 $t=0$ 情况考虑，此时 $f_0 = 48.90$，$\Delta f = 0$，可求得为

$$\frac{df}{dt}\Big|_{48.90} = \frac{1}{10}\left\{50 \times \left[1 - (1.10 - 0.07)\left(\frac{48.90}{50}\right)^{1.5}\right]\right\} = +0.0195(Hz/s)$$

其后系统频率开始恢复。

2）第二轮 48.8Hz，过 0.2s 后切 7％负荷。

按同样过切不超过 4％，在 $T_a = -0.17$ 时，第三轮不动作，此时依靠第一、第二轮的动作，可以恢复系统频率到 49Hz 或以上。

对于 $T_a = -0.17$ 情况，在第一轮装置动作切负荷时的系统频率为

$$49.0 + \frac{1}{10}\{50 \times (-0.17) + [1 + (1.5 - 1.0) \times 1.17] \times (50.0 - 49.0)\} \times 0.3 = 48.79(Hz)$$

然后求第一轮装置动作后的 $\frac{df}{dt}$。这是初始情况，即 $f = 48.79Hz$，$t = 0$ 情况，由式（5-45）求得

$$\frac{df}{dt}\Big|_{48.79} = \frac{1}{10} \times 50 \times \left[1 - 1.10 \times \left(\frac{48.79}{50}\right)^{1.5}\right] = -0.30(Hz/s)$$

新阶段开始时，第二轮装置的启动元件刚刚动作再经 0.3s 动作于切负荷，此时的系统最低频率为 $48.79 - 0.3 \times 0.3 = 48.70Hz$，然后开始恢复，由足够裕度使第三轮不启动。

3）第三轮 48.6Hz，过 0.2s 后切 7％负荷；第四轮 48.4Hz，过 0.2s 后切 7％负荷；第五轮 48.2Hz，过 0.2s 后切 7％负荷。这三种情况的计算过程与前面类似，在这里就不赘述了。

（2）特殊轮的整定安排。按照基本轮的方案整定，在某些有功功率缺额下，系统频率可能长期悬浮在如下五种情况。

1）发生的有功功率缺额不能令第一轮动作，此时系统频率不可避免将悬浮在第一级的启动频率值上，例如 49Hz。

2）第一轮切负荷后，系统频率保持在略高于第二轮的启动频率值上，例如 48.8Hz。

3）悬浮在第三轮的启动频率上，例如 48.6Hz。

4）悬浮在第四轮的启动频率上，例如 48.4Hz。

5）悬浮在第五轮的启动频率上，例如 48.2Hz。

如果只安排基本轮，不论如何整定，上述的系统频率悬浮情况都是不可避免的，为此，需要用特殊轮来弥补上述的不足。仍以上述的五轮基本轮的整定方案为例，说明特殊轮的整定方案如下。

特殊轮第一轮：启动频率 49.0Hz，长延时例如 15s，切基本轮第二轮的部分负荷，用以应付本条中的情况 2），使系统频率由 48.8Hz 恢复到 50.0Hz 左右。仍以 $K_L = 1.5$ 为例，所需切的负荷 $\frac{50 - 48.8}{50} \times 1.5 = 3.6\%$。

特殊轮第二轮：启动频率 48.8Hz、15s，切基本轮第三轮的部分负荷，用以应付本条中的情况 3)，$K_L=1.5$ 时，切负荷值为 $\dfrac{50-48.6}{50}\times 1.5=4.2\%$。

特殊轮第三轮：启动频率 48.6Hz、15s，切基本轮第四轮的部分负荷，用以应付本条中的情况 4)，$K_L=1.5$ 时，切负荷数为 $\dfrac{50-48.4}{50}\times 1.5=4.8\%$。

特殊轮第四轮：启动频率 48.4Hz、15s，切基本轮第五轮的部分负荷，用以应付本条中的情况 5)，$K_L=1.5$ 时，切负荷数为 $\dfrac{50-48.2}{50}\times 1.5=5.4\%$。

3. 总结

按总的切负荷量 35% 计，可安排自动低频减负荷装置的整定值如表 5 - 1 所示，这种整定方案的优点是：在规定的突然最大有功功率缺额下，可以保证最低系统频率不至于过低，容易满足配合要求；各轮之间可以保证选择性；特殊轮和基本轮之间可以取得良好配合；整定方案简单，计算办法明确。这种方案的不足处是有一定的过切，但只要过切量不过大，为了减小系统频率下降深度，适当的过切量应当是允许的，也是不可避免的。从国外各大系统的低频减负荷方案看，一般第一轮切负荷的量都在 10% 左右，过切量有6%～7%。

表 5 - 1　　　　　各级启动频率值及切负荷量（宜按负荷重要性安排）

基本，延时轮 0.2s（Hz）	49.0	48.8		48.6		48.4		48.2	
切负荷量（%）	7	3.6	3.4	4.2	2.8	4.8	2.2	5.4	1.6
特殊，延时轮 15s（Hz）		49.0		48.8		48.6		48.4	

如果系统对最低频率要求比本例还要严格，可以适当提高第一轮启动频率值和适当增加前几轮切负荷量，估计应当能够满足实际要求。

习题与思考题

5 - 1　电力系统有功功率平衡的含义是什么？

5 - 2　电力系统频率超出额定值多少并延续多长时间以上算电网事故？

5 - 3　电力系统频率调整有何意义？

5 - 4　电力系统调频为什么分为一次调整和二次调整？有什么主要区别？

5 - 5　调频厂的选择有什么原则？

5 - 6　什么是调速系统的稳态调节方程？

5 - 7　为什么不允许速度变动率 δ 等于零？

5 - 8　积差调频法（同步时间法）有什么特点？

5 - 9　联合电力系统调频有哪些方法？

5 - 10　发电机组调速系统的静态特性指的是什么？

5 - 11　简要说明发电机调速系统的有差调节特性。

5 - 12　为什么负荷变动较大时，只靠频率的一次调整不能满足系统频率质量的要求？

5 - 13　简要分析功率—频率电液调速系统的动作过程及目的。

5-14　请简述霍尔效应原理，并应用霍尔效应设计一种测量电力系统无功功率的电路。

5-15　请分析低频减载和低频振荡有何不同？

5-16　低频减载装置中的最大功率缺额是如何确定的？

5-17　在低频减载装置中为何要设置特殊论？

5-18　在低频减载装置中频率测量是非常重要的，请设计一种满足低频减载使用的高精度频率测量电路或者方法。

第六章 变电站综合自动化

第一节 变电站综合自动化的概念

变电站是电力生产过程的重要环节，作用是变换电压、交换功率和汇集、分配电能。变电站中的电气部分通常被分为一次设备和二次设备。一次设备包括电力变压器、母线、断路器、隔离开关、电压互感器、电流互感器、避雷器等。有些变电站中还由于要满足无功平衡、系统稳定和限制过电压等要求，装有同步调相机、并联电抗器、静止补偿装置、串联补偿装置等。二次设备包括监视测量仪表、控制及信号器具、继电保护装置、自动装置等，用于对一次设备进行监视、测量、保护。

变电站自动化是指应用控制技术、信息处理和通信技术，利用计算机软件和硬件系统或自动装置代替人工进行各种运行作业，提高变电站运行、管理水平的一种自动化系统。

一、传统变电站的自动化系统

传统变电站的二次系统主要由继电保护、就地监控、远动装置、录波装置等组成。在实际应用中，是按继电保护、远动、就地监控、测量、录波等功能组织的，相应的就有保护屏、控制屏、录波屏、中央信号屏等。每一个一次设备，例如一台变压器、一组电容器等，都与这些屏有关，因而，每个设备的电流互感器的二次侧，都需要分别引到这些屏上；同样，断路器的跳、合闸操作回路也需要连到保护屏、控制屏、远动屏及其他自动装置屏上。此外，对同一个一次设备，与之相应的各二次设备（屏）之间，保护与远动设备之间都有许多连线。由于各设备安装在不同地点，因而变电站内电缆错综复杂。上述情况，决定了传统变电站存在着以下缺点。

1. 安全性、可靠性不高

传统的变电站大多数采用老式的设备，尤其是二次设备中的继电保护和自动装置、远动装置等采用电磁式和晶体管式，结构复杂、可靠性不高，本身又没有故障自诊断的能力，只能从一年一度对整定值的校验中发现问题，然后进行调整与检修，或必须等到保护装置发生拒动或误动之后才能发现问题。

2. 电能质量可控性不高

随着国民经济的持续发展，人们生活水平和生活质量不断提高。家用电器、个人计算机越来越多地进入各家各户。不仅各工矿企业，而且居民用户对保证供电质量的要求越来越高。衡量电能质量的主要指标是频率和电压，目前还应考虑谐波问题。各变电站，特别是枢纽变电站应该通过调节变压器分接头位置和控制无功补偿设备进行变电站电压调节，

125

使其运行在合格的范围内。但传统的变电站大多数不具备调压手段。

3. 占地面积大

综合自动化的变电站与传统变电站相比，在一次设备方面，目前没有多大差别，而差别较大的是二次设备。在传统的变电站中，二次设备多采用电磁式或晶体管式，体积大、笨重。因此，主控室、继电保护室占地面积大。这对于人口密度很大的城市来说，是一个不容忽视的问题。

4. 实时性和可控性较差

电力系统要做到优质、安全、经济运行，必须及时掌握系统的运行工况，才能采取一系列的自动控制和调节手段。但传统的变电站不能满足向调度中心及时提供运行参数的要求；由于远动功能不全，一些遥测、遥信无法实时送到调度中心；而且参数采集不齐，不准确，变电站本身又缺乏自动控制手段，因此没法进行实时控制，不利于电力系统的安全稳定运行。

5. 维护工作量大

传统的继电保护装置和自动装置多为电磁式或晶体管式，其工作点易受环境温度的影响，因此其整定值必须定期检验，每年校验保护定值的工作量是相当大的，无法实现远方修改继电保护或自动装置的定值。

二、变电站综合自动化

基于上述传统变电站的状况，同时，随着计算机技术的发展，变电站的装置都开始采用微机型继电保护装置和微机监控、微机远动、微机录波装置，以实现变电站的综合自动化。

变电站综合自动化是将变电站的二次设备经过功能的组合和优化设计，利用先进的计算机技术、现代电子技术、通信技术和信号处理技术，实现对变电站的一次设备和输、配电线路的自动监视、测量、控制和保护，以及与调度中心进行信息交换等功能。

变电站综合自动化系统利用多台微机子系统组成自动化系统，代替老式测量监视仪表、老式控制屏、中央信号系统和远动屏。用微机保护代替老式的电磁式或晶体管继电保护，改变老式的继电保护装置不能与外界通信的缺陷。因此变电站综合自动化系统可以采集到比较齐全的数据和信息，利用计算机的高速计算能力和逻辑判断功能，可方便地监视和控制变电站内各种设备的运行和操作。

三、变电站综合自动化的基本特征

变电站综合自动化系统最明显的特征表现在以下六个方面。

1. 功能综合化

变电站综合自动化技术是在微机技术、数据通信技术、自动化技术基础上发展起来的，是个技术密集、多种专业技术相互交叉、相互配合的系统，它综合了变电站内全部二次设备。在综合自动化系统中，微机监控系统综合了变电站的仪表屏、操作屏、模拟屏、变送器屏、中央信号系统、远动的 RTU 功能及电压和无功补偿自动调节功能；综合了微机保护、故障录波、故障测距、小电流接地选线、自动按频率减负荷、自动重合闸等自动装置功能。上述综合自动化的综合功能是通过局域网或现场总线使各微机系统硬、软件的资源共享实现的，因此对微机保护和自动装置提出了更高的自动化要求。

2. 结构分布分层化

变电站综合自动化系统是一个分布式系统，其中微机保护、数据采集和控制以及其他智能设备等子系统都是按分布式结构设计的，每个子系统可能由多个 CPU 分别完成不同功能，这样由庞大的 CPU 群构成了一个完整的、高度协调的有机综合（集成）系统。这样的综合系统往往有几十个甚至更多的 CPU 同时并列运行，以实现变电站自动化的所有功能。另外，按照变电站物理位置和各子系统功能分工的不同，变电站综合自动化系统的总体结构又按分层原则来组织。典型的分层原则是将变电站自动化系统分为三层，即变电层、间隔层和设备层，由此可构成分散（分布）式综合自动化系统。

3. 操作监视屏幕化

变电站实现综合自动化后，不论是有人值班还是无人值班，操作人员不是在变电站内就是在主控室或调度室，面对彩色显示器，对变电站的设备和输电线路进行全方位的监视与操作。庞大的模拟屏被显示器屏幕上的实时主接线画面取代；在断路器安装处或控制屏进行的跳、合闸操作被显示器屏幕上的鼠标操作或键盘操作所取代；光字牌报警信号被显示器屏幕画面闪烁和文字提示或语言报警所取代。即通过计算机的显示器屏幕显示，可以监视全变电站的实时运行情况和对各开关设备进行操作控制。

4. 通信系统网络化

计算机局域网络技术、现场总线技术及光纤通信技术在综合自动化系统中得到普遍应用。因此，系统具有较高的抗电磁干扰的能力，能够实现高速数据传送、满足实时性要求，易于扩展，可靠性大大提高，而且大大简化了传统变电站各种繁杂的电缆连接，方便施工。

5. 运行管理智能化

智能化不仅表现在老式的自动化功能上，如自动报警、自动报表、电压无功自动调节、小电流接地选线、事故判别与处理等方面，还表现在能够在线自诊断，并不断将诊断的结果送往远方的主控端，这是区别传统二次系统的重要特征。简而言之，传统二次系统只能监测一次设备，而本身的故障必须靠维护人员去检查、去发现，而综合自动化系统不仅能监测一次设备，还能每时每刻检测自身是否有故障，充分体现了其智能性。

运行管理智能化极大地简化了变电站二次系统，信息齐全，可以灵活地按功能或间隔形或集中组屏或分散（层）安装的不同的系统组合。进一步说，综合自动化系统打破了传统一次系统各专业界限和设备划分原则，改变了老式保护装置和自动装置不能与调度中心通信的缺陷。

6. 测量显示数字化

长期以来，变电站采用指针式仪表作为测量仪器，其准确度低、读数不方便。采用微机监控系统后，彻底改变了原来的测量手段，老式指针式仪表全被显示器上的数字显示所代替，直观、明了。而原来的人工抄表记录则完全由打印机打印、报表所代替。这不仅减少了值班员的劳动，而且提高了测量精确度和管理的科学性。

正是由于变电站综合自动化系统具有的上述明显特征，使其发展具有强劲的生命。近几年来，随着数字化变电站和智能变电站的新技术发展，变电站综合自动化技术进入了更高的水平。关于数字化变电站和智能变电站的技术将在第九章详细介绍。

四、变电站综合自动化与无人值班变电站

我国地域面积广大，多数情况下变电站都位于远离人口密集的城市中心，越是电压等级高的变电站往往位置就越偏僻。20 世纪 90 年代前绝大多数变电站采用有人值班的管理方式，需要大量的运行人员以轮换值班的方式在变电站就地监控，管理成本巨大。

实现无人值班变电站必须要具备的条件是：调度中心能够实时掌握变电站各个设备的运行状况，同时能够对变电站各个设备进行操作控制，也就是说无需工作人员到达变电站，在几十甚至上百千米外的调度中心就可以对变电站进行监控。这就是所谓的"四遥"功能。

微课：四遥
的含义

（1）遥测：远程测量，采集并传送运行参数，包括各种电气量（线路上的电压、电流、功率等量值）和负荷潮流等。

（2）遥信：远程信号，采集并传送各种保护和开关量信息。

（3）遥控：远程控制，接受并执行遥控命令，主要是分合闸，对远程的一些开关控制设备进行远程控制。

（4）遥调：远程调节，接受并执行遥调命令，对远程的控制量设备进行远程调试，如调节发电机输出功率、调节变压器有载分接开关等。

20 世纪 80 年代后期利用微处理器构成 RTU 的功能，初步实现了四遥功能，使无人值班的管理方式成为可能。20 世纪 90 年代后，变电站综合自动化技术飞速发展，极大地促进了变电站无人值班的管理方式，1995 年国家电力调度通信中心要求现有 35kV 和 110kV 变电站，在条件具备时逐步实现无人值班。

进入 21 世纪后，随着变电站综合自动化技术的进一步发展，很多 220kV 变电站和 500kV 变电站都实现了无人值班，极大地降低了管理成本。

第二节　变电站综合自动化系统的功能

一般来说，变电站综合自动化系统的功能包括变电站电气量的采集和电气设备的状态监视、控制和调节。通过变电站综合自动化技术，实现变电站在正常运行时的监视和操作，保证变电站的正常运行和安全。当发生事故时，由继电保护和故障录波等完成瞬态电气量的采集、监视和控制，并迅速切除故障，完成事故后的恢复操作。

变电站实现综合自动化的功能具体包括如下四个方面。

一、继电保护功能

变电站综合自动化系统中的微机继电保护，主要包括输电线路保护、电力变压器保护、母线保护、电容器保护、小电流接地系统自动选线、自动重合闸。综合自动化变电站对继电保护提出以下要求。

（1）系统的继电保护按被保护的电力设备单元（间隔）分别独立设置。直接由相关的电流互感器和电压互感器输入电气量，然后由触点输出，直接作用于相应断路器的跳闸线圈。

（2）保护装置设有通信接口，供接入站内通信网，在保护动作后向变电站层的微机设备提供报告，但继电保护功能完全不依赖通信网。

（3）为避免不必要的硬件重复，以提高整个系统的可靠性和降低造价，特别是对35kV 及以下的一次设备，可以使保护装置承担其他一些功能，如电量测量等，但应以不降低保护装置可靠性为前提。

二、监视控制功能

变电站综合自动化系统应能改变传统监视控制装置不能与外界通信的缺陷，实现如下监视控制功能。

（1）实时数据采集与处理。包括模拟量、开关量、脉冲量及数字量等。需要采集的模拟量主要有变电站各段母线电压，各条线路的电流、有功功率和无功功率，主变压器的电流、有功功率和无功功率，电容器的电流、无功功率，主变压器的油温，直流电源电压，站用变压器的电压等。

采集的开关量有变电站断路器位置状态、隔离开关位置状态、继电保护动作状态、同期检测状态、有载调压变压器分接头的位置状态、变电站一次设备运行告警信号、接地信号等。这些状态信号大都采用光电隔离方式输入或通过各个微机型设备的数字通信而获得。

（2）运行监视功能。所谓运行监视，主要是指对变电站的运行工况和设备状态进行自动监视，即对变电站各种开关量变位情况和各种模拟量进行监视。通过开关量变位监视，可监视变电站中断路器、隔离开关、接地开关、变压器分接头的位置和动作情况，继电保护和自动装置的动作情况以及它们的动作顺序等。模拟量的监视分为正常的测量和超过限定值的报警、事故时模拟量变化的追忆等。

当变电站有非正常状态发生和设备异常时，监控系统能及时在当地或远方发出事故音响或语音报警，并在显示器上自动推出报警画面，为运行人员提供分析处理事故的信息，同时可将事故信息进行存储和打印。

对于一个典型的变电站，应报警的参数有母线电压报警，即当电压偏差超出允许范围且越限连续累计时间达一定值（例如 30s）后报警；线路负荷电流越限报警，即按设备容量及相应允许越限时间来报警；主变压器过负荷报警，按规程要求分正常过负荷、事故过负荷报警；系统频率偏差报警，当其频率监视点超出允许值时的报警；消弧线圈接地系统中性点位移电压越限及累计时间超出允许值时报警；母线上的进出功率及电能量不平衡越限报警；直流电压越限报警。

报警方式主要有自动推出画面、报警、语音或音响提示、闪光报警、信息操作提示（如控制操作超时）等。

（3）故障录波与测距功能。110kV 及以上的重要输电线路距离长、发生故障影响大，当输电线路故障时必须尽快查出故障点，以便缩短维修时间，尽快恢复供电，减少损失。设置故障录波和故障测距是解决此问题的最好途径。

变电站的故障录波和测距可采用两种方法实现：①由微机保护装置兼作故障记录和测距，再将记录和测距的结果送监控机存储及打印输出或直接送调度主站，这种方法可节约投资，减少硬件设备，但故障记录的量有限；②采用专用的微机故障录波器。并且录波器应具有通信功能，可以与监控系统通信。

（4）事故顺序记录与事故追忆功能。事故顺序记录就是对变电站内的继电保护、自动装置、断路器等在事故时动作的先后顺序自动记录，记录事件发生的时间应精确到毫秒级。自动记录的报告可在显示器上显示和打印输出。事故顺序记录的报告对分析事故、评价继电保护和自动装置以及断路器的动作情况是非常有用的。

事故追忆是指对变电站内的一些主要模拟量，如线路、主变压器各侧的电流、有功功率、主要母线电压等，在事故前后一段时间内作连续测量记录。通过这一记录可了解系统或某一回路在事故前后所处的工作状态，对于分析和处理事故起辅助作用。

（5）控制及安全操作闭锁功能。操作人员可通过显示器屏幕对断路器、隔离开关进行分闸、合闸操作；对变压器分接头进行调节控制；对电容器组进行投、切控制，同时要能接受遥控操作命令，进行远方操作；并且所有的操作控制均能就地和远方控制、就地和远方切换相互闭锁，自动和手动相互闭锁。

操作管理权限按分层（级）原理管理。监控系统设有操作权限管理功能，使调度员、操作员、系统维护员和一般人员能够按权限分层（级）操作和控制。

操作闭锁包括以下内容：操作系统出口具有断路器跳闸、合闸闭锁功能。根据实时信息，自动实现断路器、隔离开关操作闭锁功能，适应一次设备现场维护操作的"电脑五防操作及闭锁系统"。"五防"功能是指防止带负荷拉、合隔离开关，防止误入带电间隔，防止误分、合断路器，防止带电挂接地线，防止带地线合隔离开关。显示器屏幕操作闭锁功能是指只有输入正确的操作口令和监护口令后才有权进行操作控制。

（6）数据处理与记录功能。监控系统除了完成上述功能外，数据处理和记录也是很重要的环节。历史数据的形成和存储是数据处理的主要内容。此外，为满足继电保护专业和变电站管理的需要，必须进行一些数据统计，其内容主要包括：

1）主变压器和输电线路有功功率和无功功率的最大值和最小值以及相应的时间；

2）定时记录母线电压的最高值和最低值以及相应时间；

3）统计断路器的动作次数，统计出断路器切除故障电流和跳闸动作次数的累计数；

4）控制操作和修改定值记录。

此外还具有打印、自诊断、自恢复和自动切换等功能。

三、自动控制装置的功能

变电站综合自动化系统必须具有保证安全、可靠供电和提高电能质量的自动控制功能。为此，典型的变电站综合自动化系统都配置了相应的自动控制装置，如电压、无功综合控制装置、低频率减负荷控制装置、备用电源自投控制装置、小电流接地选线装置等。与保护装置一样这些装置都应该是微机型装置，具备通信功能，但是动作执行不依赖通信网，设备专用的装置放在相应间隔屏上。

（1）电压、无功综合控制。变电站电压、无功综合控制是利用有载调压变压器和母线无功补偿电容器及电抗器进行局部的电压及无功补偿的自动调节，使负荷侧母线电压偏差在规定范围以内。在调度中心直接控制时，变压器的分接头开关调整和电容器组的投切直接接受远方控制。当调度（控制）中心给定电压曲线或无功曲线的情况下，则由变电站综合自动化系统就地进行控制。

（2）低频率减负荷控制。当电力系统因事故导致有功功率缺额而引起系统频率下降时，低频率减负荷装置应能及时自动断开一部分负荷，防止频率进一步降低，以保证电力系统稳定运行和重要负荷的正常工作。当系统频率恢复到正常值之后，被切除的负荷可逐步远方手动恢复或可选择延时分级自动恢复。

（3）备用电源自投控制。当工作电源因故障不能供电时，自动控制装置应能迅速将备用电源自动投入使用或将用户切换到备用电源上去。典型的备用自动投入控制装置有单母线进线备投、分段断路器备投、变压器备投、进线及桥断路器备投。

（4）小电流接地选线控制。小电流接地系统中发生单相接地时，接地保护应能正确地选出接地线路或母线并予以报警。

（5）自动调谐式消弧线圈控制。目前自动调谐式消弧线圈已逐渐取代了传统手动消弧线圈，自动调谐式消弧线圈能够实现消弧线圈的电感电流跟随系统电容电流变化，不仅包含了一次设备（消弧线圈），而且包含了二次设备（控制器）。

四、通信功能

变电站综合自动化的通信功能包括变电站内部的通信和变电站与调度中心之间的通信两部分。

（1）变电站内部的通信。主要解决自动化系统内部各子系统与上位机（监控主机）和各子系统间的数据和信息交换问题，它们的通信范围是变电站内部。对于集中的综合自动化系统来说，实际上是在主控室内部；对于分散安装的自动化系统来说，其通信范围扩大至主控室与子系统的安装地，通信距离加长了。

（2）变电站与调度中心之间的通信。变电站综合自动化系统应该能够将所采集的模拟量和开关量信息，以及事件顺序记录等远传至调度中心，同时应该能够接收调度中心下达的各种操作、控制、修改定值等命令，即实现"四遥"功能。

第三节　变电站综合自动化的结构形式

一、分层分布的结构

从国内外变电站综合自动化系统的发展过程来看，其结构形式从集中式发展到了分层分布式。设备的安装位置从集中组屏发展到分层组屏，又发展到分散在一次设备间隔上安装。目前变电站综合自动化系统都采用了分层分布式的结构，图 6-1 是变电站综合自动化系统分层分布式结构示意图。

分层式结构是指按照 IEC 61850 标准变电站可以分为设备层、间隔层、变电站层三层。

1. 设备层

设备层主要是指变电站内的变压器和断路器、隔离开关及其辅助触点、电流互感器、电压互感器等一次设备。

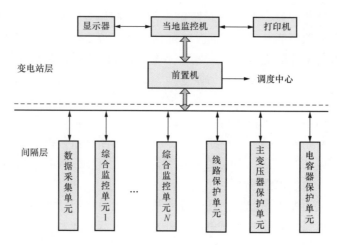

图 6-1　变电站综合自动化系统分层分布式结构示意图

2. 间隔层

在变电站综合自动化系统中，通常把继电保护、自动重合闸、故障录波、故障测距等功能综合在一起的装置称为保护单元，而把测量和控制功能综合在一起的装置称为控制单元，两者通称为间隔层。间隔层按一次设备组织，一般按断路器的间隔划分，包括测量、控制和继电保护部分。测量、控制部分负责该单元的测量、监视、断路器的操作控制和连锁及事件顺序记录等，保护部分负责该单元线路或变压器或电容器的保护、各种录波等。因此，间隔层本身是由各种不同的单元装置组成，这些独立的单元装置通过二次电缆连接到设备层，通过网络连接到变电站层。

3. 变电站层

变电站层由一台或多台服务器组成，用于显示间隔层各个设备的数据，并且能够对间隔层设备进行控制，同时还实现了与调度中心的通信。

所谓"分布"是指自动化系统采用了多 CPU 系统协同工作方式，各功能模块都是独立的微机型装置，各装置之间采用网络技术实现数据通信，多 CPU 系统提高了处理并行多发事件的能力，方便系统扩展和维护，局部故障不影响其他模块正常运行。

在分层分布式结构的框架下，按照设备安装的位置进行分类，目前变电站综合自动化的具体实现形式有两种：分层分布集中式和分层分布分散式。

二、分层分布集中式变电站综合自动化系统

1. 中、小型变电站的分层分布集中式结构

分层分布集中式结构是把整套综合自动化系统按其功能组装成多个屏（或称机柜），例如主变压器保护屏、线路保护屏、数据采集屏等。这些屏都集中安装在主控室中，因此把这种结构称为"分层分布集中式结构"，如图 6-2 所示。

为了提高综合自动化系统整体的可靠性，图 6-2 所示的系统采用按功能划分的分布式多 CPU 系统，每个功能单元基本上由一个 CPU 组成，也有一个功能单元由多个 CPU 完成的，例如主变压器保护，有主保护和多种后备保护，因此往往由 2 个或 2 个以上 CPU 完成不同的保护功能，这种按功能设计的分散模块化结构具有软件相对简单、调试维护方

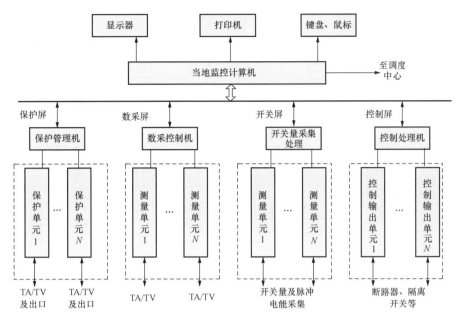

图 6-2 中、小型变电站分层分布集中式结构示意图

便、组态灵活、系统整体可靠性高等特点。

由图 6-2 可知，在变电站综合自动化系统的管理上，采取分层管理的模式，即各保护功能单元由保护管理机直接管理。一台保护管理机可以管理多个单元模块。它们之间可以采用总线连接，如 RS485 总线、以太网等；而交流采样由数采控制机负责管理；开关屏和控制屏分别处理开入/开出的信息。保护管理机和数采控制机以及控制处理机等是处于单元层的第二层结构。正常运行时，保护管理机监视各保护单元的工作情况，一旦发现某一保护单元本身工作不正常，立即报告监控机，并报告调度中心。如果某一保护单元有保护动作信息，也通过保护管理机将保护动作信息送往监控机，再送往调度中心。调度中心或监控机也可通过保护管理机下达修改保护定值等命令。数采控制机和开关量采集处理机则将数采单元和开关单元所采集的数据和开关状态送给监控机和送往调度中心，并接受由调度或监控机下达的命令。总之，这第二层管理机的作用是可明显减轻监控机的负担，协助监控机承担对间隔层的管理。

变电站的监控主机或称上位机，通过局域网络与保护管理机和数采控制机以及控制处理机通信。监控机在无人值班变电站，主要负责与调度中心的通信，使变电站综合自动化系统具有 RTU 的功能，完成四遥的任务。监控机在有人值班的变电站，除了仍然负责与调度中心通信外，还负责人机联系，使综合自动化系统通过监控机完成当地显示、制表打印、开关操作等功能。

2. 大型变电站分层分布集中式结构

大型变电站的综合自动化系统则在变电站管理层设有通信控制机，专门负责与调度中心通信，并设有工程师机，负责软件开发与管理功能，其结构图如图 6-3 所示，另外在功能间隔层可能还有各种录波装置等。

3. 分层分布集中式结构特点

(1) 凡是可以在间隔层就地完成的功能，绝不依赖通信网。这样提高了可靠性高，任一部分设备有故障时只影响局部，可扩展性和灵活性高。

133

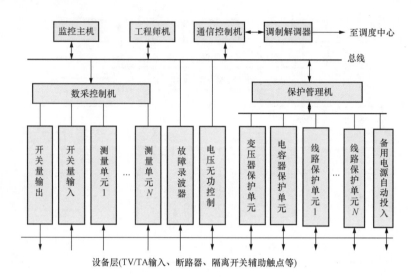

图 6-3　大型变电站分层分布集中式结构示意图

（2）模块化结构，可靠性高。分层分布集中式系统为多 CPU 工作方式，各装置都有一定数据处理能力，从而大大减轻了主控制机的负担。

（3）继电保护相对独立。继电保护装置是电力系统中对可靠性要求非常严格的设备，在综合自动化系统中，继电保护单元宜相对独立，其功能不依赖于通信网络或其他设备。

（4）具有与系统调度中心通信功能。综合自动化系统本身具有对模拟量、开关量、电能脉冲量进行数据采集和处理的功能，也具有收集继电保护动作信息、事件顺序记录等功能。因此不必另设独立的 RTU 装置，不必为调度中心单独采集信息，而将综合自动化系统采集的信息直接传送给调度中心，同时也接受调度中心下达命令。

（5）分层分布集中式结构的主要缺点是安装时需要的二次电缆（包括测量电缆和控制电缆）很多，电缆投资较大。

三、分层分布分散式变电站综合自动化系统

这是目前国内外最为流行、结构最为合理、比较先进的一种综合自动化系统。它是采用"面向对象"即面向电气一次回路或电气间隔（如一条出线、一台变压器、一组电容器等）的方法进行设计的，间隔层中各数据采集、监控单元和保护单元设计在同一机箱中，并将这种机箱就地分散安装在开关柜上或其他一次设备附近。这样各间隔单元的设备相互独立，通过光纤或电缆网络由后台主机对它们进行管理和交换信息，这是将功能分布和物理分散两者有机结合的结果。

分层分布分散式结构不仅涵盖了分布式的全部优点，此外还最大限度地压缩了二次设备及其二次电缆，节省土地投资，如图 6-4 所示。分层分布分散式变电站综合自动化系统简化了变电站二次部分的配置，大大缩小了控制室的面积。由于馈线的保护和测控单元，分散安装在各开关柜内，因此主控室内减少了几面保护屏，加上采用综合自动化系统后，原先传统的控制屏、中央信号屏和站内模拟屏可以取消，因此使主控室面积大大缩小，其优越性主要体现在以下四方面。

（1）减少了施工和设备安装工作量。由于安装在开关柜的保护和测控单元在开关柜出

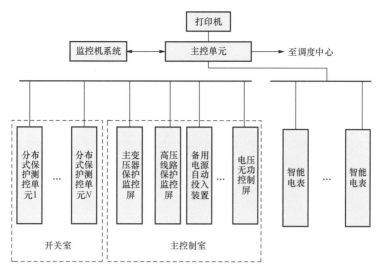

图 6-4 分层分布分散式结构示意

厂前已由厂家安装和调试完毕。再加上敷设电缆的数量大大减少，因此现场施工、安装和调试的工期随之缩短。

（2）简化了变电站二次设备之间的相互连线，节省了大量连接电缆。

（3）分层分散式结构可靠性高。组态灵活，检修方便。

（4）由于分散安装，减小了电流互感器的负担。各模块与监控主机通过局域网络或现场总线连接，抗干扰能力强，可靠性高。

四、综合自动化系统的通信

在变电站综合自动化系统中，数据通信是一个重要环节，其主要任务体现在两个方面：一方面是完成变电站内部各子系统或各种功能模块间的信息交换；另一方面是完成变电站与调度中心的通信任务。

1. 变电站内部的通信

变电站综合自动化系统实质上是由分层分布式的多个子系统组成，各个子系统又由多台微机设备组成。因此，必须通过内部数据通信，实现各子系统的信息交换和信息共享。变电站内部的包括如下通信内容。

（1）过程层与间隔层间的信息传输。间隔层设备大多需要从过程层获得正常情况和事故情况下的电压值和电流值，以及断路器、隔离开关位置、变压器的分接头位置等信息。

（2）间隔层之间的信息传输。在一个间隔层内部相关的功能模块间，即继电保护和控制、监视、测量之间的数据交换。这类信息如测量数据、断路器状态、元器件的运行状态、同步采样信息等。同时，不同间隔层之间的交换数据有主、后备继电保护工作状态、互锁状态，相关保护动作闭锁、电压无功综合控制装置等信息。

（3）间隔层与变电站层的信息包括上行信息和下行信息。上行信息指的是间隔层向变电站层传输的信息，包括正常及事故情况下的测量值和计算值，断路器、隔离开关位置、变压器的分接头位置，各间隔层运行状态，保护动作信息等。上行信息属于"遥测"和"遥信"。下行信息指的是变电站层向间隔层传输的信息，包括断路器和隔离开关的分、合闸命令，主变压器分接头位置的调节，自动装置的投入与退出等，以及微机保护和自动装置的整定值等。下行信息属于"遥控"和"遥调"。

（4）变电站层的不同设备之间通信。根据各设备的任务和功能的特点，传输所需的测量信息、状态信息和操作命令等。

目前，在变电站内部主要的通信方式见表6-1。

表6-1 变电站综合自动化系统的通信方式

序号	通信方式	特　　点
1	串行通信	通信简单，成本低，兼容性好。传输速率慢，数据量小，传输距离短，通信可靠性低、抗干扰能力差
2	现场总线	通信可靠性高，抗干扰能力强，传输距离远，传输速率较高。成本较高，需要特殊的通信芯片，兼容性较差
3	以太网	通信可靠性高，抗干扰能力强，兼容性好，成本适中，传输距离远，传输速率高，综合性价比高

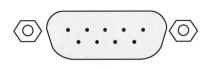

图6-5　RS232的外形

（1）串行通信方式。由于串行通信方式成本低，目前间隔层的少部分小型设备还在采用串行通信方式。常用的串行标准接口有RS232和RS485。RS232是美国电子工业协会（EIA，Electronic Industries Association）制定的物理接口标准，也是目前数据通信与网络中应用最广泛的一种标准。RS是推荐标准（Recommend Standard）的英文缩写，232是该标准的标识符。RS232标准接口是在终端设备和数据传输设备间，以串行二进制数据交换方式传输数据所用的最常用的接口。RS232通信方式的参数如下。

1）机械特性：采用9针连接器，如果采用直接接线的方式需要3根电缆线。

2）电气特性：逻辑"1"的电平值为−5～−15V，逻辑"0"的电平值为+5～+15V。噪声容限为+3～+5V及−3～−5V。

3）传输距离<15m。

4）通常采用速率为300、600、1200、2400、4800、9600bit/s。

5）必须采用点对点的连接方式，不能组网通信，耗费通信电缆较多。

6）"全双工"方式，同时收发数据。

RS232在工业计算机上通常称为COM端口，其外观如图6-5所示，9个引脚的信号名称和功能见表6-2。

表6-2 RS232COM端口的9针引脚信号名称和功能

引脚号	信号名称	说　　明
1	载波检查 CD	调制解调器通知计算机有载波被检测到
2	接收数据 RXD	接收数据
3	发送数据 TXD	发送数据
4	数据终端准备好 DTR	计算机通知调制解调器可以进行传输

引脚号	信号名称	说　明
5	信号地线 GND	地线
6	数据设备准备好 DSR	调制解调器通知计算机一切准备就绪
7	请求发送 RTS	计算机要求调制解调器将数据送出
8	允许发送 CTS	调制解调器通知计算机可送出数据
9	振铃指示 RI	调制解调器通知计算机有电话打进

另一种串行通信方式 RS485 采用差分信号，只需要 2 根通信线，不仅能够实现点对点通信，而且还可以实现多个点共用一对线路的联网通信。RS485 采用半双工工作方式，它的传输速率可以达到 100kbit/s，传送距离可达 1.2km。

（2）现场总线通信方式。RS422、RS485 通信方式的传输速率低且组网困难，变电站规模稍大，便满足不了综合自动化系统的要求。为了解决串行通信的问题，在 20 世纪 80 年代中期，国际上提出了现场总线技术，并制定了相应的标准。

现场总线是应用在生产现场，在微机化测量控制设备间实现微机型、双向传输、串行多节点的通信系统，也被称为开放式、数字化、多点通信的底层控制网络。它在制造业得到了广泛的应用。比较著名的有德国制定的过程现场总线 Profibus（Process Field Bus）标准、由现场总线基金会推出的 FF（Field Bus Foundation）标准，美国 ECHELON 公司推出的 Lon Works标准、德国 Rosch 公司推出的 CAN（Controller Area Network）标准等。表 6-3 为常见的现场总线主要性能比较。

表 6-3　　　　　　　　　　常见的现场总线主要性能比较

总线类型	传输速率	传输距离
Profibus	500kB/s	1.2km
FF	31.25～2.5MB	500m～1.9km
LonWorks	1.25MB/s	130m
CAN	1MB/s	10km
Bitbus	62.5～2.4MB/s	30m～1.2km
SDS	125kB/s	500m

（3）以太网通信方式。现场总线虽然解决了串行通信的问题，但是现场总线成本较高，需要特殊的通信芯片，兼容性较差。随着以太网的技术不断成熟，以及工业级以太网抗干扰能力的提升，目前变电站综合自动化系统越来越多的采用以太网通信方式。以太网通信方式的优势包括：

1）技术非常成熟，有丰富的硬件和软件资源可以使用。

2）兼容性好，几乎所有的芯片生产厂家都提供以太网硬件接口。

3）开发成本低，设备更新容易。

4）传输速率非常高，100MB/s 以太网技术已经相当成熟，1000MB/s 以太网技术也正在实用化。

5）通信距离远，可以达到数公里。

目前绝大多数的间隔层设备采用以太网通信方式，随着光纤的大量使用，以太网和光纤相结合的优势更加明显，光纤以太网成为了通信方式的发展方向。

2. 变电站和调度中心之间的通信

变电站综合自动化系统的信息要及时上报调度中心，同时变电站综合自动化系统也要接收和执行调度中心下达的各种操作和调控命令。

变电站综合自动化系统应具有与电力系统调度中心通信的功能，不另设单独的远动装置，而由通信控制机执行远动功能，把变电站内相关信息传送调度中心，同时能接收上级调度数据和控制命令。变电站向调度中心传送的信息，常称为上行信息，而由调度中心向变电站发送的信息，常称为下行信息。表 6-4 为变电站综合自动化系统的通信功能。

表 6-4 变电站综合自动化系统的通信功能

通信功能分类	通信内容
遥测信息	主变压器有功功率、电能量、电流、温度等，各线路的有功功率、电能量、电流，联络线的双向有功电能，各级母线电压；站用变压器低压侧电压、直流母线电压，消弧线圈电流，主变压器的分接头位置等
遥信信息	①断路器位置信号，断路器控制回路断线信号；②各种保护信号，如主保护信号、重合闸动作信号、母线保护动作信号、主变压器保护动作信号等；③各种事故信号，如变压器冷气系统故障信号、继电保护信号、故障录波装置故障总信号、遥控操作电源信号、UPS 电源信号消失信号等；④小电流接地系统接地信号
遥控信息	断路器及隔离开关控制，可控的主变压器中性点接地开关控制，保护闭锁复归操作
遥调信息	有载调压主变压器分接头位置调节，消弧线圈抽头位置调节

20 世纪 90 年代，变电站和调度中心之间的通信方式有很多种，包括电力线载波、微波、电话线等，随着光纤通信技术的成熟，目前变电站和调度中心之间的通信方式都采用了光纤以太网通信技术。

3. 变电站综合自动化系统的通信规约

在变电站综合自动化系统的各种通信过程中，为了确保通信双方能有效、可靠地进行数据传输，在发送和接收之间要有一定的约定，即通信规约。

变电站综合自动化系统最初建立的时候，不同的厂家所采用的通信规约并不统一，很多厂家采用自己的内部规约，这给变电站自动化系统站内局域网通信的开放、兼容方面带来诸多不便，增加了很多通信规约的转换工作，严重时会造成通信的不可靠。

为了提高变电站自动化系统的通信开放性和兼容性，必须采用一种标准的通信规约，所有的厂家都遵循这个规约设计自己的产品。20 世纪 90 年代后，国际电工委员会（IEC）制定的一系列标准最具有代表性，得到了广泛的支持，成为了最终通行的标准。目前，在变电站自动化系统使用率比较高的规约如下。

（1）变电站内部通信：IEC60870-5-101 规约、IEC60870-5-103 规约和 CDT 规约。

（2）变电站和调度中心通信：IEC61850 规约。

表 6-5～表 6-7 以某自动装置的实际通信规约说明规约的具体实现方式，该自动装置采用了较简单的 CDT 规约，通信方式是 485 串行通信。

表 6-5 遥测量规约

EBH 90H EBH 90H EBH 90H	同步字
控制字＝71H 帧类别＝B3H 信息字数＝05H 源站址 目的站址 校验码	控制字
功能码＝00H 遥测量 1（低 8 位） 遥测量 1（高 8 位） 遥测量 2（低 8 位） 遥测量 2（高 8 位） 校验码	信息字 1
功能码＝01H 遥测量 3（低 8 位） 遥测量 3（高 8 位） 遥测量 4（低 8 位） 遥测量 4（高 8 位） 校验码	信息字 2

表 6-6 遥信量规约

EBH 90H EBH 90H EBH 90H	同步字
控制字＝71H 帧类别＝F4H 信息字数＝03H 源站址 目的站址 校验码	控制字
功能码＝F0H 遥信量 S 保留＝00H 保留＝00H 保留＝00H 校验码	信息字 1

表 6-7 遥信量 S 的定义

Bit3	Bit2	Bit1	Bit0
过电流Ⅲ段动作	过电流Ⅱ段动作	过电流Ⅰ段动作	速断动作
Bit7	Bit6	Bit5	Bit4
保留	保留	保留	保留

五、综合自动化系统的组态软件

1. 组态软件的概念与现状

（1）组态软件的含义。"组态"的概念最早来自英文 configuration，有设置、配置等含义，一般是指通过对软件采用非编程的操作方式，使得软件乃至整个系统具有某种指定的功能，满足使用者要求。由于用户对计算机监控系统的要求千差万别（如画面流程、系统结构、报表格式等），而开发商又不能专门为每个用户去进行开发，所以，只能事先开发好一套具有一定通用性的软件开发平台，生产若干种规格的硬件模块，然后再根据用户的要求在软件开发平台上进行二次开发，以及进行硬件模块的连接，这种软件的二次开发工作就称为组态，相应的软件开发平台就称为组态软件。

组态软件是面向监控与数据采集（Supervisory Control And Data Acquisition，SCA-DA）的软件平台工具，具有丰富的设置项目，使用方式灵活，功能强大。监控组态软件最早出现时，人机界面 HMI（Human Machine Interface）或人机接口 MMI（Man Machine Interface）是主要内涵，即主要解决操作的图形界面问题。随着它的快速发展，实时数据库、实时控制、通信及联网、开放数据接口对 I/O 设备的广泛支持已经成为它的主要内容。随着技术的发展，监控组态软件将会不断被赋予新的内容。

（2）组态软件的设计思想。组态软件的主要目的是确保使用者在生成适合自己需要的应用系统时不需要或者尽可能少地编制软件程序的源代码。下面是组态软件主要解决的问题。

1）如何与采集、控制设备间进行数据交换。

2）使来自设备的数据与计算机图形画面上的各元素关联起来。

3）处理数据报警及系统报警。

4）存储历史数据并支持历史数据的查询。

5）各类报表的生成和打印。

6）为使用者提供灵活、多变的组态工具，可适应不同领域的要求。

7）最终生成的应用系统运行稳定可靠。

8）具有与第三方程序的接口，方便数据共享。

一般的组态软件都由图形界面系统、实时数据库系统、控制功能组件、第三方程序接口组件组成。

在图形画面生成方面，构成现场各过程图形的画面被划分成三类简单的对象，即线、填充形状和文本。每个简单的对象均有影响其外观的属性。对象的基本属性包括线的颜色、填充颜色、高度、宽度、取向、位置移动等。这些属性可以是静态的，也可以是动态的。静态属性在系统投入运行后保持不变，与原来组态时一致。而动态属性则与表达式的值有关，表达式可以是来自 I/O 设备的变量，也可以是由变量和运算符组成的数学表达式。这种对象的动态属性随表达式的值的变化而实时改变。例如，用一个矩形填充体模拟现场的液位，在组态这个矩形的填充属性时，指定代表液位的工位号名称、液位的上下限及对应的填充高度，就完成了液位的图形组态，这个组态过程通常叫做动画连接。在图形界面上还具备报警通知及确认、报表组态及打印、历史数据查询与显示等功能。各种报警、报表、趋势都是动画连接的对象，其数据源都可以通过组态来指定。这样每个画面的内容就可以根据实际情况由工程技术人员灵活设计，每幅画面中的对象数量均不受限制。

实时数据库的重要特点是实时性，包括数据实时性和事务实时性。数据实时性是满足现场数据的更新，通常电力系统要求数据更新时间小于 1s。事务实时性是指数据库对其事务处理的速度，可以是事件触发方式或者定时触发方式。

控制功能组件以基于 PC 的策略编辑/生成组件（也称之为软逻辑或软 PLC）为代表，是组态软件的主要组成部分。虽然脚本语言程序可以完成一些控制功能，但还是不很直观，对于用惯了梯形图或其他标准编程语言的自动化工程师来说太不方便了，因此目前的多数组态软件都提供了基于 IEC1131-3 标准的策略编辑/生成控制组件。它也是面向对象的，但不唯一地由事件触发，它像 PLC 中的梯形图一样按照顺序周期地执行。策略编辑/生成组件在基于 PC 和现场总线的控制系统中是大有可为的，可以大幅度地降低成本。

第三方程序接口组件是开放系统的标志，是组态软件与第三方程序交互及实现远程数据访问的重要手段之一。它有以下三个主要作用。

1）用于构建分布式应用时多个监控后台机之间的数据共享。

2）在基于 Internet 或 Browser/Server（B/S）应用中实现信息发布功能。

3）组态软件的部分模块可以被"绑定"在其他程序当中，不被"显示"地使用。

2. 电力监控组态软件

电力监控组态软件是主要针对电力行业自动化的要求而开发的一种组态软件，它主要是面向电厂和大型工厂内的厂站端自动化。一般说来，电力行业对厂站自动化系统的技术要求有如下四点。

（1）要采集的信息量大。如线路有功、无功、开关状态、继电保护状态和电能量的数据采集等都要由厂站自动化系统来完成。为此要求厂站自动化系统有足够的信息吞吐量。

（2）电能量的采集十分关键：管理要求电能量的数据采集必须准确无误，并且能连续地分时段地记录和远传电能数据，即使系统掉电后电能量的数据采集装置仍能依靠后备电池长时间地正常工作，且全网应具有统一的实时时钟，以完成实时校时功能。

（3）采集数据的实时性要求非常高：网络拓扑、状态估计、安全监控、网络分析、自动发电控制，调度员需要对电力系统特殊的要求进行专门处理，如电气闭锁、自动控制、三图的支持（平面图、网络图、电气原理图）等。

（4）模拟培训等能量管理功能对数据的实时性要求非常高，只有保证实时性，才能保证安全性。

第四节　变电站电压、无功综合控制子系统

电压是衡量电能质量的一个重要指标，保证用户处的电压接近额定值是电力系统运行调整的基本任务之一。长期的研究结果表明，造成电压质量下降的主要原因是系统无功功率不足或无功功率分布不合理，所以电压调整问题主要是无功功率的补偿与分布问题。

一、电压、无功综合控制的原理

下面以一个变电站为例，分析在变电站实现电压、无功综合控制的原理。

图 6-6 中的 U_s、U_h、U_l、U_L 分别为系统电压，变压器高、低压侧电压和负荷电压，K_T 为变压器变比，Q_C 为补偿电容器发出的无功，P_L+jQ_L 为负载所消耗的功率，R_{WL}、X_{WL} 分别为馈线的电阻和电抗。忽略电压降的横分量时，则它们之间的关系应满足

微课：变电站
调节电压方法

$$U_L = U_l - \Delta U_L$$

$$U_L = U_l - \frac{P_L R_{WL} + Q_L X_{WL}}{U_L}$$

$$(6-1)$$

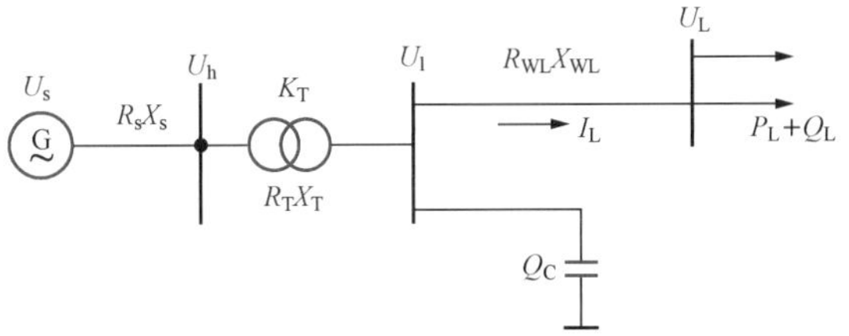

由此可见，随着负荷 P_L、Q_L 的变化，变电站到用户的线路电压损耗也随之改变。为了维持用户电压不变，必须调节 U_l，以 U_l 的变化来补偿的变化。

有两种方法可以调节 U_l，第一个方法是调整变压器变比 K_T，第二个方法是

图 6-6　变电站一次接线图

增加无功补偿设备。

由图 6-6 可知，U_s 与 U_1 有如下关系

$$U_1 = U_s - \frac{P_1(R_s + R_T) + Q_1(X_s + X_T)}{U_1} \tag{6-2}$$

式中：P_1、Q_1 为变压器低压侧的有功功率、无功功率。

若投入的电容器补偿容量为 Q_C，则

$$U_1 = U_s - \frac{P_1(R_s + R_T) + (Q_1 - Q_C)(X_s + X_T)}{U_1} \tag{6-3}$$

这表明增大 Q_C 可以使线路的压降降低，同样可以提高 U_1。

从以上分析可知，变电站调压的主要手段是调节有载调压变压器分接头和投切补偿电容器。有载调压变压器可以在带负荷的条件下切换分接头，从而改变变压器的变比，起到调整电压的作用。而合理地配置无功功率补偿设备，可改变网络中无功功率潮流、改善功率因数、减少网损和电压损耗，从而改善用户的电压质量。

以上两种措施虽然都有调整电压的作用，但其原理、作用和效果是不同的。在利用有载调压变压器分接头进行调压时，调压本身并不产生无功功率，因此在整个系统无功不足的情况下不可能用这种方法来提高全系统的电压水平；而利用补偿电容器进行调压，由于补偿装置本身可产生无功功率，因此这种方式既能弥补系统无功的不足，又可改变网络中的无功分布。然而在系统无功充足但由于无功分布不合理而造成电压质量下降时，这种方式却又是无能为力的。因此只有将两者有机结合起来才有可能达到良好的控制效果，变电站中利用有载调压变压器和补偿电容器组进行电压及无功补偿的自动调节，以保证负荷侧母线电压在规定的范围内及进线功率因数尽可能接近1，称为变电站电压、无功综合控制。

二、电压、无功综合控制（VQC）技术

在 20 世纪 90 年代前，运行人员需要根据调度部门下达的电压无功控制计划，结合变电站运行情况进行人工电压、无功控制。这不仅增加了值班人员的劳动强度，而且双参数调整难以达到最优的控制效果。随着微机型自动装置的发展，20 世纪 90 年代出现了 VQC 技术和设备，能够实现变电站内电压、无功的局部优化控制。

VQC 装置的控制对象主要是变压器分接头和并联电容器组，控制目的是保证主变压器二次电压在允许范围内，且尽可能提高进线的功率因数，因此选择电压和进线处功率因数（或无功功率）为状态变量。

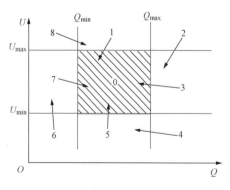

图 6-7　变电站的运行状态区域

VQC 装置根据状态变量的大小，将变电站的运行状态划分为九个区域，如图 6-7 所示，简称"九区图"。图中纵坐标为电压 U，横坐标为无功功率 Q，为运行中要求保持的目标电压。在这个九区域的运行状态中，0 区为电压和功率因数均合格区，不需要进行调整，其余八个区均为不合格区。电压无功综合控制装置利用检测到的电压和功率因数，结合当时的运行方式即可确定运行点在运行图中所处的位置，从而确定相应的

控制对策。Q 是吸收无功总量，$Q_{\max}$ 对应于负荷低值功率因数，$Q_{\min}$ 对应于负荷高值功率因数。

1. 简单越限情况

(1) 变电站运行于 1 区域时：电压超过上限而功率因数合格，此时应调整变压器分接头使电压降低。如单独调整变压器分接头无法满足要求时，可考虑强行切除电容器组。

微课：VQC 的 1357 区域单变量控制

(2) 变电站运行于 5 区域时：电压低于下限而功率因数合格。此时应调整变压器分接头使电压升高，直至分接头无法调整（次数限制或挡位限制）。

(3) 变电站运行于 3 区域时：功率因数低于下限而电压合格。此时应投入电容器组直至功率因数合格。

(4) 变电站运行于 7 区域时：功率因数超过上限而电压合格，此时应切除电容器组直至功率因数合格。

微课：VQC 的 48 区域双变量控制

2. 双参数越限情况

(1) 变电站运行于 2 区域时：电压超过上限而功率因数低于下限，此时如先投入电容器组，则电压会进一步上升。因此先调整变压器分接头使电压降低，待电压合格后若功率因数仍越限再投入电容器组。

(2) 变电站运行于 4 区域时：电压和功率因数同时低于下限，此时如先调整变压器分接头升压，则无功会更加缺乏。因此应先投入电容器组，待功率因数合格后若电压越限再调整变压器分接头使电压升高。

(3) 变电站运行于 6 区域时：电压低于下限而功率因数超过上限，此时如先切除电容器组，则电压会进一步下降。因此应先调整变压器分接头使电压升高，待电压合格后若功率因数仍越限再切除电容器组。

微课：VQC 的 26 区域双变量控制

(4) 变电站运行于 8 区域时：电压和功率因数同时超过上限，此时如先调整变压器分接头降压，则无功会更加过剩。因此应先切除电容器组，待功率因数合格后若电压仍越限再调整变压器分接头使电压降低。

综上所述，运行区域的控制策略见表 6 - 8。表中运行状态参数描述约定："0"表示状态参数合格；"1"表示状态参数不合格。

表 6 - 8　　　　　　　　　　运行区域的控制策略

区域	运行状态 cos、$-U$、cos、$+U$	越限状态	控制策略
0	0000	均不越限	不控制
1	0001	电压越上限	降压
2	0011	电压越上限，功率因数越下限	先降压，再投电容
3	0010	功率因数越下限	投入电容
4	0110	电压越下限，功率因数越下限	先投电容，后升压
5	0100	电压越下限	升压
6	1100	电压越下限，功率因数越上限	先升压，再投电容
7	1000	功率因数越上限	切除电容
8	1001	电压越上限，功率因数越上限	先切电容，再降压

为了保证控制过程的稳定性，避免频繁调节，规定了一个控制死区，当电压处于该死区时，不进行调压，只有当电压超出这个范围时才进行调压。同样对进线处的功率因数也规定了一个上下限，当实际的功率因数处于上下限之间时，不进行调节，只有当功率因数超出这个范围时，才进行调节。为使调压控制不致过于频繁，要求在控制动作一次之后，有一定的延时，在延时期不作控制操作。

三、AVC 技术

目前随着高速通信网络的建成和 EMS 高级应用软件的不断开发，变电站电压、无功综合控制正在向全局优化的方向发展，又因 VQC 技术只能够实现某个变电站的局部最优目标，但是可能无法实现全局最优，而且相邻的多个变电站在同时控制时有可能造成电压、无功波动，导致调节频繁，影响了设备的可靠性，因此 AVC 技术被提出，并得到了越来越广泛的应用。

AVC 技术是指在调度中心对各个变电站的主变压器的分接头位置和无功补偿设备进行统一的控制，如果有必要的话，甚至可以对地区电网的发电机励磁进行控制。AVC 技术是维持系统电压正常、实现无功优化控制、提高系统运行可靠性和经济性的最佳方案，能够实现全局的最优目标。AVC 技术要求调度中心必须具有符合实际的电压和无功实时优化控制软件，而且各变电站要具备可靠性高的通信通道，在各变电站具有智能执行单元。

AVC 技术分为两个方面。

（1）电力系统正常运行时，调度中心的高级应用软件根据系统的运行方式计算出各个变电站的有载开关和无功补偿容量调节范围和定值，下发给分散安装在各变电站的控制装置，各变电站根据定值进行自动调控。

（2）在系统负荷变化较大或紧急情况或系统运行方式发生大的变动时，可由调度中心直接操作控制，或由调度中心修改下属变电站应维持的母线电压和无功功率的定值，以满足系统运行方式变化后新的要求。

AVC 技术的优点是：在系统正常运行时，各关联分散控制器自动执行对各受控变电站的电压、无功调节，做到责任分散、控制分散、危险分散；紧急情况下，执行应急任务，因而可以从根本上提高全系统的可靠性和经济性。为达此目的，就要求执行关联分散控制任务的装置，除了要具有齐全的对受控站的分析、判断和控制功能外，还必须具有强通信能力和手段。在正常运行情况下，能把控制结果向调度报告。系统需要时，能接受上级调度下达的命令，自动修改和调整整定值或停止执行自己的控制规律，而作为调度下达调控命令的智能执行单元。

第五节　变电站备用电源自动投入装置

备用电源自动投入装置是电力系统故障或其他原因使工作电源被断开后，能迅速将备用电源或备用设备或其他正常工作的电源自动投入工作，使原来工作电源被断开的用户能迅速恢复供电的一种自动控制装置。备用电源自动投入是保证电力系统连续可靠供电的重要措施，是变电站综合自动化系统的基本功能之一。

一、备用电源的配置方案

备用电源自动投入装置主要用于110kV以下的中、低压系统中，其接线方案主要有两种。

1.低压母线分段断路器自动投入方案

低压母线分段断路器自动投入方案的主接线如图6-8所示。1号主变压器、2号主变压器同时运行，而QF3断开时，1号和2号主变压器互为备用电源，此方案是"暗备用"接线方案，备用电源投入方式简述如下：

当1号主变压器故障导致保护跳开低压母线分段断路器QF1，或者1号主变压器高压侧失压导致Ⅰ段母线

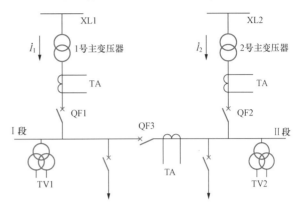

图6-8　低压母线分段断路器自动投入方案主接线

失压时，备用电源自动投入装置动作，合上QF3。备用电源自动投入的条件是Ⅰ段母线失压，Ⅱ段母线有电压，QF1已跳开，Ⅰ段母线无故障。

2.重要负荷线路的备用自动投入方案

线路备用自动投入方案主接线图如图6-9所示。

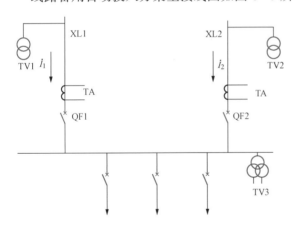

图6-9　线路备用自动投入方案主接线

该接线方案是"明备用"接线方式。例如正常运行时QF1断路器在合位，QF2断路器在分位，负荷由XL1线路供电。当XL1线路因故障失电，导致负荷母线失压时，即可跳开QF1，合上QF2，负荷由XL2线路供电。该备用方案的自动投入条件是负荷母线失压，备用电源线路有电压，QF1已跳开，负荷母线没有故障。

二、备用电源自动投入装置的基本要求

以上所述多种方案多种运行方式，各方案的备用电源自动投入均有相同的特点。

（1）工作电源确实断开后备用电源才投入。工作电源失压后，无论其进线断路器是否跳开，即使已测定其进线电流为零，但还是要先断开该断路器，并确认是已跳开后，才能投入备用电源。这是为了防止备用电源投入到故障元件上。

（2）备用电源自动投入切除工作电源断路器必须经延时。经延时切除工作电源进线断路器是为了躲过工作母线引出线故障造成的母线电压下降。因此延时时限应大于最长的外部故障切除时间。但是在有的情况下，可以不经延时直接跳开工作电源进线断路器，以加速合上备用电源。

（3）就地或遥控手动断开工作电源时备用电源自动投入装置不应动作。

（4）应具有闭锁备用电源自动投入装置的功能。每套备用电源自动投入装置均应设置有闭锁备用电源自动投入的逻辑回路，以防止备用电源投到故障的元件上，造成事故扩大的严重后果。

（5）备用电源不满足有压条件时，备用电源自动投入装置不应动作。

（6）工作母线失压时还必须检查工作电源无电流才能启动备用电源自动投入，以防止TV二次侧三相断线造成误投。

（7）备用电源自动投入装置只允许动作一次。

第六节　变电站故障录波装置

变电站故障录波装置对保证电力系统安全运行有十分重要的作用。当电网中发生故障时，利用装设的故障录波装置，可以记录下该故障全过程中线路上的三相电流、零序电流的波形和有效值，母线上三相电压、零序电压的波形和有效值，并形成故障分析报告，给出此种故障的故障类型。有些故障录波装置具有故障测距功能，可以判断故障点距离变电站母线的距离，为检修人员排查故障提供便利。

一、故障录波装置的主要作用

（1）正确分析事故原因并研究对策，同时可正确清楚地了解系统的情况，及时处理事故。故障录波装置所录取的故障过程波形图，可以正确反映故障类型、相别、故障电流和电压的数值以及断路器跳合闸时间和重合闸是否成功等情况，从而可以分析并确定出事故的原因，研究有效的对策，也为及时处理事故提供了可靠的依据。

（2）根据所录取的波形图，可以正确评价继电保护和自动装置工作的正确性，对一、二次设备的隐患做出及时准确的分析。

（3）根据故障信号进行故障测距工作，可以给出故障地点范围，便于查找故障点。

（4）分析研究振荡规律，说明系统振荡的发生、失步、同步振荡、异步振荡和再同步全过程，以及振荡周期、电流和电压等参数，从而可为防止系统发生振荡提供对策。

因此，故障录波装置在电网事故分析中占有重要的地位。

二、故障录波装置的组成

故障录波装置主要包括前置机和主机两大部分。一台故障录波装置由一台主机和多台互为独立的前置机组成分布式结构。这种结构有两大优点：一是避免局部故障而引起整套录波装置退出工作，便于维护和管理；二是对任一台前置机进行校验和维修，不会影响整套录波装置的运行。

一台前置机由中央处理器和一些外围电路组成，前置机的主要功能是交流数据采集。它对所接入的电流、电压、开关量进行数据采样，并同预先设置的定值进行比较，一旦发现越限、有增量或开关变位，立即发信给主机，启动录波装置录波。

主机采用存储空间大的工控机，可以记录多次故障。由于利用了工控机，人机对话界面可配以彩色显示器、标准键盘及汉字打印机，以方便地实现定值整定和维护工作。

三、故障录波装置的启动和记录方式

故障录波装置正常情况下只作数据采集，只有当它的启动元件动作时才进行录波。输入故障录波装置的所有信号均可作为启动量，任一路输入信号满足定值给出的启动条件，均可启动录波。为了保证故障录波装置可靠动作，要求故障录波装置有良好的灵敏度。

1. 故障录波装置的启动

对故障录波装置通常采用如下的启动方式：

（1）突变量启动判据。突变量启动的实质是故障分量启动，可选中的部分作为启动量，并和整定突变量值进行比较。

（2）零序电流启动判据。在110kV以上的大电流接地系统中，大多数为接地故障。采用主变压器中性点零序电流启动录波。

（3）正序、负序、零序电压启动判据。

（4）母线频率变化启动判据。故障时频率下降且变化率较快。

（5）外部启动判据。一种是继电保护的跳闸动作信号启动，一种是调度来的启动命令，这两种启动均为开关量启动。

2. 录波数据记录方式

为了清晰地反映故障发生、发展、切除及重合闸的全过程，要求所记录的模拟量的波形应从故障发生前的某个时刻开始。并在故障切除及重合闸动作后才能停止录波。在电力系统出现长期的电压、频率越限或振荡时，也应能记录下全过程。因此，模拟量的采样方式随着故障发生发展的不同阶段而不同，模拟量的采样时段顺序如图6-10所示。

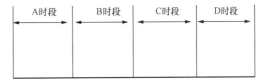

图6-10　模拟量的采样时段顺序

系统大扰动开始时刻 $t=0$s，各时段的记录时间、采样速率均可人工设定，按图6-10所示顺序执行。采样方式和记录时间见表6-9，记录方式见表6-10。

表6-9　　　　　　　　　　　　　采样方式和记录时间

A时段	B时段	C时段	D时段
系统大扰动开始前的状态数据。输出高速原始记录波形，记录时间不少于0.04s	系统大扰动开始后的状态数据。输出高速原始记录波形。记录时间大于0.06s	系统动态过程数据。输出低速记录波形，记录时间大于2s	系统长过程的动态数据，输出低速记录波形，可以记录长时间低电压、低频率或振荡的情况

表6-10　　　　　　　　　　　　　　记　录　方　式

第一次启动	符合任一启动条件时，由 S 时刻开始按 ABCD 顺序执行
重复启动	在已经启动的过程中有开关量或突变量输出时，若在 B 时段，则由 T 时刻开始沿 BCD 时段重复执行；否则应由 S 时刻开始沿 ABCD 重复执行
自动终止条件	所有启动量全部复归
特殊记录方式	如果出现长期低电压、频率越限或振荡，D 时段时间可持续到故障终止

四、故障录波装置实例

YS - 88AM 型微机故障录波测距装置是目前国内应用较为广泛的故障录波装置，采用高速数字信号处理器，实现了高速度高精度的数据采集及处理，数据采集精确度可达到 16bit，采样速度最高达到每秒 1 万点，具有独特的智能变速功能，解决了高速记录与有限缓冲区之间的矛盾。实时的硬盘缓冲区技术及数据自动更新技术，使得完全依靠系统内存，在采集速度达到每秒 1 万点时，可以连续记录这样的故障：故障开始—故障切除—故障恢复（重合）。采用分时多任务系统的实时信号处理技术，使用一块工控主机板同时完成了数据

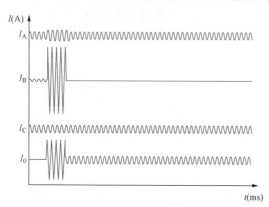

图 6 - 11 发生单相接地短路故障时的录波图

记录存储、录波分析、测距、通信、巡检、显示等功能，具有计算机通信组网技术和管理系统，具备全面的启动判据，记录电气量齐全，可以兼有实时监测功能。使用 WATCH - DOG 技术和巡检功能，使得故障录波装置工作稳定可靠。该装置适用于 220kV 及以上的变电站和发电厂等场合。

图 6 - 11 是某变电站某一线路发生单相接地短路故障时的录波图，表 6 - 11 是数据清单，包括录波时间、故障各个时间段各相电流、零序电流有效值。

表 6 - 11   数 据 清 单

录波时间（ms）	A 相电流（A）	B 相电流（A）	C 相电流（A）	零序电流（A）
−40	1.64	1.61	1.64	0.13
−20	1.64	1.62	1.65	0.14
0	2.51	12.27	1.94	8.92
20	3.24	8.49	2.20	14.00
40	3.89	21.22	2.84	15.35
60	3.14	10.49	1.75	6.58
80	1.74	0.01	1.71	1.14
100	1.72	0.01	1.67	1.11
140	1.69	0.01	1.65	1.10
1270	1.64	1.61	1.64	0.13

表 6 - 11 中设故障发生时刻为 0ms，−40ms 表示故障前 40ms 时刻，−20ms 表示故障前 20ms。从录波图及数据清单可见，在故障发生时刻，B 相电流增大，且出现了零序电流，A、C 相电流有些变化，但相对于 B 相电流变化较小，因此断定 B 相发生了接地短路。在 70ms 时，B 相电流为零，可见该相断路器跳开。到 1270ms，B 相电流恢复。A、B、C 三相电流对称，零序电流基本为零，说明重合闸成功。

第七节　自动调谐消弧线圈控制装置

我国 10～60kV 配电网中性点采用中性点不接地或者经消弧线圈接地方式，如果电容电流超过一定数值必须安装消弧线圈。20 世纪 90 年代以前消弧线圈多采用无载分接开关调匝方式，当系统电容电流发生变化后，需要停电人工更改消弧线圈电感值。这种无载分接开关调匝方式的消弧线圈存在两个问题，第一个问题是当线路运行方式发生变化时，消弧线圈不能跟踪电容电流的变化自动调整电感电流，降低了熄弧的效果；第二个问题是调节消弧线圈时需要停电然后人工调节，费时费力。为了解决这些问题，从 20 世纪 90 年代以来，我国多个生产厂家设计并研制出了不同类型的自动调谐消弧线圈，使得中性点经消弧线圈接地方式得到了很大的发展。

自动调谐消弧线圈克服了传统消弧线圈的不足，能够实时在线对电网电容电流进行测量，并且在带电运行中自动调整消弧线圈的补偿电感电流，使消弧线圈永远处于最佳补偿状态。与传统消弧线圈只有一次设备不同，自动调谐消弧线圈包括了一次设备和二次设备，一次设备用于提供补偿电感电流，二次设备又称为控制器用于计算系统电容电流并且对一次设备进行调节控制。

自动调谐消弧线圈按照运行的特点分为两种：预调式和随调式。预调式消弧线圈的特点是正常运行时消弧线圈跟踪系统电容电流的变化不断调整，始终处于接近谐振的位置，为了防止出现串联谐振过电压，需要投入一个串联或者并联电阻，称为阻尼电阻。当发生单相接地故障后，快速退出阻尼电阻，既保护了阻尼电阻，又使消弧线圈进入补偿的工作状态；当故障消失后，重新投入阻尼电阻。随调式消弧线圈的特点是正常运行时消弧线圈跟踪系统电容电流的变化计算出消弧线圈的目标补偿电流，但是处于远离谐振的位置，这样就避免出现串联谐振过电压，也就不需要阻尼电阻。当发生单相接地故障后，消弧线圈快速调整至谐振状态，产生补偿电流。当故障消失后，重新将消弧线圈恢复到远离谐振的位置。预调式与随调式消弧线圈各有利弊，其优缺点比较见表 6-12。一般来说如果系统电容电流波动不大，应优先选择预调式消弧线圈，如果系统电容电流波动较大，应优先选择随调式消弧线圈。

表 6-12　　　　　　　　　　　预调式与随调式消弧线圈的比较

线圈类型	预调式	随调式
优点	由于始终接在中性点，因此补偿快	(1) 调节开关耐用，可以在单相接地时动作； (2) 不存在阻尼电阻； (3) 计算电容电流时间短，一般在 1min 以内
缺点	(1) 如果调节时发生单相接地时，易烧坏调节开关； (2) 阻尼电阻易烧坏； (3) 计算电容电流时间长，需要数分钟	由于发生单相接地后才投入，因此补偿慢

目前常用的预调式消弧线圈包括带有载分接开关的调匝式消弧线圈、具有可动铁芯的调气隙式消弧线圈等。目前常用的随调式消弧线圈包括高短路阻抗变压器式消弧系统、调容式消弧线圈、8421 并联电抗器组合式消弧线圈等。

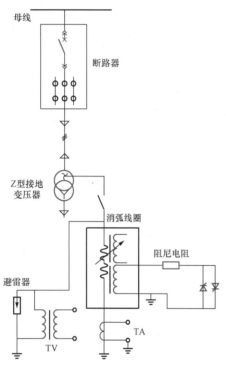

图 6 - 12　调匝式自动调谐消弧线圈原理接线图

1. 调匝式自动调谐消弧线圈

调匝式自动调谐消弧线圈是采用有载调压开关调节电抗器的抽头以改变电感值，在可调的电感线圈下串有阻尼电阻，它可以限制在调节电感量的过程中可能出现的中性点电压升高，以满足规程要求不超过相电压的 15%。当电网发生永久性单相接地故障时，阻尼电阻可由控制器将其退出，以防止损坏。其原理接线如图 6 - 12 所示，自动调谐成套装置由 Z 型接地变压器（当系统具有中性点时可不用）、消弧线圈、避雷器、阻尼电阻箱、TA、TV 等部分组成。在电网正常运行时，通过实时测量消弧线圈电压、电流的幅值和相位变化，计算出电网当前方式下的对地电容电流，根据预先设定的最小残流值或脱谐度，由控制器调节有载调压分接头，使之调节到所需要的补偿挡位，在发生接地故障后，故障点的残流可以被限制在设定的范围之内。它的不足之处是不能连续调节，需要合理的选择各个挡位电流和挡位总数，保证残流在各种运行方式下都能限制在 5A 以内，以满足工程需要。

2. 调气隙式自动调谐消弧线圈

调气隙式自动调谐消弧线圈是将铁芯分成上下两部分，下部分铁芯同线圈固定在框架上，上部分铁芯用电动机带动传动机构可调，通过调节气隙的大小达到改变消弧线圈电抗值的目的。它能够自动跟踪无级连续可调，安全可靠。其缺点是振动和噪声比较大，在结构设计中应采取措施控制噪声。

3. 高短路阻抗变压器式消弧系统

高短路阻抗变压器式消弧系统是一种高短路阻抗变压器式可控电抗器，其基本结构如图 6 - 13 所示。变压器的一次绕组作为工作绕组接入配电网中性点，二次绕组作为控制绕组由 2 个反向连接的晶闸管短路，通过调节晶闸管的

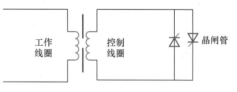

图 6 - 13　变压器式可控电抗器基本结构

导通角来调节二次绕组中的短路电流，从而实现电抗值的可控调节。由于采用了晶闸管调节，因此响应速度快，可以实现零至额定电流的无级连续调节。此外，由于是利用变压器的短路阻抗作为补偿用的电感，因而具有良好的伏安特性。

在正常运行情况下，消弧线圈可以工作在远离谐振点的区域，发生单相接地故障后快

速调节至接近谐振点，当电弧熄灭后快速调节远离谐振点以避免产生串联谐振过电压，因此可以不设置阻尼电阻。

4. 调容式消弧线圈

调容式消弧线圈的原理是在消弧线圈的二次侧并联若干组用真空开关或晶闸管通断的电容器，用来调节二次侧电容的容抗值，以达到减小一次侧电感电流的要求。电容值的大小及组数有多种不同排列组合，以满足调节范围和精度的要求。通过调节消弧线圈二次容抗的大小可方便地控制接地的接地电流大小，以达到调节消弧线圈电感电流的目的。

5. 8421 并联电抗器组合式消弧线圈

8421 并联电抗器组合式消弧线圈结构如图 6 - 14 所示，L1、L2、L4、L8 为电抗器，其容量按 1：2：4：8 分配，K1、K2、K3、K4 为高压真空接触器，当接触器闭合时，相应的电抗器投入电网；当接触器断开时，相应的电抗器退出电网。这样消弧线圈具有 0000～1111 之间变化的 16 个挡位，如果为了进一步减小级差，可以采用 5 个电抗器，使消弧线圈具有 32 个挡位。高压真空接触器耐压高、运行稳定、控制简单、速度快，完全满足现场要求。B1、B2、B3、B4 为避雷器，防止出现操作过电压。8421 并联电抗器组合式消弧线圈特别适用于发展中补偿网络，可以对原来的消弧线圈加以利用，避免重复投资。

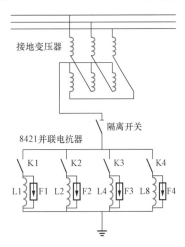

图 6 - 14　8421 并联电抗器组合式
消弧线圈结构示意图

消弧线圈控制器能够控制消弧线圈，实现对系统电容电流的跟踪补偿，控制器应具备如下功能。

（1）自动调谐功能：采用电容电流计算方法准确测量系统电容电流，计算结果与实际值误差应在 1％ 以内，电容电流的计算方法有 E0 法、两点法等。计算出电容电流后，控制器应调节消弧线圈一次设备到相应的挡位补偿电容电流。

（2）人机对话功能：自动/手动/停止控制方式的切换功能、时间参数、运行参数和控制参数的设置功能、故障信息查询功能等。

（3）自检功能：选线装置具有自检功能，死机自恢复功能。并能监视各线路出口处一次接地电容电流和各段母线零序电压。同时具备主机故障报警、电源消失报警、板卡通道故障报警功能。

（4）记忆功能：具有掉电保持储存信息的功能，可记录 2000 次以上控制器动作信息、接地信息及故障信息的历史数据，确保控制器工作电源或注入电流断电后所设参数不会丢失。

（5）显示功能：5.7in TFT LCD 液晶显示器，系统接地时显示消弧线圈发生单相接地故障信息、日期、时间、消弧线圈挡位、中性点电压值、系统电容电流值、补偿电感电流值、接地残流、脱谐度，以及故障线路所在母线、故障线路、备选线路、继续计算次数等。

（6）通信功能：具有远动接口 RS232、RS422/485，波特率 1200～9600bit/s 可选，标准 CDT 通信规约，与变电站微机监控系统相连，同时具备网络通信功能。

（7）自动闭锁功能：当系统发生单相接地时，自动闭锁调控系统，消弧线圈稳定补偿。

（8）识别功能：自动识别系统中永久接地故障和瞬时接地故障，并快速启动和退出消弧线圈补偿。

（9）故障录波功能：装置具有故障录波功能，可以提供故障前后的波形，包括故障发生前的一个周期和故障发生后五个周期的波形。

第八节　小电流接地故障选线装置

微课：中性
点不接地方
式分析

微课：群体
比幅比相的
选线方法

目前提出的故障选线原理很多，按照选线算法利用的信号可分为利用故障信号的方法与利用注入信号的方法两大类。利用故障信号的方法又可分为利用零序信号的方法和利用非零序信号的方法两类。利用零序信号的方法又可以分为利用稳态信号、利用暂态信号两类。这些方法可以通过图 6-15 所示。

目前利用零序信号的方法应用最为广泛，本节介绍两个最具代表性的方法。

微课：基于
首半波的选
线方法

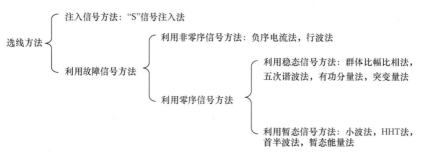

图 6-15　选线方法分类

微课：基于
小波法的选
线方法

微课：基于
5 次谐波的
选线方法

微课：基于
有功分量的
选线方法

1. 群体比幅比相法

群体比幅比相法适用于中性点不接地系统。这种方法的基本原理是先对零序电流进行比较，选出几个幅值较大的作为候选，这样在一定程度上就避免了不平衡带来的影响。然后在此基础上进行相位比较，故障线路零序电流相位应滞后零序电压 90° 并与正常线路零序电流反相，若所有线路零序电流同相，则为母线接地。群体比幅比相法利用故障信息之间的相对关系进行选线，克服了传统继电保护装置采用"绝对整定值"时原理上的缺陷，提高了选线正确性。

群体比幅比相法有效解决了单独比较幅值和单独比较相位这两种方法存在的问题，并且通过选取幅值较大的线路作为候选线路的方法，在一定程度上克服了电流互感器等不平衡带来的影响。

群体比幅比相法需要对零序电压和零序电流数据进行预处理，可以采用 Butterworth 数字滤波器、LMS 自适应滤波器、卡尔曼滤波器等方法对信号进行有效的数字滤波处理，提取出更可靠的信号成分，提高了选线正确性。例如图 6-16 是现场实际电弧接地情况，原始波形较乱；图 6-17 是滤波后波形，可见经过滤波后可以得到有用的成分，然后通过群体比幅比相法进行正确选线。

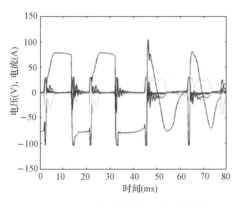

图 6-16 现场实际电弧接地情况

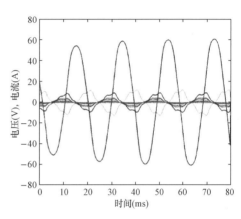

图 6-17 滤波后波形

但是当系统的中性点经消弧线圈接地时，由于消弧线圈的补偿作用，故障线路零序电流也会超前零序电压 90°，群体比幅比相法就不适用了，这使群体比幅比相法的使用受到限制。

2. 零序电流突变量法

对于中性点经消弧线圈接地方式，由于消弧线圈的补偿作用，正常线路和故障线路的零序电流相位一致，而且故障线路的零序电流幅值不一定是最大的，此时群体比幅比相法将失效。零序电流突变量法（又称为残流增量法或者零序电流扰动法）适用于中性点经消弧线圈接地系统，该方法需要与自动调谐消弧线圈结合，在电网发生单相永久接地故障的情况下，改变消弧线圈的补偿电流。由于消弧线圈参数改变引起的补偿电流的变化只会反映在故障线路的零序电流中，这样，通过对比找出零序电流变化与补偿电流变化相符的线路，就可以确定该线路为发生永久接地故障的线路。

下面将以 4 回出线为例，具体阐述零序电流突变量法的原理。设母线零序电压与流出母线的电容电流方向为关联参考方向。设消弧线圈参数值改变前消弧线圈的电感电流为 $\dot{I}_{L1}$，零序电压为 $\dot{U}_{01}$，各条线路的零序电流分别为 $\dot{I}_{11}$、$\dot{I}_{21}$、$\dot{I}_{31}$、$\dot{I}_{41}$；设消弧线圈参数值改变后消弧线圈的电感电流为 $\dot{I}_{L2}$，零序电压为 $\dot{U}_{02}$，各条线路的零序电流分别为 $\dot{I}_{12}$、$\dot{I}_{22}$、$\dot{I}_{32}$、$\dot{I}_{42}$。设各条线路的对地电容值分别为 C_1、C_2、C_3、C_4。

微课：中性点经消弧线圈接地方式分析

微课：基于
零序电流突变
量的选线方法

当线路 4 发生单相接地故障，消弧线圈参数改变前，系统的零序等
值电路如图 6 - 18 所示。

正常线路的零序电流为

$$\dot{I}_{11} = j\omega C_1 \dot{U}_{01} \tag{6-4}$$

$$\dot{I}_{21} = j\omega C_2 \dot{U}_{01} \tag{6-5}$$

$$\dot{I}_{31} = j\omega C_3 \dot{U}_{01} \tag{6-6}$$

故障线路的零序电流为

$$\dot{I}_{41} = \dot{I}_{L1} - (\dot{I}_{11} + \dot{I}_{21} + \dot{I}_{31}) \tag{6-7}$$

消弧线圈参数改变后，系统的等值电路如图 6 - 19 所示。

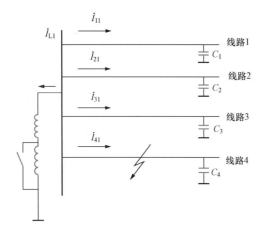

图 6 - 18　消弧线圈参数改变前
系统的等值电路

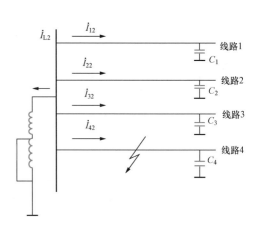

图 6 - 19　消弧线圈参数改变后
系统的等值电路

正常线路的零序电流为

$$\dot{I}_{12} = j\omega C_1 \dot{U}_{02} \tag{6-8}$$

$$\dot{I}_{22} = j\omega C_2 \dot{U}_{02} \tag{6-9}$$

$$\dot{I}_{32} = j\omega C_3 \dot{U}_{02} \tag{6-10}$$

故障线路的零序电流为

$$\dot{I}_{42} = \dot{I}_{L2} - (\dot{I}_{12} + \dot{I}_{22} + \dot{I}_{32}) \tag{6-11}$$

（1）第一种情况：发生金属性接地时，此时 $\dot{U}_{01} = \dot{U}_{02}$，因此 $\dot{I}_{11} = \dot{I}_{12}$，$\dot{I}_{21} = \dot{I}_{22}$，$\dot{I}_{31}$
$= \dot{I}_{32}$，由于电感电流只流过故障线路，因此只有故障线路 $\dot{I}_{41} \neq \dot{I}_{42}$，这样对比消弧线圈
调节前后各条线路零序电流的突变量，就可以准确选出故障线路。

（2）第二种情况：发生经电阻接地时，当电阻存在时，由于消弧线圈参数改变引起零
序电压发生变化，会使各条线路的零序电流都发生变化，此时不能直接根据零序电流是否
发生变化来区分故障线路和正常线路，必须采用折算的方法。

对于三条正常线路来说，因为 $j\omega C_i = \dot{I}_{i1} / \dot{U}_{01}$，以及 $j\omega C_i = \dot{I}_{i2} / \dot{U}_{02}$，因此存在 I_{i1} / U_{01}
$= I_{i2} / U_{02} = \omega C_i$；即 $I_{i1} = I_{i2} U_{01} / U_{02}$，其中 $i = 1$，2，3。

将各条线路在消弧线圈调节前后的零序电流折算到同一个电压下，再进行比较就可以得到

$$\Delta I_1 = I_{11} - I_{12}U_{01}/U_{02} \qquad (6-12)$$

$$\Delta I_2 = I_{21} - I_{22}U_{01}/U_{02} \qquad (6-13)$$

$$\Delta I_3 = I_{31} - I_{32}U_{01}/U_{02} \qquad (6-14)$$

$$\begin{aligned}
\Delta I_4 &= I_{41} - I_{42}U_{01}/U_{02} \\
&= [I_{L1} - (I_{11} + I_{21} + I_{31})] + [I_{L2} - (I_{12} + I_{22} + I_{32})]U_{01}/U_{02} \\
&= I_{L1} - I_{L2}U_{01}/U_{02} \\
&= U_{01}/\omega L_1 - U_{01}/\omega L_2 \qquad (6-15)
\end{aligned}$$

由以上各式可以看出，将各条线路在消弧线圈调节前后的零序电流折算到同一个电压下，就可以去除零序电压变化带来的影响，消弧线圈参数改变只会导致故障线路中的零序电流发生变化。以此为依据，构造以下判据

计算 $\Delta I_i = |I_{i1} - I_{i2}U_{01}/U_{02}|$，$i = 1 \cdots , n$，$n$ 为线路数。

$\Delta I_i \neq 0$ 的那条线路为故障线路；如果各条线路的 ΔI_i 都等于零，那么则是母线故障。

零序电流突变量法主要应用于中性点经消弧线圈接地系统，该方法以零序基波电流作为判断信息，信号稳定，并且通过消弧线圈改变参数前后两次零序电流的差值作为判断标准，有效地克服了电流互感器等测量误差带来的影响。

第九节 变电站综合自动化设计实例

在前面介绍变电站综合自动化系统的基本概念、基本功能、数据通信的基础上，本节以北京四方继保自动化股份有限公司（以下简称四方公司）的 CSGC-3000/CSA 集控站监控系统（以下简称 CSGC-3000/CSA 系统）为例，介绍变电站综合自动化的具体实现方式。

一、概述

CSGC-3000/CSA 系统采用组件化设计，包括数据库平台、网络平台、人机界面平台、SCADA 子系统、前置/远动子系统和保护信息管理子系统，并可根据需要灵活选配自动调节控制子系统（如 AVQC）、管理信息子系统、五防/操作票子系统等各种应用子系统，其功能基本涵盖了集控站/变电站运行、管理工作的各种业务需求，向用户提供各种规模的集控站/变电站的完整解决方案。

CSGC-3000/CSA 系统主要应用于集控站，也可以应用于高电压等级的变电站，作为变电站自动化系统。CSGC-3000/CSA 系统采用了模块化、标准化和实用化的设计思想，启用统一平台，遵循分层分布式、高实时性和高可靠性的设计原则。

二、系统结构与运行环境

CSGC-3000/CSA 系统基于四方公司的 CSGC-3000 平台开发，充分利用平台对底层硬件和操作系统的封装，保证了灵活性、可靠性和可移植性。可以运行于大多数主流操作系统，包括大多数版本的 UNIX（Sun Solaris、HP-UNIX、IBM AIX 等）、Windows 和 Linux 等。可单独运行于 UNIX、Windows 或 Linux 系统，也支持 UNIX、Windows 和

Linux 系统的异构、混合模式运行。

CSGC - 3000/CSA 系统，采用商用关系数据库管理系统，支持 Oracle、SQL Server、DB2、Sybase 等主流关系数据库系统。

CSGC - 3000/CSA 系统，采用 C++ 语言、Qt 图形库、QSA 脚本化语言开发，使用 Formula One 表格控件向用户提供 Excel 报表功能，使用 Microsoft IIS 服务向用户提供 Web 发布功能。

该系统应用于集控站的典型配置图如图 6 - 20，集控站监控系统设备配置列于表 6 - 13。220～750kV 变电站监控系统典型配置图如图 6 - 21 所示，其设备配置列于表 6 - 14。

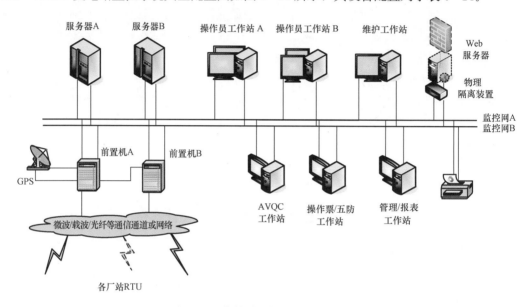

图 6 - 20　集控站监控系统典型配置图

表 6 - 13　　　　　　　　　　　集控站监控系统设备配置

名称	数量	典型配置	备注
服务器	2	主流 UNIX 服务器或高档工作站或高档 PC 服务器	视用户需要可配磁盘阵列
操作员工作站	2	主流 UNIX 工作站或高档 PC	
维护工作站	1	主流 UNIX 工作站或高档 PC	
前置机	2	主流 UNIX 工作站或高档 PC	—
管理/报表工作站	1	主流高档 PC	—
操作票/五防工作站	1	主流高档 PC	一般单独配置
WEB 服务器	1	主流高档 PC	Windows 系统，视用户需要选配
AVQC 工作站	1	主流高档 PC	视用户需要选配
以太网交换机	2/3	10/100Mbps 主流工业用	前置子系统可视需要单独配置交换机
终端服务器、MODEM 板、路由器等前置通信设备		视通道需要选配	—

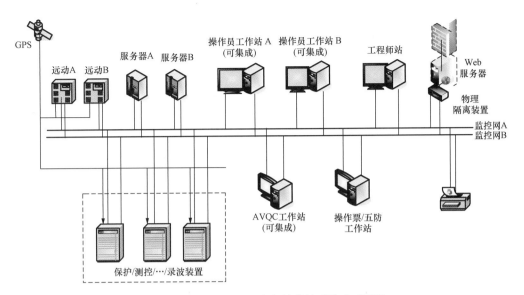

图 6-21　220～750kV 变电站监控系统典型配置

表 6-14　　　　　　　　220～750kV 变电站监控系统设备配置

名称	数量	典型配置	备注
服务器	2	主流高档 UNIX 工作站或 PC 服务器	220kV 变电站中服务器和操作员工作站一般集成在一起
操作员工作站	2	主流 UNIX 工作站或高档 PC	220kV 变电站中服务器和操作员工作站一般集成在一起
工程师站	1	一般为主流高档 PC	视用户需要也可配为 UNIX 工作站
远动主站	2	一般为嵌入式装置，也可用主流高档工控机	—
操作票/五防工作站	1	主流高档 PC	可集成也可单独配置
Web 服务器	1	主流高档 PC	Windows 系统，视用户需要选配
AVQC 工作站	1	主流高档 PC	可与操作员工作站集成
以太网交换机	2	10/100Mbps 主流工业用	—

数据库管理系统服务器为 UNIX 时首选 ORACLE 数据库管理系统，服务器为 WINDOWS 时首选 SQL SERVER 数据库管理系统，也可支持用户指定的其他数据库管理系统。

根据需要，CSGC-3000/CSA 系统可灵活剪裁，把各种应用功能高度集成到 1～2 台 PC 上。

三、分层分布式的体系结构

分层分布式体系结构，如图 6-22 所示，有以下几个方面的含义。

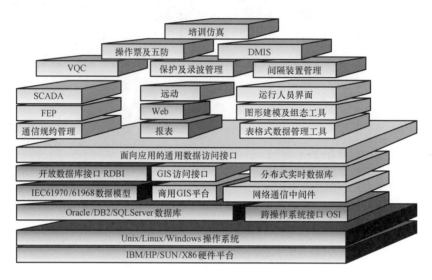

图 6-22　分层分布式的体系结构

首先，在软件设计上，采用面向对象的分布式组件化设计。CSGC-3000 平台提供通用的基于组件的网络管理能力，包括分布式组件管理、访问请求代理及通信总线技术。完成不同功能的电力应用软件，可实现为不同的组件模块，配置在不同的节点上运行，在通用平台的基础之上通过统一的接口方式进行协作，从而实现"即插即用"的灵活集成。

系统支持不同的业务应用逻辑运行在系统网络中不同的计算机节点上。通过模块的分布降低了对计算机硬件资源的要求，各节点的并行处理则使性能大大提高；模块化的设计提高了可伸缩性和可移植性，动态配置和重配置技术的采用使系统可以灵活扩展而不影响系统的可靠运行。

其次，在系统的软件体系上采用分层的架构，底层平台大致包括通用操作系统接口、网络通信中间件、分布式实时数据库服务、通用商用数据库接口等基本组件，中间层次包括基本图形界面、SCADA、FEP 通信等基础应用，最上层则为具体的电力应用。不同的层利用其下层提供的服务，实现相应的功能，并为上层提供接口。分层的结构屏蔽了硬件平台、操作系统、数据库和网络通信等的具体差异，使上层应用获得更好的灵活性、效率、可靠性和可移植性。

再次，在变电站应用中，整个综合自动化系统总体上可划分为变电站层、间隔层和过程层。变电站层和间隔层设备之间、间隔层设备与设备之间都是通过共享的通信网络联系起来的，这样系统的各个部分可实现完全的分布式布置。

CSGC-3000 平台对主流的操作系统编程接口进行了高性能封装，屏蔽了底层硬件和操作系统的具体差异，从而保证上层应用获得更好的灵活性、可靠性和可移植性。在 CS-GC-3000 平台提供的通用操作系统接口中，包括对网络通信、线程管理、并发机制、信号中断、内存管理、文件系统等的封装。

CSGC-3000/CSA 系统可单独运行于大多数版本的 Unix、Windows、Linux 系统，也支持 Unix、Windows、Linux 操作系统的异构、混合模式运行。目前已经测试通过的操作系统包括 Sun Solaris 8 以上、HP-UNIX、IBM AIX5.0 以上、Windows 2000、Windows XP、Windows 2003、Linux 等。

CSGC-3000 平台的实时数据库管理建立在高效内存管理及索引机制之上，是面向对象的、开放的、分布式大容量实时关系数据库管理系统。通过采用定时器、内存池、共享内存、改进的 Hash 算法等各种技术，保证了数据库对实时性、一致性、可预见性及大吞吐量等方面的要求。

CSGC-3000 平台的实时数据库具有很高的开放性，主要体现在以下两个方面：一是实时库数据结构支持完全的用户自定义，如支持 CIM 建模，也支持非 CIM 建模；二是实时数据库管理系统对数据访问客户方提供动态绑定接口、基于 CIS 规范的静态绑定接口及对 SQL 语言与 ODBC 规范的全面支持。

CSGC-3000 平台的实时数据库管理支持按模式、数据表来网络化分布部署，同时严格保证全网数据的一致性。支持同一数据库的多节点镜像部署，保证了数据冗余热备与只读访问请求的负载分担。

CSGC-3000 平台的实时数据库管理系统完全向应用层开放，库模式、库个数、库大小、表个数、表结构的定义全部支持用户化配置。支持运行中的动态创建表、动态增加域、动态增减记录。支持一对多、多对一关联数据建模及关联数据的快速查询，支持二维数据域。

实时数据库管理系统向外提供快速的、基于结构的静态数据绑定 API 查询及灵活的动态数据后期绑定 API 查询；向外提供基于 ISO/IEC 9075：1999 子集的标准 SQL 语言查询；向外提供基于查询/回答的问答方式数据查询服务及基于出版/订购的流方式数据查询服务。

为保证受控变电站实现无人值班的安全性，集控站需要对受控站的所有信息进行实时监控，因此集控站的实时信息规模剧增，例如一个较大规模的 500kV 受控变电站的实时数据就可能超过一万点，而且有些集控站要监控十几个变电站，这对集控站监控系统的实时数据库管理能力提出了很高的要求，基于 CSGC-3000 平台强大的实时数据库支持能力，CSGC-3000/CSA 系统能够轻松应对大规模集控站的大量实时数据。

四、基于多数据库技术的集控站/受控站统一管理

随着大量变电站实现"无人值班，集中监控"，尽管集控站对下属变电站的所有信息都进行实时监控，但各受控变电站内仍然保留本站监控系统，因此如何实现对集控站和受控变电站的集中管理、统一维护，避免集控站和变电站的大量重复建库、制图、组态、调试、维护工作，避免集控站和变电站模型、数据的不一致，就成为用户面临的现实问题，特别是在"减员增效"使集控站/变电站运行人员工作量大增的情况下，这一问题更具现实性和迫切性。

考虑到用户的这一需求，CSGC-3000/CSA 系统设计了集控站多数据库技术（见图 6-23）。即，对于每一个受控站，在集控站服务器中均有一个独立的逻辑数据库与之对应。对受控站模型、数据（包括图形）的维护，可以在集控站进行也可在受控站进行，在

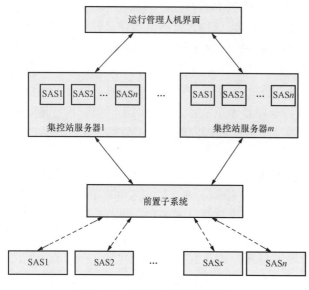

图 6-23　集控站多数据库技术

完成建库、制图、组态、调试之后，相关数据再下发到受控站综自系统数据库中（或者上传到集控站系统中）。

这种配置方案，连同 CSGC-3000/CSA 系统提供的图模一体化建模技术、图模一体化版本管理技术，保证了在集控站对各个受控站模型及数据的统一版本管理、灾难备份。

更进一步，在运行的时候，可以由受控站系统直接把实时信息传递给集控站，也可以通过在集控站通信通道上采用与变电站内相同的标准通信协议，直接把变电站原始信息传递给集控站，从而实现集控站和受控站从模型、数据配置的维护到实时处理的一致性。

五、主要功能分析

CSGC-3000/CSA 系统是一个功能完备的变电站综合自动化系统，其基本系统功能分述如下。

1. 测量监视功能

模拟量测量：对所有受控站的变压器、电容器、线路、母线等主要设备的电压、电流、有功、无功，主变压器温度，直流电压，馈出线频率、相位、功率因数等进行采集和处理。

状态量测量：接入断路器、隔离开关、变压器分接头等位置信息；小电流接地选线动作信号、同期检测的位置状态、直流系统故障信号、设备运行告警信号，如压力低、油温高、油位低等。系统支持双位遥信接入。

电能量测量：接入脉冲、数字电能量数据，取代人工抄表。

SOE：毫秒级时标记录线路开关或继电保护的动作，事件顺序记录保存在历史事件库中。

监视：对所采集的电压、电流、主变压器温度等进行判断，若有越限，发出告警信号；监视开关、隔离开关、变压器分接头等位置信息；接入显示 SOE 信息、保护信号、防盗信号、火灾报警信号等。能够输出中央告警信号。支持事件信息的自动打印、语音输出。

记录：自动记录 SOE 事件、模拟量数据值、模拟量越限信息、状态量变化、继电保护动作信息、故障数据、运行操作信息（包括操作人、操作对象、操作时间、操作结果）等。

2. 数据处理功能

CSGC-3000/CSA 系统的遥信处理包括遥信信号取反，手动信号屏蔽，自动接点抖动检测、抖动屏蔽，双遥信节点，可根据事故总信号及保护信号自动判别事故变位。

遥测处理包括标度量工程量转换，正确判别一级、二级遥测越限及越限恢复，并产生告警，可按越限时段定义越限告警死区、越限恢复死区，支持遥测量变化死区处理，支持定义遥测量零值范围，支持遥测突变阈值设定、遥测突变告警，向用户提供手动屏蔽实测值功能，有效处理多源遥测量。

电能处理包括脉冲量转换为工程量，支持电能表计的归零、满度处理，支持由功率到积分电度量的计算。

提供相应的数据质量标志，如旧数据、人工输入数据、无效数据、坏数据、可疑数据等都有明确标识。

3. 分析统计功能

CSGC-3000/CSA 系统的分析统计功能包括主变压器、输电线路有功、无功功率的最大、最小值及相应时间，母线电压最大值、最小值及合格率统计，计算受配电电能平衡率，统计断路器动作次数、断路器切除故障电流及跳闸次数，用户控制操作次数及定值修改记录，功率总加、功率因数、负荷率计算，站用电率计算、安全运行天数累计等。

系统提供公式计算、用户语言计算功能。

CSGC-3000/CSA 系统提供的数据统计包括实时数据统计、历史数据统计。

4. 操作控制功能

CSGC-3000/CSA 系统提供完备的操作控制功能，包括遥控、遥调、变压器分接头升/降/急停、保护压板投退、保护定值整定、信号复归、序列控制等。

支持直接执行、选择→返校→执行、遥控结果验证/无验证等各种控制模式。支持双席监控模式，支持双命令码验证。具有控制闭锁功能，包括断路器操作时闭锁自动重合闸，远方、本地、就地控制操作闭锁，自动实现断路器与隔离开关的闭锁操作，支持全站总挂牌闭锁和按间隔（回路）设备挂牌闭锁。支持与独立的五防工作站通信进行防误检查。支持序列控制，用户可使用图形界面或用户控制语言，自定义控制序列及控制逻辑，如可以选择不同变电站的不同电容器组一起进行投切作为一个控制序列，控制序列可人工请求执行或事件触发执行。具有严格的操作权限管理，所有控制操作均需经过身份和权限检查，所有操作均记录入历史数据库。

5. 五防闭锁功能

系统提供人机界面，对防误闭锁及闭锁逻辑进行编辑组合，系统具有逻辑正确性自动校验功能，以保证遥控或模拟操作符合五防相关规程：防止误分、误合断路器；防止带负荷拉、合隔离开关；防止带电挂（合）接地线（接地开关）；防止带地线（接地开关）合断路器（隔离开关）；防止误入带电间隔。

微课：变电站
五防系统

支持用户灵活定制五防规则模板，满足用户各种不同的五防需求，用户只需选择特定的间隔关联到合适的模板，即可方便快捷地完成五防规则的编辑。

利用清晰明了的间隔管理，建立起实际间隔与模版间隔间的关系。支持跨间隔乃至跨站的设备组成一个逻辑间隔，满足更高层次的五防闭锁要求。

支持同时完成设备合规则与分规则的定义，五防检查时根据设备状态，自动选择合规则或分规则，实现智能五防功能。

五防功能可实现为系统内部的一个应用组件，也支持采用第三方的专用五防系统。

习题与思考题

6-1　变电站综合自动化系统的基本特征是什么？功能包括哪几个方面？

6-2　综合自动化变电站对继电保护有哪些要求？自动控制装置有什么功能？

6-3　分层式结构中的设备层主要包括什么？分层分布集中式结构的特点是什么？分层分布分散式变电站综合自动化系统优越性体现在哪些方面？

6-4　变电站综合自动化系统中的数据通信环节有哪些功能？变电站内部的通信内容主要包括什么？

6-5　绘制变电站运行状态区域图（九区图），简述变电站 VQC 技术在各个区域所采取的电压－无功控制对策，请对比分析 VQC 和 AVC 技术特点。

6-6　什么是故障录波装置？故障录波装置有什么作用？微型机故障录波装置主要有什么功能？

6-7　"四遥"指的是什么？

6-8　变电站"五防"包括哪些？请说明变电站"五防"系统的工作流程。

6-9　请对比分析预调式和随调式消弧线圈的优缺点。

6-10　简述小电流接地故障选线算法中的群体比幅比相法和零序电流突变量法的基本原理，两者的适用对象是什么？

第七章　电力系统调度自动化

第一节　概　　述

电力系统调度是电力系统生产运行的一个重要指挥部门，为保障电力系统安全、优质、经济运行对电力系统运行进行组织、指挥、指导和协调。电力系统调度负责指挥电力系统内发电厂和变电站（换流站）开停机、停送电及倒闸操作和事故处理、调整有功和无功功率；负责电力系统的安全稳定和经济运行，制定电力系统正常和特殊运行接线方式，规定送电线路的稳定极限，编定继电保护和自动装置整定值；负责电力系统通信和调度自动化的建设和运行维护工作，同时负责电力系统运行方面的技术管理，掌握电力系统内发供电企业生产运行情况，制定电力系统运行操作的调度管理规程等。

由于电力系统的庞大和分布地域的辽阔，仅靠一个中央调度中心来集中统一控制指挥是不行的，电力系统运行实行统一调度、分级管理。统一调度就是在调度业务上下级调度必须服从上级调度，在本电力系统的最高一级调度机构统一组织指挥下编制和实施全系统的运行方式。分级管理就是根据电力系统分层的特点，为明确各级调度机构的责任和权限，有效地实施统一调度，由各级电网调度机构在其调度管辖范围内具体实施电力系统调度管理的分工。

根据我国电力系统的实际情况，目前电力系统调度一般分为国家级调度、大区级电力系统调度、省级电力系统调度、地（市）级电力系统调度和县级电力系统调度等五级。各级调度的分工情况如下。

1. 国家级调度（国调）

国家调度中心通过计算机数据通信网与各大区电力系统调度中心相连，协调和确定大区电力系统间的联络线潮流和运行方式，监视、统计和分析全电力系统运行情况。具体任务包括如下内容。

（1）在线收集各大区电力系统和有关省级电力系统的信息，监视大区电力系统的重要测点工况及全电力系统运行概况，并做统计分析和生产报表。

（2）进行大区互联系统的潮流、稳定、短路电流及经济运行计算，通过计算机数据通信校核计算结果的正确性，并向下传送。

（3）处理有关信息，参与电力系统规划和中、长期安全经济运行分析，并提出对策。

2. 大区级电力系统调度（网调）

大区级电力系统调度负责超高压电网的安全运行，并按规定的发用电计划及监控原则进行管理，提高电能质量和经济运行水平。具体任务包括如下内容。

（1）实现电力系统的数据收集、监控、经济调度以及有实用效益的安全分析。

（2）进行负荷预测，制定开停机计划和水火电经济调度的日分配计划，进行闭环或开环指导自动发电控制，保持系统的频率稳定。

（3）省（市）间和有关大区电力系统供/受电量的计算编制和分析。

（4）进行潮流、稳定、短路电流及离线或在线的经济运行分析计算，通过计算机数据通信校核各种分析计算的正确性，并上报、下传。

（5）进行大区电力系统继电保护定值计算及其调整试验。

（6）大区电力系统中系统性事故的处理。

（7）大区电力系统系统性的检修计划安排。

（8）统计、报表及其他业务。

3. 省级电力系统调度（省调）

省级电力系统调度负责省级电力系统的安全运行，并按照规定的发电计划及监控原则进行管理，提高电能质量和经济运行水平。具体任务包括如下内容。

（1）实现电力系统的数据收集和监控，经济调度以及有实用效益的安全分析。

（2）进行负荷预测，制定开停机计划和水火电经济调度的日分配计划，进行闭环或开环指导自动发电控制，保持系统的频率稳定。

（3）地区间和有关省级电力系统的供/受电量计划的编制和分析。

（4）进行潮流、稳定、短路电流及离线或在线的经济运行分析计算，通过计算机数据通信校核各种分析计算的正确性，并上报和下传。

（5）进行省级电力系统内的继电保护定值计算及其调整试验。

（6）省级电力系统内重大事故的处理。

（7）省级电力系统内的设备检修计划安排。

（8）统计、报表及其他业务。

4. 地（市）级电力系统调度（地调）

地（市）级电力系统调度负责区内运行监控，与省调和县调进行实时数据交换。具体任务包括如下内容。

（1）实现对所辖地区电力系统的数据采集和安全监控。

（2）实施所辖有关站点开关远方操作，按用户或电力系统自身需要调控潮流分布，调节有载调压变压器分接头、控制补偿电容器投切，保持所辖站点电压的合格和稳定。

（3）对所辖地区的用电进行负荷管理及负荷控制等。

5. 县级电力系统调度（县调）

县级电力系统调度主要监控 110kV 及以下农村电力系统的运行。具体任务包括如下内容。

（1）指挥系统运行和倒闸操作。

（2）保证系统安全运行和对用户连续供电。

（3）合理安排运行方式，保证电能质量。

以上各级调度之间要实现计算机数据通信并连接成网络，构成对电力系统运行的分层控制的调度自动化系统。

第二节 电力系统调度自动化系统

作为电力系统调度自动化系统，数据采集与监视控制（SCADA）是其最基本的目标。早期的一些省和地区级电力系统调度自动化系统，大多只是实现了基本的 SCADA 功能。随着电力系统规模的不断扩大，推广使用具有完善应用功能的电力系统调度自动化系统，是电力工业的必然选择。

近年来计算机及网络技术有了强劲的发展，涌现出许多新技术新设备，如高速 CPU，超大容量内存和硬盘、100/1000M 高速交换以太网、面向对象的技术、IEC61970 开放式系统接口标准、Internet 技术、Java 语言、大规模商用数据库等。这些新技术、新设备为新一代电力系统调度自动化系统提供了强力的技术支持。

电力系统调度自动化系统除 SCADA 基本功能之外，增加了许多高级应用功能，如状态估计、安全分析、在线潮流、调度员仿真培训系统（DTS）和经济调度（EDC）等。这种电力系统调度自动化系统被称为能量管理系统（EMS）。EMS 包括能量管理级和网络分析级高级应用软件。

能量管理级高级应用软件包括发电控制和发电计划两大类。发电控制在发电计划的支持下完成工作。发电计划应用软件包括系统负荷预测、发电计划、机组经济组合、水电计划、交换功率计划和燃料调度计划等。发电控制运行周期是分秒级的，短期发电计划是日周级的，这主要取决于电力系统负荷变化的周期性和水库调节能力。

（1）实时发电控制，主要实现 AGC 功能，在考虑频率、时差、交换功率和旋转备用等各种约束条件下，调整机组发电功率，使发电费用降到最低。

（2）系统负荷预测，根据实测负荷数据，应用负荷预测算法预测未来的系统负荷。对于一个大电力系统调度中心，可以分区（各省份）、分类型（工作日和假日）进行负荷预测。

（3）机组经济组合，在已知系统负荷、水电计划、交换功率计划、机组检修计划、燃料调度计划的条件下，确定一日或一周的机组启停计划；在满足负荷、备用和机组限制的条件下，使周期内的发电费用和启动费用之和最小。

（4）发电计划，在已知系统负荷、机组经济组合、水电计划、交换功率和网损修正系数的条件下，确定某时段或某时刻的各火电机组的发电计划，使周期内发电费用最低。

（5）水电计划，在已知系统负荷、发电用水、火电发电费用特性、交换功率的条件下，编制一日或一周各时段的水电计划，使周期内的发电费用最少。

（6）交换功率计划，在已知系统负荷、机组经济组合、水电计划和交换功率的条件下，编制短期内各时段的区域间的交换功率计划，使周期内的联合系统发电费用最少。

（7）燃料调度计划，在已知系统负荷、水电计划、交换功率和机组组合的条件下，编制短期内各时段的燃料调度计划。

网络分析级高级应用软件是 EMS 中的最高级应用软件，有实时型和研究型两种工作模式。实时型是直接使用实时方式数据并自动工作；研究型主要是使用假象方式，人工启动。其包含的软件如下。

（1）网络接线分析，按照开关状态和网络元件状态将网络物理节点模型转化为计算用母线模型。网络接线分析是一个公用模块，可以应用于潮流、预想事故分析、最优潮流等软件。

（2）实时网络状态分析，从 SCADA 中获取实时测量数据，从发电计划和负荷预测等系统获取伪量测数据，通过状态估计等计算，向 SCADA 输送量测质量信息，向母线负荷预测输送预测误差信息，向实时发电控制提供实时网络修正系数，向故障分析、安全约束调度和潮流提供实时运行方式数据。

（3）母线负荷预测，将系统负荷（预测值和实测值）按对应的时间点转化为各母线的负荷预测值，用于补充实时网络状态分析量测，为潮流提供假象运行方式的负荷数据。

（4）潮流计算。潮流计算是网络分析的最基本应用软件，要求满足可靠收敛和方便使用，以便于调度人员灵活分析系统的潮流特性。

（5）网损修正计算，针对某一运行方式，计算发电机和联络线的交换功率点的网损微增率，供经济调度进行网损修正使用。

（6）预想事故分析，采用故障表和故障组的方式定义故障，对故障进行评估，用于预见故障和了解故障的后果。

（7）安全约束调度。当实时网络状态分析、潮流计算、预想事故分析等应用软件检查出支路过负荷时，启动安全约束调度来调整发电功率，解除过负荷。

（8）最优潮流分析。最优潮流分析包括经济调度和潮流量方面的功能，可以针对不同的约束集合采用不同的控制变量使不同的目标函数达到最小。

（9）短路电流计算，计算假象方式下的各种形态的短路电流，用于校核开关的切断容量和调整继电保护装置的整定值。

（10）电压稳定分析，针对某一运行方式分析临界电压和裕度，以监视电压稳定性。

（11）暂态和静态稳定，针对假象方式进行电力系统暂态和静态稳定分析，供分析故障和安排运行方式时使用。

（12）调度员模拟培训，包括控制中心模型、电力系统模型和教练员系统等部分。调度员模拟培训以现实的环境培养电力系统操作人员掌握能量管理系统的各项功能和熟悉实际系统，并可用做电力系统分析与规划工具。

目前在我国，电力系统调度自动化技术已被广泛应用。国调、网调、省调、地调以及许多县调，都建成了自己的调度自动化系统，方便了广大调度运行人员，提高了电力系统的运行控制和管理水平。在这里，以国家电网公司最新推广应用的 D5000 智能电网调度技术支持系统为例来介绍调度自动化系统。

智能电网调度技术支持系统应用与基础平台的逻辑关系图如图 7-1 所示。智能电网调度技术支持系统包括实时监控与预警类、调度计划类、安全校核类和调度管理类四类，这种分类方式是以业务特性进行的分类。系统整体框架分为应用类、应用、功能、服务四个层次。应用类是由一组业务需求性质相似或者相近的应用构成，用于完成某一类的业务工作；应用是由一组互相紧密关联的功能模块组成，用于完成某一方面的业务工作；功能是由一个或者多个服务组成，用于完成一个特定业务需求，最小化的功能可以没有服务；服务是组成功能的最小颗粒的可被重用的程序。

智能电网调度技术支持系统四类应用建立在统一的基础平台之上，基础平台为各类应

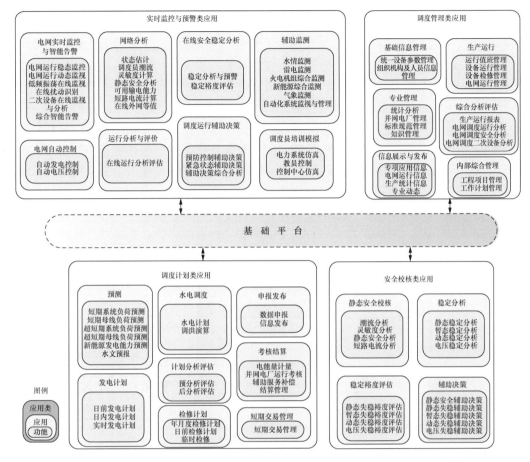

图 7-1　智能电网调度技术支持系统应用与基础平台的逻辑关系图

用提供统一的模型、数据、网络通信、人机界面、系统管理等服务。应用之间的数据交换通过基础平台提供的数据服务进行，还通过基础平台调用和提供应用计算服务。智能电网调度技术支持系统四类应用与基础平台的逻辑关系如图 7-2 所示。

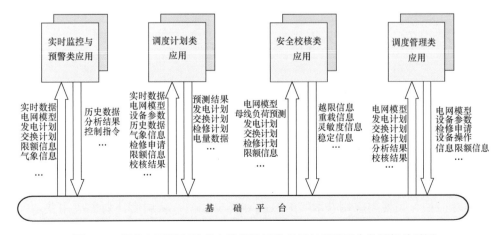

图 7-2　智能电网调度技术支持系统四类应用与基础平台的逻辑关系图

　　智能电网调度技术支持系统四类应用之间的数据逻辑关系如图7-3所示。各类应用之间的所有的数据交互均是通过基础平台进行的。

微课：智能电网调度技术支持系统应用之间的数据逻辑

　　图7-3中，实时监控与预警类应用向其他三类应用提供电网实时数据、保存的历史数据和断面数据等；从安全校核类应用获取校核断面的越限信息、重载信息、灵敏度信息等校核结果，从调度管理类应用获取设备参数和限额信息等。

　　调度计划类应用将预测数据、发电计划、交换计划、检修计划等数据提供给实时监控预警应用、安全校核类应用和调度管理类应用。调度计划类应用从实时监控与预警类应用获取历史数据、水文信息，从调度管理类应用获取限额信息、检修申请等信息，用于需求预测和检修计划编制；从实时监控与预警类应用获取电网拓扑潮流等实时运行信息，通过调用安全校核类应用提供的校核服务，对调度计划进行多角度的安全分析与评估，并将通过校核的调度计划送到实时监控与预警类应用，用于电网运行控制。

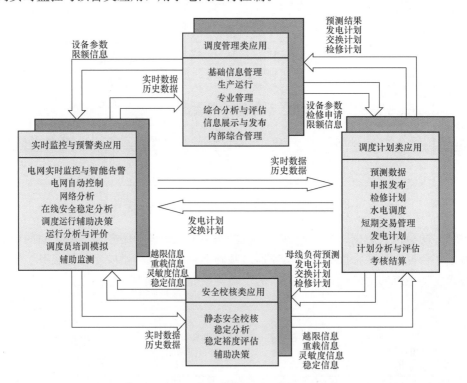

图7-3　智能电网调度技术支持系统四类应用之间的数据逻辑关系

　　安全校核类应用主要是将越限信息、重载信息、灵敏度信息、稳定信息等校核结果提供给其他各类应用；从调度计划类应用获取母线负荷预测、发电计划、交换计划、检修计划等，从实时监控与预警类应用获取实时数据、历史数据以及实时和研究方式。

　　调度管理类应用将电力系统设备参数、限额信息、检修申请等提供给其他各类应用；从实时监控与预警类应用获取实时数据和历史数据，从调度计划类应用获取预测结果、发电计划、交换计划、检修计划等。智能电网调度技术支持系统硬件典型配置如图7-4所示。

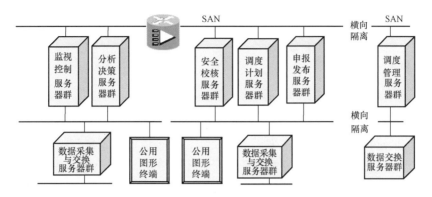

图 7-4　智能电网调度技术支持系统硬件典型配置示意图

智能电网调度技术支持系统硬件配置按照网段划分为数据采集与交换、数据、人机和应用四类功能区，这四类功能相对通用独立。数据采集与交换处于内外网边界，主要完成内外部的信息交换。按照数据特性，数据存储和应用相对独立，数据采集与交换和数据区进行统一的数据存储，遵循安全防护的要求，应用功能区配置另外一套数据库，根据不同应用的业务特性来配置相应的应用服务器群。人机工作站按照安全区统一配置，既可节省硬件投资，又能实现界面统一，实现最大化的资源共享。

以上所介绍的调度自动化系统是运行于一个层面上，国、网、省调三级智能电网调度技术支持系统的整体框架如图 7-5 中，主调和备调采用完全相同的系统体系架构，实现相同的功能，实现主、备调的一体化运行。横向上，系统通过统一的基础平台实现四类应用的一体化运行以及与 SG186 的有效协调，实现主、备调间各应用功能的协调运行和系统维护与数据的同步；纵向上，通过基础平台实现上下级调度技术支持系统间的一体化运行和模型、数据、画面的维护与系统共享。通过调度数据网双平面实现厂站和调度中心之间、调度中心之间数据采集和交换的可靠运行。

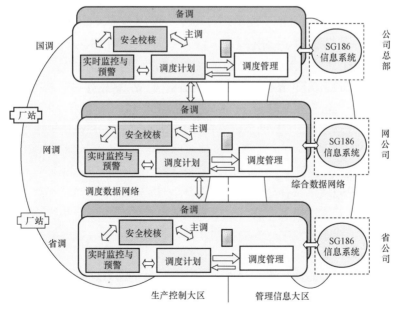

图 7-5　国、网、省调三级调度智能电网调度技术支持系统的整体框架示意图

第三节　电力系统网络拓扑分析

一、概述

电力系统的运行状态主要由三方面因素决定：①组成电力系统网络的各元件的参数；②各元件之间的连接情况；③各发电机和负荷的运行情况。电力网络各元件参数在系统建成后就已经确定，可以通过设计计算或者实测得到。为了在各种情况下都能保证系统正常运行，系统中各元件之间的连接情况需要灵活变化。在某种确定的厂站电气接线方式下，改变接线中的开关状态，系统中运行各元件的运行工况也就发生变化。因此，在分析电力系统运行状态时必须了解系统各元件之间的连接情况，这就需要进行电力系统网络拓扑分析。

电力系统网络拓扑分析就是根据开关的开合状态和电力系统一次接线图来确定电力系统的网络拓扑关系，即建立节点—支路的连通关系。在网络拓扑分析之前需要进行网络建模。网络建模是将电力系统网络的物理特性用数学模型来描述，以便用计算机进行分析。网络模型分为节点模型和母线模型。结点模型，也称物理模型，它是对网络的原始描述，在输入数据时需要用到节点模型。母线模型，也称计算模型，它与网络方程联系在一起，随开关状态变化，是在网络分析计算中使用的模型。网络拓扑分析就是根据开关状态和电力系统元件关系，运用堆栈原理，搜索网络中的支路，判断支路的连通状态，将网络节点模型转化为网络母线模型的过程。此外，利用网络拓扑结果可以标识电力系统元件的带电状态，进行网络跟踪着色，用直观形象的方式表示网络元件的运行状态和网络接线的连通性。

二、网络拓扑分析的基本概念

图 7-6 描述了一个简单的电力网络物理模型，网络中有 STA、STB、STC 3 个厂站，3 个厂站之间有 4 条线路相连：LNAB1、LNAB2、LNAC 和 LNBC。厂站 STA 有一个电压等级 KVA，有 9 个开关 CBA1～CBA9（一个半断路器接线方式）、2 台机组 UNA1 和 UNA2、1 个负荷 LDA 和 8 个节点 NDA1～NDA8。厂站 STB 有一个电压等级 KVB，有 4 个开关 CBB1～CBB4（角形接线方式）、1 个负荷 LDB 和 4 个节点 NDB1～NDB4。厂站 STC 有 1 个联系电压等级 KVC1 和 KVC2 的变压器 XFC，在 KVC1 电压等级下有 5 个开关CBC1～CBC5（双母线接线方式）、1 个负荷 LDC 和 6 个节点 NDC1～NDC6，在 KVC2 电压等级下有 1 个开关 CBC6、1 台机组 UNC 和 2 个节点 NDC7、NDC8。

结合上面图例说明网络拓扑分析中的术语。

（1）网络元件：开关、机组、负荷、电容器或电抗器、变压器和线路等均称为网络元件。其中，变压器、线路和开关等称为双端元件，机组、负荷、电容器或电抗器等称为单端元件。

（2）节点：网络元件的连接点，元件通过相互公共的节点连接成网络。

（3）逻辑支路：连接两个节点的逻辑支路或者是呈零阻抗（开关闭合）或者呈无穷大阻抗（开关断开），在网络拓扑分析所得到的计算模型中是不含有开关的。

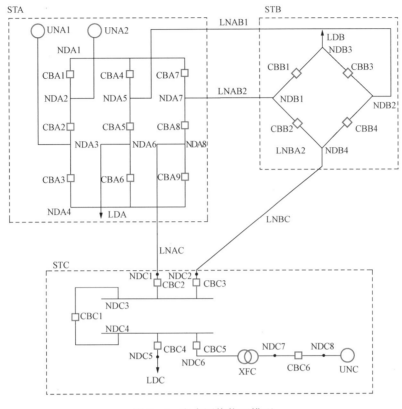

图 7-6　电力网络物理模型

（4）零阻抗支路：阻抗为零的特殊支路，在计算模型中用于隔离母线。

（5）母线：被闭合逻辑支路联系在一起的节点集合。

（6）元件的开/合状态标志：如果保留元件（所有在计算模型中被保留下来的非逻辑支路和对地支路）的端点不与其他保留元件连接，称此端点为开断状态，双端元件的两端各有独立的开/合状态标志，单端元件只有一端有此标志。

（7）主母线：当逻辑支路（开关）全部闭合时建立的母线称为主母线。这些母线的编号在网络拓扑分析过程中永不消失。如果母线分裂，对分裂出的母线分配新的母线编号，在母线合并时保留主母线，消去非主母线。设定主母线主要是为了在一系列的开关操作后，当开关状态恢复到原来状态，母线模型也能恢复到原来的模型，保持各厂站的主母线编号相对固定。

（8）有效子网：由闭合支路连接起来的母线集合，并包括发电机、母线和负荷，即可以独立运行的网络，称为有效子网，这样的子网可以获得有实际意义的计算结果。

三、网络拓扑分析基本算法

1. 基本步骤

电力系统网络拓扑分析分为两个基本步骤。

（1）厂站母线分析。根据开关的开/合状态和元件的退出/恢复状态，由节点模型形成母线模型，分析厂站中某一电压等级内的节点由闭合开关连接成多少个母线，将厂站划分为若干个母线。

（2）系统网络分析。分析整个电力系统的母线由闭合支路连接成多少个子电力系统，其中每个子电力系统是指有电气联系的母线的集合，在计算中以子电力系统为单位划分网络方程组，通常电力系统正常运行时都是连接状态，同属于一个子电力系统。

2. 基本算法

网络拓扑分析的基本算法采用堆栈原理，即后进先出的搜索逻辑技术，以图 7-5 所示的电力网络为例说明网络拓扑分析过程。

在进行网络拓扑分析之前，需要准备如下数据表。

（1）开关—节点关联表，标明每个开关两端的节点的数据表。表的行数等于开关数量总数，数据表中包括开关始端节点、开关末端节点和开关状态。表 7-1 为算例的开关—节点关联表。其转置表为节点—开关关联表，见表 7-2。它可以用分配排号法形成：①扫描开关—节点表，统计每一节点连接的开关数；②根据每一节点连接开关数分配节点—开关表中各节点起始位置；③扫描开关—节点表，将每一开关分配的位置注入节点—开关表中，最终形成节点—开关表。

（2）变压器—节点关联表，标明每台变压器各端节点的数据表，数据表的行数等于变压器的总数。表 7-3 为算例的变压器—节点关联表。

（3）线路—节点关联表，标明线路两端节点的数据表，数据表的行数为线路总数，表 7-4 为算例的线路—节点关联表。

表 7-1　开关—节点关联表

节点序号	开关名	起始节点	终端节点
1	CBA1	NDA1	NDA2
2	CBA2	NDA2	NDA3
3	CBA3	NDA3	NDA4
4	CBA4	NDA1	NDA5
5	CBA5	NDA5	NDA6
6	CBA6	NDA6	NDA4
7	CBA7	NDA1	NDA7
8	CBA8	NDA7	NDA8
9	CBA9	NDA8	NDA4
10	CBB1	NDB1	NDB3
11	CBB2	NDB1	NDB4
12	CBB3	NDB3	NDB2
13	CBB4	NDB2	NDB4
14	CBC1	NDC3	NDC4
15	CBC2	NDC3	NDC1
16	CBC3	NDC3	NDC2
17	CBC4	NDC4	NDC5
18	CBC5	NDC4	NDC6
19	CBC6	NDC7	NDC8

表 7-2　节点—开关关联表

开关序号	节点名	开关	开关	开关
1	NDA1	CBA1	CBA4	CBA7
2	NDA2	CBA1	CBA2	
3	NDA3	CBA2	CBA3	
4	NDA4	CBA3	CBA6	CBA9
5	NDA5	CBA4	CBA5	
6	NDA6	CBA5	CBA6	
7	NDA7	CBA7	CBA8	
8	NDA8	CBA8	CBA9	
9	NDB1	CBB1	CBB2	
10	NDB2	CBB3	CBB4	
11	NDB3	CBB1	CBB3	
12	NDB4	CBB2	CBB4	
13	NDC1	CBC2		
14	NDC2	CBC3		
15	NDC3	CBC1	CBC2	CBC3
16	NDC4	CBC1	CBC4	CBC5
17	NDC5	CBC4		
18	NDC6	CBC5		
19	NDC7	CBC6		
20	NDC8	CBC6		

表 7 - 3   变压器—节点关联表

序号	变压器	起始节点	终端节点
1	XFC	NDC6	NDC7

表 7 - 4   线 路 — 节 点 关 联 表

序号	线路	起始节点	终端节点
1	LNAB1	NDA5	NDB2
2	LNAB2	NDA7	NDB1
3	LNBC	NDB4	NDC3
4	LNAC	NDA8	NDC3

利用堆栈原理搜索某一母线所含有节点的过程如下。

（1）将各节点和各开关置以未搜索标志。

（2）由某一节点出发（例如 NDA1），将此节点置于堆栈第一层。

（3）进栈，通过节点—开关表中为搜索的闭合开关找到未搜索的节点，将其置于下一层堆栈中，并对开关和节点作搜索过的标志。

（4）退栈，某一节点已无搜索的闭合开关，或者为搜索闭合开关对端已无未搜索节点，则退一层堆栈。

（5）退回到出发节点（即第一层堆栈）：继续退栈时结束搜索过程，完成了一个母线的搜索过程。

厂站 STA 的全部开关闭合时，从节点 NDA1 出发，将节点 NDA1 置于第一层堆栈，通过节点—开关表（表 7 - 2）可搜索到闭合开关 CBA1，开关 CBA1 的另一端节点为 NDA2，NDA2 为未搜索节点，所以将 NDA2 置于第二层堆栈中，将开关 CBA1 和节点 NDA2 置以搜索过的标志，继续按照前述的步骤进行搜索，搜索的结果是节点 NDA1～NDA8 全部连接在一起形成母线 1。搜索形成母线 1 的过程如图 7 - 7 所示，各节点旁的数字代表堆栈的层次。

厂站 STA 中开关 CBA2、CBA5 和 CBA8 开断时，母线 1 和母线 5 的搜索过程如图 7 - 8 所示。搜索结果是母线 1 包含节点 NDA1、NDA2、NDA5 和 NDA7，母线 5 包含节点 NDA3、NDA4、NDA6 和 NDA8。

系统网络拓扑分析与上面厂站母线分析是一致的，只是将节点换为母线，将开关换为两端支路（变压器、线路、零阻抗支路等），本算例搜索过程如图 7 - 9 所示。

上面的搜索逻辑适用于任何网络拓扑分析，其搜索操作次数与搜索范围的平方成正比，而加速的途径主要是缩小搜索范围。其方法有：

（1）厂站母线分析的节点搜索范围限制在某一电压等级范围内。

（2）元件的切除/恢复不产生母线数的变化，不必重新进行母线分析。

（3）利用原有的拓扑分析结果，当某一开关的状态变化时，仅分析该开关所属的电压等级内的节点。

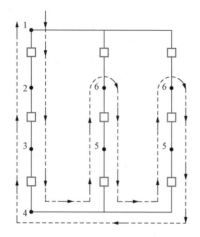

图 7-7　厂站 STA 开关闭合时
的母线搜索过程

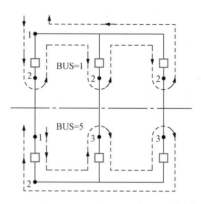

图 7-8　厂站 STA 中 3 个开关开断
形成 2 个母线的搜索过程

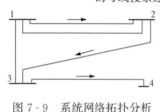

图 7-9　系统网络拓扑分析

至此，网络拓扑分析已经将厂站内的节点通过闭合开关连接成母线，搜索出了母线通过支路连接成的子电力系统。根据电力系统内的母线、支路间的连接，可以知道网络的拓扑结构。以此为基础就可以进行各种电力系统分析计算。

第四节　电力系统状态估计

电力系统状态估计是电力系统调度自动化/EMS 高级应用的重要功能模块。许多涉及安全和经济的调度自动化其他高级功能都需要可靠数据集作为输入数据集，而可靠数据集就是状态估计程序的输出结果，所以，状态估计是高级软件的实现基础，通常调度自动化必须有状态估计功能。

一、状态估计的必要性

SCADA 系统采集了全电力系统实时数据后汇成了实时数据库，但是实时数据库存在下列明显的缺点。

（1）数据不齐全。为了使收集的数据齐全必须在电力系统的所有厂站安装 RTU，并采集电力系统中所有节点和支路的运行参数。这将使 RTU 的数量和远动通道及变送器的数量大大增加，而这些设备的投资是相当昂贵的。目前的实际情况是，仅在一些重要厂站中设置了 RTU。这样，就会有一些节点或支路的运行参数不能被测量而造成数据收集不齐全。

（2）数据不精确。电力系统的信息是通过远动装置传送到调度中心，数据采集和传送的每一个环节如 TA、TV、变送器、A/D 转换等都会产生误差。这些误差有时使相关的数据变得互相矛盾，且其差值之大甚至使人不便取舍。

（3）受干扰时会出现错误数据。通常干扰总是存在的。尽管已经采取了滤波和抗干扰编码等措施，减少了出错的次数，但个别错误数据的出现在所难免。这里所说的错误数据不是误差，而是完全不合理的数据。

为解决上述问题，除了不断改进测量与传输系统外，还可以采用数学处理的方法来提高 数据的可靠性与完整性。电力系统状态估计就是为适应这一需要而提出的。状态估计是利用实时量测系统的冗余度来提高精度和自动排除随机干扰所引起的错误数据，估计出系统运行状态的。

为消除测量数据的误差，常用的方法是多次重复测量（对那些不随时间变化的量）。测量的次数越多，它们的平均值就越接近真值。

但在电力系统当中，不能采用上述方法。这是因为电力系统的运行是时变的。消除或减小时变参数测量误差的方法是利用一次采样得到的一组数量有多余的测量值。这里的关键是"多余"，多余的越多，估计的越准，但受到测点设备及通道的限制。

系统中能够表征系统特性所需的最小数目的变量称为状态变量。系统中独立测量量的数目与系统状态变量数目之比，称为测量系统的冗余度。一般要求测量系统的冗余度在1.5～3.0。

二、最优估计的基本原理

状态估计的最常用方法是最小二乘法估计，这是常用的最优估计方法。

1. 最小二乘法估计

设 m 次独立实验，得到 m 对观测值（z_1，t_1）、（z_2，t_2）、…（z_m，t_m）。这里 t_i 表示时间或其他物理量。现在的任务是根据这些观测值，用最优的形式来表示 z 与 t 之间的函数关系。

微课：最小
二乘估计的
基本原理

通常，z 的未知函数可用 $f(t)$ 表示，$f(t)$ 的类型应根据这 m 对数据（m 个点）的分布情况或研究问题的物理性质来确定。为了便于计算，可采用多项式

$$f(t) = x_1 + x_2 t + x_3 t^2 + \cdots + x_n t^{n-1} \qquad (7 - 1)$$

来表示，也可以用更一般的形式表示为

$$f(t) = x_1 h_1(t) + x_2 h_2(t) + \cdots + x_n h_n(t) = f(t, x_1, x_2, \cdots, x_n) \qquad (7 - 2)$$

式中：$h_1(t)$，$h_2(t)$，…，$h_n(t)$ 为已知的确定性函数，如 t 的幂函数、正弦函数、余弦函数和指数函数等；x_1，x_2，…，x_n 为 n 个待定的未知数。

把 m 对观测值带入式（7 - 1）或式（7 - 2），可得 m 个方程式。如果 $m<n$，即方程数 m 少于未知参数的数目时，则方程的解不确定，不能唯一地确定解出 x_1，x_2，…，x_n。当 $m=n$ 时，方程数正好与未知参数数目相等，能唯一的解出 x_1，x_2，…，x_n。在这种情况下，$f(t)$ 曲线一定通过每一个观测点（z_i，t_i）（$i=1$，2，…，m）。因为在观测结果中，不可避免地含有随机测量误差，如果曲线通过每一个观测点，则曲线包含这些测量误差，反而不能真实地表达出 z 与 t 之间的正确函数关系。所以不应要求 $f(t)$ 曲线一定通过每一个观测点。

一般，试验次数 $m>n$，而且希望 m 比 n 大得多，即方程数大于未知参数数目，这种情况只能采用数理统计求估值的方法。

确定了函数 $f(t)$ 的类型之后，问题就归结为如何合理的选择 $f(t)$ 中参数 x_1，x_2，

…，x_n，使得这一函数在一定意义下比较准确地反映出 z 与 t 的函数关系。通常用最小二乘法来选择这些参数。所谓最小二乘法，就是要求所选择的 $f(t)$ 的参数，使得观测值 z_i 与对应函数 $f(t_i)$ 的偏差的平方和，即

$$J = \sum_{i=1}^{m}[z_i - f(t_i)]^2 = \sum_{i=1}^{m}[z_i - f(x_1,x_2,\cdots,x_n,t_i)]^2 \tag{7-3}$$

按照 J 为最小的条件来确定 $f(t)$ 中的参数 x_1，x_2，…，x_n，将上式分别对 x_1，x_2，…，x_n 求偏导数，并令它们等于零，可得下列方程组

$$\begin{cases} \sum_{i=1}^{m}[z_i - f(x_1,x_2,\cdots,x_n,t_i)]f'_{x_1}(x_1,x_2,\cdots,x_n,t_i) = 0 \\ \sum_{i=1}^{m}[z_i - f(x_1,x_2,\cdots,x_n,t_i)]f'_{x_2}(x_1,x_2,\cdots,x_n,t_i) = 0 \\ \sum_{i=1}^{m}[z_i - f(x_1,x_2,\cdots,x_n,t_i)]f'_{x_n}(x_1,x_2,\cdots,x_n,t_i) = 0 \end{cases} \tag{7-4}$$

上述方程组有 n 个方程，n 个未知数，解之可得 x_1，x_2，…，x_n 的最优估值 $\hat{x}_1$，$\hat{x}_2$，…，$\hat{x}_n$。

【例 7-1】 观测值 z_i 和观测时刻 t_i 如表 7-5 所示，设 $f(t) = x_1 + x_2 t$。试用最小二乘法确定 x_1 和 x_2。

表 7-5 观测值 z_i 和观测时刻 t_i

t_i(s)	2	4	5	8	9
z_i	2.01	2.98	3.50	5.02	5.47

解 由 $f'_{x_1}=1$，$f'_{x_2}=t$ 得下列方程组

$$\begin{cases} \sum_{i=1}^{5}(z_i - x_i - x_2 t_i) = 0 \\ \sum_{i=1}^{5}(z_i - x_i - x_2 t_i)t_i = 0 \end{cases}$$

把 z_i，t_i 值分别代入上面方程组，经过整理后可得

$$\begin{cases} x_1 + 5.6x_2 = 3.796 \\ x_1 + 6.7857x_2 = 4.3864 \end{cases}$$

解上述方程组，可得 x_1 和 x_2 的估值

$$\hat{x}_1 = 1.0616, \quad \hat{x}_2 = 0.496$$

所以
$$z(t) = f(t) = 1.0616 + 0.496t$$

实际上 z_i 与 $f(t_i)$ 不可能完全一致，这是由于以下几个原因引起：

（1）x_i 选的不够准确。

（2）存在观测误差。

（3）z 的模型方程 $f(t)$ 选的不够确切。

当选定 $\hat{x}$ 之后，可得观测值 z_i 与 $f(\hat{x}_1, \hat{x}_2, \cdots, \hat{x}_n, t_i)$ 之差

$$e_i = z_i - f(\hat{x}_1, \hat{x}_2, \cdots, \hat{x}_n, t_i) \quad (i=1,2,\cdots,m) \tag{7-5}$$

式（7-5）可写成

$$z_i = f(\hat{x}_1, \hat{x}_2, \cdots, \hat{x}_n, t_i) + e_i \tag{7-6}$$

考虑到式（7-2），上式可写成

$$z_i = \hat{x}_1 h_1(t_i) + \hat{x}_2 h_2(t_i) + \cdots + \hat{x}_n h_n(t_i) + e_i \quad (i=1,2,\cdots,m) \tag{7-7}$$

或写成

$$\begin{cases} z_1 = \hat{x}_1 h_1(t_1) + \hat{x}_2 h_2(t_1) + \cdots + \hat{x}_n h_n(t_1) + e_1 \\ z_2 = \hat{x}_1 h_1(t_2) + \hat{x}_2 h_2(t_2) + \cdots + \hat{x}_n h_n(t_2) + e_2 \\ \qquad\qquad\qquad\qquad\vdots \\ z_m = \hat{x}_1 h_1(t_m) + \hat{x}_2 h_2(t_m) + \cdots + \hat{x}_n h_n(t_m) + e_m \end{cases} \tag{7-8}$$

如果设

$$z = \begin{bmatrix} z_1 \\ z_2 \\ \vdots \\ z_m \end{bmatrix}, \quad \hat{x} = \begin{bmatrix} \hat{x}_1 \\ \hat{x}_2 \\ \vdots \\ \hat{x}_n \end{bmatrix}, \quad e = \begin{bmatrix} e_1 \\ e_2 \\ \vdots \\ e_m \end{bmatrix} \tag{7-9}$$

$$H = \begin{bmatrix} h_1(t_1) & h_2(t_1) & \cdots & h_n(t_1) \\ h_1(t_2) & h_2(t_2) & \cdots & h_n(t_2) \\ \vdots & \vdots & & \vdots \\ h_1(t_m) & h_2(t_m) & \cdots & h_n(t_m) \end{bmatrix} = \begin{bmatrix} h_1 \\ h_2 \\ \vdots \\ h_m \end{bmatrix} \tag{7-10}$$

式中　$h_i = [h_1(t_i), h_2(t_i), \cdots, h_n(t_i)], i=1,2,\cdots,m$，则式（7-8）可写成下列矩阵形式

$$z = H\hat{x} + e \tag{7-11}$$

下面用矩阵形式表示最小二乘法的公式。残差的平方和可用下式表示

$$J = \sum_{i=1}^{m} e_i^2 = e^{\mathrm{T}} e \tag{7-12}$$

从（7-12）得

$$e = z - H\hat{x} \tag{7-13}$$

$$J = (z - H\hat{x})^{\mathrm{T}} (z - H\hat{x}) \tag{7-14}$$

求 J 对 $\hat{x}$ 的偏导数，令偏导数等于零，可得

$$\frac{\partial J}{\partial \hat{x}} = -2(H^{\mathrm{T}} z - H^{\mathrm{T}} H \hat{x}) = 0$$

$$H^{\mathrm{T}} H \hat{x} = H^{\mathrm{T}} z$$

因而 x 的估计值为

$$\hat{x} = (H^{\mathrm{T}} H)^{-1} H^{\mathrm{T}} z \tag{7-15}$$

为使 J 能求得估计值 $\hat{x}$，矩阵 $(H^{\mathrm{T}} H)^{-1}$ 必须存在。

J 为极小的充分条件是

$$\frac{\partial^2 J}{\partial x^2} = 2H^{\mathrm{T}} H > 0 \tag{7-16}$$

即 $H^{\mathrm{T}} H$ 为正定矩阵。

当 $m=n$ 时，H 为 n 阶方阵，且 H^{-1} 存在时，则

$$\hat{x} = H^{-1} z \tag{7-17}$$

在一般情况下，$m > n$，因此 $\hat{x}$ 要用式（7-15）来求。

【例 7-2】　观测值 z_i 和观测时刻如［例 7-1］，试用式（7-15）求 $z(t) = f(t)$ 的系数 x_1 和 x_2。

解

$$f(t) = x_1 + x_2 t = x_1 h_1(t) + x_2 h_2(t)$$

$$h_1(t) = 1, \ h_2(t) = t$$

则
$$\hat{x} = \begin{bmatrix} \hat{x}_1 \\ \hat{x}_2 \end{bmatrix}, \quad H = \begin{bmatrix} h_1(2) & h_2(2) \\ h_1(4) & h_2(4) \\ h_1(5) & h_2(5) \\ h_1(8) & h_2(8) \\ h_1(9) & h_2(9) \end{bmatrix} = \begin{bmatrix} 1 & 2 \\ 1 & 4 \\ 1 & 5 \\ 1 & 8 \\ 1 & 9 \end{bmatrix}$$

$$z = [z_1\, z_2\, z_3\, z_4\, z_5]^{\mathrm{T}} = [2.01 \quad 2.98 \quad 3.50 \quad 5.02 \quad 5.47]^{\mathrm{T}}$$

$$H^{\mathrm{T}} = \begin{bmatrix} 1 & 1 & 1 & 1 & 1 \\ 2 & 4 & 5 & 8 & 9 \end{bmatrix}$$

$$H^{\mathrm{T}}H = \begin{bmatrix} 5 & 28 \\ 28 & 190 \end{bmatrix}, \quad (H^{\mathrm{T}}H)^{-1} = \begin{bmatrix} 1.14457 & -0.16867 \\ -0.16867 & 0.0301 \end{bmatrix}$$

$$\begin{bmatrix} \hat{x}_1 \\ \hat{x}_2 \end{bmatrix} = \begin{bmatrix} 1.14457 & -0.16867 \\ -0.16867 & 0.0301 \end{bmatrix} \begin{bmatrix} 1 & 1 & 1 & 1 & 1 \\ 2 & 4 & 5 & 8 & 9 \end{bmatrix} \begin{bmatrix} 2.01 \\ 2.98 \\ 3.50 \\ 5.02 \\ 5.47 \end{bmatrix} = \begin{bmatrix} 1.0616 \\ 0.496 \end{bmatrix}$$

因此
$$z(t) = f(t) = 1.0616 + 0.496t$$

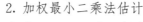

2. 加权最小二乘法估计

微课：加权
最小二乘估计

在式（7-12）中，每个误差 e_i^2 的系数都为 1，即在 J 中每个误差值都是"等权"的。事实上，在 z 值的不同测量范围内，测量精度往往是不同的，因而测量误差也不同。合理的办法是对不同的误差项 e_i^2 加不同的权，即把 J 写成

$$J = \sum_{i=1}^{m} \omega_i e_i^2 = \sum_{i=1}^{m} \omega_i (z_i - h_i \hat{x})^2 \tag{7-18}$$

当 z_i 的测量精度高时，ω_i 大；反之，ω_i 小。这样可使拟合曲线接近于测量精度高的点，从而保证拟合曲线有较高的精确度。把式（7-18）写成

$$J = (z - H\hat{x})^{\mathrm{T}} W (z - H\hat{x}) \tag{7-19}$$

式中：W 为 $m \times m$ 对称矩阵，称为加权矩阵。

求 J 对 $\hat{x}$ 的偏导数，并令其等于零，可得

$$\frac{\partial J}{\partial \hat{x}} = -2H^{\mathrm{T}}Wz + 2H^{\mathrm{T}}WH\hat{x} = 0 \tag{7-20}$$

$$(H^{\mathrm{T}}WH)\hat{x} = H^{\mathrm{T}}Wz \tag{7-21}$$

则可得

$$\hat{x} = (H^{\mathrm{T}}WH)^{-1}H^{\mathrm{T}}Wz \tag{7-22}$$

J 为极小的充分条件是

$$\frac{\partial^2 J}{\partial x^2} = 2(H^{\mathrm{T}}WH) > 0 \tag{7-23}$$

即 $H^{\mathrm{T}}WH$ 为正定矩阵。

由于测量 z 时，存在测量误差 ν，故观测方程为

$$z = Hx + \nu \tag{7-24}$$

z 和 ν 都为 m 维向量。假定 $E(\nu) = 0$，$E(\nu\nu^{\mathrm{T}}) = R$，$\nu$ 不一定是正态分布。

由式（7-22）得加权最小二乘法的估计误差

$$\hat{x} = x - \hat{x} = x - (H^{\mathrm{T}}WH)^{-1}H^{\mathrm{T}}Wz$$
$$= (H^{\mathrm{T}}WH)^{-1}H^{\mathrm{T}}W(Hx - z)$$

考虑到式（7-24），得

$$\hat{x} = -(H^{\mathrm{T}}WH)^{-1}H^{\mathrm{T}}Wv \qquad (7-25)$$

由上式可得

$$E(\hat{x}) = -(H^{\mathrm{T}}WH)^{-1}H^{\mathrm{T}}WE(v) = 0 \qquad (7-26)$$

所以，在上述条件下的加权最小二乘法估计为无偏估计。

考虑式（7-25），估计误差的方差矩阵为

$$Var(\hat{x}) = E\left[(x - \hat{x})(x - \hat{x})^{\mathrm{T}}\right]$$
$$= (H^{\mathrm{T}}WH)^{-1}H^{\mathrm{T}}WRWH(H^{\mathrm{T}}WH)^{-1} \qquad (7-27)$$

如果选取 $W = R^{-1}$，则估计 $\hat{x}$ 和 $Var(\hat{x})$ 分别为

$$\hat{x} = (H^{\mathrm{T}}R^{-1}H)^{-1}H^{\mathrm{T}}R^{-1}z \qquad (7-28)$$
$$Var(\hat{x}) = (H^{\mathrm{T}}R^{-1}H)^{-1} \qquad (7-29)$$

可以证明，$W = R^{-1}$ 使估计误差的方差为最小，因而 $W = R^{-1}$ 为最优的加权矩阵。有时，人们把式（7-28）称为马尔可夫估计。

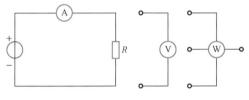

图 7-10 直流电路图

微课：冗余测量的最小二乘估计

【例 7-3】 设有一个直流电路如图 7-10 所示，已知结构参数 $R = 10\Omega$，用电流表测得 $I_1 = 1.04\text{A}$，用电压表测得 $U_1 = 9.8\text{V}$，求电路的电流与电压的估计值。

解 采用最小二乘法对真值进行估计。

首先，由电压表测量的电压值求得电流值，即

$$I_2 = \frac{9.8}{10} = 0.98(\text{A})$$

各次测量误差的平方和为

$$J = (I_1 - \hat{I})^2 + (I_2 - \hat{I})^2$$

其中 $I_1 = 1.04\text{A}$，$I_2 = 0.98\text{A}$。应用最小二乘法，对上式求导，并令其导数为零，得

$$-2 \times (1.04 - \hat{I}) - 2 \times (0.98 - \hat{I}) = 0$$
$$\hat{I} = 1.01(\text{A}), \quad \hat{U} = 1.01 \times 10 = 10.1(\text{V})$$

也就是说，电流、电压的估计值为 1.01A 和 10.1V，可认为此值就是准确值。

如果在测量时除了电流表、电压表之外，再加一个功率表，测量值为 $P = 10.14\text{W}$，可以重新应用最小二乘法估计进行计算，得

$$I_3 = \sqrt{P/R} = \sqrt{10.14/10} = 1.007(\text{A})$$
$$J = (I_1 - \hat{I})^2 + (I_2 - \hat{I})^2 + (I_3 - \hat{I})^2$$

对上式求导，并令其导数为零，有

$$-2 \times (1.04 - \hat{I}) - 2 \times (0.98 - \hat{I}) - 2 \times (1.007 - \hat{I}) = 0$$
$$\hat{I} = 1.009(\text{A}), \quad \hat{U} = 1.009 \times 10 = 10.09(\text{V})$$

由此可以看出，这次由三个独立测量的值进行估计的数值更加接近真实值。

在［例7-3］中，认为电流表、电压表和功率表都具有相同的测量准确度。在实际应用中，由于不同的测量表计有不同的测量准确度，仍应用上述方法就不甚合理。为此需要考虑不同表计准确度的影响，也就是，让准确度较高的表计在估计中有较大的影响，而准确度较低的表计在估计中要降低其影响，这样得到的结果才比较合理，这就可以应用前面所述的加权最小二乘法估计法。

在［例7-3］中，如果电流表的准确度为0.05，电压表的准确度为0.02，功率表的准确度为0.02，显然电压表更加准确。如果我们事先知道各个表计的准确度，为各表计赋以各自不同的权值，精度高的权值大，精度低的权值小，那么就可以提高估计的精度。

【例7-4】 对于［例7-3］，给电流表读数的权值为$\dfrac{1}{0.05^2}$，电压表读数的权值为$\dfrac{1}{0.02^2}$，功率表读数的权值为$\dfrac{1}{0.02^2}$，求电路的电流与电压的估计值。

解 根据加权最小二乘法估计法，有

$$J = \frac{1}{0.05^2}(1.04 - \hat{I})^2 + \frac{1}{0.02^2}(0.98 - \hat{I})^2 + \frac{1}{0.02^2}(1.007 - \hat{I})^2$$

$$\frac{\partial J}{\partial x} = -2 \times \frac{1}{0.05^2}(1.04 - \hat{I}) - 2 \times \frac{1}{0.02^2}(0.98 - \hat{I}) - 2 \times \frac{1}{0.02^2}(1.007 - \hat{I}) = 0$$

$$\hat{I} = 0.9969(\text{A}), \quad \hat{U} = 10 \times \hat{I} = 9.969(\text{V})$$

电流估计值误差小到0.0031A，比［例7-3］中的电流估计值小。

三、电力系统状态估计

1. 电力系统状态估计的数学模型

在状态估计中，状态变量一般选取各母线电压幅值和相位，量测量选取母线注入功率、支路功率和母线电压数值。量测量为

$$\boldsymbol{z} = [\boldsymbol{P}_{ij}, \boldsymbol{Q}_{ij}, \boldsymbol{P}_i, \boldsymbol{Q}_i, \boldsymbol{U}_i]^{\mathrm{T}} \tag{7-30}$$

式中：$\boldsymbol{z}$ 为量测向量，假设维数为 m；P_{ij} 为支路 ij 有功潮流量测量；Q_{ij} 为支路 ij 无功潮流量测量；P_i 为母线 i 有功注入功率量测量；Q_i 为母线 i 无功注入功率量测量；U_i 为母线 i 的电压幅值量测量。

这里 ij 表示所有量测的支路，既表示线路又表示变压器，而且还表示起端和终端；i 则表示有量测的母线，指的是与此母线连接的机组和负荷均有量测。

待求的状态量是母线电压

$$\boldsymbol{x}[\theta_i, U_i]^{\mathrm{T}} \tag{7-31}$$

式中：$\boldsymbol{x}$ 为状态向量，若用 n 表示母线数，则状态量 $\boldsymbol{x}$ 为 $2n$ 维。一般假设参考母线电压已知，$\boldsymbol{x}$ 的待求量为 $(2n-2)$ 维。θ_i 为母线 i 的电压相角（$i=1, 2, \cdots, n$）；U_i 为母线 i 的电压幅值（$i=1, 2, \cdots, n$）。

量测方程是用状态量表达的量测量，即

$$\boldsymbol{h}(x) = [P_{ij}(\theta_{ij}, U_{ij}), Q_{ij}(\theta_{ij}, U_{ij}), P_i(\theta_{ij}, U_{ij}), Q_i(\theta_{ij}, U_{ij}), U_i(U_i)]^{\mathrm{T}} \tag{7-32}$$

式中：$\boldsymbol{h}$ 为量测方程向量，m 维；P_{ij}（θ_{ij}，U_{ij}），Q_{ij}（θ_{ij}，U_{ij}），P_i（θ_{ij}，U_{ij}），Q_i（θ_{ij}，U_{ij}），U_i（U_i）均是网络方程。

根据电力系统稳态分析介绍的知识，可知 P_{ij}、Q_{ij}、P_i、Q_i 分别表示为

$$P_{ij} = U_i^2 g - U_i U_j g \cos\theta_{ij} - U_i U_j b \sin\theta_{ij} \tag{7-33}$$

$$Q_{ij} = -U_i^2(b + y_c) - U_iU_jg\sin\theta_{ij} + U_iU_jb\cos\theta_{ij} \tag{7-34}$$

$$P_i = \sum_{j\in i}U_iU_j(G_{ij}\cos\theta_{ij} + B_{ij}\sin\theta_{ij}) \tag{7-35}$$

$$Q_i = \sum_{j\in i}U_iU_j(G_{ij}\sin\theta_{ij} + B_{ij}\cos\theta_{ij}) \tag{7-36}$$

式中：g 为线路 ij 的电导；b 为线路 ij 的电纳；y_c 为线路对地电纳；G_{ij} 为导纳矩阵中元素 ij 的实部；B_{ij} 为导纳矩阵中元素 ij 的虚部。

实际上 P_i 和 Q_i 就是所连支路潮流 P_{ij} 和 Q_{ij} 的代数和（包括电容器支路和电抗器支路）。上述量测方程属非线性方程。

状态估计的目标函数可写为

$$J(x) = [z - h(x)]^T R^{-1}[z - h(x)] \tag{7-37}$$

即在给定量测向量 z 之后，状态估计向量 x 是使目标函数 $J(x)$ 达到最小的 x 值。

由于在电力系统中，$h(x)$ 为非线性函数，这就需要迭代的方法求解。先假定状态量初值为采用泰勒级数展开的方法，经过推导，根据式（7-28）可得基本加权最小二乘法状态估计的迭代修正公式为

$$\Delta\hat{x}^{(k)} = \{H^T[\hat{x}^{(k)}]R^{-1}H(\hat{x}^{(k)})\}^{-1}H^T[\hat{x}^{(k)}]R^{-1}z \tag{7-38}$$

$$\hat{x}^{(k+1)} = \hat{x}^{(k)} + \Delta\hat{x}^{(k)} \tag{7-39}$$

式中：$\Delta\hat{x}^{(k)}$ 为第 k 次迭代状态修正向量；H 为量测方程的雅可比矩阵，$[m\times 2(n-1)]$ 维矩阵，$H(x) = \dfrac{\partial h(x)}{\partial x}$。

按式（7-38）和式（7-39）进行迭代修正，直到目标函数 $J(\hat{x}^{(k)})$ 接近于最小为止。

当第 k 次迭代的状态修正向量误差小于设定值 ε_x 时，迭代结束，即迭代收敛判据为

$$MAX\ |\Delta\hat{x}_i^{(k)}| \leqslant \varepsilon_x$$

电力系统加权最小二乘法估计状态估计框图如图 7-11 所示。

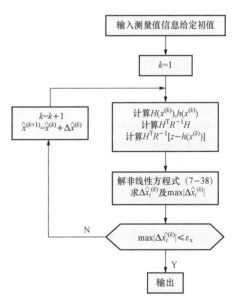

图 7-11　电力系统加权最小二乘法估计状态估计框图

2. 电力系统状态估计的步骤

电力系统状态估计的过程如图 7-12 所示，一般可以分为以下四个步骤。

（1）确定数学模型。在假定没有结构误差、参数误差和不良数据的条件下，确定计算所用数学方法。常用的计算方法有加权最小二乘法、快速分解法、正交变换法、支路潮流法等。目前电力系统状态估计常用的算法是加权最小二乘法。状态估计的量测量主要来自 SCADA 的实时数据，在量测不足之处可以使用预测及计划型数据作为量测量。另外，根据基尔霍夫定律可得到部分必须满足的量测量。

（2）进行状态估计计算。根据选定的数学方法，计算出使残差最小的状态变量估计值。

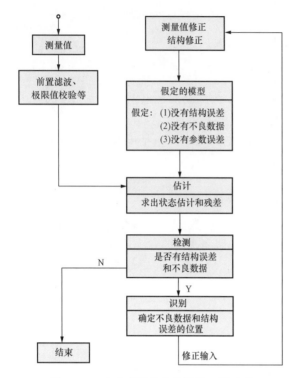

图 7-12 电力系统状态估计的一般过程

（3）检测数据。检查是否有结构误差和不良数据信息，如果没有，状态估计即告结束；如果有则转入下一步。

（4）识别（也叫辨识），是确定具体不良数据和网络结构错误信息的过程。在修正或除去已识别出的不良数据和结构信息后，再进行第二次状态估计计算，这样反复迭代估计，直至没有不良数据和结构错误为止。

由图 7-12 中可以看出测量值在输入前还要经过前置滤波。这是因为一些很大的测量误差，只要采用一些简单的方法和很少的加工就可容易地排除。例如，对输入的节点功率可以进行极限值校验和功率平衡检验，这样就可以提高状态估计的速度和精度。

从上面的论述中可以看出，不良数据的检测和辨识是电力系统状态估计的重要功能之一，其目的在于排除量测采样数据中偶然出现的少数不良数据，以提高状态估计的可靠性。

电力系统中测量系统的标准误差 σ 大约为正常测量范围的 $0.5\%\sim2\%$，因此误差大于 $\pm3\sigma$ 的测量值就可称为不良数据，但在实际应用中由于达不到这个标准，所以通常把误差达到 $\pm(6\sim7)\sigma$ 以上的数据称为不良数据。

对 SCADA 原始量测数据的状态估计结果进行检查，判断是否存在不良数据并指出具体可疑量测数据的过程称之为不良数据检测。对检测出的可疑数据验证真正不良数据的过程称为不良数据的辨识。

不良数据的出现，会在目标函数 $J(\hat{x})$ 中得到反映，使它大大偏离正常值。为此可把状态估计值代入目标函数中，求出目标函数的值。如果大于某个门槛值，则可认为存在不良数据。除了这种方法之外，常用的检测方法还有加权残差 r_W 检测法、标准化残差 r_N 检测法等。

r_W 检测法与 r_N 检测法在单个不良数据情况下一般可以取得理想的效果，但有时除了不良数据点的残差呈现出超过检测阈值外，还有一些正常测点的残差也超过阈值，这种现象称为残差污染。在多个不良数据情况下，由于相互作用可能导致部分或全部不良数据测点上的残差近于正常残差现象，这称为残差淹没。

通常对不良数据辨识的思路是：在检测出不良数据后，应进一步找出这个不良数据并在 测量向量中将其排除，然后再重新进行状态估计。

假定在检测中发现有不良数据的存在，一个最简单的辨识方法是将 m 个测量量作排列，去掉第一个测量量，余下 $m-1$ 个用不良数据检测法检查不良数据是否仍存在。如果

$m-1$ 个测量的 $J(\hat{x})$ 与原来 m 个时的 $J(\hat{x})$ 值差不多，则表示刚刚去掉的第一个测量量是正常测量，应予以恢复；然后试第二个测量量，直到找到不良数据为止。如果存在两个不良数据，则应试探每次去掉两个测量量的各种组合。这种方法试探的次数非常多，而且每次试探都要进行一次状态估计，因此问题的关键在于如何减少试探的次数。实际中应用较多的辨识方法有残差搜索辨识法、非二次准则法、零残差法、总体型估计辨识法、逐次型估计辨识法等。

微课：应用状态估计的数据修正

第五节　电力系统静态安全分析

一、概述

电力系统是由发电、输电、配电和用电等构成。随着系统的不断发展，电力系统由最初的小区域电力系统逐步发展为互联电力系统。电力系统互联后会带来很多好处：①不同种类电源可以相互补充，提高运行的经济效益，尤其是当今新能源迅猛发展，互联电力系统可以大量吸纳这些新能源；②可以充分利用备用容量，在故障情况下互联电力系统可以对事故进行有效的相互支援，提高系统对事故的承受能力。

但是，系统规模的扩大，也带来了很多问题，元件故障发生的可能性增加了，系统网架结构复杂导致分析计算也很复杂。因此，必须利用现代计算机技术对系统的运行状况进行分析，提高调度人员应付事故的能力，从而保证对用户的可靠供电。

首先给出电力系统中可靠性和安全性的定义。

可靠性（reliability），是指设备或系统在预定时间内和在规定运行条件下完成其规定功能的概率。

安全性（security），是指电力系统在运行中承受故障扰动（例如突然失去电力系统的元件或短路故障等）的能力。安全性通过两个特性表征：①电力系统能承受住故障扰动引起的暂态过程并过渡到一个可接受的运行工况；②在新的运行工况下，各种约束条件得到满足。

突发性故障的后果，涉及系统事故后的暂态行为和稳态行为，因此，安全分析又分为动态安全分析和静态安全分析。判断系统发生预想事故后电压是否越限和线路是否过负荷的分析称之为静态安全分析。判断系统发生预想事故后系统是否失去稳定的分析称之为动态安全分析。限于篇幅，本章主要讨论静态安全分析。

微课：电力系统运行状态的数学模型

二、电力系统运行状态

1. 电力系统运行状态的数学模型

对于电力系统运行过程可以用一组非线性方程组和微分方程组以及不等式约束方程组来描述。电力系统微分方程组描述电力系统动态元件（如发电机和负荷）及其控制的规律，非线性方程组用于描述电力网络的电气约束，不等式约束方程组用于描述系统运行的安全约束。电力系统稳态部分可以用下述数字模型描述。

(1) 节点功率平衡条件（等式约束）。对于 N 个节点的电力系统，节点功率平衡方程组为

$$\begin{cases} P_{Gi} - P_{Di} - U_i \sum_{j \in i} U_j (G_{ij} \cos\theta_{ij} + B_{ij} \sin\theta_{ij}) = 0 \\ Q_{Gi} - Q_{Di} - U_i \sum_{j \in i} U_j (G_{ij} \sin\theta_{ij} - B_{ij} \cos\theta_{ij}) = 0 \end{cases} \tag{7-40}$$

式中：P_{Gi}、Q_{Gi} 为节点 i 上的有功和无功的发电功率；P_{Di}、Q_{Di} 为节点 i 上的有功和无功的负荷功率。

(2) 节点电压幅值约束（不等式约束）。各节点的电压幅值应该满足

$$U_i^{\min} \leqslant U_i \leqslant U_i^{\max} \quad (i = 1, 2, \cdots, N) \tag{7-41}$$

式中：$U_i^{\min}$、$U_i^{\max}$ 分别为节点电压的下限和上限值。

(3) 发电机功率出力约束（不等式约束）。各可控发电机组的有功无功应在允许的上下限范围之内，即满足

$$\begin{cases} P_{Gi}^{\min} \leqslant P_{Gi} \leqslant P_{Gi}^{\max} \\ Q_{Gi}^{\min} \leqslant Q_{Gi} \leqslant Q_{Gi}^{\max} \end{cases} \quad (i = 1, 2, \cdots, M) \tag{7-42}$$

式中：$P_{Gi}^{\min}$、$P_{Gi}^{\max}$、$Q_{Gi}^{\min}$、$Q_{Gi}^{\max}$ 分别为发电机有功和无功的下限和上限值。

(4) 各支路（线路和变压器）潮流应该满足

$$|\dot{I}_{ij}| \leqslant I_{ij}^{\max} \text{ 或 } |\dot{S}_{ij}| \leqslant |S_{ij}^{\max}| \tag{7-43}$$

式中：$\dot{I}_{ij}$、$\dot{S}_{ij}$ 分别为支路 ij 的电流和视在功率；$I_{ij}^{\max}$、$S_{ij}^{\max}$ 分别为电流和视在功率上限。

除此以外，还有其他各种不等式约束，例如任何两台发电机节点暂态电抗后的电动势的相对角度小于某一限值等。

总之，电力系统运行中的数学模型可以用一般的等式约束条件来表示，即

$$f(x, u) = 0 \tag{7-44}$$

也可用不等式约束来表示，即

$$h(x, u) \leqslant 0 \tag{7-45}$$

式中：x 为状态变量，一般选取为节点电压幅值和相角；u 为控制变量，选取发电机有功无功出力，变压器变比等。

微课：电力系
统实时运行
状态分类

2. 电力系统运行状态分类

由于电力负荷始终是变动的，加上系统故障的不可预见性，电力系统有多种运行状态，在电力系统运行中要求能够对各种状态进行快速和有效的判别和处理。电力系统运行状态的分类，基本上是按照 DyLiacco 在 1967 年提出的模式上进行的。

(1) 正常运行状态。电力系统是由许多发电机、变压器、线路、开关等发供电设备组成的庞大系统。在任何时刻用户所用电能，即负荷的有功、无功（包括线路损耗）一定与发电机发出的电能相等，这是电能平衡所决定的正常运行状态，在数学模型上就是同时满足等式约束式（7-44）和不等式约束式（7-45）。

在正常运行状态下，电力系统的频率和各母线电压均在正常运行允许的范围内，各电源设备和输变电设备又均在额定范围内运行，系统内的发电设备和输变电设备均有足够的

备用容量。此时，系统不仅能以电压和频率均合格的电能满足负荷用电的需求，而且还具有适当的安全储备，能承受系统的正常干扰（如断开一条线路或停止一台发电机组）而不致造成不良后果（如设备过载等），使系统迅速过渡到新的正常运行状态。电力系统运行管理的目的就是尽量维持它的正常运行，为用户提供高质量的电能，并使发电成本达到最为经济。

（2）警戒状态。由于负荷或系统运行结构的变动以及一系列非大干扰的积累造成某段时间内的单向自动调节，使系统中发电机所发出的功率虽然与用户相等，电压、频率仍在允许范围内，也能够同时满足等式约束式（7-44）和不等式约束式（7-45），但是安全储备系数大为减少，且对外界的抗干扰能力下降了，系统由正常运行状态进入警戒状态。如果再有一个新的干扰，很可能使某些条件越限（如设备过载等），就会使系统的安全运行受到威胁或遭到破坏。

电力系统调度中心要随时监测系统的运行情况，并通过静态安全分析、动态安全分析对系统的安全水平做出评价。当发现系统处于警戒状态时，调度人员应及时采取预防性控制措施（如增加发电机的输出功率、调整负荷、改变运行方式等），使系统尽快地恢复到正常运行状态。

（3）紧急状态。当系统处于警戒状态且又发生一个相当严重的干扰（如发生短路故障或一台大容量发电机组退出运行等），使电力系统的某些参数越限（如变压器过负荷、系统的电压或频率超过或低于允许值）。此时系统运行仅满足等式约束式（7-44），而不满足不等式约束式（7-45）。在紧急状态下，如果不及时采取措施就可能使系统失去负荷，使得等式约束也不能满足。如果及时采取正确而且有效的紧急控制措施，仍有可能使系统恢复到警戒状态，进而再恢复到正常运行状态。

（4）系统崩溃。在紧急状态下，如果不及时采取措施或采取措施不当或不够有力，或者采取了错误的措施，那么整个系统就会失去稳定运行，造成系统瓦解，形成几个子系统。此时，由于发电机的输出功率与负荷之间功率不平衡，不得不大量切除负荷及发电机，从而导致整个电力系统的崩溃。系统的平衡条件及参数的约束条件，均遭到破坏。电力系统运行的目的之一就是尽可能避免这种状态的出现。万一出现了紧急状态，应尽可能采取正确而有力的措施，确保系统不瓦解。一旦系统瓦解，控制系统应尽量维持各子系统的功率供求平衡，维持部分供电，避免整个系统崩溃。

（5）恢复状态。在紧急状态或者系统瓦解之后，待电力系统大体上稳定下来，系统转入到恢复状态。这时运行人员应采取各种措施，迅速而平稳地恢复对用户的供电，使停运的机组投入运行，使解列的小系统逐步并列运行，并使系统恢复到正常状态。

对应于上述的电力系统运行状态及其相互转换，电力系统也有相应的安全控制。安全控制是指系统工作在某一运行状态时，为了提高其安全性，所拟定的预防事故发生的对策措施。安全控制包括预防控制、校正控制、紧急控制和恢复控制。

预防控制，是指为了使系统从警戒状态转变为安全正常状态所采取的控制措施。

校正控制，是指对没有失去稳定但处于静态紧急状态的系统使其恢复到正常状态所采取的措施。

紧急控制，是指在系统失去稳定的动态紧急状态下，为防止事故的进一步扩大以及缩小事故对系统的冲击，所采取的控制措施。例如运行人员的操作或者自动装置的动

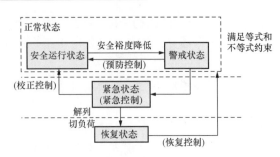

图 7-13　电力系统运行状态及安全控制

作等。

恢复控制，是指对于待恢复系统，通过各种措施使其恢复供电，使系统恢复到正常状态。这些措施包括启动停运机组，恢复网架和负荷以及保护、自动装置等二次设备。

系统的四种运行状态以及相应的安全控制措施的相互关系如图 7-13 所示。

三、电力系统静态等值

1. 概述

微课：电力系统运行状态及安全控制

电力系统静态等值，也称为网络化简，是利用较小规模的网络代替较大规模的网络所进行的分析方法，而且要求这种化简网络的计算精度能够满足实际需要。

严格地讲，现在所用的电力系统分析模型均包含化简的因素。例如：在系统负荷预测中用离散的时间点的负荷代替连续变化的曲线，在母线负荷预测中各母线负荷随系统负荷变化的规律；经济调度中将数台机组合并为等值机组，水火协调时将水电厂合并为火电厂子系统，交换计划中将每一子系统转化为等值火电厂；网络分析中用集中参数代替分布参数，用单相模型代替三相模型，最优潮流使用二次发电厂费用特性，甚至某些快速计算方法本身就是化简。

本章主要介绍潮流计算上的网络静态等值。静态等值给定的条件包括全网络拓扑结构和元件参数以及内部系统和边界系统的实时潮流解，需要求解的是外部系统的等值网络和等值边界注入电流，使等值后在电力系统内部网络中进行的各种分析与未等值时在真实系统中所做的分析结果相同，或者十分接近。这里说的分析是指对内部网络中的各种扰动所进行的稳态分析，包含网络、机组和负荷三方面的简化处理。网络静态等值的目的如下。

（1）降低网络分析的计算量和对内存的需求量。

（2）避开量测不全或无量测的网络部分，降低量测信息的需求量。

（3）去除不关心的网络部分，降低系统分析量。

早期计算机速度慢、容量小，降低计算机开销是主要矛盾。近年来随着计算机的迅猛发展，这一矛盾已经大为缓和。随着系统量测配置的完善化和数据传输技术的进步，缺少量测的矛盾也在逐步缓解。随着电力系统规模的扩大，电力系统分层分区控制，在不同区域电力系统所关心的内容也大为不同，因此化简网络也成为网络静态等值的主要目的。

当前，我国网络化简主要用于如下情况。

（1）在国家电网或者大网调度中心的分析中，对某些省电力系统进行等值处理。

（2）在省电力系统调度中心的分析中，对某些与之相连的省电力系统进行等值处理。

（3）在省电力系统调度中心的分析中，对省内某些地区电力系统进行等值处理。

（4）在地区调度中心的分析中，对相邻地区电力系统或者省电力系统进行等值处理。

电力系统静态等值只涉及稳态潮流，不涉及暂态过程。

2. 基本描述

一般而言，等值前系统 PS（未化简网络）可以沿着边界母线 B 划分为研究系统 I 和拟等值系统 E，见图 7-14，等值后系统 PE（化简后网络）保留内部系统和边界母线 B 不变，等值网络 RE（化简部分）化为边界母线 B 相互间的等值支路、母线 B 对地支路和母线 B 注入功率，见图 7-15。

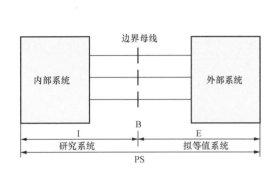

图 7-14 等值前系统（未化简网络）   图 7-15 等值后系统（化简后网络）

静态等值问题可以描述如下。

（1）给出等值前系统 PS 结构模型，并标出研究系统 I 和边界母线 B。

（2）给出等值前系统 PS 的潮流解。要找到一个新的等值模型（或者等值网络）PE，使得内部网络运行条件发生变化（如预想事故）时，由等值系统计算的结果和由等值前系统计算的结果相接近。

对等值（或化简）有如下要求。

（1）由边界母线 B 看进去的外部等值应该准确可靠地表述化简前外部系统的物理响应特性，即准确给出对内部系统变化时的响应。

（2）等值应能灵活处理系统现状的改变，并能适应不同的应用目标。

（3）等值计算方法能与后继问题结算方法相协调。

（4）减少化简量，维持良好的稀疏性。

（5）保持等值网络的良好计算能力。

3. 等值方法——Ward 等值

Ward 等值应用广泛，对于线性系统而言是一种严格的等值方法。

未化简网络线性方程可描述为

$$\dot{Y}\dot{U} = \dot{I} \qquad (7-46)$$

式中：$\dot{Y}$ 为母线导纳矩阵；$\dot{U}$ 为母线电压向量；$\dot{I}$ 为母线注入电流向量。

将母线按图 7-15 分为三类：①子集 $\{I\}$ 为内部系统母线集合；②子集 $\{B\}$ 为边界母线集合；③子集 $\{E\}$ 为外部系统母线集合。

母线①②是保留母线，母线③是待消去的母线，将式（7-46）改变为

$$\begin{bmatrix} \dot{Y}_{EE} & \dot{Y}_{EB} & 0 \\ \dot{Y}_{BE} & \dot{Y}_{BB} & \dot{Y}_{BI} \\ 0 & \dot{Y}_{IB} & \dot{Y}_{II} \end{bmatrix} \begin{bmatrix} \dot{U}_E \\ \dot{U}_B \\ \dot{U}_I \end{bmatrix} = \begin{bmatrix} \dot{I}_E \\ \dot{I}_B \\ \dot{I}_I \end{bmatrix} \tag{7-47}$$

消去外部系统母线子集 $\{E\}$，等价于消去式（7-47）中的变量 $\dot{U}_E$，通过矩阵运算可以得到

$$\begin{bmatrix} \dot{Y}_{BB} - \dot{Y}_{BE}\dot{Y}_{EE}^{-1}\dot{Y}_{EB} & \dot{Y}_{BI} \\ \dot{Y}_{IB} & \dot{Y}_{II} \end{bmatrix} \begin{bmatrix} \dot{U}_B \\ \dot{U}_I \end{bmatrix} = \begin{bmatrix} \dot{I}_B - \dot{Y}_{BE}\dot{Y}_{EE}^{-1}\dot{I}_E \\ \dot{I}_I \end{bmatrix} \tag{7-48}$$

式（7-48）写成 $\dot{Y}^{EQ}\dot{U}^{EQ} = \dot{I}^{EQ}$，这就是消去外部母线后的等值模型 PE 的母线导纳方程式。

由式（7-48）可见，消去外部母线只使边界母线导纳矩阵 $\dot{Y}_{BB}$ 变化（即改变各边界母线 B 的自导纳和它们之间的互导纳），并将外部系统的母线注入电流 $\dot{I}_E$ 通过分配矩阵 $D = \dot{Y}_{BE}\dot{Y}_{EE}^{-1}$ 分配到边界母线 B 上，从而改变了边界母线的注入电流。

式（7-48）是一个严格的等值过程，只要 $\dot{I}_E$ 不变化，则对任何 $\dot{I}_B$ 和 $\dot{I}_I$ 的变化由式（7-48）求出的 $\dot{U}_B$ 和 $\dot{U}_I$ 与原来由式（7-47）所求得的完全一致。

在实际电力系统中，母线注入是用功率表述的，即

$$\dot{I}_i = \left[\frac{\dot{S}_i}{\dot{U}_i}\right]^* \tag{7-49}$$

式中：$\dot{S}_i$ 为母线 i 注入功率；$\dot{U}_i$ 为母线 i 电压。

式（7-48）可以改写为

$$\begin{bmatrix} \dot{Y}_{BE} - \dot{Y}_{BE}\dot{Y}_{EE}^{-1}\dot{Y}_{EB} & \dot{Y}_{BI} \\ \dot{Y}_{IB} & \dot{Y}_{II} \end{bmatrix} \begin{bmatrix} \dot{Y}_B \\ \dot{Y}_I \end{bmatrix} = \begin{bmatrix} \left[\dfrac{\dot{S}_B}{\dot{U}_B}\right]^* - \dot{Y}_{BE}\dot{Y}_{EE}^{-1}\left[\dfrac{\dot{S}_E}{\dot{U}_E}\right]^* \\ \left[\dfrac{\dot{S}_I}{\dot{U}_I}\right]^* \end{bmatrix} \tag{7-50}$$

$$\left[\frac{\dot{S}}{\dot{U}}\right]^* = (\text{diag}\dot{U}^{-1})\dot{S} \tag{7-51}$$

定义 $\dot{E} = \begin{bmatrix} \text{diag}\dot{U}_B & 0 \\ 0 & \text{diag}\dot{U}_E \end{bmatrix}$，则式（7-50）可写成

$$\dot{E}\dot{Y}^{EQ}\begin{bmatrix} U_B^* \\ U_I \end{bmatrix} = \begin{bmatrix} S_B^* - \text{diag}\dot{U}_B^*\dot{Y}_{BE}\dot{Y}_E^{-1}\left[\dfrac{\dot{S}_E}{\dot{U}_E}\right]^* \\ \cdots \\ \dot{S}_I^* \end{bmatrix} \tag{7-52}$$

在某一运行方式下完成的等值与初始运行电压 $\dot{U}_B$ 有关，因而它不适用外部系统有较大的运行方式变化。

综上所示，Ward 等值步骤如下。

（1）给出全电力系统基本方式的潮流解，确定各母线的电压。

（2）确定拟消去的母线子集，形成只包含外部系统 E 和边界系统 B 的导纳矩阵。

$$\dot{Y} = \begin{bmatrix} \dot{Y}_{EE} & \dot{Y}_{EB} \\ \dot{Y}_{BE} & \dot{Y}_{BB} \end{bmatrix} \tag{7-53}$$

然后，按外部母线各列对 Y 进行三角矩阵分解（即高斯消去），得到仅含有边界母线的外部等值导纳矩阵 $\dot{Y}_{BE}^{EQ}$ 为

$$\dot{Y}_{BE}^{EQ} = Y_{BB} - \dot{Y}_{BE}\dot{Y}_{EE}^{-1}\dot{Y}_{EB} \tag{7-54}$$

（3）按照式（7-52）计算式右端边界母线的注入功率增量，即

$$(\mathrm{diag}\dot{U}_B)\dot{Y}_{BE}\dot{Y}_{EE}^{-1}\left[\frac{\dot{S}_E}{\dot{U}_E}\right]^*$$

利用线性方法处理非线性网络的等值问题只是一种近似，其准确性需要通过化简前后的潮流解比较来确定。

四、预想事故分析

电力系统的静态安全分析是只考虑事故后稳态运行情况的安全性，而不考虑从当前的运 行状态向事故后稳定状态的动态转移。静态安全分析的重点在预想事故分析。

所谓预想事故分析指的是针对预先设定的电力系统元件（如线路、变压器、发电机、负 荷和母线等）的故障及其组合，确定它们对电力系统安全运行产生的影响。预想事故分析有如下主要功能。

（1）按调度员的需要方便地设定预想故障。

（2）快速区分各种故障对电力系统安全运行的危害程度。

（3）准确分析严重故障后的系统状态，并能方便而直观展示结果。

与功能相对应，预想事故分析内容包括故障定义、故障筛选（或称为故障扫描）和故障分析三部分。故障定义是由软件根据电力系统结构和运行方式等定义的事故集合，该集合的元素可以由调度员根据需要进行人工增删或修改。故障筛选是对故障定义的事故集合按事故发生的概率及严重性进行排序，形成一个顺序表。故障筛选的方法分直流法和交流法等。故障分析是对故障顺序表中对系统安全运行构成威胁的故障逐一进行分析。

1. 故障定义

随着电力系统规模的扩大，可能出现的故障类型也在增多，根据不同的条件或准则能够对故 障进行不同形式的分类。故障分类的主要目的如下。

（1）提高预想故障分析的准确程度。

（2）降低预想故障分析的计算量。

（3）改善预想故障分析的灵活性和方便性。

在预想故障分析软件中按不同的需要，对故障和故障组进行不同的分类。在定义预想故障集时，采用物理分类方式。在分析过程中，对故障按危害程度分类。故障分类的科学性是提高预想故障分析软件设计质量的重要一步。

在早期的预想故障分析中，一般只进行 $N-1$ 扫描式的故障选择和分析，即分别开断系

统的每个网络元件，计算其后的电力系统状态。随着电力系统结构的增强，绝大多数单重元件的开断已不构成对系统有危害的故障；况且极少数构成危害的单重元件开断的影响范围和安全对策已被调度人员所熟悉。因此，这种机械的 $N-1$ 扫描方式在实际中由于效率低而不被重视。随着电力系统规模的扩大和结构的变化，调度人员更重视的是多重故障分析，但若进行 $N-2$ 或 $N-3$ 扫描方式，则计算量将按几何级数的方式扩展，在技术上是不现实的。

20 世纪 90 年代初，出现了以预想故障集合方式代替 $N-1$ 扫描方式，其特点是能方便灵活地定义多重故障，因此，这种方法是较为实用的。

预想故障集合是由有经验的调度人员和运行分析人员给出的。它包括各种可能的故障及其组合，并且可以规定监视元件及条件故障以自动产生复杂故障。运行中使用者可以激活感兴趣的故障组进行分析计算。

预想故障集合的优点：①可以更方便、更有效定义多重故障；②只分析感兴趣的故障组，大大提高了计算效率；③能灵活、方便、快速模拟和再现电力系统实际故障过程。

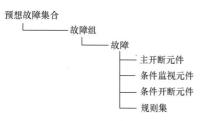

图 7-16　预想事故集合的结构

预想故障集合的定义和管理技术是提高该应用软件性能的关键。为此，应以物理分类的方式按层次定义预想故障集合，如图 7-16 所示。图中，故障组是具有某种特征的若干故障的集合，故障集合是全部定义故障组的总称。

一个完整的故障由主开断元件、条件监视元件、条件开断元件和规则集四部分组成。

主开断元件：可以是电力系统中任何元件，如变压器、线路、发电机、负荷、电容器、电抗器、开关或母线等。故障可以是单重的，也可以是多重的；而多重故障可以是同一类元件，也可以是几类元件的组合。开关断（合）也包含在故障定义之中。这对模拟变电站事故等是非常方便的。

条件监视元件及条件开断元件配合使用，可以模拟继发性故障。在实际电力系统中，某些元件故障可能引发其他元件的开断，这就需要引入条件故障的概念。当主开断元件的动作引起开断监视元件越限时，条件开断元件随之动作。这种带有条件监视元件和条件开断元件的故障称为条件故障。

规则集：描述主开断元件动作后，调度人员按规定或经验所必须执行的操作。在实际电力系统中，当一些关键元件开断或关键监视元件越限时，系统内已经制定了一些相应措施指导调度人员操作。规则集中设置了这些措施，以便有效模拟故障后系统的真实状态。规则集的建立和应用，实际上是将专家系统的思想引入预想故障分析，使其结果更准确、可信和有效。

已定义的故障可以放到一个故障组或多个故障组中。故障组是具有某种特征的若干故障的集合。故障组的划分可以是：①按故障重数划分，如单重、二重、多重故障等；②按开断元件类型划分，如线路、变压器故障等；③按地区划分，如 A 地区故障、B 地区故障等；④按故障电压等级划分，如 500kV 故障、220kV 故障、110kV 故障等。

在故障集合中的各种故障组通常是全部被激活的，也可以对每一个故障组单设"停用"标志，在故障扫描时自然会跳过这些故障组，只分析激活的故障组。

实际上，$N-1$ 扫描方式是这种故障集合的一种特例，可以定义一个"$N-1$"故障组，在需要的时候激活它，执行 $N-1$ 故障分析。

总之，采用故障集合方式，既提高了预想事故分析的有效性和节省计算时间，又能灵活方便地规定分析目标，与之前的 $N-1$ 扫描方式相比，预想事故集合具有很好的实用性。

2. 预想事故筛选

在进行大型电力系统安全分析时，需要考虑的预想事故数目是非常可观的。要给出预想事故的安全评价，需要逐个对预想事故进行潮流分析，然后校核其越限情况。这种做法难以适应实时要求。

因此需进行预想事故筛选。

所谓预想事故筛选是指在线运行条件下，利用电力系统实时信息，自动迭代出那些引起支路潮流过载、电压越限以及危害系统安全运行的预想事故，并用行为指标来表示它对系统造成的危害性的程度，按其从大到小的顺序排列得出预想事故一览表。这样就可以不必对整个预想事故集合进行逐个详细分析计算。为此，要确定故障严重程度的性能指标。

（1）有功功率行为指标。该指标用以衡量线路有功功率过负荷程度，表达式为

$$PL_{\mathrm{P}} = \sum_a W_l \left(\frac{P_l}{P_l^{\lim}} \right)^{2n} \tag{7-55}$$

式中：a 为有功功率过负荷的线路集合；P_l 为支路 l 中的有功潮流；$P_l^{\lim}$ 为支路 l 的有功功率极限值；W_l 为支路 l 的权重。

（2）电压—无功功率行为指标。该指标用以衡量无功和电压的过负荷情况，可表示为

$$PI_{\mathrm{UQ}} = \sum_\beta W_{\mathrm{v}i} \frac{|u_i - u_i^{\lim}|}{u_i^{\lim}} + \sum_r W_{\mathrm{Q}i} \frac{|Q_i - Q_i^{\lim}|}{Q_i^{\lim}} \tag{7-56}$$

式中：$W_{\mathrm{v}i}$ 为节点 i 的电压权因子；$u_i^{\lim}$ 为节点 i 的电压模值的极限；β 为电压越限的节点集合；Q_i 为节点 i 的注入无功功率；$Q_i^{\lim}$ 为节点 i 的注入无功功率极限；$W_{\mathrm{Q}i}$ 为节点 i 的注入无功功率权因子；r 为无功出力高于上限和下限的节点集合。

（3）有功功率与无功功率综合行为指标。该指标综合了前两种指标，并考虑事故发生的可能性，可表示为

$$PI = p \left[\lambda_{\mathrm{p}} \sum W_l \left(\frac{P_l}{P_l^{\lim}} \right)^{2n} + \lambda_{\mathrm{UQ}} \left(\sum_\beta W_{\mathrm{v}i} \frac{|u_i - u_i^{\lim}|}{u_i^{\lim}} + \sum_r W_{\mathrm{Q}} \frac{|Q_i - Q_i^{\lim}|}{Q_i^{\lim}} \right) \right] \tag{7-57}$$

式中：p 为发生某预想事故的概率；λ_{p} 为有功的权重；λ_{UQ} 为无功的权重。

五、静态安全分析中的直流潮流算法

微课：直流
潮流算法

静态安全分析中需要对大量开断故障进行潮流计算，以便确定事故发生后系统是否进入静态紧急状态。预想故障集合很大，大量的潮流计算将占用很多的计算时间，除了采取某些特殊办法（如预想事故排序等）外，减少每次潮流计算时间是解决这个快速计算问题的关键。在计算机技术相对落后的时期，人们为了追求快速性，不得不牺牲一定的精度，发展了一些适用于电力系统特点的简化方法，这些方法在不同程度上协调了快速性和精度的矛盾，在过去的电力系统静态安全分析中得到了广泛的应用。直流潮流算法就是其中的典型代表。但

是在计算机技术飞速发展的今天，各种先进的计算机技术已经能够满足计算快速性的要求，人们又回到了既要快速性又要计算精度的时期。人们都在研究保证计算精度前提下的快速计算算法。不过，在某些事先不知道无功电压分布的场景，或者潮流不收敛的情况，直流潮流算法仍然是一种有效的计算方法。

对于输电线 ij，支路有功潮流为

$$P_{ij} = U_i^2 g_{ij} - U_i U_j (g_{ij} \cos\theta_{ij} + b_{ij} \sin\theta_{ij}) \tag{7-58}$$

式中：g_{ij}、b_{ij} 分别为支路电导和电纳。

直流潮流算法做如下简化假设：①忽略电阻 r_{ij}，则 $g_{ij} = 0$，$b_{ij} = -1/x_{ij}$；②$\theta_i - \theta_j$ 很小，即令 $\cos\theta_{ij} = 1$，$\sin\theta_{ij} = \theta_i - \theta_j$；③$U_i = U_j = 1$；④忽略支路对地电容。

根据以上假设，有

$$P_{ij} = \frac{\theta_i - \theta_j}{x_{ij}} \tag{7-59}$$

它和一段直流电路的欧姆定律很相似，即令 P_{ij} 为直流电流，θ_i、θ_j 为直流电压，x_{ij} 为直流电阻，并可用等值电路表示。将交流电路中的每一个支路都用相应的直流电路来表示，原来的输电网就转变为直流电路，并有节点电压方程为

$$P = B_0 \theta \tag{7-60}$$

式中：P、θ 是 $N-1$ 维列向量；B_0 为 $(N-1) \times (N-1)$ 矩阵，$B_{0ii} = \sum\limits_{\substack{j \in i \\ j \neq i}} \frac{1}{x_{ij}}$，$B_{0ij} = -\frac{1}{x_{ij}}$。

式（7-59）和式（7-60）就是直流潮流方程。

由此可见，只要把功率 P 看作直流电路中的电流，把相角 θ 看作电压，把 B_0 看作直流电路中的电导矩阵，直流潮流方程和直流电路方程的节点电压方程式完全相同。根据式（7-60），直流潮流就是根据给定的注入功率 P，求解节点电压的相角 θ，即

$$\theta = B_0^{-1} P \tag{7-61}$$

直流潮流有如下优缺点。

（1）求解直流潮流不用迭代，只需求解一次 $N-1$ 阶方程组，计算速度快。

（2）直流潮流算法只能计算有功潮流分布，不能计算电压幅值，有局限性。

（3）应用直流潮流算法需要满足前述的假设条件。对于超高压电网（220kV 及以上电压等级的输电网），这些条件容易满足，计算精度较好；而对于 110kV 及以下电压等级的配电网则难以满足精度要求。

习题与思考题

7-1 请写出电力系统运行状态分类，并说明其定义。

7-2 智能电网调度技术包含哪几类高级应用，它们之间有什么关联？

7-3 智能电网调度技术支持系统硬件配置按照网段划分为哪几类功能区，各功能区有何特点？

7-4 电力系统网络拓扑分析的基本步骤是什么？

7-5 请说明与交流潮流相比直流潮流优缺点。

7-6 网络静态等值的目的是什么？

7-7 对于输电线 ij，支路有功潮流 $p_{ij} = V_i^2 g_{ij} - V_i V_j (g_{ij} \cos\theta_{ij} + b_{ij} \sin\theta_{ij})$，请写出直流潮流的假设条件，并推导出直流潮流的潮流方程。

7-8 请写出电力系统安全控制类型，并说明其应用场合。

7-9 预想事故分析指什么？主要功能是什么？包含哪些内容？

7-10 预想故障分析中故障分类的主要目的是什么？

7-11 什么是预想故障集筛选？通常选取什么指标？

7-12 请简述 WARD 等值的基本步骤。

7-13 电力系统的安全性和可靠性指什么？什么是静态安全分析？

7-14 从电力系统安全性角度如何评价电力系统互联的优缺点？

7-15 请说明为什么要进行电力系统状态估计，并阐述电力系统状态估计的步骤。

7-16 什么是不良数据检测？如何检测？什么是不良数据辨识？如何辨识？

第八章　配电网自动化系统与远程抄表计费系统

第一节　配电网自动化系统

一、配电网的特点

1. 配电网的概念

配电网就是从输电网接收电能，再分配给用户的电网。配电网是电力系统中把发电、输电与用户连接起来的重要环节，与用户直接连接向用户提供电能。配电网的可靠性对负荷的影响非常大。

与发电、输电一样，配电网也是由一次设备和二次设备组成。配电网一次设备包括线路、降压变压器、断路器、电压互感器、电流互感器、避雷器等。配电网二次设备包括继电保护装置、自动装置、测量和计量仪表、通信和控制装置等。对我国电力系统而言，配电网的电压等级一般为 60kV 及以下。目前通常把 35～60kV 电压等级的配电网称为高压配电网，3～10kV 电压等级的配电网为中压配电网，380/220V 电压等级配电网称为低压配电网。

我国配电网和输电网相比有如下很多差异。

（1）与输电网多数采用的环状结构不同，我国目前配电网的接线方式可分作辐射状网、树状网和环状网。

（2）即使采用环状网或者两端供电的接线方式，为了继电保护整定方便，配电网通常采用"闭环结构，开环运行"的方式。

（3）配电网容量较小，短路电流也较小。

（4）农村配电网负荷分散、供电半径大、线路长，有的 10kV 配电网电力线路长达几十千米。而城市负荷相对集中、供电半径小、线路短。

（5）由于配电网电力线路阻抗大，当线路较长时末端的短路电流与最大负荷电流相接近，保护容易误动。

（6）配电网保护多采用电流保护和距离保护，当线路较短时，上下级保护配合困难。

（7）配电网设备数量非常巨大，而单个设备价格低。

（8）数据采集点非常多，而单个数据采集点的采集数据量很少。

（9）配电网电力线路上安装大量设备，这些设备在室外布置，运行环境恶劣，对设备的工艺要求非常高。

（10）配电网的支路电阻 R 和电抗 X 之比 R/X 一般比较大，潮流计算有可能不收敛。

（11）配电网常处于不平衡运行状态，负荷和网络结构皆不平衡：各相负荷大小不等，可能单相或两相运行。

（12）配电网谐波含量较高，特别是给特殊用户供电的线路谐波含量很高，影响了电能质量。

微课：配电网
中性点接地
方式分类

2. 配电网的中性点接地方式

我国配电网的中性点接地方式包括小电流接地方式和大电流接地方式两种，小电流接地方式包括中性点不接地和中性点经消弧线圈接地，大电流接地方式包括中性点经小电阻接地方式。配电网中性点接地方式直接影响了配电网自动化系统的相关技术。

微课：中性点
不接地方式故
障特性分析

（1）中性点不接地方式。中性点不接地方式，即中性点对地绝缘。其结构简单，运行方便，且比较经济，不需任何附加设备，投资省，当前广泛应用于我国 3～35kV 高、中压配电网。该接地方式在运行中，若发生单相接地故障，其流过故障点电流仅为电网对地的电容电流，其值小于负荷电流，更远小于短路电流，因此属于小电流接地方式。由于单相接地故障电流小，所以其保护装置不会动作跳闸，很多情况下故障能够自动熄弧，系统重新恢复到正常运行状态。采用中性点不接地方式的配电网发生单相接地时非故障相电压升高为线电压，系统的线电压依然对称，不影响对负荷的供电，故可带故障继续供电 2h，提高了供电的可靠性。

长期以来，从经济性和施工方便等原因考虑，架空线路一直是配电网电力线路的首选，城市 10～35kV 配电网电力线路以往采取沿街道架设架空线路的方法。架空线路由于对地电容小，因此单相接地电流很小。但是，随着城市现代化建设和改造，为了优化环境、节省占地面积，市中心配电网逐渐更改为电缆线路。电缆线路的对地电容较大，随着电缆线路的增多，电容电流越来越大，当电容电流超过一定范围，接地电弧就很难熄灭了，会产生以下后果。

1）导致火灾。由于电弧产生数千摄氏度的高温，有可能烧断配电线路，还有可能引燃相邻的易燃物品，最终造成重大的火灾事故。

2）产生过电压。如果单相接地电弧不稳定，即产生所谓的间歇性电弧，电弧不断的熄灭与重燃，会在非故障的两相产生间歇性电弧接地过电压（又称为电弧过电压）。这种过电压幅值高、持续时间长、遍及全网，会对电气设备的绝缘造成极大的危害，导致绝缘薄弱处击穿。

3）诱发电压互感器铁磁谐振。电压互感器铁磁谐振的机理是电磁式电压互感器的励磁感抗在一定的激发条件下有可能出现饱和情况，使得感抗值降低并与线路对地的容抗值匹配，最终出现谐振过电压。在不同的饱和情况下，铁磁谐振可分为基频谐振、倍频谐振和分频谐振。单相接地就是电压互感器铁磁谐振的激发因素之一，一旦发生铁磁谐振，很有可能导致电压互感器爆炸，还有可能造成氧化锌避雷器击穿，电缆头爆炸等危及电气设备绝缘的事故。

微课：中性点
经消弧线圈接
地方式故障
特性分析

（2）中性点经消弧线圈接地方式。如前文所述，当系统电容电流超过某个数值后，中性点不接地系统会出现一些问题，因此中性点经消弧线圈接地方式就出现了。中性点经消弧线圈接地方式，即是在中性点和大地之间接入一个电感线圈。

消弧线圈的作用有两个：一是消弧线圈产生的电感电流补偿了电网的接地电容电流，使故障点处的接地电流减小，当接地电流小于一定程度后就更易于熄灭；二是当残流过零熄弧后，消弧线圈能降低故障相恢复电压的初速度及其幅值，避免接地电弧的重燃并使之彻底熄灭。因此，消弧线圈大大提高了接地电弧自动消除的概率，"消弧线圈"的名称就是由此而来的。

与中性点不接地系统相比，中性点经消弧线圈接地需要更多的投资，但是保障了系统的安全性，提高了供电可靠性。中性点经消弧线圈接地方式的优点有以下三点。

1）使故障点的接地电流减小，降低了恢复电压速度，有利于电弧熄灭，从而避免了单相接地故障产生的间歇性电弧接地过电压和铁磁谐振过电压。

2）由于中性点经消弧线圈接地减小了接地点的电流，抑制了电弧的重燃，有效防止故障点处发生着火、爆炸等次生灾害。

3）经消弧线圈接地后，接地电流减小，保证了设备和人员的安全。

虽然中性点经消弧线圈接地系统相比于中性点不接地系统提高了供电可靠性，但是近年来随着我国电力工业的迅速发展，城市配电网的结构变化很大，中性点经消弧线圈接地方式的一些问题日渐暴露。随着配电网电容电流的迅速增大，很难保证消弧线圈可靠运行，这主要与如下情况有关。

微课：中性点经消弧线圈接地方式故障电流分析

1）消弧线圈各分接头的标称电流和实际电流误差较大，有些甚至可达 15%，运行中就发生过由于实际电流值与铭牌数据差别而导致残流过大的现象。

2）消弧线圈只能补偿电容电流的基频无功分量，有些配电网的整个接地电容电流中含有一定成分的谐波电流分量和有功电流分量，其比例高达 5%～15%，即使将工频接地电流计算得十分精确，但是消弧线圈对于这 5%～15%的谐波电流和有功电流还是无法补偿的。

3）有些配电网电容电流很大，超过 200A，能够补偿该电容电流的消弧线圈容量过大，导致价格昂贵、安装难度大，有些地方甚至采用多个消弧线圈分散补偿，但是在运行方式发生变化时，很难协调控制多个消弧线圈。

4）电缆线路为主的配电网的单相接地故障多为系统设备在一定条件下由于自身绝缘缺陷造成的击穿，尤其是当接地点在电缆内部时，接地电弧为封闭性电弧，电弧更加不易自行熄灭。单相接地电容电流所产生的电弧能自行熄灭的数值，远小于规程所规定的数值（例如交联聚乙烯电缆仅为 5A），所以电缆配电网的单相接地故障多为永久性故障，消弧线圈的优势也将不复存在。

（3）中性点经小电阻接地方式。由于消弧线圈存在着上述问题，我国 20 世纪 90 年代开始将大城市的城区配电网改造为中性点经小电阻接地方式。根据我国具体情况，一般该电阻取值为 10～20Ω，单相接地故障电流为 400～1000A。中性点经小电阻接地方式一般需要配备零序保护，在线路发生单相接地故障时，零序保护快速切断单相接地故障线路。

中性点经小电阻接地方式的优点如下。

1）单相接地工频过电压可限制到 1.4 倍额定电压以下，可采用绝缘水平较低的电缆及设备，减少投资。

2）可把间歇性电弧接地过电压限制到 1.9 倍额定电压以下。

3）能够完全抑制配电网中因电压互感器磁饱和所引起的铁磁谐振过电压。

微课：中性点经电阻接地方式故障特性分析

4）中性点经小电阻接地方式对电容电流的变化及配电网的发展适应范围很大，即随着配电网电容电流的变化，接地电流水平变化不大。

5）单相接地故障时，流过故障线路的电流较大，零序保护有较好的灵敏性，可以较容易切除接地线路。一般将单相接地故障电流控制在 500A 左右，通过此电流起动零序保护动作。

但这种接地方式也存在不利的一面，主要表现在如下方面。

1）只要是发生单相接地故障，不管是瞬时还是永久故障，线路都要跳闸，降低了供电可靠性。

2）当单相接地电流较大时（如大于 1000A）可能对电缆通信线路造成干扰。

3）接地故障电流大时，在接地点和电阻柜附近容易产生较大的跨步电压和接触电压，影响人身安全。

4）在发生非金属性接地故障时，由于有过渡电阻的存在，将影响继电保护的灵敏度。

5）发生接地故障时，电阻中流过的电流较大，电阻的热容量与 I^2 成正比，需要大的热容量电阻，这给电阻的制造安装都带来不便。

6）在配电网中高压电机启动时，启动电流中的非周期分量容易造成零序保护误动。

中性点采取何种接地方式，是否接地，是个很复杂的技术、经济问题，涉及配电网的可靠运行、人身安全、继电保护的灵活性、配电网的过电压、通信的可靠性等问题。目前我国采用的中性点接地方式大体如下三种情况。

1）60kV 系统：经消弧线圈接地。

2）3～35kV 系统：多数采用不接地或者经消弧线圈接地，大城市的城区配电网采用中性点经小电阻接地。

3）380/220V 系统：直接接地。

二、配电网自动化的概念

目前配电网的运行管理有两个重要系统，一个是配电网自动化系统，另一个是远程抄表计费系统。配电网自动化系统目前由生产部门管理，目标是提高供电的安全性、可靠性。远程抄表计费系统由营销部门管理，目标是提高供电的经济性。

DL/T 814—2002《配电自动化系统功能规范》中定义，配电网自动化系统是应用现代电子技术、通信技术、计算机及网络技术，将配电网实时信息、离线信息、用户信息、电网结构参数、地理信息进行安全集成，构成完整的自动化及管理系统，实现配电网正常运行及事故情况下的监测、保护、控制和配电管理，是配电自动化与配电管理集成为一体的系统。

与发输电系统的调度自动化系统相比，二者的共同点是：

（1）都具有 SCADA；

（2）都具有网络拓扑、潮流计算、状态估计、负荷预测等高级应用软件。

二者的不同点是：

（1）配电网自动化系统不涉及发、输电系统；

（2）配电网自动化系统不涉及稳定性分析和控制、发电计划等高级应用软件；

（3）配电网自动化系统具有故障区段定位、负荷控制等高级应用软件；

（4）配电网自动化系统的监控设备沿线路分散安装在很多地方。

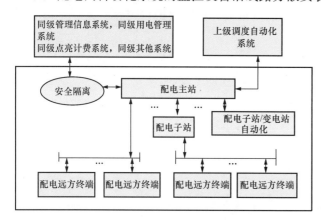

图 8-1　配电网自动化系统的结构

三、配电网自动化系统的结构

配电网自动化系统的结构如图 8-1 所示。配电网自动化系统包括两个主要的部分，第一个部分是配电远方终端，功能是实时测量线路分段开关与联络开关的状态和线路电流、电压，将数据上传到配电主站，并且能够接收主站命令实现线路开关的远方分合闸操作；第二个部分是配电主站，功能是实时接收配电远方终端的数据，利用高级应用软件分析系统的运行状况，发生故障后迅速判断故障位置，并进行故障隔离。配电远方终端和配电主站之间利用光纤或者 GPRS 进行通信，通常重要信息利用光纤通信，一般信息利用 GPRS 通信。

四、配电网自动化的主要功能

1. 配电网 SCADA 系统功能

配电网 SCADA 系统是通过分散在配电网的终端来收集配电网的实时数据，进行数据处理以及对配电网进行监视和控制。配电网 SCADA 系统主要功能包括数据采集、"四遥"、状态监视、报警、事件顺序记录、统计计算、制表打印等。配电网 SCADA 系统的监控对象包含如下三个方面：①大量的环网柜、开闭站内设备；②线路上的断路器及终端设备；③配电变压器及附属设备。

配电网 SCADA 系统结构如图 8-2 所示。配电网 SCADA 系统终端数量极多，但每个终端的监控量很小，例如一个架空线路断路器及终端只需要监测 2 个线电压、2 个相电流及 1 个断路器位置量，共 5 个量。因此常将分散的终端信息集结在若干点（即子站）以后再上传至主站。若分散的点太多，还可以做多次集结。

2. 高级应用软件

高级应用软件主要是指配电网络分析计算软件，包括负荷预测、网络拓扑分析、状态

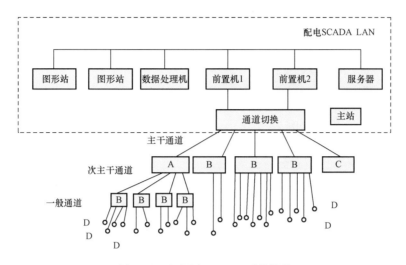

图 8-2 配电网 SCADA 系统结构

估计、潮流计算、线损计算分析、电压/无功优化等。高级应用软件是有力的调度工具，通过高级应用软件，可以更好地掌握当前运行状态。配电网自动化系统中的这些软件与大电网调度自动化相似，但配电网中不涉及系统稳定和调频之类的问题。

3. 配电网故障定位与故障隔离功能

安装在线路上的终端设备和位于调度中心的主站设备相配合，在正常状态下实时监视线路分段开关与联络开关的状态和线路电流、电压情况，实现线路开关的远方或就地合闸和分闸操作；在故障时获得故障信号，准确判别出故障点所在的区段，并且隔离线路故障区段，迅速对非故障区段恢复供电，减小停电区域和停电时间。

4. 负荷控制功能

负荷控制功能是进行负荷预测，并根据调度自动化的要求进行负荷控制。比如当负荷高峰期电力供不应求时，负荷控制功能可以切除部分不重要的负荷，保证重要负荷不停电。

5. 地理信息系统

因为配电网节点多、设备分散，运行管理工作经常与地理位置有关，引入地理信息系统，可以更加直观地进行运行管理。地理信息系统 GIS（Geographic Information System）是一种特定的十分重要的空间信息系统，是在计算机硬、软件系统支持下，对地面或空间的有关地理分布数据进行采集、储存、管理、运算、分析、显示和描述的技术系统。将地理信息系统引入到配电网自动化系统中可以在地图上标明各种电力设备和线路的地理位置等信息，方便管理和维修电力设备以及寻找和排除设备故障。目前 GIS 增加了不少面向配电网运行的新功能，提供了实时应用的基础。这些功能包括 SCADA 的动态着色功能接口，在地理图上显示配电网带电状况和潮流、电压分布；自动动态连接电路接线图和图形数据库，使电路接线图改变时，图形数据库和拓扑网络着色随之自动更新；当配电网发生事故跳闸事件时，自动提供受其影响的用户、变压器和线路清单等。

第二节　配电网自动化系统的组成

一、配电网自动化系统的终端

1. 配电网自动化系统终端的分类及功能

DL/T 721—2000《配电网自动化系统远方终端》中定义，配电网自动化系统终端是用于配电网馈线回路的各种馈线远方终端、配电变压器远方终端以及中压监控单元（配电自动化及管理系统子站）等设备的统称，采用通信通道，完成数据采集和远方控制等功能。

配电网自动化系统终端分为 FTU、DTU、TTU、配电子站四类。具体的定义如下。

（1）安装在配电网馈线回路的柱上开关和开关柜等处并具有遥信、遥测、遥控和故障电流检测（或利用故障指示器检测故障）等功能的远方终端，称为 FTU。

（2）安装在配电网馈线回路的开关站和配电站等处，具有遥信、遥测、遥控和故障电流检测（或利用故障指示器检测故障）等功能的远方终端，称为 DTU。

（3）用于配电变压器的各种运行参数的监视、测量的远方终端，称为 TTU。

（4）配电子站或称配电自动化系统中压监控单元，是为分布主站功能、优化信息传输及系统结构层次、方便通信系统组网而设置的中间层，实现所辖范围内的信息汇集、处理以及故障处理、通信监视等功能。

配电网自动化系统终端根据功能可以划分为"二遥"型和"三遥"型终端。DL/T 814—2002《配电自动化系统功能规范》中规定，配电网自动化系统终端应具备表8-1所列功能。

2. 二遥型终端

二遥型终端只能够实现"遥测"和"遥信"的功能，也就是说终端不能对一次设备进行控制。二遥型终端最典型的设备就是故障指示器，这是一种结构简单、价格低廉、可以不停电安装的小型设备，广泛应用在架空线路和电缆线路上。

（1）故障指示器。架空线路故障指示器的外观如图8-3（a）所示，适用于6～35kV电压等级的架空线路，安装在架空线路上。电缆线路、故障指示器外观如图8-3（b）所示，适用于6～35kV电压等级的电缆线路，安装在开关站、环网柜或者电缆分支箱内。在系统发生短路或接地故障时，故障指示器能够发出报警信号（翻牌或者闪光），检修人员可以根据报警指示迅速确定发生故障的区域并找出故障点，极大地提高了工作效率、缩短停电时间，有效地提高了供电可靠性。

表 8 - 1　　　　　　　　　　　　配电网自动化终端功能

功　能			配电柱上开关监控终端		配电变压器监测终端		开关站监控终端		配电站监控终端		用户配电站监控终端	
			基本功能	选配功能	基本功能	选配功能	基本功能	选配功能	基本功能	选配功能	基本功能	选配功能
数据采集	状态量	开关位置	√				√		√		√	
		终端状态	√		√		√		√		√	
		开关储能、操作电源	√				√		√		√	
		SF$_6$ 开关压力信号		√				√		√		√
		通信状态		√		√		√		√		√
		保护动作信号和异常信号	√				√		√			√
	模拟量	中压电流	√				√		√		√	
		中压电压		√				√		√	√	
		中压有功功率		√				√		√	√	
		中压无功功率		√				√		√	√	
		功率因数		√	√			√		√	√	
		低压电流			√					√		√
		低压电压			√					√		√
		低压有功功率			√					√		√
		低压无功功率			√					√		√
		低压零序电流及三相不平衡电流			√					√		
		温度				√				√		
		电能量			√				√		√	
控制功能		开关分合闸	√			√	√		√			√
		保护投停		√		√			√			
		重合闸投停		√					√		√	
		备用电源自投装置投停					√			√		
数据传输		上级通信	√		√		√		√		√	
		下级通信		√	√					√		√
		校时	√		√		√		√		√	
		其他终端信息转发		√		√		√		√		
		电能量转发		√		√		√		√		
维护功能		当地参数设置	√		√		√		√		√	
		远程参数设置		√		√		√		√		√
		远程诊断		√		√		√		√		
其他功能		馈线故障检测及故障事件记录	√				√		√			
		设备自诊断		√		√		√		√		√
		程序自恢复	√		√		√		√		√	
		终端用后备电源及自动投入	√		√	√			√		√	

功 能		配电柱上开关监控终端		配电变压器监测终端		开关站监控终端		配电站监控终端		用户配电站监控终端	
		基本功能	选配功能	基本功能	选配功能	基本功能	选配功能	基本功能	选配功能	基本功能	选配功能
其他功能	事件顺序显示					√			√		
	当地显示	√				√			√		√
	保护及单/多次重合闸	√				√			√		
	备用电源自动投入					√			√		√
	最大需量及出现事件				√				√	√	
	失电数据保护			√				√		√	
	断电时间							√		√	
	电压合格率统计					√			√		√
	模拟量定时存储					√			√		
当地功能	配电变压器有载调压					√			√		√
	配电电容器自动投停					√			√		√
	终端、开关蓄电池自动维护	√		√		√			√		
	其他当地功能	√		√					√		√

（2）二遥型故障指示器。传统的故障指示器需要工作人员到现场巡视观察，目前很多厂家的故障指示器具备了"二遥"通信功能，可以将正常情况和故障情况的电流数据上传至主站，在主站上直观显示。具有"二遥"通信功能的故障指示器工作原理如图8-4所示。该故障指示器首先通过射频通信技术将信息传到采集器上，采集器再将信息通过GPRS通信或者光纤通信上传到主站上。

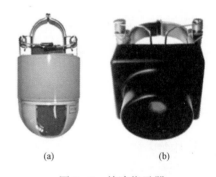

图8-3 故障指示器
（a）架空线路故障指示器；（b）电缆线路故障指示器

微课：故障录波型故障指示器的基本原理

该故障指示器缺点是只能测量相电流，不能测量零序电流。由于小电流接地系统单相接地电流很小，通常都远小于负荷电流，因此该故障指示器经实践检验单相接地故障定位准确性是较低的。另外该故障指示器只能依靠电流幅值启动故障检测，不具有判断短路电流功率方向的功能，这样如果是双端配电

图8-4 具有"二遥"通信功能的故障指示器工作原理

网络或者是具有分布式电源的情况，故障指示器将出现错误。

3. 三遥型终端

三遥型终端指的是具有"遥测"、"遥信"和"遥调"功能的终端，需要和一次设备配合使用，其工作原理与变电站内的测量保护装置非常类似。FTU 安装在架空线杆塔上，与架空线柱上断路器、TA、TV 配合使用。DTU 安装在环网柜或者开关站内，与成套式断路器、TA、TV 配合使用。TTU 安装在配电变压器箱内，与成套式断路器、TA、TV 配合使用，还需要对配电变压器的一些物理量如油温等进行测量。终端设备与变电站内的测量保护装置有以下区别：①由于安装空间有限，因此终端设备的体积小；②由于很多安装地点不具备可靠地直流电源，因此终端设备的功耗很低，而且供电方式灵活多样，包括电池、太阳能板、TA 取电、TV 取电等；③由于多数终端设备安装在户外，因此终端设备必须抗高温、耐严寒，适应户外恶劣的环境；④由于多数终端设备的安装地点不具备光纤、电话线等常规通信通道，因此终端设备的通信方式灵活多样，包括电力线载波、GPRS、Zigbee 等。

终端可采用高性能 16 位或 32 位处理器，为了适应恶劣的环境，应选择能工作在 −40~70℃的工业级芯片，并通过适当的结构设计使之防雷、防雨、防潮；可设置两个机壳，可进一步防雨，也方便维修，便于将 FTU 制造成统一的规范化产品，而不必考虑所控开关设备的种类和电气性能、电源的供应方式以及所采用的通信手段等离散因素，可以将针对上述多样性的接口设备（如蓄电池、中间继电器、直流接触器、开关电源、逆变器、无线电台、Modem 和光纤适配器等通信传输设备等）安放在外机箱之内。若 FTU 的 CPU 模块、I/O 模块或电源模块故障，则拔下相应的插件检修即可。一旦底板或互感器故障，则可短接试验端子，并拉开刀闸后，将 FTU 整体卸下而不需要停电。为了防止因开关设备故障导致 FTU 损坏，应在 FTU 和开关设备之间加装熔断器。

此外，FTU 的站号和通信波特率应可以设置。图 8-5 所示为 FTU 在户外的安装示意图。架空线路断路器（现场通常称为柱上开关，内部安装了电流互感器）、测量和取电用的电压互感器，以及 FTU 都安装在电线杆的支架上，通过二次电缆将三个设备连接。电压互感器二次侧有两个绕组，一个绕组输出额定值为 100V 的二次电压信号，另一个绕组输出 220V 电压，给 FTU 供电。图 8-6 是一种 FTU 的内部结构示意图。FTU 包括模拟量板、开关量板、主板和电源板四个板卡。模拟量板用于接收电压互感器和电流互感器的二次信号，进行滤波、放大；开关量板用于接收开关状态信号，以及输出控制开关动作的硬节点信号；主板用于 A/D 转换和分析计算；电源板用于供电，具有蓄电池和外部电源之间的切换功能。

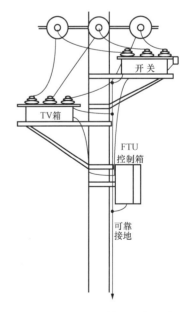

图 8-5　FTU 在户外的安装示意图

4. 终端的供电电源

对于三遥型终端，由于对应的开关需要操作电源，因此终端的电源可以从该操作电源获得，一般而言该电源是从线路上安装的 TV 二次侧获得，只要线路带电，电源就能够得到保证。但是现场更加需要的是，

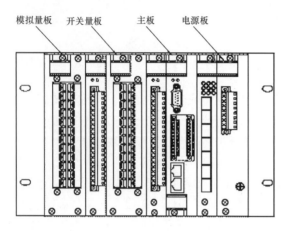

模拟量板　开关量板　　主板　　电源板

图 8-6　一种 FTU 的结构示意图

当故障或其他原因导致电路停电时，各测控单元仍能够可靠地上报信息和接受远方控制。为此，终端应在停电时，拥有可靠的备用工作电源。

为确保 FTU 总能获得工作电源，必须采用蓄电池作为备用电源，具体有两种实现方法。

（1）操作电源和工作电源均取自蓄电池。这种方法需在 FTU 机箱安放一个较大容量的蓄电池，通过它获得 FTU 的工作电源和柱上开关的操作电源。这种方法的优点在于即使馈线停电，FTU 仍能工作，柱上开关也仍能操作。为了解决蓄电池的充电问题，必须从 TV 直接从 10kV 高压馈线上获得充电电源，但此时 TV 的容量可以选择较小些。

采用这种方法时，提倡采用直流操动机构和直流储能电机的柱上开关（其参数为 DC48V、合闸电流 10A），因为这样使得利用蓄电池供电的方案更方便。若采用交流操动机构和交流储能电机的柱上开关（其参数为 AC220V、合闸电流 5A），则还必须设置一台将 DC48V 转换为 AC220V 的逆变器。但是采用 DC48V、合闸电流 10A 的柱上开关后，对 FTU 的中间继电器的触点容量和断弧能力提出了较高的要求。另一种直流操动机构参数是 DC24V、合闸电流 25A，在这种情形下，对 FTU 的中间继电器的断弧能力的要求更高。因此，相对而言，采用 DC48V、合闸电流 10A 操动机构的开关更合适些。

（2）操作电源取自馈线，工作电源取自蓄电池。采用这种方法时，FTU 的工作电源取自蓄电池，柱上开关的操作电源和蓄电池的充电电源通过 TV 直接从 10kV 馈线上获取。

由于馈线沿线的柱上开关的合闸操作是按顺序进行的，因此当某台开关需要合闸时，其电源侧的相邻开关已经处于合闸位置了，即已经将电供至待合闸的开关处，所以总是可以以馈线为操作电源进行可靠的合闸。

但是，由于配电网中的开关整定困难，经常发生在故障后，距故障最近的开关尚未跳开，其上级开关却先分断的现象。因此，在故障后为了准确地隔离故障区段，在顺序恢复供电前，必须通过补跳使与故障区段相邻的开关可靠分闸，否则恢复供电时会合到故障点上。而这个补跳操作，就必须依赖蓄电池提供操作电源了，因为此时尚未将电送至补跳的开关处。

采用这种方法时，采用直流操动机构和直流储能电机的柱上开关（其参数为 DC48V、合闸电流 10A），由于不需要蓄电池或逆变器提供合闸电流，因此比采用交流操动机构和交流储能电机的柱上开关（其参数为 AC220V、合闸电流 5A）更方便。

采用失压脱扣的分段器代替具有过电流保护功能的开关，可以进一步简化 FTU 的供电问题。因为在这种情况下，在故障发生后，由于主变电站的断路器跳闸导致线路失压，造成沿线所有分段器分段，而不必补跳，因此蓄电池只需维持 FTU 工作和通信即可。

采用失压脱扣的分段器代替能遮断故障电流的开关，由于不需要切断故障，因此开关设备的可靠性大大提高，即使采用国产设备也能满足要求，从而使系统造价也大幅度降低，有利于大面积推广和普及配电网自动化。但是采用失压脱扣的分段器后，整条馈线依赖主变电站的断路器加以保护，对于断路器及其保护装置的可靠性均提出了更高的要求。

为了保护蓄电池并延长其使用寿命，应采取以下措施：

（1）在蓄电池放电回路中应采用快速熔断器作短路保护，在蓄电池充电回路中应采用大容量的压敏电阻作高压脉冲保护。

（2）用电压继电器和时间继电器保护蓄电池，避免过充电和过放电，有效控制蓄电池的工作状态。

二、配电网自动化系统的主站

配电网自动化系统主站是整个配电自动化系统的监控、管理中心，实现对终端数据的显示、分析、记录，实现高级应用软件的计算，实现对终端的遥控。目前配电网自动化系统主站安放在调度中心，受调度的统一管理，并且和调度自动化平台实现双向通信。

DL/T 814—2002 中规定，配电网自动化主站应具备表 8-2 所列功能。

表 8-2　　　　　　　　　　配电网自动化主站应具备的功能

功　能			基本功能	选配功能
数据采集	模拟量	电压	√	
		电流	√	
		有功功率	√	
		无功功率	√	
		功率因数		√
		温度		√
		频率		√
	数字量	电能量	√	
		标准时钟接收输出	√	
	状态量	开关状态	√	
		事故跳闸信号	√	
		保护动作信号和异常信号	√	
		终端状态信号	√	
		开关储能信号	√	
		通道状态信号	√	
		SF_6 开关压力信号		√
数据传输		与配电子站和远方终端通信	√	
		与调度自动化系统通信	√	
		与管理信息系统交换信息	√	
		与用电管理系统交换信息	√	
		与其他系统交换信息	√	
数据处理		有功功率总和	√	
		无功功率总和	√	
		有功电能量总和	√	
		无功电能量总和	√	
		越限告警	√	
		计算功能	√	
		合理性检查和处理	√	

续表

功 能			基本功能	选配功能
控制功能		开关分合闸	√	
		闭锁控制功能	√	
		保护及重合闸远方投停		√
		保护定值远方设置		√
事件报告		时间顺序记录	√	
		事故追忆		√
人机联系	画面显示与操作	配电网络图	√	
		变电站、开关站、配电站、中压用户一次接线图	√	
		系统实时数据显示	√	
		实时负荷曲线图及预测负荷曲线图，选出负荷最大值、最小值、平均值	√	
		主要事件顺序显示	√	
		事件报警：推图、语音、文字、打印	√	
		配电自动化系统运行状况图	√	
		发送遥控、校时、广播冻结电能命令符	√	
		修改数据库的数据	√	
		生成与修改图形报表	√	
	报表管理与打印	报表编辑	√	
		定时打印	√	
		召唤打印	√	
		异常及事故打印	√	
		操作记录存储、查询、打印	√	
大屏幕				√
系统维护	主站维护	数据库	√	
		界面及图形维护	√	
		通信系统设备参数的维护	√	
		设备自诊断	√	
系统维护	远方维护	配电主站远方维护		√
		配电子站远方维护		√
		配电终端远方维护		√
故障处理		故障区段定位	√	
		故障区段隔离、恢复非故障区段供电	√	
		网络重构		√
应用软件		网络拓扑	√	
		潮流计算		√
		短路电流计算		√
		电压/无功分析及计算		√
		负荷预测	√	
		网络优化		√

第三节 配电网自动化系统的通信方式

通信是实现配电网自动化的基础，配电网自动化系统需要借助于有效的通信手段，将终端和主站紧密联系起来。与调度自动化系统基本上都采用光纤通信不同，配电网自动化系统的通信需要考虑综合性价比，既要节省通信设备的一次性投资，还要考虑到通信系统长期运行和维护的费用。

在配电网中，通信距离相对较短，每个终端的数据量较少。因此，光纤通信、GPRS通信、载波通信等方式都可以采用。但是配电网自动化系统的功能众多，从终端数据上传、负荷控制到断路器控制，对通信的要求不尽相同。如某些三遥型终端设备，要求通信的实时性和可靠性很高，这时就要用到光纤通信；但是对于一些二遥型终端设备，通信实时性和可靠性要求不太高，就可以采用GPRS通信。此外，由于终端数量极大，所以选用的通信方式对经济性的影响是非常大的。表8-3列出了配电网自动化可能用到的各种通信方式。

表8-3 配电网自动化可能用到的各种通信方式

通信方式	传输介质	信道传输速率	传输距离	主要用途
电力线载波	电力线路	<1200bit/s	<10km	FTU、DTU、TTU与主站的通信
电话专线	公用电话网	300~4800bit/s	<10km	TTU与主站的通信
多模光缆	多模光缆	<2Mbit/s	<5km	FTU、DTU、TTU与主站的通信，负荷控制
单模光缆	单模光缆	<2Mbit/s	<50km	FTU、DTU、TTU与主站的通信，负荷控制
GPRS/CDMA	自由空间	<45~100kbit/s	GSM/CDMA网覆盖区	二遥型终端与主站的通信

一、配电网电力线载波通信（DLC）

电力线载波通信将信息调制在高频载波信号上通过已建成的电力线路进行传输，在配电网电力线路上与在输电线路上实现载波通信的基本原理相同。对于输电线载波通信，载波频率一般为10~300kHz；对于高、中压配电网电力线载波通信，载波频率一般为5~40kHz；对于低压配电网电力线载波通信，载波频率一般为50~150kHz。这种频率上的不同是由于配电网中有大量的变压器、开关旁路电容等元件，采用较低的载波频率可使高频衰耗减小。图8-7所示为典型的配电网电力线载波通信设备。

配电网电力线载波通信设备包括安装在变电站的多路载波机，在线路各监控处安装的配电网电力线载波机和高频通道。高频通道由高频阻波器、耦合电容器和结合滤波器组成。高频阻波器阻止高频信号向不需要的方向传输；耦合电容器将载波设备与线路上的高

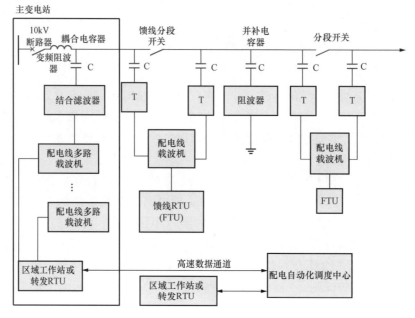

图 8-7 典型的配电网电力线载波通信设备

电压、操作过电压及雷电过电压等隔开，防止高电压进入通信设备，同时将高频载波信号耦合到线路上；结合滤波器可以抑制干扰进入载波机，并配合耦合电容器将载波信号耦合到线路上。

使用电力线载波通信可以将子站设在变电站，在变电站内各个 10kV 线路的断路器线路侧安放载波设备，这样分散在线路上的 FTU、DTU 和 TTU 上报的信息就可以集中至位于变电站的子站处，子站再通过其他通信方式将收集到的信息上传给调度中心。

二、光纤通信

与其他通信方式相比，光纤通信主要优点有：频带宽，通信容量大；损耗低，中继距离长；可靠性高，抗电磁干扰能力强；通信网络具有自愈功能；无串音干扰，保密性好；线径细、重量轻、柔软；节约有色金属，原材料资源丰富。光纤通信仍存在强度不如金属线，连接比较困难，分路和耦合不方便，弯曲半径不宜太小等不足。

光纤通信系统对于电磁干扰不敏感，故障时仍能保持通信，可靠性高；经过复用和复接的主干线光纤通信系统的单位通道架设费用较低；一根光纤就可以完成通常需要几百芯的电缆才能在主干线上传输的 1000Mbit/s 容量。但是对于配电网上的很多终端，其通信速率通常低于 1200bit/s，而且价格较低，此时光纤的敷设费用、附属设备的价格就显得过高。而且分散的终端不便于光纤的复用和复接，使光纤通信失去了其经济优势，发挥不了极高通信速率的优势。因此在配电网自动化系统中，光纤通信系统更适合作为通信主干线，即实现子站向主站的通信或者重要终端向主站的通信。

三、GPRS 通信

GPRS 是通用分组无线业务（General Packet Radio Service）的简称，是一种分组数据承载业务。GPRS 是一种以全球手机系统（GSM）为基础的数据传输技术，是 GSM 的延续。GPRS 和以往连续在频道传输的方式不同，是以封包（Packet）式来传输。所谓"封包"就是将信息封装成许多独立的封包，再将这些封包一个一个传送出去，在形式上有些类似寄送包裹。因此使用者所负担的费用是以其传输资料单位计算，并非使用其整个频道。GPRS 通信的同一无线信道又可以有多个用户共享，提高资源利用率。它特别适合于连续，阵发性和频繁的，少量的数据传输。

GPRS 技术引入分组交换能力，数据传输的优点如下。

（1）接入范围广。GPRS 是在现有的 GSM 网上升级，可充分利用全国范围的电信网络。

（2）传输效率高。GPRS 可提供高达 115kbit/s 的传输速率（最高值为 171.2kbit/s，不包括前向纠错 FEC）。

（3）快捷登录，永远在线。GPRS 接入等待的时间很短，可以快速地建立连接，并且提供实时在线的功能。

（4）支持 IP 协议和 X.25 协议。GPRS 支持互联网应用最广泛的 IP 协议和 X.25 协议。

（5）计费方式是按流量多少计费。计费取决于用户接收和发送数据包的数量，没有数据传输时，不会收取用户费用，这使得收费更加合理。

GPRS 数据中心组网方式主要有三种，分别是公网固定 IP 方式、动态域名解析方式和 APN 专线接入方式。

（1）公网固定 IP 方式。数据中心以固定的 IP 地址接入互联网时，由数据采集终端通过 GPRS 无线通信网络向处于互联网上的具有固定 IP 地址的数据中心发起 TCP/IP 连接，当两者之间的数据通信通道建立后，就可以实现数据通信。

（2）动态域名解析服务方式。动态域名解析服务（Dynamic Domain Name Server，DDNS）是通过把用户的动态 IP 地址映射到一个固定的域名解析服务上。当用户尝试连接网络时，利用专门程序把主机的动态 IP 地址通过信息方式传递给位于通信商主机上的服务器程序，服务器程序就会提供 DNS 服务并且自动实现动态域名解析。

（3）APN 专线接入方式。此种接入方式是利用一条 APN 专线接入通信公司的 GPRS 网络，两侧的互联路由器是利用固定的、私有的 IP 地址进行连接，并且利用防火墙隔离，同时在防火墙上过滤端口和 IP 地址。通信公司为系统分配专用的 APN，获得专用 APN 后，即可给所有终端和数据中心分配 APN 专网内部的固定 IP。

四、配电网自动化系统通信方式的选择

与输电网自动化系统基本上采用光纤通信不同，配电网自动化系统的通信方式有很多种，在设计某一具体的配电网自动化系统时需要根据该配电网的特点和实际情况进行充分的技术经济比较。目前投入运行的配电网自动化系统中，采用了多种通信方式，达到了很好的效果。

图 8-8 显示了一种的混合通信方式。部分 FTU、DTU 和 TTU 信息通过 GPRS 通信上传到子站，子站和另一部分 FTU 信息通过光纤通信上传到主站。图中 CP 是自愈式光收发器，作用是当一个光纤通道出现问题时，自动切换到另一个光纤通道并发出报警，保证通信不中断。

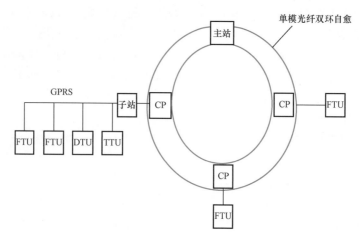

图 8-8　混合通信方式

第四节　配电网故障定位及隔离技术

故障定位及隔离技术是配电网自动化系统的重要功能。在没有实现自动化时，一旦线路的任何一个地方发生故障，位于变电站的出口断路器都会跳闸，整条线路所带的负荷全部停电，极大地影响了供电可靠性；同时全线停电给故障的排查造成了很大的难度，巡线人员不得不巡视线路每一处，不仅耗费大量人力物力，而且延长了停电时间，增加了损失。采用配点网自动化系统后，可以准确确定故障区段并完成故障隔离工作，具有重大意义。

目前达到实用化的配电网故障定位及隔离技术有三种：①基于重合器的技术；②基于分段器的技术；③基于终端和主站配合的技术。前两种技术属于就地控制，不需要外部通信。

一、基于重合器的技术

重合器（Recloser）是一种能够检测故障电流、在给定时间内断开故障电流并能进行给定次数重合的控制开关。重合器不需要与外界通信，通常可进行三次或者四次重合。重合器相当于断路器、TA、保护、控制、电源集成到一起的设备，在架空线路杆塔上或者开关站、环网柜内安装。

重合器进行的故障定位及隔离技术的原理与变电站内的保护装置类似。在正常运行时重合器实时监测电流，发生故障后如果短路电流超过定值就依靠电流速断或者过电流保护动作断开线路。和变电站内的重合闸控制一样，经过一段时间重合器重合。重合器如果重合成功，则自动中止后续动作，并经一段延时后恢复到预先的整定状态，为下一次故障做好准备。如果故障是永久性的，则重合器经过预先整定的重合次数后，就不再进行重合，即闭锁于断开状态，从而将故障线段与供电电源隔离开来，只有通过手动复位才能解除闭锁。

图 8-9 所示为重合器的工作原理，QF 为线路在变电站的出口断路器，B、C、D 为线路上安装的重合器，将线路分为 a、b、c、d 四个区段。如果 d 区段发生了短路故障，则 D 重合器断开隔离故障，并按照设定次数进行重合，无论重合成功与否，a、b、c 三个区段的负荷都不会停电。

重合器的优点是不需要通信，节省了成本，而且能够实现故障定位和隔离，但是其缺点也很明显。

（1）由于配电网线路一般较短，线路不同位置发生短路后短路电流相差不

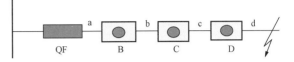

图 8-9　重合器工作原理

大，因此重合器的定值很难整定。如图 8-9 所示，当 d 区段发生短路故障后，流过 B、C、D 三个重合器的短路电流很有可能都超过定值，结果就是所有重合器全断开。现场为了解决这个问题为每个重合器设置不同的延时时间，例如 D 的延时时间为 0s，C 的延时时间为 0.1s，B 的延时时间为 0.2s，断路器 QF 的延时时间为 0.3s，这个方法带来的问题是 a 段如果短路，短路电流很大，但是切除的时间却很长，影响了安全性。

（2）由于没有通信，巡线人员不知道重合器的动作情况，必须到现场逐个查看，影响了检修的效率。

（3）对于中性点小电流接地方式的系统，单相接地故障电流很小，因此重合器无法实现故障隔离。

（4）由于没有通信，电压、电流数据无法上传到调度中心，调度中心也无法控制重合器。

由于这些缺点，目前每条线路的重合器不超过 2 个，这样线路划分的区段数量就比较少，无法实现将故障隔离在较小范围内。

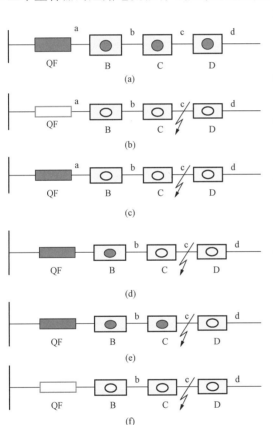

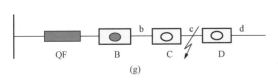

图 8-10　分段器的工作过程
（a）正常情况；（b）断路器 QF 故障跳闸；（c）第一次重合；
（d）分段器 B 合；（e）分段器 C 合；
（f）断路器 QF 第二次跳闸；（g）正常段供电

二、基于分段器的技术

分段器又称电压—时间型自动分段开关，同样是一、二次设备集成到一起的设备，在架空线路杆塔上或者开关站、环网柜内安装。与重合器不同，分段器需要安装 TV 测量线电压，而且分段器的一次设备一般不采用断路器，而是采用负荷开关。因此分段器可断开负荷电流，但不能断开

短路电流。

分段器的工作原理可以总结为如下五点。

（1）自身不具备断开短路电流能力，通过线路始端的出线断路器断开短路电流。

（2）检测到线电压时闭合开关，没有检测到线电压时断开开关。

（3）设定 X 时间，X 表示检测到线电压后闭合开关的延时时间，通常 $X=7s$。

（4）设定 Y 时间，Y 表示检测到线电压从出现到消失的时间，能够触发闭锁，通常 $Y=5s$。

（5）出线断路器必须具备二次重合闸功能，分段器与出线断路器相配合，第一次重合闸判定故障区段并闭锁故障区段前的开关，第二次重合闸恢复故障区段前面正常区段负荷的供电。

现以图 8-10 所示线路说明分段器进行故障定位及隔离的工作原理。图中 QF 为线路在变电站的出口断路器，B、C、D 为线路上安装的分段器，将线路分为 a、b、c、d 四个区段。

当线路 c 区段发生单相接地故障时，整条线路的工作过程如下。

（1）正常状态下，断路器 QF 和所有分段器均闭合。当故障发生在 c 段，因短路引起断路器 QF 跳闸，分段器 B、C、D 因失压而同时断开。

（2）断路器 QF 经过延时后一次重合闸，7s 后分段器 B 闭合，14s 后分段器 C 闭合。

（3）当分段器 C 闭合后，因再次闭合至故障点引起断路器 QF 再次跳闸。分段器 C 因检测到线电压从出现到消失的时间小于 5s 而闭锁，分段器 D 因为没有检测到电压而不闭合。

（4）断路器 QF 经过延时后二次重合闸，7s 后分段器 B 闭合，分段器 C 因闭锁而不闭合，分段器 D 因没有检测到电压而不闭合。

（5）排除故障后手动闭合分段器 C，然后 7s 后分段器 D 闭合，线路恢复正常运行。

根据上述分段器工作原理，调度人员可以在没有通信的情况下判断出故障区段。具体实现的方法如下。

在发生故障的毫秒级内保护装置选出故障线路，然后发出跳闸信号，断开故障线路，这时监控装置开始计时。设断路器 QF 的重合闸时间为 8s，8s 时断路器 QF 重合，如果不到 15s 时断路器 QF 再次跳闸，说明分段器 B 没有闭合，a 段发生故障。如果 15s 后不到 22s 时 QF 跳闸，说明分段器 B 闭合，而分段器 C 没有闭合，b 段发生故障。以此类推，根据断路器 QF 第二次跳闸时间与开始计时之间的间隔就可以进行判断区段。上述判断故障区段的计时装置原理简单，可以在变电站安装实现。

通过上述工作原理可以看出分段器有如下的优点。

（1）可以自动完成故障区段的检测、判断、隔离，实现对非故障区段的恢复供电，简单实用、可靠性高。

（2）不依赖于通信，节约了通信通道，节省了设备成本。

（3）扩展性好，易于升级，可实现多个分段器的配合使用。

（4）可以配合变电站的选线装置解决单相接地故障定位和隔离问题。

（5）在调度中心可以知道故障区段位置，通知人员直接到故障区段检修恢复，从而缩短停电时间、提高供电可靠性。

由于分段器的这些优点，使得分段器大量应用在配电网，特别是配电网与用户的分界位置通常要安装分段器，保证用户发生故障后能够自动隔离，现场称之为"看门狗"。但是分段器也有一些缺点。

（1）故障区段定位和隔离时间较长，越接近线路末端耗时越多。

（2）出线断路器必须具备二次重合闸，而现场很多变电站保护装置不具备二次重合闸。

（3）由于没有通信，电压、电流数据无法上传到调度中心，调度中心也无法控制分段器。

三、基于终端和主站配合的技术

基于终端和主站配合的故障区段定位和隔离的实现方案如图 8-11 所示。在线路上分散安装多个终端，终端将数据上传至主站。发生故障后，主站根据终端上传的故障信息判断出故障区段，并发出控制命令隔离故障区段，使非故障区段恢复供电。

目前我国配电网的中性点接地方式有三种，分别是中性点经小电阻接地、中性点不接地和中性点经消弧线圈接地。中性点接地方式直接影响了单相接地故障特征。因此配电网的故障分为相间短路故障（包括两相接地短路和三相短路）以及单相接地故障两种情况，这两种故障的定位和隔离技术完全不同，需要分别研究。

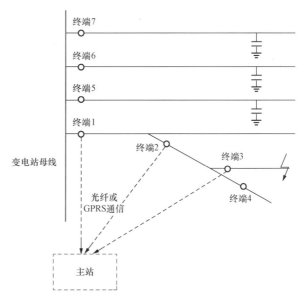

图 8-11 基于终端和主站配合的故障区段定位和隔离实现方案

1. 相间短路故障的定位和隔离

各个终端实时对比测量值和定值，当发现测量值大于定值后上传遥信量，即保护动作信息，主站得到各个终端的动作信息进行故障定位。例如在图 8-11 终端 3 之后发生短路故障，则终端 1、终端 2 和终端 3 都会检测到故障相幅值很大的短路电流，并且将遥信量上传到主站，主站根据线路拓扑情况可以快速判断出故障位置在终端 3 之后。

发生短路故障后，有可能出现三种具体进行故障隔离的情况。

（1）终端位置安装断路器，只有终端 3 跳闸。这种情况最简单，主站无需处理，由终端直接隔离故障区段，非故障区段自动恢复供电。

（2）终端位置安装断路器，线路的出线断路器跳闸，由于短路电流大，终端 1、终端 2 和终端 3 对应的断路器也跳闸。这种情况下，主站必须发出控制命令，控制终端 1、终端 2 对应的断路器合闸，非故障区段恢复供电。

（3）终端位置安装负荷开关，线路的出线断路器跳闸。这种情况下，主站必须发出控制命令，首先控制终端 3 对应的负荷开关分断，然后控制终端 1、终端 2 对应的负荷开关闭合，完成故障区段的隔离及非故障区段恢复供电。

2. 单相接地故障的定位

对于中性点经小电阻接地系统来说，单相接地电流很大，从电源到故障点之间所有终端都会检测到很大的零序电流，因此通过零序电流幅值可以准确判断故障区段。具体方法和相间短路相同，只是终端检测的故障信号不是相电流而是零序电流。

对于小电流接地系统，相间短路故障的处理方法不适用于单相接地故障，因为当线路上发生单相接地故障时，相电流变化很小，而在各条线路及各个支路上（注意并非故障路径）都会产生零序电流，定值难以设定。

单相接地故障的解决方案是：各个终端检测零序电流变化，当检测到零序电流后，终端不仅上传遥信量，而且同时对信号进行分析处理，将计算后的特征量也上传给主站（可以看作是遥测量）。主站获取到各个终端上传的遥信量和特征量后进行综合分析计算，最后定位出故障区段。

（1）中性点不接地系统单相接地故障定位方法。

以图 8-12 所示一个简单配电网为例，说明该方法的原理。图中配电网，中性点接地

微课：中性点不接地系统单相接地故障定位方法

方式为不接地，有三个节点，0 是母线节点，1 和 2 是分支节点。

假定在支路 12 上的 k 点发生接地故障，利用对称分量法得出系统的零序等效电路如图 8-13 所示，$\dot{U}_0$ 为零序电压。由于中性点不接地，因此零序电流 $\dot{I}_0$ 通过线路对地电容构成回路，网络是电容电路。k 点为零序电压源，按惯例选择电压电流关联参考方向。在这种关联参考方向的假设条件下，故障点后的支路以及其他所有正常支路的零序电流都超前零序电压 90°。这个特征不受接地电阻的影响。

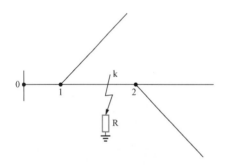

图 8-12 简单网络示意图

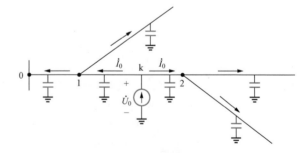

图 8-13 系统的零序等效电路

配电网正常运行情况下，按惯例都假定母线指向线路的方向为正方向，如图 8-14 所示。对比图 8-13 和图 8-14 会发现，图 8-13 中故障支路 01、1k 的零序电流流向为从线路指向母线，与图 8-14 所示的正方向相反，此时，故障支路 01、1k 零序电流滞后零序电压 90°

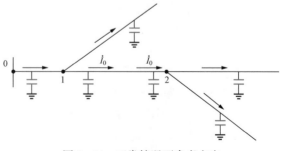

图 8-14 正常情况下参考方向

（即零序电流与零序电压为非关联参考方向），其他正常支路零序电流超前零序电压 90°（即零序电流与零序电压为关联参考方向）。由此就得出定位思想：全网各支路都按照正常情况下的电流参考方向进行零序电流检测，同时和配电网零序电压进行相位对比，若支路零序电流滞后零序电压 90°，则说明此支路是故障路径中的一段，故障点在检测点的下游；若支路零序电流超前零序电压 90°，则说明此支路不是故障路径中的一段，故障点在检测点的上游。

（2）中性点经消弧线圈接地系统单相接地故障定位。

对于中性点经消弧线圈接地系统，由于消弧线圈的补偿，故障点前的线路零序电流为电感电流和电容电流的叠加，大多数情况下，消弧线圈处于过补偿状态，电感电流大于电容电流，因此叠加之后的故障点前零序电流相位超前零序电压 90°，如图 8-15 所示。此时故障点前后的零序电流相位没有差别，如果仅比较零序电压和零序电流的相位差，将无法准确找到故障点。

微课：中性点经消弧线圈接地系统单相接地故障定位方法

图 8-15 所示为一经消弧线圈接地系统发生单相接地故障的零序等值网络图，故障点为 k，各区段电流的参考方向标注在图中。图中 $\dot{I}_{0\Sigma}$ 表示系统中其他非故障线路的零序电容电流之和，$C_1 \sim C_4$ 为故障出线上的各段线路的对地电容，$\dot{I}_{01} \sim \dot{I}_{04}$ 为线路上检测终端检测到的零序电流，$\dot{I}_L$ 为消弧线圈电感电流。

消弧线圈一般情况下为过补偿状态，忽略系统电阻，根据等值电路可知

$$\begin{cases} \dot{I}_{01} = \dot{I}_L - \dot{I}_{0\Sigma} - \omega C_1 \dot{U}_0 \\ \dot{I}_{02} = \omega C_3 \dot{U}_0 \\ \dot{I}_{03} = \dot{I}_L - \dot{I}_{0\Sigma} - \omega(C_1 + C_2 + C_3)\dot{U}_0 \\ \dot{I}_{04} = \omega C_4 \dot{U}_0 \end{cases} \quad (8-1)$$

由于消弧线圈的补偿作用，$\dot{I}_{01} \sim \dot{I}_{04}$ 的相位相同，都超前零序电压 90°，因此无法通过相位关系确定故障区段。

定义母线至故障点的拓扑路径为故障路径，如果发生单相接地故障后，调节消弧线圈的参数，使 $\dot{I}_L$ 发生变化，调节消弧线圈前后零序电压不变，$\dot{I}_{0\Sigma}$ 的数值与零序电压成正比，也将保持不变。由式（8-1）可知，故障路径上的 $\dot{I}_{01}$ 和 $\dot{I}_{03}$ 会发生变化，变化量近似等于消弧线圈的电感电流变化量，而非故障路径上的 $\dot{I}_{02}$ 和 $\dot{I}_{04}$ 基本不变。

该结论可以推广至一般情况，由于消弧线圈电感电流经过故障路径流入故障点，因此当电感电流发生变化时，故障路径上检测到的零序电流必然发生变化，而非故障路径上检测到的零序电流为固有电容电

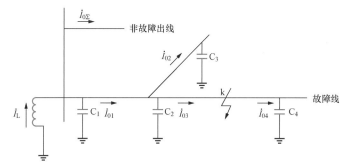

图 8-15 经消弧线圈接地系统发生
单相接地故障的零序等值电路图

流，基本不变。

故障区段定位的方法如下：发生单相接地后，调节消弧线圈的参数，使电感电流发生变化，如果某个检测点检测到的零序电流发生显著变化，说明故障点位于该检测点的下游；如果某个检测点检测到的零序电流几乎没有发生变化，说明该检测点的下游为非故障区段。这样就可以确定故障区段。

当单相金属性接地时，因其接地电阻一般很小，改变消弧线圈电感电流不会使零序电压发生变化。但是如果单相经过渡电阻接地时，改变消弧线圈电感电流将使零序电压发生变化，从而导致非故障区段检测到的零序电流 $\dot{I}_{02}$、$\dot{I}_{04}$ 同样会发生变化，可能导致定位方法失效。

为了解决零序电压发生变化的问题，可以采用如下方法解决。以图 8-15 为例，设故障后消弧线圈调节前各检测终端的零序电流有效值为 $\dot{I}_{01}$、$\dot{I}_{02}$、$\dot{I}_{03}$、$\dot{I}_{04}$，零序电压有效值为 U_0，电感值为 L；调节后各检测终端的零序电流有效值为 I_{01}'、I_{02}'、I_{03}'、I_{04}'，零序电压有效值为 U_0'，电感值为 L'。将调节后的零序电流进行折算，得 $I_{01}'' = I_{01}' \dfrac{U_0}{U_0'}$，$I_{02}'' = I_{02}' \dfrac{U_0}{U_0'}$，$I_{03}'' = I_{03}' \dfrac{U_0}{U_0'}$，$I_{04}'' = I_{04}' \dfrac{U_0}{U_0'}$。

根据折算后的零序电流，计算各检测终端的零序电流变化量，得

$$\begin{cases} \Delta I_{01} = I_{01} - I_{01}'' = \dfrac{U_0}{\omega L} - \dfrac{U_0}{\omega L'} \\ \Delta I_{02} = I_{02} - I_{02}'' = 0 \\ \Delta I_{03} = I_{03} - I_{03}'' = \dfrac{U_0}{\omega L} - \dfrac{U_0}{\omega L'} \\ \Delta I_{04} = I_{04} - I_{04}'' = 0 \end{cases} \tag{8-2}$$

由式（8-2）可知，将零序电流进行折算后，故障路径上的零序电流发生变化，而非故障路径上的零序电流基本不发生变化，定位方法依然有效。

因此，总结上述两种情况，得到谐振接地系统单相接地故障的故障区段定位判据：发生单相接地故障后，调节消弧线圈的参数，将调节后各检测点的零序电流幅值按零序电压进行折算，将折算后的零序电流幅值与调节消弧线圈前的零序电流幅值进行比较，若变化很大，则该检测点位于故障路径上，若几乎没有变化，则该检测点位于非故障路径上。

单相金属性接地时，零序电压在数值上等于相电压；单相经电阻接地时，零序电压值随着接地电阻的变化而变化，变化范围在零到相电压之间。一般当零序电压超过相电压的 15% 时将发出报警信号。设单相金属性接地时，消弧线圈电流变化量为 I_L，则单相经电阻接地时，消弧线圈电流最小变化量为 $15\% I_L$。例如 $I_L = 6A$ 时，单相经电阻接地时消弧线圈最小变化量为 0.9A，检测终端是完全可以测量出来的。因此只要满足接地电阻的数值能够保证零序电压超过相电压的 15%，上述方法就可以准确定位。

由于单相接地时可以带故障运行，因此单相接地的故障隔离比较简单，主站直接发出控制命令，断开故障区段两侧的断路器或负荷开关即可。

3. 具有多电源的网络重构

目前很多配电网实现了多电源分段联络的结构，虽然正常运行时要求"闭环结构，开

环运行"，但是发生故障后有可能出现多种非故
障区段恢复供电的方案。图 8-16 所示的配电网，
三条线路分别从三个变电站引出，线路 1 和线路
2 通过联络开关 A 相连，线路 1 和线路 3 通过联
络开关 B 相连，同时线路 1 上具有两个开关 C、
D。正常运行时联络开关 A 和 B 都是断开状态，
C、D 是闭合状态，所有开关都有终端进行监控。

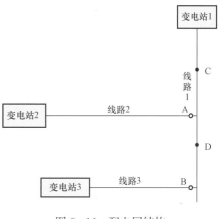

图 8-16　配电网结构

当线路 1 在变电站至开关 C 之间发生故障
后，显然变电站内的出线断路器会跳闸切除线路
1，而开关 C 之后的区段是非故障区段，这样针
对非故障区段的恢复供电就有如下三个方案可以
选择：

（1）断开开关 C，闭合联络开关 A。

（2）断开开关 C，闭合联络开关 B。

（3）断开开关 C，断开开关 D，闭合联络开关 A，闭合联络开关 B。

显然这三种方案都满足开环运行的条件，也都可以使非故障区段带电，但是具体选择
哪一种就需要进行网络重构分析。

网络重构是一个多约束条件的最优化求解问题，一般而言配电网的网络重构最优目标
是重构后线损最小，需要满足的约束条件包括：

（1）重构后电压不能超过允许范围；

（2）重构后任何线路不能出现过负荷的情况；

（3）重构后任何变电站的主变压器不能出现过负荷的情况；

（4）重构后不能出现闭环运行方式。

第五节　配电网自动化系统实例

在前面介绍配电网自动化系统的基本概念、基本功能、数据通信的基础上，本节以
CSGC-3000/DMS 配电网自动化系统为例，介绍配电网自动化的具体实现方式。

CSGC-3000/DMS 系统是新一代配电网自动化主站系统，它可以与 CSC-270 系列配
电网子站及 CSC-271 系列配电网终端配合，为供电企业提供一体化的配电网自动化系统
整体解决方案。CSGC-3000/DMS 系统从架构、功能、配置等各方面支持调配一体化应
用，组件化设计，所有功能可集中到一至两台机器上运行，也可分布至多台机器上采用一
主多备方式运行，具有高可靠性。

一、系统结构与运行环境

CSGC-3000/DMS 系统基于 CSGC-3000 平台开发，充分利用通用平台对底层硬件和
操作系统的封装，获得更好的可靠性、灵活性和可移植性，可以运行于大多数主流操作系
统，包括大多数版本的 Unix（Sun Solaris、IBM AIX、HP-UX 等）、Windows 和 Linux

等，可单独运行于 Unix、Windows 或 Linux 系统，也支持 Unix、Windows 和 Linux 系统的异构、混合模式运行。

CSGC-3000/DMS 系统采用商用关系数据库管理系统，支持 Oracle、SQL Server、DB2、Sybase 等主流商用关系数据库系统，也支持 My SQL 等开源数据库管理系统。

CSGC-3000/DMS 配电网自动化主站系统的标准型结构如图 8-17 所示。按照《全国电力二次系统安全防护总体方案》中对安全区的划分，配电网自动化主站系统主要部分处于安全区 I，与处于安全区 II、安全区 III 的其他信息系统之间必须进行有效隔离，WEB 服务器一般配置到安全区 III。

图 8-17 所示的配电网自动化主站系统由历史数据服务器、磁盘阵列、SCADA 服务器、前置采集服务器、DPAS 服务器、I 区信息集成服务器、III 区信息集成服务器、WEB 服务器、工作站组成。安全区 I 的主干网一般采用双网并行运行，前置采集网与主干网隔离，确保数据安全可靠。历史数据服务器和磁盘阵列负责存储系统所有的静态参数和历史数据；SCADA 服务器负责数据处理及各种应用服务的运行；前置采集服务器负责与所有子站及直接接入的 DTU、FTU、TTU 进行通信，收集和处理上送的数据，可支持前置分组，实现大数据量的分流，满足配电网海量数据采集、处理需求；DPAS 服务器负责配电网高级应用功能的运行；I、III 区信息集成服务器完成配电网自动化主站系统与其他系统的信息集成和交换；调度、配电网工作站分别完成调度与配电网的不同侧重点的监视、操作、浏览功能；报表工作站完成报表制作和维护；维护工作站完成系统的维护。需对外发布的信息通过安全隔离装置单向传送给位于 III 区的 WEB 服务器，为 DMIS 网络用户提供各种配电网运行信息。

二、分层分布式的体系结构

CSGC-3000/DMS 系统为方便实现系统的可移植性、开放性、伸缩性和可扩展性，采用分层分布式体系结构，如图 8-18 所示。

首先，在软件设计上，采用面向对象的分布式组件化设计。CSGC-3000 平台提供通用的、基于组件的网络管理能力，包括分布式组件管理、访问请求代理及通信总线技术。完成不同功能的电力应用软件，可实现为不同的组件模块，配置在不同的节点上运行，在通用平台的基础之上通过统一的接口方式进行协作，从而实现"即插即用"的灵活集成。

系统支持不同的业务应用逻辑运行在系统网络中不同的计算机节点上。通过模块的分布降低了对计算机硬件资源的要求，各节点的并行处理则大大提高系统性能；模块化的设计提高了系统可伸缩性和可移植性，动态配置和重配置技术的采用使系统可以灵活扩展而不影响系统的可靠运行。

其次，在系统的软件体系上，采用分层的架构，在硬件平台之上，封装了分布式支撑平台，主要包括通用操作系统接口、网络通信中间件、分布式实时数据库服务、通用商用数据库接口等基本组件，还配置了基本图形界面、SCADA、FEP 通信等基础应用以及基于 IEC 61970/IEC 61968 标准的应用集成总线 UIB。最上层则为具体的专业应用。不同的层可利用其下层提供的服务，实现相应的功能，并为上层提供接口。分层的体系结构方便屏蔽了硬件平台、操作系统、数据库和网络通信等的具体差异，使上层应用获得更好的灵活性、高效性、可靠性和可移植性。

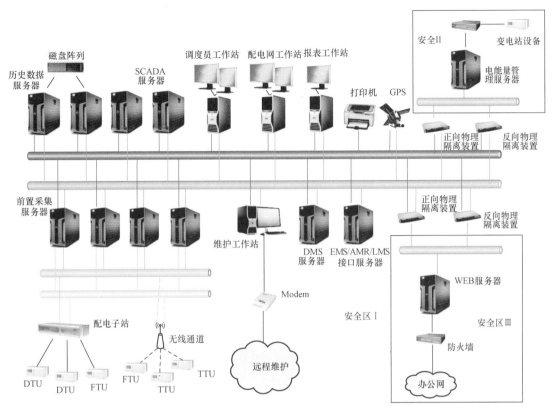

图 8-17 CSGC-3000/DMS 配网自动化主站系统的标准型结构

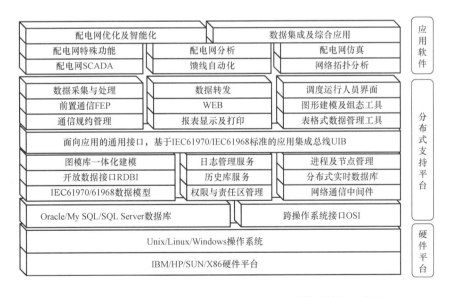

图 8-18 CSGC-3000/DMS 系统分层分布式体系结构示意图

三、配电网高级应用软件体系

CSGC-3000/DMS 系统的高级应用软件体系如图 8-19 所示。该体系包括：①网络拓扑分析；②状态估计；③调度员潮流；④网络重构；⑤负荷预测；⑥短路电流计算；⑦静态安全分析；⑧无功电压优化及网损计算。

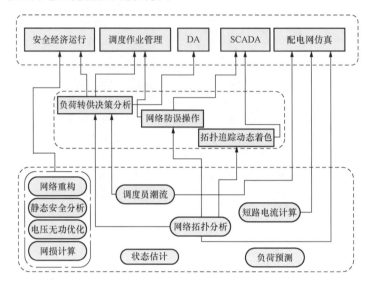

图 8-19　配电网高级应用软件体系

这些高级应用的理论分析详见第七章第二节，本章不再详述。以上述功能为基础，CSGC-3000/DMS 系统可以方便地扩展新算法及新功能模块满足新配网需求。

系统的配网分析应用软件侧重于实用化设计，直接或者经过扩展组合作为安全经济运行、调度作业管理、DA、SCADA、配电仿真等提供基础服务。

系统充分利用各种历史统计数据和相对近似的方法来处理配电网络结构繁杂、量测较少、设备参数不足的情况，为运行人员提供一个更真实的配电网运行状态。

系统提供实时态和研究态两种工作模式。高级应用软件实时态下由实时控制序列控制运行，实时计算分析配电网运行状态，协助运行人员监视配电网的安全运行；研究态下使用数据断面进行假想分析，由人工启动，可对此断面的配电网进行多方位的分析，找出配电网薄弱环节，优化配电网运行。

四、SCADA 功能

SCADA 是配电网自动化系统的咽喉部分，几乎所有的现场实时数据都通过 SCADA 进入到系统中，因此 SCADA 的伸缩性和可用性直接决定系统的伸缩性和可用性；另外，配电网络的终端设备数量比输电网络要高一个数量级，系统前置的接入能力就成为 CSGC-3000/DMS 系统的一个重要技术指标。

CSGC-3000/DMS 系统支持多前置节点，但多个前置节点之间并不是传统 SCADA 系统之间的主/备前置机关系，而是基于主站与终端或子站通信路径管理的并列运行关系，即 CSGC-3000/DMS SCADA 的管理对象是通信路径，而不是前置节点。这样，既实现了基于多通道和多前置机的冗余配置，又实现了基于通信路径的数据分流和负载分担。

（1）支持专用网络（调度数据网、光纤、载波、无线专网等）及公网（GPRS/CDMA 等）多种通信方式的信息接入和转发功能。

（2）支持各种传输规约与配电终端、故障指示器进行通信，规约库包括 DNP3.0、DL476-92、IEC 101/104、CDT、DISA 规约等，数据格式包括模拟量、数字量、电能量及 SOE 等信息。

（3）以太网通道接收数据的情况下，支持 TCP、UDP 以及组播等方式。

（4）支持全双工方式通信，传输速率 10/100/1000Mbps 可选。

支持从 RS-232/485 串口通道接收数据，支持波特率、数据位、停止位、校验位、数据同步方式等属性设置。

CSGC-3000/DMS 系统可以与配电网 GIS 集成，可以把配电网 SCADA 采集的相关实时信息共享发送给配电网 GIS，实现 GIS 上配电网运行的实时状态显示。系统具有配电设备的地理定位功能，设备故障时自动推出基于地理背景的设备接线图，并闪烁显示故障设备，同时可通过 TIP 或菜单调用的方式方便地读取设备名称和设备地理位置信息。在地理背景接线图上可显示相关故障区间、停电区间、专供区间等信息。

地理背景接线图以及地理图可以分层设定、分层显示，并具有放大、缩小、漫游、导航等各种图形操作功能。地理背景接线图上可进行各种控制操作，并可以同时在地理背景接线图上显示操作结果。地理背景接线图可与其他电力接线图实现同步的动态拓扑着色。

五、故障定位、隔离与恢复供电功能

主站接收配电终端检测到的故障信息或故障指示器的故障信息，可进行故障定位、故障隔离和非故障区段的恢复供电。可根据现场实际情况，灵活设置主站端的故障隔离、恢复处理模式，支持架空线、电缆线路以及架空电缆线路混合模式的配电网。

1. 故障定位

主站收到配电终端或故障指示器传送的故障信息后，综合变电站、开关站等的继电保护信号、开关跳闸等故障信息，自动快速定位故障区段，确定故障类型和发生位置，实现故障定位功能。支持配置声光、语音、打印事件等多种报警形式，系统判断为故障后根据预定义的方式报警，并自动推出故障区段或设备所在的配电网单线图，通过变色闪烁或用户配置的方式明确表示出故障所在，以醒目方式显示故障发生点及相关信息；具有简单的故障测距功能，系统利用故障电流和网络拓扑信息分析定位故障，提醒操作人员线路故障的可能位置，为现场人员寻找故障点提供帮助；单电源供电情况下可根据终端上报的过流信号定位故障，双电源及多电源供电情况下可根据过流信号加故障电流方向定位故障；具有完善严密的故障定位算法，可识别明显的故障信号终端漏报及误报，并给出最优计算结果。

如图 8-20 所示，在馈线段与用户信息建立关联关系的情况下，有大量电话报修发生时，系统可以对给用户供电的馈线段配置上停电或故障标志，并以特殊颜色或闪烁显示在地理图或系统接线图上。

2. 故障区段隔离

CSGC-3000/DMS 系统具有故障区段隔离功能，充分考虑了瞬时故障与永久故障的区分处理，只对永久性故障进行隔离和恢复处理。故障时，若变电站出线开关重合成功，恢复供电，则判断为瞬时故障，系统不启动故障处理功能，仅报警和记录相关事项；若变

图 8-20 地理图的 SCADA 应用

电站出线开关重合不成功，则判断为永久性故障，启动故障处理功能。支持各种拓扑结构，适于各种配电网架的不同运行方式，不受网络结构的扩充、修改及配电网运行方式变化的影响。支持各种短路故障类型，可处理多重故障，可根据每条配电线路的重要程度对故障进行优先级划分，优先处理重要的配电线路故障。可方便地设置故障处理闭锁条件，避免保护调试、设备检修等人为操作对故障处理的影响。支持根据故障定位结果确定隔离方案，支持自动或人机交互方式执行隔离方案。可提供事故隔离和恢复供电的所有可能的操作预案并优化排序，辅助调度员进行遥控操作，达到快速隔离故障和恢复供电的目的。

3. 非故障区段恢复供电

CSGC-3000/DMS 系统的故障处理过程支持"自动方式"和"人机交互方式"，对故障隔离方案或非故障区段恢复方案，可以按照 SCADA 序列控制的方式执行，既可以单步执行，也可以顺序自动执行。单步执行时可以随时选择停止，顺序自动执行时如有不成功操作会提醒调度员，并停止顺序自动执行。可以区分故障区段上游或下游，上下游分开处理。对上游区段，一般可以在故障隔离后选择自动恢复；对下游区段的恢复可能涉及多种转供方案，提供了潮流计算校核支持，并可以把多种可行方案提供给用户选择，或者选择最优方案自动执行。在故障处理过程中，完成遥控后自动查询被控开关的状态，判断被控开关是否正确执行，若该开关未动作则停止自动执行，并告警提示。故障定位、隔离、恢复等故障全部过程信息保存到数据库中，以备故障分析时使用。

第六节 远程自动抄表计费系统和负荷控制

随着现代电子技术、通信技术、计算机技术及其网络技术的飞速发展，电能计量手段和抄表方式也发生了根本的变化。远程自动抄表计费系统 AMR（Automatic Meter Reading）是一种采用通信和计算机网络技术，将安装在用户处的电能表所记录的用电量等数据，通过通信系统传输汇总到营业部门，代替人工抄表的自动化系统。

AMR 提高了用电管理的现代化水平。采用自动抄表系统，不仅能节约大量人力资源，更重要的是可提高抄表的准确性，减少因估计或誊写而造成账单出错，使供用电管理部不能得到及时准确的数据信息。同时，电力用户不再需要与抄表者预约抄表时间，还能迅速查询账单，因此 AMR 也深受用户的欢迎。随着电价的改革，供电企业需要获取更多的用户数据信息，如电能需量、分时电量和负荷曲线等，使用 AMR 可以方便地完成上述功能。

虽然目前远程自动抄表计费系统和配电网自动化系统分属不同的部门管理，但是二者未来必然能够进行数据交互，进一步加强对配电网的分析和控制。

一、电能表的分类

电能表按原理划分为感应式和电子式。

感应式电能表采用电磁感应的原理，把电压、电流、相位转变为磁力矩，推动铝制圆盘的轴（蜗杆）带动齿轮驱动计度器的鼓轮转动，转动的过程即是时间量累积的过程。因此感应式电能表的好处就是直观、动态连续、停电不丢数据。感应式电能表对工艺要求高，材料涉及广泛，有金属、塑料、玻璃等。现在普遍使用的感应式电能表，具有价格低廉、可靠耐用、维修方便和对电源瞬变及各种频率的无线电干扰不敏感的特点。但由于受其工作原理和结构等因素的限制，感应式电能表也存在着测量精度低、人工校验、使用过程容易出现接线错误等不足。此外，随着电能计量和管理的发展，只具有电能测量功能的感应式电能表已不能适应现代电能管理的需要。

在 20 世纪 70 年代出现了采用微处理器的电子式电能表。由于它没有传统感应式电能表上的旋转机构，因而被称为"静止式电能表"。随着数字电子技术的飞速进步，电子式电能表的功能逐渐增多并日臻完善。与感应式电能表相比，电子式电能表不仅具有测量精度高、性能稳定、功耗低、体积小和重量轻等优点，而且还可以实现多种功能，如复费率、最大需量、有功电能和无功电能记录、失压记录、事件记录、负荷曲线记录、功率因数测量、电压合格率统计和串行数据通信等。电子式电能表运用模拟或数字电路得到电压和电流相量的乘积，然后通过模拟或数字电路实现电能计量功能。由于应用了数字技术，分时计费电能表、多用户电能表、多功能电能表纷纷登场，进一步满足了科学用电、预付费、多用合理用电的需求。

二、抄表技术综述

从发展过程来看，抄录电能一般有以下五种方式。

（1）手工抄表方式：抄表员携带纸和笔到现场抄录用户电能表的读数。

（2）本地自动抄表方式：采用携带方便、操作简单可靠的抄表设备到现场完成自动抄表。它通过在配备有相应模件的电能表和手提电脑之间加入无线通信手段，达到非接触性完成数据传输的目的。

（3）移动式自动抄表方式：利用汽车装载收发装置和无线电技术以及电能表上的模块，在用户附近一定的距离内自动抄回电能数据。

（4）预付费电能计费方式：通过磁卡或 IC 卡和预付费电能表相结合，实现用户先交钱购回一定电量，当用完这部分电量后自动断电的管理方法。

（5）远程自动抄表方式：采用低压配电网电力线、电话网、无线电、RS‑485 或现场通信媒体，结合电能表上的软件和局内计算机系统，不必外出就可抄回用户电能数据。

三、远程自动抄表计费系统的构成

远程自动抄表计费系统主要包括四部分：①智能电能表；②抄表采集器；③抄表集中器；④中央服务器，如图 8‑21 所示。

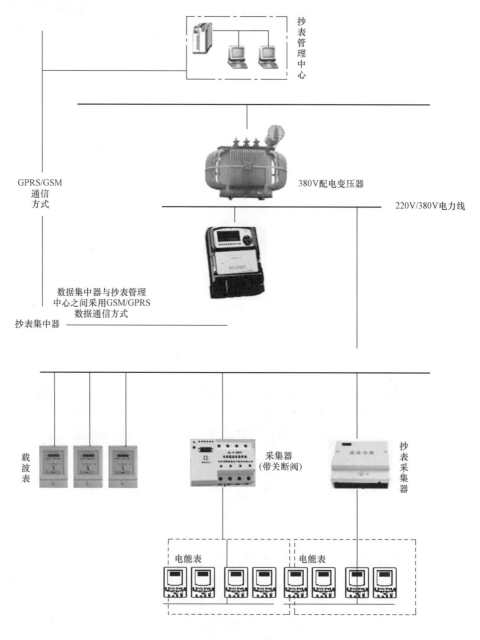

图 8‑21 远程自动抄表计费系统

在远程自动抄表计费系统中，通常采用 RS-485、低压配电网电力线载波等通信方式，实现电能表到抄表采集器或者抄表集中器之间的通信。抄表集中器至中央服务器之间可采用光纤、电话网和 GPRS 等方式传送。

1. 智能电能表

智能电能表除了具备传统电能表基本用电量的计量功能以外，为了适应智能电网和新能源的使用，它还具有双向多种费率计量功能、用户端控制功能、多种数据传输模式的双向数据通信功能、防窃电功能等智能化的功能。智能电能表代表着未来节能型智能电网最终用户智能化终端的发展方向。

智能电能表通过串行口，以编码方式进行远方通信，因而准确、可靠。按智能电能表的输出接口通信方式划分，智能电能表可分为 RS-485 接口型和低压配电网电力线载波接口型两类。RS-485 接口型智能电能表是在原有电能表内增加 RS-485 接口，使之能与采用 RS-485 型接口的抄表集中器交换数据；低压配电网电力线载波接口型智能电能表则是在原有电能表内增加了载波接口，使之能通过 220V 低压配电网电力线与抄表采集器交换数据。

2. 抄表采集器

抄表采集器是将多台电能表（例如一个居民单元）连接成本地网络，并将它们的用电量数据集中起来、上传到抄表集中器的设备。其本身具有通信功能，且含有特殊软件。

3. 抄表集中器

抄表集中器是将一个配电变压器供电的所有电能表（例如一个居民小区）数据进行一次集中的装置。抄表集中器对数据进行集中后，再通过 GPRS、光纤等方式将数据继续上传。抄表集中器通常具有 RS-485、电力线载波、光纤、GPRS 等多种通信方式用于交换数据。抄表集中器可以直接连接多个智能电能表，也可以连接多个采集器。

4. 中央服务器

中央服务器位于供电企业的营销中心，由远程抄表管理计算机和系统软件部分组成，负责将数据集中器传输上来的用户电量信息汇总、整理后加以处理，提供给收费系统、用电管理系统使用，能自动计算电费、生成报表，并与银行系统联网，实现电费银行自动划拨。

四、负荷控制

电力负荷控制系统是实现计划用电、节约用电和安全用电的技术手段，也是配电网自动化的一个重要组成部分。

不加控制的电力负荷曲线是很不平坦的，上午和傍晚会出现负荷高峰，而在深夜负荷很小又形成低谷，一般最小日负荷仅为最大日负荷的 40% 左右。这样的负荷曲线对电力系统是很不利的。从经济方面看，如果只是为了满足尖峰负荷的需要而大量增加发电、输电和供电设备，在非峰荷时间里就会形成很大的浪费，可能有占容量 1/5 的发变电设备每天仅仅工作 1~2h，而如果按基本负荷配备发变电设备容量，又会使 1/5 的负荷在尖峰时段得不到供电，也会造成很大的经济损失。这个矛盾是很尖锐的。另外为了跟踪负荷的高峰低谷，一些发电机组要频繁地启停，既增加了燃料的消耗，又降低了设备的使用寿命。同时，这种频繁的启停，以及系统运行方式的相应改变，都必然会增加电力系统故障的机会，影响安全运行。

如果通过负荷控制，削峰填谷，使日负荷曲线变得比较平坦，就能够使现有电力设备得到充分利用，从而推迟扩建资金的投入，并可减少发电机组的启停次数，延长设备的使用寿命，降低能源消耗；同时对稳定系统的运行方式，提高供电可靠性也大有益处。对用户来说，如果避峰用电，也可以减少电费支出。因此，建立一种市场机制下用户自愿参与的负荷控制系统，会形成双赢或多赢的局面。

根据负荷管理的实施者不同，负荷管理方法可分为两类。

1. 供电企业强制的负荷控制

供电企业选择大耗电、可中断供电用户以及非重要用户的负荷，如电加热设备、冷库、空调机、农业灌溉设备等，排定其重要程度（用电优先程度），监视其用电计划的执行。在负荷高峰时，按用户优先程度由低到高的顺序，从中央控制系统依次发送控制指令，使其切除负荷、避峰用电，既保证电力系统达到一定的供电技术指标，又把限电的损失减到最小；在非峰值负荷时，解除对所有被控负荷的控制，容许负荷重新投入。

负荷集中控制的一个典型方法就是采用自动低频减负荷设备，当系统的频率降低后，进行若干次减负荷，直至频率恢复正常。

2. 供电企业引导的用户负荷自我控制

采用分时电价、分季电价、地区电价、论质电价、需量电价等多种电价形式，使电价随需求变化、负荷高峰和低谷的电价有适当的差别，从而刺激用户从经济的角度出发，自行安排设备用电时间，给电力系统带来削峰填谷的效果；用户还可以利用微处理器，按电费支出最小的原则制定用电策略，实施自我用电控制。此外，供电企业也可以利用先进技术手段，向用户传送实时电价，用户接收后再根据预定的用电策略自我控制用电。多种电价的使用，必须和各种新型的电能表相配合。

习题与思考题

8-1 配电网中性点接地方式有哪些？分别有什么特点？

8-2 什么是配电网？什么是配电网自动化？

8-3 配电网自动化系统终端有哪些种类，请简述其基本原理。

8-4 配电网自动化系统与发输电系统的调度自动化系统相比，二者有什么共同点？有什么不同点？

8-5 为确保FTU总能获得工作电源，必须采用蓄电池作为备用电源，为了保护蓄电池并延长其使用寿命，可以采取哪些措施？

8-6 与其他通信方式相比，光纤通信的主要优点有哪些？

8-7 目前达到实用化的配电网故障定位及隔离技术主要有哪几种，请分别简述其基本原理。

8-8 请简述配电网自动化系统中配电子站的作用和功能。

8-9 从发展过程来看，请简述抄录电能的五种方式。

8-10 远程自动抄表计费系统的优点有哪些？

第九章　智能电网与智能变电站

第一节　智　能　电　网

一、概述

近年来，世界经济形势和能源发展格局正在发生深刻变化，节能环保、清洁能源、低碳经济、可持续发展已经成为当今世界关注的焦点。在满足经济和社会发展的基础上，必须研究提高能源利用效率，开发新的可再生利用资源。智能电网的发展目标之一就是减少碳排放，给人类居住提供更友好的环境。随着电力系统规模的扩大，电力系统安全运行问题也越来越引起人们的关注。寻求更安全的电力系统一直是电力行业技术发展的目标，作为表征技术发展新领域智能电网的重要目标就是提供先进的技术手段，提升电力系统的安全运行水平。现代化工业生产对于供电可靠性和电能质量的要求越来越高，任何电能质量的恶化均会造成负面影响和损失。大容量的风电、光伏发电、光热发电、生物质发电等分散式发电技术的发展和应用，引起靠近用户侧的发电随机性，因此，保障电力系统能够安全可靠地接纳可再生能源发电，提高可靠性及电能质量，迫在眉睫。满足高可靠性的电力需求构成了智能电网的内在驱动力。电网的物理结构具有天然的垄断性，随着厂、网分开，电力用户期望获得更大的用电选择权。智能表计技术、通信网络的发展支持"信息流、电力流"的双向流动，为电力系统的末端用户，提供了错峰用电的选择权。

二、智能电网

在现代电网的发展过程中，各国结合其电力工业发展的具体情况，通过不同领域的研究和实践，形成了各自的发展方向和技术路线，也反映出各国对未来电网发展模式的不同理解。近年来，随着各种先进技术在电网中的广泛应用，智能化已经成为电网发展的必然趋势，发展智能电网在世界范围内达成共识。

从技术发展和应用的角度看，世界各国、各领域的专家、学者普遍认同，智能电网是将先进的传感量测技术、信息通信技术、分析决策技术、自动控制技术和新能源电力技术相结合，并与电网基础设施高度集成而形成的新型现代化电网。

智能电网具有提高能源效率、减少对环境的影响、提高供电的安全性和可靠性、减少输电网电能损耗等优点。应用数字技术实现电能从电源到用户的传输、分配、管理和控制，以达到节约能源和成本的目标。

智能电网的组成环节为"发电、输电、变电、配电、用电、调度"，在智能电网发展过程中实现技术的特点及彼此之间信息流、功能等关系。智能电网所涉及的范畴如图 9 - 1 所示。

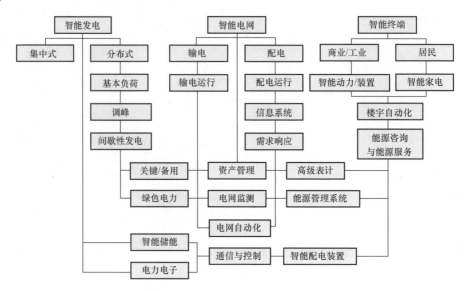

图 9 - 1　智能电网范畴

（1）发电环节。智能电网在发电方面，采用先进、高效的多元化发电技术，主要是可再生能源发电技术，如太阳能发电、风电、地热发电、潮汐发电、生物质发电等。鉴于可再生能源发电具有间隙性特征，在形成规模化发电后，新能源发电接入技术的运行控制、功率预测技术等方面需要有新的突破。分布式电源的发展对于机网协调、接入标准等提出了新的要求。因此，提高运行控制智能化水平，实现机组重要运行参数在线监测，确保可再生能源的有序接入，保障电力系统安全稳定运行，使可再生能源有序并网发电，实现与电网的协调经济运行是智能电网的重要目标之一。

（2）输电环节。由于环保等方面的制约，新增输电通道难度越来越大，因此，提高输变电设备的利用效率，提高现有输配电通道的可输送容量是智能电网技术发展的重点，如基于电力电子技术的灵活交流输电（Flexible Alternating Current Transmission Systems，FACTS）技术、统一潮流控制技术（Unified Power Flow Controller，UPFC）、超导技术、输电线容量实时监测技术、输电限额动态评估技术等，以增加输电线路的容量可控性和可调节性，进而提高电网调度的安全性、经济性。

（3）变电环节。变电站作为智能电网的关键支撑点，实现电力传输的转移、分配，关键设备均集中在变电站内，电网运行的可靠性，很大程度上取决于变电站设备/系统的可靠性。由此，在智能电网的体系下，采取一、二次设备结合的技术改变变电站建设、运行模式，建立变电站全寿命周期管理体系，将成为一种发展的必然。

智能变电站技术体现的核心在于：①"最大化工厂工作量，最小化现场工作量"，使一、二次设备的连接最大限度地在工厂完成，有效缩短变电站建设周期；②IEC 61850 标准的推出为变电站实现"基于间隔的信息采集，基于全站的信息应用"奠定了基础，变电站信息利用的有效性将大大提高，有利于提高运行期间设备异常情况的判断和事故情况下的快速决策处理。

随着无人值守变电站和调控一体化技术的发展，变电站将在智能电网"安全、稳定、经济"运行目标实施过程中承担起更重要的职责。从资产的全寿命周期安全、效能、成本角度，建立精益化的评估体系，建立全寿命周期综合优化管理体系，将有利于电力用户提高资产的利用效率。

（4）配电环节。随着分布式电源和分散式储能技术的发展，配电网的运行结构和特征将发生比较大的变化，其对于大电网安全运行的重用也将随着分布式电源接入比重增加而提高，电动汽车充电站、大容量储能接入电网会影响配网的运行规律，配电网需要各环节协调优化，智能配电网需要提升应急系统、故障抢修、输电环节、分布式电源和用户需求侧等环节的协同调度机制。

配电网可能发生的最大变化在于微网运行模式的引入，微网的发展和可靠运行需要结合分布式电源和储能技术的有机协调控制。微网有独立运行模式和并网运行模式两种基本运行模式。并网运行模式下需要在主网发生故障时，快速将微网与主网断开，通常采用固态断路器（Solid State Breaker，SSB）或背靠背式的 AC/DC/AC 电力电子换流器构成。因此，微网技术的应用必须考虑大量采用电力电子技术形成的谐波，电能质量控制将构成配电网重要的应用特征。

（5）用电环节。用户对于供电模式的选择是电力市场化运作的一种延伸，用户的积极主动参与将有利于调整峰谷差，平抑用电的波动，更有效地利用电能，所涉及的主要技术是电能量测基础架构，如智能表计技术、双向通信技术、量测数据管理技术等。

随着生活水平的提高，家居自动化程度会越来越高，民用电的比重随着国民经济的发展将逐步提升，互联网技术的发展使得家居式办公成为一种趋势，由此，分散式自动温度控制、负荷控制技术成为用户侧智能化的重要标志。

（6）调度环节。智能电网技术在电网调度端的体现就是在分布式一体化平台支撑的基础上提升实时监控与预警、安全校核、调度计划、调度管理四大类应用，实现同质化调度管理；建立安全防御、运行优化、高效管理"三位一体"的智能调度体系，提升大电网调度驾驭能力、资源优化配置能力、科学决策管理能力和灵活高效调控能力，实现各级调度技术支持系统有机互联互通，保障电网安全、稳定、经济、优质运行。

支撑智能调度上述功能实现的最重要前提条件就是实现电网基础信息的"统一建模，分层处理，集成应用"，为智能调度的分析、预警、辅助决策和调整控制提供坚强的数据支撑；深化大电网运行监控、安全预警和智能决策技术，提高电网协调控制和应急处置能力；研究应用满足节能环保的优化调度计划和安全校核技术；开展大电网运行特性机理研究及智能分析；构建坚强灵活的电力通信网络，满足电网运行控制和调度管理等业务的要求。

三、智能电网特点

智能电网的典型特征体现为：坚强、自愈、兼容、经济、集成、优化等。

（1）坚强。在电网发生大扰动和故障时，仍然能够保持对用户的供电能力，而不发生大面积停电事故；在自然灾害、极端气候条件下或外力破坏下仍能保证电网的安全运行；具有确保电力信息安全的能力；在恐怖袭击、自然灾害、外力破坏和计算机攻击等不同情况下发生故障时，可以在没有或少量人工干预下，快速隔离故障，按供电的重要程度逐层自我恢复，避免类似美加 8·14 大停电事件的重演。

（2）自愈。具有实时、在线和连续的安全评估和分析能力，强大的预警和预防控制能力，以及自动故障诊断、故障隔离和系统自我恢复的能力；在无需或仅需少量人为干预，实现对电网故障的预控与自动恢复，将电网中存在问题的元器件隔离或恢复正常运行，最小化或避免用户的供电中断；通过高速收集电网的运行信息进行连续的评估自测，检测、分析、响应甚至恢复电力元件或局部网络的异常运行；对电网的运行状态进行实时评估，采取预防性的控制手段，及时发现、快速诊断和消除故障隐患。

（3）兼容。支持可再生能源的有序、合理接入，适应分布式电源和微网的接入，能够实现与用户的交互和高效互动，满足用户多样化的电力需求并提供对用户的增值服务；提高清洁能源在终端能源消费中的比重，实现减排效应。

（4）经济。支持电力市场运营和电力交易的有效开展，实现资源的优化配置，降低电网损耗，提高能源利用效率；平衡峰谷差，通过电网与电力用户的双向互动，实现有效的"需求侧响应"，提高电能终端使用效率，促进用电侧节能；通过引导用户将高峰时段的用电负荷转移到低谷时段，降低高峰负荷，提高用电负荷率，增加机组利用小时数，进而稳定发电机组出力，降低火电机组发电煤耗，促进发电侧节能。

（5）集成。实现电网信息的高度集成和共享，采用统一的平台和模型，实现标准化、规范化和精益化管理；促进发电与供电的互动以及供电与客户的智能互动，实现"电力流、信息流"的双向流动，使传统电网更高效地发挥作用。

（6）优化。优化资产的利用，降低投资成本和运行维护成本；发电的多元化将促进供电侧服务水平的提升，电力电子技术的发展将有助于保障电能质量，智能表计的应用，有利于为详细分析电力质量提供依据，促进与未来时代相适应的用电服务水平和质量的提高。

第二节　智能变电站

一、概述

智能变电站是智能电网的基础，是连接发电和用电的枢纽，是整个电网安全、可靠运行的重要环节。随着应用网络技术、开放协议、一次设备在线监测、变电站全景电力数据平台、电力信息接口标准等方面的发展，驱动了变电站一、二次设备技术的融合以及变电站运行方式的变革，由此逐渐形成了完备的智能变电站技术体系。与传统的变电站相比，智能变电站技术具有更加先进性、安全可靠、占地少、成本低、少维护、环境友好等一系列优势。因此，智能变电站的研究、建设既是下一代变电站的发展方向，又是建设智能电网的物理基础和要求。

随着光电技术在传感器应用领域研究的突破，IEC 61850 系列标准的颁布实施，以太网通信技术的应用以及智能断路器技术的发展，变电站自动化技术又向着数字化技术延伸，使数字化技术在变电站工程化应用中得到了进一步拓展，综合自动化变电站迈向了数字化变电站时代。

数字化变电站的技术特征就是利用高速以太网构成变电站数据采集、传输系统和新型智能设备，实现全站信息数字化；利用 IEC 61850 系列标准的统一信息建模，实现智能设备的互操作性和全站信息共享。

数字化变电站还具有以下优点。

（1）数字化变电站的本质特点在于就地数字化和光缆传输。光缆是一、二次设备间信息传输最为合适的载体，具有带宽高、不受电磁干扰的显著优点。

（2）在数字化变电站条件下，用光缆通信代替控制电缆硬连接，由于同一根光纤介质可以传输的信息种类不受限制，完全取决于报文的内容，用一根光纤可以传递很多根电缆表达的信息，所以，可以将二次回路大为简化。

（3）通过光纤传输，使用通信校验和自检技术，可提高信号的可靠性。

（4）电子式互感器杜绝了传统互感器的电流互感器断线导致高压危险，电流互感器饱和影响差动保护，电容式电压互感器（CVT）暂态过程影响距离保护、铁磁谐振、绝缘油爆炸、SF_6 泄漏等问题；解决了传统电流互感器当电压等级越高，短路电流越大时，必然将增大体积，使设备变得更加笨重，安装运输不方便等问题。

智能变电站是以数字化变电站作为技术基础，采用先进、可靠、集成、低碳、环保的智能设备，以全站信息数字化、通信平台网络化、信息共享标准化为基本要求，自动完成信息采集、测量、控制、保护、计量和监测等基本功能，并可根据需要支持电网实时自动控制、智能调节、在线分析决策、协同互动等高级功能的变电站。

智能变电站是智能电网建设的重要节点之一，其主要作用就是为智能电网提供标准的、可靠的节点（包含一、二次设备和系统）支撑。智能变电站作为智能电网的重要基础和支撑，其站内设备具有信息数字化、功能集成化、结构紧凑化、状态可视化等主要技术特征。智能变电站系统应建立站内全景数据的统一信息平台，供各子系统标准化、规范化存取访问以及与智能电网调度等其他系统进行标准化交互。

二、智能变电站特点

（1）信息采集就地化。随着技术的进步与发展，过程层的智能组件将成为一次设备的组成部分。智能组件包含合并单元/智能终端。智能变电站的重要特征体现为一、二次技术的融合。智能组件的功能主要是信息采集与执行，与电力系统的外在特性无关。其就地化靠近一次设备安装。

（2）信息共享网络化。除保护功能实现外，信息的应用模式是智能变电站有别于传统变电站的重要特点。IEC 61850 标准为信息共享提供了技术体系的支持，设备之间支持互操作，不同厂家的 IED 装置可以自由交换信息。

在智能变电站中，智能电子设备 IED（Intelligent Electronic Device），是指包含一个或多个处理器，可接收来自外部源的数据，或者向外部发送数据，或者进行控制的装置，如电子多功能仪表、数字保护、控制器等。IED 是具有一个或多个特定环境中特定逻辑节点且受制于其接口的装置。

智能变电站的站控层可以获得"同步、全站、唯一、标准"的数据。其中，"同步"指这些数据都是由经网络对时同步后由各个合并单元送来，信息具有同步性特征；"全站"是指数据覆盖了变电站的各个方面，对应用而言信息具有完备性特征；"唯一"是指一个电气量只由一个设备采集，体现"一处采集，全网共享"的数据共享机制；"标准"是指数据的表达、获取等满足 IEC 61850 系列标准，通过工程工具可以轻松获取数据，以专注于应用，从而避免大量的规约转换和驱动工作。

（3）信息应用智能化。智能变电站的信息具有标准化特征。基于 IEC 61850 系列标准的信息具有"自我描述"功能，变电站的数据源非常有序、标准，可以突破常规变电站自动化系统的"信息孤岛"现象。通过对于数据的有效处理，提升应用功能的智能化程度，如源端数据维护，基于规则的智能防误，基于实时模拟量信息的智能操作票、顺序控制，基于全站信息共享的站域控制等。

（4）设备检修状态化。智能变电站的建设需考虑变电站全寿命周期管理，在满足安全、效能的前提下追求资产全寿命周期成本最优，实现系统优化。实现变电站的全寿命周期管理的关键在于设备的状态监视技术。智能变电站不仅能够实现站内设备的状态监视，而且将电气设备状态监视系统可以融入统一的智能电网广域监测与预警系统。智能变电站状态检修主要集中在以下两个方面。

1）高压设备状态监测。高压设备状态监测主要集中在变压器、断路器等一次设备。智能变电站中过程层设备靠近一次设备安装，通过光缆将一次设备的状态信息传输出来，提高一次设备状态监测信息的完整性。

2）二次系统状态监视。智能变电站系统主要由 IED 设备、电缆、光缆及连接器件组成。IED 本身具有完整的自检功能，智能变电站的过程层装置逻辑回路简化，操作箱微机化，实现二次回路无盲点的状态监测，如基于故障匹配检测机制的输入回路正确性检验；基于故障合闸预置的在线传动功能，监测保护跳闸连接片未投等跳闸回路异常；基于过程层就地化的交流回路实时监测等。

最终，智能变电站设备状态监视实现从单一设备诊断向系统监视的转变，从传统关注设备可靠性转变为关注电网的可靠性，并从电网的大视角实现全寿命周期的成本管理，通过与调度系统互动，向其发送设备故障模式及概率的预报信息，使设备状态对调度系统是可观测的。

三、智能变电站体系

数字化变电站分为过程层、间隔层和站控层三层，而智能变电站体系结构与智能高压设备（简称智能设备）有关。智能设备是一次设备和智能组件的有机结合体，具有测量数字化、控制网络化、状态可视化、功能一体化和信息互动化特征的高压设备。智能设备不但具有传输和分配电能的主设备本体，还具有测量、控制、保护、计量等功能。智能组件的表现形式可以是测控装置、保护装置、测控保护装置、状态监测装置、智能终端、MU等，也可以是几个装置的集合，如 GIS 汇控柜、屏柜等。智能组件可以只完成一个功能，也可以完成保护与测控功能。它可以外置，符合现有设备的状况，也可以内嵌于高压设备。这就是一个智能一次设备的概念。

根据 IEC 61850 系列标准分层的变电站结构，智能变电站体系分为三层两网（逻辑上三网，物理上两网），即过程层、间隔层和站控层，过程层网络和站控层网络。其典型结构图如图 9-2 所示。在逻辑层次上，变电站通过过程层网络连接过程层、间隔层设备，通过站控层网络连接间隔层和变电站层设备。在智能变电站系统规模不大时，也可选择如图 9-3 所示，"两层一网"模式，即 GOOSE（通用面向变电站事件对象）网、SV（采样值）网和站控层网络由同一个物理网络来实现，只是在网络逻辑划分上按三个网络来运行管理。

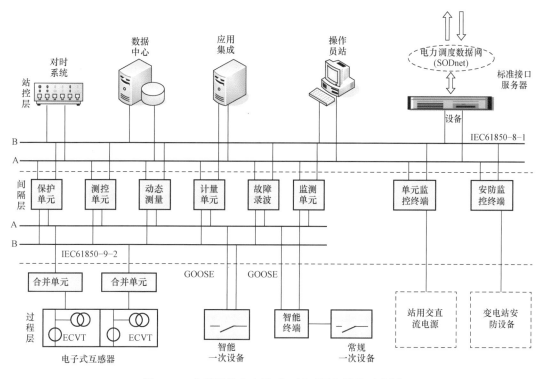

图 9-2　典型智能变电站"三层两网"结构示意图

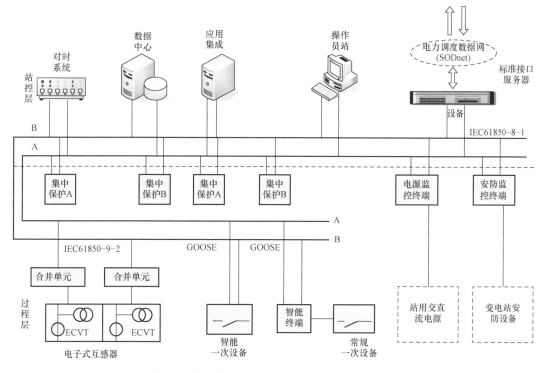

图 9-3　典型智能变电站"两层一网"结构示意图

目前的智能变电站建设，过程层多采用 SV 网和 GOOSE 网合并为一个物理网络，对时采用光秒脉冲的方案。光秒脉冲对时系统与过程层物理以太网独立存在。IEC 61588 协议可以利用以太网实现时间同步功能。若过程层网络的时间同步采用 IEEE 1588 协议，则可以实现 SV 网、GOOSE 网和时间同步网合并为一个物理网络，而不需要额外的对时系统，这对于降低智能变电站建设成本、降低维护和操作难度、提高过程层网络稳定程度具有重要意义，这种组网模式称作"三网合一"模式，即 SV 网、GOOSE 网、IEC 61588 网合一，如图 9-4 所示。

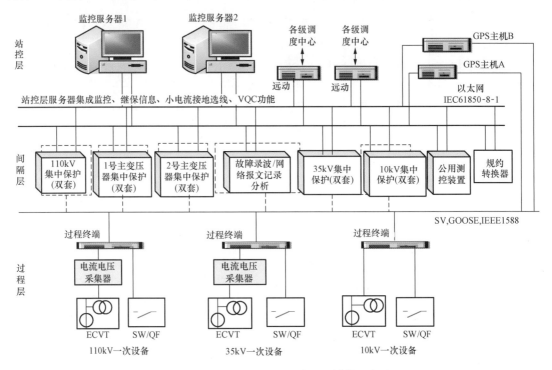

图 9-4 智能变电站"三网合一"结构示意图

智能变电站在间隔层装置与过程层的智能终端之间需要传送 GOOSE 协议报文数据，在间隔层装置与过程层的合并单元之间需要传送电流电压采样值数据。这两种数据报文在数据传送逻辑上是没有直接关系的。考虑到这两种数据的信息流量大、实时性要求高的特点，通常智能变电站将它们通过不同的网络传送，因此，智能变电站在过程层网络的组网形式上是分为 GOOSE 网和采样值网，再加上站控层网络，智能变电站通常是由这三种网组成的。如果将 GOOSE 网和采样值网通过同一个物理网络来实现，只是在网络逻辑划分上按两个网络来运行管理，这种智能变电站的组网模式就是三层两网（逻辑上三网、物理上两网），即逻辑上是 GOOSE 网和采样值网及站控层网络，而物理上则是过程层网络和站控层网络，是两个独立的网络。

过程层网络上传输 SV 采样值报文和 GOOSE 报文两类极其重要的信息。前者实现电流、电压交流量采样值的上传，后者实现开关量的上传及分合闸控制量的下行。

由于目前智能设备采用"一次设备＋智能组件"模式，智能变电站体系结构仍然分为过程层、间隔层、站控层和过程层网络、站控层网络两网的形式。

（1）过程层。过程层包括变压器、断路器、隔离开关、电流和电压互感器等一次设备及其所属的智能组件以及独立的智能电子装置 IED，过程层组网模式下还包括过程层交换机。过程层是构建智能化变电站的基础。过程层的可靠性对于智能化变电站的安全运行起着至关重要的作用。合并器目前根据发送的数据格式分为 FT3、IEC 61850 - 9 - 1、IEC 61850 - 9 - 2。智能终端是目前智能变电站（数字化变电站）解决与传统开关、变压器接口的最优方案。

（2）过程层网络。过程层网络是连接过程层的智能化一次设备和保护、测控、状态检视等间隔层二次设备的通信网络。过程层通信是实时的、高可靠性的、数据可共享的。它主要传输两类报文，采样值报文 SV 和 GOOSE 报文。过程层网络是 IEC 61850 系列标准的一部分，它的所有做法都遵循 IEC 61850 的要求。

（3）间隔层。间隔层的主要功能是：①汇总本间隔过程层实时数据信息；②实施对一次设备保护控制功能；③实施本间隔操作闭锁功能；④实施操作同期及其他控制功能；⑤对数据采集、统计运算及控制命令的发出具有优先级别的控制；⑥承上启下的通信功能，即同时高速完成与过程层及站控层的网络通信功能，必要时，上下网络接口具备双口全双工方式，以提高信息通道的冗余度，保证网络通信的可靠性。

间隔层设备一般指继电保护装置、系统测控装置、监测功能组主 IED 等二次设备，实现使用一个间隔的数据并且作用于该间隔一次设备的功能，即与各种远方输入/输出、传感器和控制器通信。

（4）站控层网络。连接间隔层和站控层设备的网络，完成 MMS 数据传输和变电站 GOOSE 联闭锁等功能，较之 IEC 60870 - 5 - 103 协议，通信数据量大幅增加，需要采用 100M 的以太网。

（5）站控层。站控层的主要任务是通过两级高速网络汇总全站的实时数据信息，将有关数据信息送往电网调度或控制中心，接收电网调度或控制中心有关控制命令并转间隔层、过程层执行，具有对间隔层、过程层设备的在线维护、在线组态、在线修改参数等功能。

站控层包括自动化站级监视控制系统、站域控制、通信系统、对时系统等，实现面向全站设备的监视、控制、告警及信息交互功能，完成数据采集和监视控制（SCADA）、操作闭锁以及同步相量采集、电能量采集、保护信息管理等相关功能。

四、智能变电站的网络结构模式

根据继电保护采样跳闸方式的不同，现有的智能变电站（数字化变电站）网络结构模式有两种，即"三网合一"网络采样跳闸模式和"直采直跳"采样跳闸模式。"三网合一"的网络结构示意图如图 9 - 4 所示，组网结构示意图如图 9 - 5 所示。"直采直跳"采样跳闸模式是指测控装

微课：智能变电站网络采样结构模式

置信号采集、继电保护跳闸采样、计量采样等通过专用的网络实现独立于站控层网络，其站控层、过程层网络结构示意图如图 9 - 6 和图 9 - 7 所示。"直采直跳"采样跳闸模式是智能变电站（数字化变电站）的一种网络结构模式，有别于网络采样跳闸模式。"直采直

微课：智能变电站直采直跳结构模式

跳"采样跳闸模式中，保护装置的电流、电压采集是从本间隔的电流互感器和电压互感器直接采集，保护跳闸也是通过本间隔的 GOOSE 跳闸网络即直跳网络直接出口不再通过网络交换机，因此采用"直采直跳"

采样跳闸模式的变电站较网络采样跳闸模式有更强的独立性，完全不依赖于网络交换机，可靠性更高。

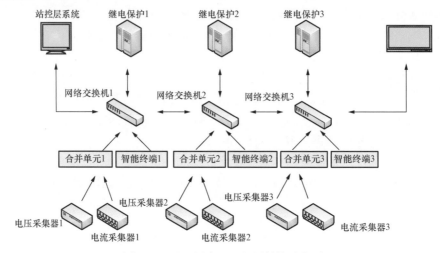

图 9-5　"三网合一"组网结构示意图

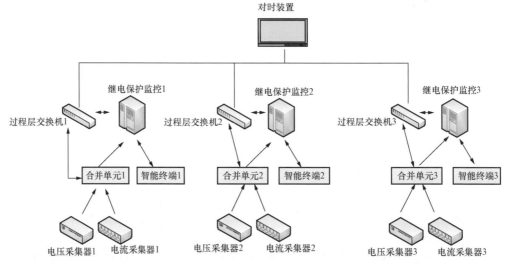

图 9-6　"直采直跳"采样跳闸模式站控层网络结构示意图

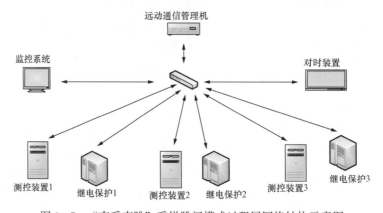

图 9-7　"直采直跳"采样跳闸模式过程层网络结构示意图

第三节 IEC 61850 标 准

一、概述

变电站自动化系统主要是将变电站的以 RTU（远方终端单元）为核心的监控自动化功能和变电站继电保护功能，通过站内 LAN（局域网）或现场总线互连，形成站内的综合自动化系统。由于历史的局限，这种变电站自动化系统一直没有形成统一的通信协议标准，每个系统的站内 LAN 或现场总线通信协议都是采用厂家自己制订的私有协议。这就给变电站自动化系统中采用不同厂家的产品造成困难，必须要增加规约转换设备，才能将不同通信协议的产品接入到系统的站内 LAN 上，实现信息的交互。这不仅增加了系统的通信设备数量、通信环节和工程调式维护的工作量；同时，由于每个工程的系统集成和选用的产品组合变化，常常造成规约转换设备的软件是在工程集成实施的过程中才来编码、修改、调试完成的，软件缺乏相应的测试成熟度，给安全运行带来隐患。这样使得系统的设计和集成、安装与调试困难越来越大，为系统的稳定运行带来一系列问题。同时，产品的优化选型也几乎变得不可能。然而，电力用户、产品研发及系统集成厂商一直希望系统是开放的，设备之间具备互操作性。但是，制约着系统集成灵活性的技术瓶颈就是变电站自动化系统内的通信协议没有标准化。

互操作性是指来自同一制造商或不同制造商的两个以上智能电子设备之间具备交换信息并使用这些信息实现规定功能的协同操作能力。设备具备互操作性的前提条件是设备间要具备信息交换的能力。由于变电站自动化系统的通信协议都是采用厂家自己制订的私有协议，并不为其他厂家产品所接受，造成了设备与系统的信息通信交换困难，只得加接规约转换才能解决通信的麻烦；同时还不得不接受由于各自的规约设计、功能及数据设计上的各自独立，从而造成功能配合上可能相互脱节的缺陷。

通信协议是涉及两个以上智能电子设备之间通信交换信息所共同遵守的规则，对于涉及来自不同制造商的设备，制定通信协议采用标准的形式是最好的，也是通信协议领域发展的必由之路。不管是常规的变电站自动化系统，还是前一阶段出现的数字化变电站，以及目前的智能变电站，最核心的技术之一就是具备站内通信功能，因此必须制定通信协议。制定变电站内通信协议标准成为变电站自动化系统技术发展的关键。为此，从 20 世纪 90 年代以来，变电站内通信协议标准在提出和标准制定、工程实践检验、修改成了国内外此领域的专家所重点专注和研究的核心工作。

IEC 61850 标准经过多年的酝酿和讨论于 2003 年内正式发布部分内容。IEC 61850 标准是全世界唯一的变电站网络通信标准，也将成为电力系统中从调度中心到变电站、变电站内、配电自动化无缝自动化标准，还有望成为通用网络通信平台的工业控制通信标准。当前，生产相关产品的国外各大企业都在围绕 IEC 61850 开展工作，并提出 IEC 61850 的发展方向是实现"即插即用"，在工业控制通信上最终实现"一个世界、一种技术、一个标准"。IEC 61850 标准在信息分层、面向对象的数据对象统一建模、数据自描述和抽象通信服务映射等概念的基础上，提出了变电站自动化通信系统框架模型，同时遵循 IEC

61850 标准，对 IED 硬件系统和软件系统具体实现方法及应该注意的相关问题进行了讨论，为变电站自动化系作性、可扩展性和高可靠性的实现提供了可行依据。

二、IEC 61850 标准构成

IEC 61850 系列标准是"变电站通信网络与系统"系列标准，是基于美国 UCA2.0 标准，又有所发展，其主要特点是分层的智能电子装置和变电站自动化系统；根据电力系统生产过程的特点，制定了满足电力系统实时信息传输要求的服务模型；采用抽象通信服务接口、特定通信服务映射，网络的应用层协议和网络传输层协议独立，以适应网络发展；采用面向对象建模技术，面向设备、面向对象建模和面向应用开放的完善的自我描述，以适应功能扩展，满足应用开放互操作要求；采用配置语言，配备配置工具，在信息源定义数据和数据属性；定义和传输元数据，扩充数据和设备管理功能；传输采样测量值等。该系列标准还包括变电站通信网络和系统总体要求、系统和工程管理、一致性测试等。

IEC 61850 标准建立统一的、面向对象的层次化信息模型，实现设备的自我描述，以适应自动化功能的扩展，满足应用开放互操作要求，使不同厂家、不同类型的智能电子设备 IED 能够实现互操作。

IEC 61850 标准建立了三类信息服务模型：MMS（制造报文规范）、GOOSE、SV。MMS 通信机制规范了间隔层 IED 与站控层监控主机之间进行运行、维护报文的传输，如保护动作信息、异常告警信息、保护整定值信息、故障录波信息等，有效解决了各类 IED 运行维护信息标准化上传给主站的问题；GOOSE 通信机制规范了间隔层 IED 之间以及间隔层 IED 与过程层智能终端之间的开关量报文的快速传输，如状态信息、控制信息等，可实现设备状态信息共享、设备闭锁功能、开关类设备的跳闸控制等功能；SV 通信机制规范了间隔层 IED 与合并单元之间采样值报文的传输，使 IED 直接接受来自合并单元的量测量数字信息，实现量测信息的共享。

微课：IEC61850 的 3 类信息 服务模型

IEC 61850 提供了四类配置描述文件：SSD（系统规范描述）文件、SCD（系统配置描述）文件、ICD（IED 能力描述）文件、CID（IED 配置后的描述）文件，分别描述了一次系统接线图、一次接线及二次设备和通信系统、二次设备的基本数据模型与服务、二次设备模型和通信参数以及一次系统的对应关系。使用这些配置描述文件后，使变电站自动化系统的集成过程从人工处理向自动化处理转变。

IEC 61850 应用范围可以扩大。由于 IEC 61850 标准所代表的技术的先进性和通用性，以该标准作为基础而派生出的同系列新标准较多，不仅作为变电站站内标准，而且作为变电站与变电站之间、变电站与调度中心之间的通信标准；还应用于电气设备状态监测、水电厂监控系统、分布式能源监控系统等。

微课：IEC61850 的 4 类配置 描述文件

1. 标准内容

IEC 61850 标准共分为 10 个部分。

（1）IEC 61850-1：基本原则，包括 IEC 61850 的介绍和概貌。

（2）IEC 61850-2：术语。

（3）IEC 61850-3：一般要求，包括质量要求（可靠性、可维护性、系统可用性、轻

便性、安全性），环境条件，辅助服务，其他标准和规范。

（4）IEC 61850-4：系统和工程管理，包括工程要求（参数分类、工程工具、文件），系统使用周期（产品版本、工程交接、工程交接后的支持），质量保证（责任、测试设备、典型测试、系统测试、工厂验收、现场验收）。

（5）IEC 61850-5：功能和装置模型的通信要求，包括逻辑节点的途径（Access of Logical Nodes），逻辑通信链路，通信信息片（Piece of Information for Communication，PICOM）的概念，功能的定义。

（6）IEC 61850-6：变电站自动化系统结构语言，包括装置和系统属性的形式语言描述。

（7）IEC 61850-7-1：变电站和馈线设备的基本通信结构——原理和模式。

IEC 61850-7-2：变电站和馈线设备的基本通信结构——抽象通信服务接口 ACSI，包括抽象通信服务接口的描述，抽象通信服务的规范，服务数据库的模型。

IEC 61850-7-3：变电站和馈线设备的基本通信结构——公共数据级别和属性，包括抽象公共数据级别和属性的定义。

IEC 61850-7-4：变电站和馈线设备的基本通信结构——兼容的逻辑节点和数据对象（Data Object，DO）寻址，包括逻辑节点的定义，数据对象及其逻辑寻址。

（8）IEC 61850-8：特殊通信服务映射（Specific Communication Service Mapping，SCSM），变电站和间隔层内以及变电站层和间隔层之间通信映射。

（9）IEC 61850-9：特殊通信服务映射 SCSM，间隔层和过程层内以及间隔层和过程层之间通信的映射。

（10）IEC 61850-10：一致性测试。

从 IEC 61850 通信协议体系的组成可以看出，这一体系对变电站自动化系统的网络和系统做出了全面、详细的描述和规范。

2. 基本术语

（1）功能（Function）。功能就是变电站自动化系统执行的任务，如继电保护、控制、监测等。一个功能由称作逻辑节点的子功能组成，它们之间相互交换数据。按照定义只有逻辑节点之间才交换数据，因此，一个功能要同其他功能交换数据必须包含至少一个逻辑节点。

（2）逻辑节点 LN（Logical Node）。LN 是 IEC 61850 中用来表示功能的最小单元。一个 LN 表示一个物理设备内的某个功能，如节点 PDIS 表示距离保护功能，节点 XCBR 表示断路器功能等。LN 执行一些特定的操作，LN 之间通过逻辑连接交换数据。一个 LN 就是一个用它的数据和方法定义的对象。与主设备相关的逻辑节点不是主设备本身，而是它的智能部分或者是在二次系统中的映射，如本地或远方的 I/O、智能传感器和传动装置等。

（3）逻辑设备 LD（Logical Device）。LD 是一种虚拟设备，是为了通信而定义的一组逻辑节点的容器。例如，可以将一个间隔内的保护功能组织为一个 LD。LD 往往还包含经常被访问和引用的信息的列表，如数据集（Data Set）。一个实际的物理设备可以根据应用的需要映射为一个或多个 LD。但反过来，一个 LD 只能位于同一物理设备内，也即 LD 不可以跨物理设备而存在。

（4）服务器（Server）。一个服务器用来表示一个设备外部可见的行为，一个服务器必须提供一个或多个服务访问点（Service Access Point）。在通信网络中，一个服务器就是一个功能节点，它能够提供数据，或允许其他功能节点访问它的资源。

（5）逻辑连接（LogicalConnection）。逻辑节点之间的连接是逻辑节点之间进行数据交换的逻辑通道。显然，只有具有逻辑连接关系的逻辑节点之间才可以发生数据交换。

（6）物理连接（Physical Connection）。物理设备之间实际存在的通信连接。

三、面向对象建模技术

模型是现实事物某些方面的表示，创建 IEC 61850 模型的目的是描述主体（如 IED 设备），帮助客体（如监控后台）准确理解主体，并能自动化地实现客体与主体之间的通信服务或客体的高级应用功能。IEC 61850 的模型实际上是重点从通信角度对 IED、一次设备或变电站的数据信息进行组织和描述，主要解决通信数据内容和数据访问方式问题。因此，数据模型和通信服务是 IEC 61850 模型的最核心的部分。

IEC 61850 模型按照描述对象和范围分为描述一个 IED 的模型（通过 ICD 文件表示）、描述变电站的一次设备的模型（通过 SSD 文件表示）、描述整个变电站的模型（通过 SCD 文件表示）三个类型的模型。

IED 是数据提供者，IED 模型中将 IED 称为数据服务器，以面向对象的层次化模型的方式描述了 IED 所包含的各种数据，同时还通过模型告诉使用数据的客户端，如 IED 支持哪些通信服务以及通信服务的参数。

变电站一次设备模型描述了变电站的一次结构、一次设备之间的拓扑以及变电站包含的一次设备的数据模型。

整个变电站的模型则是由系统配置工具导入各种 IED 的模型（ICD 文件）并根据变电站 IED 配置情况将其实例化，导入变电站一次设备模型（SSD 文件），然后配置整个变电站的通信组网结构、IED 的通信参数、IED 间的信号连接（GOOSE、SV 信号）以及一次设备与 IED 之间的关联关系等而形成。变电站数据模型（SCD 文件）包含变电站一、二次设备等所有的信息，客户端（如监控系统、远动和保护信息子站等）将根据该模型进行数据库的配置和通信的处理。

从各 IED 设备和客户端的通信运行及工程实施等多个角度来看，模型存在于变电站的各个环节，是支撑全站运行的基础技术。

IED 模型是 IEC 61850 标准的核心。IED 模型采用面向对象和层次化描述的方法，按照 IEC 61850 的语法和定义，对智能电子设备的功能逻辑、输入接口、输出接口、通信服务接口等信息，进行抽象、分类、组织，进而形成了完整的模型。IEC 61850 模型可分为数据模型和通信服务模型两部分。数据模型的构成包括服务器（Server）、逻辑设备（LD）、逻辑节点（LN）和数据对象（Data），通信服务模型的构成包括数据集、定值组控制块、报告控制块、日志控制块、GOOSE 控制块、采样值控制块等。IED 的分层信息模型自上而下分为 4 级：Server、LD、LN 和 Data，上一级的类模型由若干个下一层级的类模型"聚合"而成，位于最低层级的 Data 类由若干 DataAttribute（数据属性）组成。LD、LN 和 Data，DataAttribute（数据属性）均从 Name 类继承了 ObjectName（对象名）和 ObjectReference（对象引用）属性。

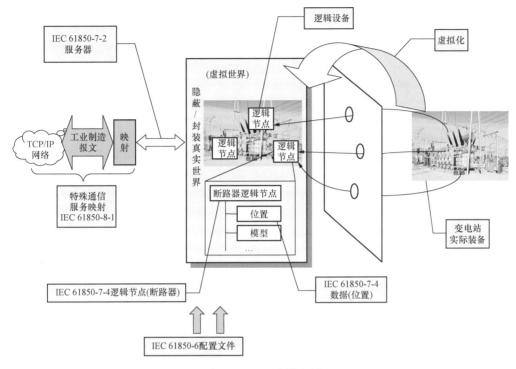

图 9 - 8　IED 建模实例

IEC 61850 IED 建模实例如图 9 - 8 所示。按照 IEC 61850 建模方法，可将变电站的断路器定义为逻辑节点 XCBR，将断路器的位置、动作次数等信息定义为一个逻辑节点下的数据 Pos、OpCnt，这样就形成了虚拟的模型环境；外部设备可以通过 IEC 61850 通信服务和这个虚拟的模型环境，对断路器分、合状态及断路器的动作次数等信息进行解读和分析。

IEC 61850 采用面向对象的建模技术，定义了基于客户端/服务端结构数据模型。每个 IED 包含一个或多个服务器，每个服务器本身又包含一个或多个逻辑设备。逻辑设备包含逻辑节点，逻辑节点包含数据对象。数据对象则是由数据属性构成的公共数据类的命名实例。从通信而言，IED 同时也扮演客户的角色。任何一个客户可通过抽象通信服务接口（ACSI）和服务器通信访问数据对象。

IEC 61850 定义了采用设备名、逻辑节点名、实例编号和数据类名建立对象名的命名规则，采用面向对象的方法，定义了对象之间的通信服务，比如获取或设定对象值的通信服务，取得对象名列表的通信服务，获得数据对象值列表的服务等。面向对象的数据自描述在数据源就对数据本身进行自我描述，传输到接收方的数据都带有自我说明，不需要再对数据进行工程物理量对应、标度转换等工作。由于数据本身带有说明，所以传输时可以不受预先定义限制，简化了对数据的管理和维护工作。

四、抽象通信服务映射

IEC 61850 服务是基于模型的，在通信网络上传输的，包含层次参数信息的有序功能报文。IEC 61850 采用面向对象技术定义通信服务，用抽象建模方法设计出抽象通信服务

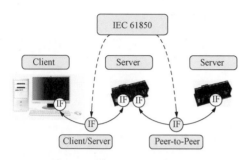

图 9 - 9　ACSI 定义的两种通信服务机制

接口 ACSI，ACSI 定义了变电站设备的公共的实用服务，定义了两种通信服务机制，如图 9 - 9 所示。一种使用 Client/Server（客户/服务器）模型，它提供控制、报告、取数据值等服务；另外一种使用 Peer-to-Peer（对等网络）模型，它提供 GOOSE/GSSE 服务（主要用在时间关键的应用中，如继电保护设备间快速、可靠的数据传输）、周期的采样值的传输服务等。客户/服务器模型中，智能电子设备是服务器，在通信网络上支持各种类型的服务，而接收服务器主动传输数据的实体，如监控系统等是客户端。

ACSI 中的抽象概念可以归纳为两个方面：

（1）ACSI 仅对通信网络可见且可访问的实际设备（例如断路器）或功能建模，抽象出各种层次结构的类模型和它们的行为。

（2）ACSI 从设备信息交换角度进行抽象，并只定义了概念上的互操作。标准关心的是描述通信服务的具体原理，而没有定义与有关设备间交换的具体报文及编码，这些在特定通信服务映射 SCSM 中指定（IEC 61850 - 8、IEC 61850 - 9），因此它独立于具体的网络应用层协议，和采用的网络无关。这样就实现了通信服务和采用的具体技术的独立。

此外，IEC 61850 - 6 定义了一种基于 XML 技术的变电站配置语言（SCL），用于描述变电站自动化系统和一次开关之间的关系以及智能电子设备（IED）的配置情况。制定 SCL 语言的目的是为不同厂商的工程工具提供一种统一、标准的描述格式，使各种工程工具之间能够实现互操作，从而简化变电站自动化系统的集成过程并降低集成费用。SCL 是 IEC 61850 技术体系的重要组成部分，是 IEC 61850 工程实现的重要保障。

IEC 61850 规定，配置文件全部采用面向对象方式的 SCL 语言编写，因此所有的配置文件具有相似的文档结构。

SCL 文档应包含头、变电站、通信、智能电子设备和数据模板五个基本组成部分。

（1）头（Header）：描述 SCL 文档的版本和修订号以及名称映射信息。

（2）变电站（Substation）：从功能的角度描述开关场的设备（包括过程层装置）、基于电气接线图的连接（拓扑）以及描述所有装置功能，主要着眼于整个变电站的结构，因此在描述 IED 装置的文件中不出现该部分。

（3）通信（Communication）：描述与通信相关的对象类型，如子网、通信访问点，描述有关智能电子设备间的连接，作为逻辑节点客户和服务器间的通信路由基础。

（4）智能电子设备（IED）：描述与变电站自动化系统产品相关的装置对象，如智能电子设备、逻辑节点实现等。

（5）数据模板（Data Type Template）：详细定义了所有在文件中出现的逻辑节点，包括它的类型以及该逻辑节点所包含的数据对象 DO。

五、GOOSE 服务

IEC 61850 中定义的面向通用对象的变电站事件（GOOSE）以快速的以太网多播报文

传输为基础，代替了传统的智能电子设备（IED）之间硬接线的通信方式，为逻辑节点间的通信提供了快速且高效可靠的方法。

GOOSE 服务支持由数据集组成的公共数据的交换，主要用于保护跳闸，断路器位置，连锁信息等实时性要求高的数据传输，GOOSE 服务的信息交换基于发布/订阅机制基础上，同一 GOOSE 网中的任一 IED 设备，即可以作为订阅端接收数据，也可以作为发布端为其他 IED 设备提供数据。这样可以使 IED 设备之间通信数据的增加或更改变得更加容易实现。为了保证 GOOSE 服务的实时性和可靠性，GOOSE 报文采用与基本编码规则（BER）相关的 ASN.1 语法编码后，不经过 TCP/IP 协议，直接在以太网链路层上传输，并采用特殊的收发机制，如图 9 - 10 所示，GOOSE 报文发送采用心跳报文和变位报文快速重发相结合的机制。在 GOOSE 数据集中的数据没有变化的情况下，发送时间间隔为 T_0 的心跳报文，报文中的状态号（stnum）不变，顺序号（sqnum）递增。当 GOOSE 数据集中的数据发生变化情况下，发送一帧变位报文后，以时间间隔 T_0，T_1，T_2，T_3 进行变位报文快速重发。数据变位后的报文中状态号（stnum）增加，顺序号（sqnum）从零开始。GOOSE 接收可以根据 GOOSE 报文中的允许生存时间 TAIL（Time Allow to Live）来检测链路中断。

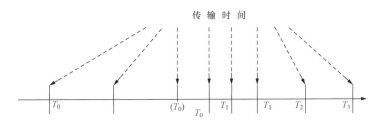

图 9 - 10　GOOSE 发送机制

六、SV 服务

SV 服务是数字化变电站应用中的关键的环节，它对数据的采集、传输有着很强的时间限制，对采样值传输的数据组织需要有明确的理解，采样数据的接收方能够正确处理采样数值，并能够对各种异常情况作出正确的处理。IEC 61850 对采样数据的传输提供了明确的标准规范。采样值传输采用了数据集定义的方式，对需要传输的数据进行了组合与定义，明确了传输的语义与内容；提供了一个时间控制的传输机制，最大程度上消除了采样值在传输时间、传输序列上的混淆，并提供了采样丢失的检测机制。

（1）采样报文的组织方式。IEC 61850 采样值服务使用了采样值控制块对采样的共有信息进行了规范、使用了数据集的方式对各个采样通道进行了组织，对每个数值的语义进行了规范，明确了信息变换的内容。该部分内容在 SCD 配置文件中进行了描述。

所有采样通道主要包含以下共有信息。

1）采样率：每秒的采样频率，严格限制了两个采样点之间的时间间隔。

2）采样序列信息，即采样计数器：用来描述采样值的时间序列信息。

3）采样同步信息：用来描述采样值采集的状态信息。

4）其他信息：包含一些装置的运行信息，描述采样发布者自己的运行状况。

采样值服务的采样数据集描述了各个采样通道在该采样值数据中的顺序，即各个采样通道的序列信息。每个采样通道又包含两部分内容。

1）数值信息，即采样值的瞬时数值。

2）数值状态信息：①有效性信息：采样值数据是否有效的标识；②测试态信息：标识采样值数据的来源，包括正常态、测试态；③其他：如采样值数据来源，取代过程层测量，以及更详尽的数值状态信息。

（2）采样传输模型。IEC 61850-9-2 的采样值信息交互基于多播传输的发布/订阅传输机制。发布者将数据写入本地的发送侧数据缓冲区中；订阅者从本地的接收侧数据缓冲区中读取数据；这些数值会被附加上一个时间标签，订阅者可以从该标签获取数据的时间序列信息；通信系统负责更新订阅者的本地数据缓冲区。

（3）多播传输机制。MU 以特定的速率进行采样，同时进行同步处理；这些采样信息被存放在发送缓冲区中。网络系统需要把发布方的数据通过网络及时的发送给采样值的订阅者。

IEC 61850-9-2 以组播的方式在局域网的数据链路层上传输采样值。由于采样值的传输要求有很高的实时性，在采样值传输的报文中包含了虚拟局域网优先级设置部分，通过将采样值报文的局域网优先级设定较高的优先级，并且使用支持局域网优先级的交换机组网，确保采样值报文的传输具有较强的实时性。

（4）采样同步。订阅者接收到采样数据后，需要对采样数据进行本地处理，然后提供给本装置使用该采样值，并完成相应的保护及其他运算逻辑。

如何安全、稳妥地实现合并单元之间的采样同步已经成为智能变电站发展的一个重要课题。目前，在变电站中主要使用两种方法实现数字化采样同步：①插值同步法；②时间同步法。插值同步法是一种推算的同步方法。保护装置利用 MU 采样信息的准确到达时间、报文延迟时间来推算 MU 对应本地时间的采样样本，然后通过插值计算获取不同 MU 对应同一本地时刻的采样样本信息。其前提是已知（或计算可得到）各个 MU 采样到达保护的确定的延迟时间。插值同步法示意图如图 9-11 所示。图中虚线表示保护实际接收到MU 采样报文的时间；ΔT 为固定延迟时间，通过该延迟时间可以推算出 MU 的实际采样时刻对应的本地时间，以实线表示，从而可以插值计算出各个 MU 对应任一本地时刻的采样数据，实现采样同步计算。

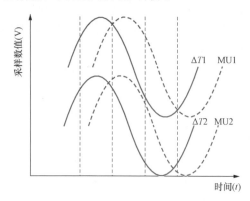

图 9-11　插值同步法示意图

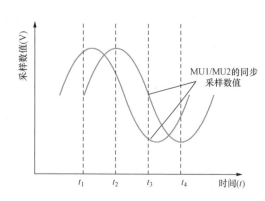

图 9-12　时间同步法示意图

　　时间同步法是利用公共时钟脉冲的同步方法。各个 MU 必须接入公共时钟源，按照同步时钟输入信号给定的状态获取采样数据并按照特定格式输出采样数据；保护装置同样接收公共时钟源信息，从而获得同一时刻的各个 MU 的采样数据，实现采样同步，如图 9 - 12 所示。

　　目前，在变电站中一般采用硬接线时间法实现时间同步，而且可以达到比较高的同步精度。硬接线时间同步法需要全站有统一的时钟源，定时发送同步信号；但并不要求时钟源使用绝对时间，即不必须使用类似 GPS 授时的方式。一些智能变电站中使用 IEEE 1588 标准实现时间同步，它通过网络 FTP 方式实现同步源与各个装置的同步，同步精度更高。但相比硬接线时间同步法，IEEE 1588 标准同步需要使用绝对时间戳，即需要为时钟源提供类似 GPS 精确授时。

第四节　智能一次设备

　　智能变电站是按照过程层、间隔层、站控层三层结构体系分层构建，以数字量光缆通信代替模拟量二次电缆信号传输，并实现智能设备间信息共享和互操作的变电站。智能变电站推荐采用新型电子式电流、电压互感器代替常规 TA 和 TV，并采用了智能组件等先进技术，实现一次设备的智能化。与传统变电站相比具有测量数字化、控制网络化、设备状态可视化、功能一体化和信息互动化等特点。

一、电子式互感器

　　在电力系统中，将电磁式电流互感器、电磁式电压互感器及电容式电压互感器统称为传统互感器。电子式互感器具有传统互感器的全部功能。两者除原理、结构不同外，在性能上，特别是暂态性能、绝缘性能方面有较大区别。

微课：电子式
互感器概述
及分类

　　1. 电子式互感器的特点

　　（1）消除了磁饱和现象。传统的电流互感器在运行中系统发生短路时，在强大的短路电流作用下，特别是非周期分量尚未衰减时，断路器跳闸，或在大型变压器空载合闸后，互感器铁芯将保留较大剩磁，铁芯饱和严重，这将使电流互感器暂态性能恶化，使二次电流不能正确反映

微课：电磁
式电流互感器

一次电流，导致保护拒动或误动。而电子式互感器的光电式互感器、空心线圈电流互感器没有铁芯，不存在饱和问题。因此，其暂态性能比传统互感器好，且大大提高了各类保护故障测量的准确性，从而提高保护装置的正确动作率，保证电力系统的安全运行。

　　（2）对电力系统故障响应快。现有保护装置的保护原理是基于工频量作为保护判断参量的，而不是利用故障时的暂态信号量作为保护判断参量，易受过渡电阻和系统振荡、磁饱和等因素的影响。利用暂态信号作为保护判断参量是微机保护的发展方向，它对互感器的线性度、动态特性都有很高的要求，电子式互感器可以满足这一要求。

　　（3）消除了铁磁谐振，抗干扰能力强。传统的电压互感器中，电磁式电压互感器呈感

性，与断路器容性端口会产生电磁谐振。此外，电容式电压互感器本身含有电容元件及多个非线性电感元件（如速饱和电抗器、补偿电抗器和中间变压器等），在一次侧合闸操作或一次侧短路及二次侧短路并消除故障时，其自身均将产生瞬态过程，可能激发稳定的次谐波谐振，从而导致补偿电抗器和中间变压器绕组击穿。电子式互感器没有构成电磁谐振的条件，其抗电磁干扰力强。

（4）优良的绝缘性能。随着电压等级的提高，电磁式电流互感器、电磁式电压互感器大大增加了绝缘困难，绝缘油等绝缘材料有爆炸危险，且体积大、重量重。电子式互感器绝缘相对简单，高压侧与地电位侧之间的信号传输采用绝缘材料制造的玻璃纤维，体积小、重量轻，因此，电子式互感器给运输和安装带来了很大的方便。

（5）适应电力计量与保护数字化的发展。电子式互感器能够直接提供数字信号给计量、保护装置，有助于二次设备的系统集成，加速整个变电站的数字化、智能化和信息化进程。传统的电磁式电流互感器、电磁式电压互感器、电容式电压互感器输出为模拟量，不能直接提供数字信号，需要附加数字化转换装置。

（6）动态范围大。随着电力系统容量增加，短路故障时，短路电流越来越大，可达稳态的 20～30 倍以上。电磁式电流互感器因存在磁饱和问题，难以实现大范围测量。电子式电流互感器有很宽的动态范围，光学电流互感器和空心线圈电流互感器的额定电流为几十安到几十万安。电子式互感器可同时满足计量和保护的需要。

（7）频率响应范围宽。光学互感器、空心线圈电流互感器的频率响应均很宽，可以测出高压电力线上的谐波，还可以进行暂态电流、高频大电流与直流电流的测量。电磁式互感器传感头由铁芯构成，频响很低。

（8）经济性好。随着电力系统电压等级的增高，传统互感器的成本成倍上升，而电子式互感器在电压等级升高时，成本只是稍有增加。此外，由于电子式互感器的体积小，重量轻，可以组合到断路器或其他高压设备中，共用支撑绝缘子，可减少变电站的占地面积。

2. 电子式互感器分类

根据 IEC 和 GB/T 20840.8 - 2007《互感器　第 8 部分：电子式电流互感器》，明确指出电子式互感器可分为光学互感器和有源型电子式互感器两类。

微课：有源型
与无源型电子
式电流互感
器对比

（1）电子式电流互感器。

1）光学电流互感器（Optical Current Transformer，OCT），是指采用光学原理、器件做被测电流传感器，光学原理器件由光学玻璃、全光纤等构成的电子式互感器。其传输系统用光纤光缆，输出电压大小正比于被测电流大小。根据被测电流调制的光波物理特征、参量的变化情况，可将光波的调制分为光强度调制、光波波长调制、光相位调制和偏振调制等。

2）有源型电子式电流互感器。这种类型的电子式电流互感器有两种：一种是空心线圈电子式电流互感器，又称为罗氏（Rogowski）线圈电子式电流互感器。空心线圈由漆包线均匀绕制在环形骨架上制成，骨架采用塑料或陶瓷等非铁磁材料，相对磁导率与空气中的相对磁导率相同，这便是空心线圈有别于带铁芯的交流电流互感器的一个显著特征。

另一种是铁芯线圈式低功率电子式电流互感器（Low-Power Current Transformer, LPCT）。它是传统电磁式电流互感器的一种发展。其按照高阻抗电阻设计，在非常高的一次电流下，饱和特性得到改善，扩大了测量范围，降低了功率消耗，可以无饱和的高准确度测量过电流、全偏移短路电流，测量与保护可共用一个铁芯线圈式低功率电子式电流互感器，其输出为电压信号。

以上两种类型的有源型电子式电流互感器，除了传感形式不同以外，都采用"高压侧模/数转换→电光转换→光数字信号传输→低压侧光电信号转换"的信号传输方式。由于其在高压侧采用电子电路，需要有电源供电，因此被称为有源型电子式电流互感器。

微课：LPCT
有源电子式
电流互感器

这里以空心线圈电子式电流互感器为例，基本原理是传感元件采用罗柯夫斯基线圈（简称罗氏线圈），在高压侧将罗氏线圈输出的模拟信号通过电子系统转换为数字信号，再通过光纤传输到低压侧。

罗氏线圈是一种较成熟的测量元件。它实际上是一种特殊结构的空心线圈，将测量导线均匀地绕在截面均匀的非磁性材料的框架上，就构成了罗氏线圈，如图 9 - 13 所示。罗氏线圈输出的电压信号可表示为

微课：罗氏线
圈有源电子式
电流互感器

$$u(t) = \frac{\mathrm{d}\phi(t)}{\mathrm{d}t} = M\frac{\mathrm{d}i(t)}{\mathrm{d}t}$$

$$M = \frac{N}{l}S\mu_0 \tag{9 - 1}$$

式中：M 为罗氏线圈的电感系数，与罗氏线圈的材料以及温度变化有关；N 为罗氏线圈的线圈匝数；l 为线圈周长；S 为线圈横截面的面积。

根据式（9 - 1），可以通过对罗氏线圈的输出电压进行积分，就可以获得被测电流值。

这种互感器的高压侧有电子电路，电子电路采集线圈的输出信号，经滤波、积分变换及模/数转换后变为数字信号，通过电光转换电路将数字电信号变为数字光信号，然后通过光纤将数字光信号送至二次侧供继电保护和电能计量等设备用。由于高压侧的电子电路需要合适的电源才能工作，因此这种互感器必须解决高压侧电源问题，这也是该互感器的关键技术之一。目前已用的产品采用激光光纤供能、TA 线圈取电或者两者联合供电方式。

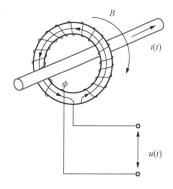

图 9 - 13　罗氏线圈测量原理

（2）电子式电压互感器。

1）光学电压互感器，由光学晶体做敏感元件，利用电光效应、逆压电效应、干涉等方式进行调制，被测电压直接加在敏感元件上，是传感型电子式电压互感器。传输系统用光纤光缆，输出电压正比于被测电压。

国内外研究人员提出了多种基于不同光学效应的测量原理，如普克尔（Pockels）电光效应、克尔（Kerr）电光效应、逆压电效应等，应用最多的是基于 Pockels 电光效应电压互感器。

① Pockels 电光效应电压互感器。Pockels 电光效应是指某些透明的光学介质在外电

场的作用下，其折射率线性随外加电场而变，又称为线性电光效应。具有电光效应的物质很多，但在电力系统高电压测量中用得最多的是 BGO（锗酸铋 Bi4Ge3O12）晶体，BGO 是一种透过率高、无自然双折射和自然旋光性、不存在热电效应的电光晶体。

根据电光晶体中通光方向与外加电场（电压）方向的不同，基于 Pockels 电光效应的光学电压互感器可分为横向调制光学电压互感器和纵向调制光学电压互感器。

② Kerr 电光效应光学电压互感器。Kerr 电光效应是存在于各向同性介质中的一种电光效应，其表达式为

$$\Delta n = kE^2 \tag{9-2}$$

式中：Δn 为介质折射率的变化量；E 为外加电场；k 为与介质及通过光波长有关的常数。

③ 逆压电效应光学电压互感器。逆压电效应是指当晶体管受到外加电场作用时，晶体除产生极化现象以外，同时形状也产生微小变化，即产生应变。若将逆压电效应引起的晶体形变转化为光信号的调制并检测光信号，则可实现电场（或电压）的光学传感。

光学电压互感器的传感机理，使其具有不存在磁饱和、准确度高等优点。它利用光纤传递信息，抗干扰能力强，还能起到测量回路和高压回路电气隔离的作用，因而绝缘结构比传统互感器简单，并能减小体积、降低重量，有着传统电磁式互感器无法比拟的优点。光学电压互感器是依据晶体在外加电场的作用下产生的电极化效应来实现对电场或电压的测量，环境温度及应力等外界作用将引起晶体的附加极化并形成对电场极化的干扰，影响工作稳定性和精度。

2）有源型电子式电压互感器，将被测电压由电容分压、电阻分压或电感分压后，取分压电压，变为光信号经光纤传输至二次转换器，进行解调得被测电压。这种电子式电压互感器的信号传输方式与有源型电子式电流互感器基本相同。

有源型电子式电压互感器在结构上主要包括分压器部分、一次和二次的隔离部分、信号处理部分三个部分。阻容分压电子式电压互感器按电压传感部分不同的传感原理，可以分为电阻分压式、电容分压式和电感分压式三种。

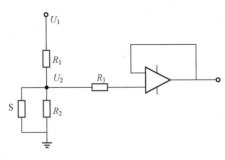

图 9-14 电阻分压式原理
U_1—高压侧输入电压；U_2—低压侧输出电压

① 电阻分压式电压互感器原理。电阻分压式电压互感器的电压传感部分为一电阻式分压器，其原理如图 9-14 所示。分压器由高压臂电阻 R_1 和低压臂电阻 R_2 组成，电压信号在低压侧取出。为防止低压部分出现过电压和保护二次侧测量装置，必须在低压电阻上加装一个放电管或稳压管 S，使其放电电压恰好略小于或等于低压侧允许的最大电压。为了使电子线路不影响电阻分压器的分压比，加一个电压跟随器。

理想的电阻分压器，分压比 $K = 1 + R_1/R_2$，被测电压和 R_2 上的电压在幅值上相差 K 倍，相差为零。实际上，电阻分压器存在着测量误差。分压器与其周围地电位的物体间存

在的固有电场所引起的杂散电容，是造成测量误差的主要原因。除此以外，电阻组件的稳定性、高压电极电晕放电和绝缘支架的泄漏电流等，都会带来测量误差。在高电压下，电阻尺寸显著增加，必须考虑分压器对地和对高压引线的分布电容。

　　② 电容分压式电压互感器原理。电容分压器是信号获取单元，经过多年的发展与应用，技术已经相当成熟，是高电压系统较理想的信号获取方式。其原理如图 9 - 15 所示。C_1、C_2 分别为分压器的高、低压臂电容，U_1 为被测一次电压，U_{C1}、U_{C2} 为分压电容上的电压。由于两个电容串联，所以有 $U_1 = U_{C1} + U_{C2}$，根据电路理论，可以得出

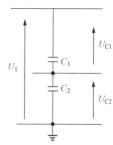

图 9 - 15　电容分压式原理

$$U_{C2} = \frac{C_1}{C_1 + C_2} U_1 = K U_1 \qquad (9 - 3)$$

式中：K 为分压器的分压比，$K = \dfrac{C_1}{C_1 + C_2}$。

　　由式（9 - 3）可知，只要选择适当的电容量，即可得到所需的分压比，即电容分压器的分压原理。

　　③ 电感分压式电压互感器原理。电感分压是对直流高压、交流高压进行分压测量的另一种方法，基本原理与上述的电阻分压和电容分压是一致的，只是将电阻或电容变换为电感。这种互感器在设计和应用中需要考虑电磁谐振问题。

　　3. 光学电流互感器

　　光学电流互感器是一种基于法拉第磁光效应原理利用光的偏振态的变化测量电流的光学电流互感器。磁光电流互感器（OCT）的传感部分采用磁光材料，将磁光材料做成放置于载流导体附近的块状或者条状物体，传输系统采用光纤。

　　基于法拉第磁光效应的 OCT 一直是光学电流传感技术的主流。这种 OCT 是通过测量由被测电流引起的磁场强度的线积分来间接测量电流的。根据法拉第磁光效应，线偏振光在与其传播方向平行的外界磁场的作用下通过介质（晶体或光学玻璃）时，其偏振面将发生偏转，如图 9 - 16 所示。偏转角 φ_F 可以表示为

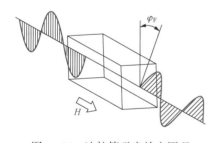

图 9 - 16　法拉第磁光效应原理

$$\varphi_F = \mu V \int_L \vec{H} \, \mathrm{d}\vec{l} \qquad (9 - 4)$$

式中：μ 为法拉第磁光材料的磁导率；V 为磁光材料的 Verdet 常数，它与介质的特性、光源波长、外界温度等有关；H 为作用于磁光材料的磁场强度；L 为通过磁光材料的偏振光的光程长度。

　　为了求出上述积分实现电流测量，可以使线偏振光围绕电流形成回路，根据安培环路定律可知

$$\varphi_F = VNi \tag{9-5}$$

式中：N 为线偏振光围绕电流的环路数；i 为被测电流。

由于偏振光的偏转角是不能够被直接测量的，因此，人们利用马吕斯定律将不可测的偏转角信号转换为可测的偏振光的光强信号。马吕斯定律指出，自然光经过第一块偏振器（称为起偏器）时，出射的偏振光的光强为入射自然光强 J_0 的 1/2，再经过第二块偏振器（称为检偏器）后，出射偏振光的电矢量平行于检偏器的透射方向，其光强 J_1 为

$$J_1 = J_0 \cos^2\theta \tag{9-6}$$

式中：θ 为起偏器出射偏振光与检偏器出射偏振光之间的偏振夹角。

将马吕斯定律应用于光学电流互感器中，此时式（9-6）中的 θ 就是法拉第旋转角和起偏器、检偏器夹角之和。为了使检偏器出射偏振光的光强获得最大，通常将起偏器、检偏器夹角设定为 $\pi/4$，由于法拉第旋转角很小，只有几度，式（9-6）就变成以下形式

$$J_1 = J_0(1 - \sin 2\varphi_F) \approx J_0(1 - 2\varphi_F) \tag{9-7}$$

在式（9-7）中，J_0 和 φ_F 均为未知量，为了从一个方程求解两个量，通常采用两种方法：单光路 AC/DC 法和双光路法。从式（9-7）可知，J_1 共由两个量组成，其中第一项 J_0 为直流量，第二项 $2J_0\varphi_F$ 为交流量。单光路 AC/DC 法就是利用 J_0 为直流量，而 $2J_0\varphi_F$ 为交流量的特点，将 J_1 通过交直流分离后再进行除法消去公共项 J_0 以得到 φ_F。这种方法不能用于测量直流电流，故而又出现了双光路法。在光学电流互感器的结构中，由偏振分束器来作为检偏器，既能够实现偏振光的检偏，又将出射的偏振光分成两束，这两束偏振光相互正交，各自的光强分别为

$$\begin{cases} J_{1P} = J_0(1 - 2\varphi_F) \\ J_{2P} = J_0(1 + 2\varphi_F) \end{cases} \tag{9-8}$$

利用方程组（9-8），可以求解未知量 φ_F

$$\varphi_F = \frac{J_{2P} - J_{1P}}{2(J_{2P} + J_{1P})} \tag{9-9}$$

微课：全光纤
电流互感器

光学电流互感器的实现有多种形式，主要有全光纤式光学电流互感器、块状光学电流互感器、集磁环式光学电流互感器。全光纤光学电流互感器是将传感光纤缠绕在通电导体周围，利用光纤的偏振特性，通过测量光纤中偏振光的旋转角来间接测量电流。

二、智能断路器

智能断路器的发展趋势是用微电子技术、信息技术和新型传感器建立新的断路器二次系统，开发具有智能化操作功能的断路器。如由电力电子技术、数字化控制装置组成执行单元，代替常规机械结构的辅助开关和辅助继电器。可按电压电流波形控制跳、合闸角度，精确控制分、合闸过程，降低操作过电压幅值。断路器操作所需的各种信息由装在断路器设备内的数字化控制装置直接处理，使断路器能独立地执行其当地功能，而不依赖于站控层系统。新型传感器与数字化控制装置相配合，独立采集运行数据，可检测设备缺陷和故障，在缺陷变为故障之前发出报警信号，以便采取措施避免事故发生。断路器具有数字化接口，可收发 GOOSE 消息以实现开关控制。

目前，断路器的智能化是在现有断路器的基础上配置智能终端予以实现。通过智能终端，保护和控制命令可以通过光纤网络实现与断路器操动机构的数字化接口。这些技术使得变电站的过程层也得以数字化，以太网构成全变电站的神经中枢。

智能操作的核心是断路器能够根据其工作条件自动地调整开断性能以实现最优操作。其优越性主要体现在以下几个方面。

（1）使断路器实际操作大多是在较低速度下开断，从而减小断路器开断时的冲击力和机械磨损，不仅可减少机械故障和提高可靠性，还能提高断路器的操作使用寿命，在工程上有较大的经济效益和社会效益。

（2）有可能改变目前的试探性自动重合闸的工作方式，而成为自适应自动重合闸，即做到在短路故障开断后，如故障仍存在，则会拒绝重合，只有当故障消除后才能重合。

（3）实现选相合闸，降低合闸操作过电压，取消合闸电阻，进一步提高可靠性。

（4）实现选相分闸，控制实际燃弧时间，使断路器起弧时间控制在最有利于燃弧的相位角，不受系统燃弧时差要求的限制，从而提高断路器实际开断能力。

（5）分合闸信号通过光缆传输，节省了大量的二次电缆，并大大提高变电站二次系统的可靠性和安全性；同时，将有利于实现二次系统的状态检修。

智能断路器是智能变电站的重要支撑技术。该产品的应用对于提高电力系统安全稳定水平具有积极和长远的意义。

各类新技术的应用，结合各类型开关设备的结构和技术特点，各主流厂家也推出了各具特色的智能高压开关设备。以气体绝缘全封闭组合电器（GIS）为例，传统的继电器二次回路中主要采用了电磁式电器，各种电器功能单一，为完成复杂的功能需要大量各种不同类型的电器，同时为连接这些电器而使用了大量硬接线。在具有现代技术的GIS中，智能继电器取代了传统的继电器，加上自监视程序的采用，其可靠性得到了提高。GIS的二次回路不断改进，在间隔层设备之间以及间隔层与站控层之间的通信联络使用了串行光纤技术，使器件数大大减少；为完成控制、保护和测量等功能所需的设备安装在GIS自带控制柜中，不再专为二次回路组屏；使用光纤通信总线简化了设备之间的连接，并解决了电磁干扰问题；控制柜内电子器件的自动控制和自监视功能提高了GIS的自动化程度。

智能GIS设备中，二次回路之间的连接通过串行光纤总线接到控制箱中，逐步取代传统的硬接线方式，能对控制或保护等操作迅速做出判断，使保护和监控更为及时、可靠。

三、智能变压器

按照智能变电站的设计目标，变电站在正式投入运行后，整个电气设备区域实现远程和自动化控制，并且要求设备装设更多的传感器和电子装置，来监测和反映设备自身状态信息（如电脉冲、气体生成物、局部过热等各种特征量），实现自身状态检测和诊断，也可通过网络获知系统及其他设备的运行状态。变压器作为非常重要的主设备之一，需要对其状态进行全面的监测和管理。对变压器进行实时监测和诊断，可以减少突发性和灾难性事故的发生。同时可以避免昂贵的替换和清理费用，避免非计划性停电。变压器潜在故障的早期监测对于延长变压器的寿命有着非常重要的意义。

研究智能变压器状态传感器，将状态传感器作为变压器的一个重要组成部分，和变压器进行一体化的设计，这样避免了变压器在生产运行过程中，再加装状态监测装置所带来的一系列问题。一体化的在线状态传感器比传统的外部加装的监测装置将更可靠、精度更高地反映设备的状态。根据变压器运行重要性等级，可以选择不同的传感器，对变压器铁芯和绕组压紧状态、位移、变形的振动测量，有载调压分接头机械性能的检测，变压器油气体检测，局部放电检测，绕组热点、微水检测，变压器油性能指标、漏油检测，铁芯检测，在线红外测温，绝缘状态检测等进行实时数据监测记录。

智能变压器的状态传感器和监测系统使得变压器得到了可靠的在线监测，同时也为变压器的状态评估、状态检修及全寿命周期管理提供了最原始、可靠的数据来源。随着智能变压器的逐步使用和推广，将很大程度上改善目前变压器的检修模式，改变定期检修必须停电、试验电压低、对故障反应不灵敏、容易造成过度维修等诸多的弊端，达到减少常规试验次数、节约人力物力、提高劳动生产率、提高电力系统运行的安全性和可靠性、减少事故发生率、提高供配电质量、提高电力负荷调度的可靠性等诸多直接和间接经济效益。

由智能变压器传感器采集的变压器全景数据，将以 GOOSE 共网的方式传送到智能变压器状态检测智能单元，构成智能变压器就地采集子系统，就地采集系统获得的监测数据采用 IEC 61850 系列标准，采用统一模型方式映射到监控主站，变压器的监控诊断系统嵌入到智能变电站的主站系统中去，这样共同组成了智能电力变压器状态监测系统。

智能变压器相对于传统变压器的优越性，主要体现在以下几个方面。

（1）智能化状态检测。传统变压器的内部状态检测主要依靠目测，变压器油的离线色谱分析等。这些检查手段简单，且无法实现实时检测。这些检测往往是在变压器内部有故障后再进行，很少起到预防和延长变压器寿命的作用。

智能变压器能实时监视变压器的运行温度，实时监视变压器油的色谱，甚至实时监视变压器的老化程度、局部放电和机械应力所致变形等。同时，智能变压器可根据以上完备的内部状态检测结果优化变压器检修计划，以达到预防变压器内部故障和延长变压器寿命的作用。

（2）智能化运行。电力变压器的运行主要包括调节运行电压，改变中性点接地方式等。传统的变压器，这些运行方式的改变往往依赖人的手动调节，智能化程度不高。

智能变压器可根据实际电力系统的运行电压，变压器的负荷量等信息自动调节变压器的运行电压，保持负荷电压的稳定性，同时，智能变压器可根据整个系统的接地情况和变压器的运行需要，自动调节变压器的中性点接地方式，保证系统接地方式的稳定性。通过这些智能化的调节，使变压器的运行状态达到最优。

与变压器的一次智能化运行相对应，智能变压器二次保护也可以根据变压器一次运行方式的改变，自动改变智能变压器保护的功能配置，来形成智能电力变压器的一次、二次智能整体解决方案。

（3）智能化寿命检测。实际电力系统中，各个变压器的运行有所区别，理论上各个变压器的运行寿命也应有所不同。传统上更换变压器时，除了内部发生严重故障导致变压器严重损坏外，变压器达到规定正常运行寿命时也会根据规定强行更换。也就是说，在更换变压器时，并没有充分考虑到变压器的实际运行寿命。

智能变压器除了能实时监视变压器的运行情况外，还可以根据实际变压器运行过程中的负荷情况，外部和内部故障情况，变压器绝缘的老化程度之局部放电情况和机械应力所致变形等实际变压器的内部情况来推测变压器运行寿命。在掌握了实际变压器的运行寿命情况后，智能变压器自动根据实际电力系统的要求，给出变压器的改造和更换时间表。

习题与思考题

9-1　什么是智能电网？请简述智能电网的内涵。

9-2　智能变电站与传统变电站有什么不同？

9-3　智能变电站中"网采网跳"和"直采直跳"结构模式有何异同？

9-4　IEC61850 的信息服务模型有哪些？请分别描述其功能。

9-5　IEC61850 的配置描述文件有哪些？请分别描述其特征。

9-6　请简述电子式互感器分类。

9-7　LPCT 和罗氏线圈有源电子式电流互感器在测量原理上有何异同？

9-8　请简述光学电流互感器的测量原理。

9-9　请绘制全光纤电流互感器的结构，并说明各部分功能。

9-10　请说明光学电压互感器的测量原理。

9-11　与传统的电磁式互感器相比，电子式互感器有哪些优点？

第十章　电力系统仿真与实验

电力系统仿真与实验是发现、探索和研究电力系统复杂现象所蕴含的本质问题的基础手段，是探明电力系统运行原理、动态特性和内在机理的重要途径，是寻找电力系统技术难题解决方法和实现电力系统优化运行的有力工具，是开展电力系统基础理论和关键技术研究的有效途径。根据仿真模型性质和仿真技术手段的不同，电力系统仿真与实验可分为数字仿真实验、物理仿真实验两种基本方式。除此以外，还有将这两种方式进行融合而形成的混合仿真实验和虚拟仿真实验。本章将对电力系统仿真原理和电力系统三种基本仿真技术（数字仿真、物理仿真、虚拟仿真）的实现方法、工具平台、典型算例进行系统介绍（为便于表述，本章部分章节将仿真与实验简称为仿真）。

第一节　电力系统仿真原理

电力系统数字仿真和物理仿真是电力系统仿真的两种基础手段。电力系统数字仿真是通过建立电力系统数学模型（数学方程式），借助专门的数学计算工具和数值算法求解进行研究的方法。通过计算机数值迭代，电力系统数字仿真可以直观地展示电气量变化过程。实质上，它是一种基于数学方法的实验方式。物理仿真也称为实物仿真、物理模拟。电力系统物理仿真是基于相似理论，采用与原型系统具有相同物理性质并且按照一定比例缩小的物理模型开展实验研究的方法。电力系统的物理模型由模拟发电机、模拟变压器、模拟线路、模拟负荷以及有关的控制、测量、保护等模拟装置构成，可以模拟电力系统的实时运行状态和动态特性，因此电力系统物理仿真也称为电力系统动态模拟（简称动模）。本节将分别针对数字仿真中的电力系统数学模型、数字仿真算法和物理仿真中的相似理论、电力系统模拟进行讲述。

一、电力系统数字仿真原理

电力系统数字仿真的基础是根据研究目的所建立的能满足一定精度要求的电力系统数学模型。实现电力系统数字仿真的关键是选择具有较好的计算精度、计算效率和数值稳定性的用于求解电力系统数学模型的计算机仿真算法。

1. 电力系统数学模型

电力系统数学模型实质上是描述其运行状态、动态特征和变量关系的由微分方程、线性或非线性代数方程构成的数学方程组。对电力系统而言，其数学模型包括两类：一类是网络模型，一类是元件模型。电力系统各元件的数学模型通过接口和网络模型连接构成电力系统数学模型。电力系统网络模型是由系统的网络拓扑结构决定的约束方程，即 KCL 和 KVL 方程。电力系统元件模型是由系统中各元件自身特性决定的伏安关系方程。其中，第一类网络约束方程是代数方程，第二类伏安关系方程则可能是代数方程、微分方程或非线性方程。电力系统建模就是采用某种建模方法建立描述电力系统运行动态特性的由代数方程、微分方程、非线性方程等构成的数学模型。电力系统建模方法主要是机理分析法，此之外还有数据分析、系统辨识、人工智能等建模方法。在不同的仿真要求和条件下，兼顾仿真的快速性和准确性，必须建立和采用不同复杂程度的电力系统模型。

（1）经典发输配用电系统模型。

经典发电系统模型包括同步发电机、励磁系统、调速系统、电力系统稳定器（Power System Stabilizer，PSS）等模型，均较为成熟。同步发电机模型根据精度和考虑的转子绕组数量不同，包括几种不同阶次模型，如五阶模型、四阶模型、三阶模型、二阶模型。同步发电机模型一般建立在 dq0 坐标系下（即派克方程），需要经过坐标变换才能与网络方程接口。交流输配电系统模型以等效电路为基础，根据仿真要求的不同进行相应处理，例如采用线路集总参数或分布参数电磁暂态模型、线路准稳态模型、变压器电磁暂态模型、变压器准稳态模型等。直流输电系统模型包括主电路模型和控制系统模型，可分为机电暂态模型和电磁暂态模型，前者一般为准稳态模型。负荷模型包括静态负荷模型、动态负荷模型和综合负荷模型。静态负荷模型主要有 ZIP、多项式和幂指数模型。动态负荷模型主要有机理式和非机理式；综合负荷模型分经典负荷模型和考虑配电网络的综合负荷模型两种。需要指出的是，上述各电力系统元件的电磁暂态模型用微分方程描述，准稳态模型采用代数方程描述。

（2）新型电力系统元件模型。

随着柔性交流输电技术（FACTS）技术、柔性直流输电（VSC-HVDC）技术、新能源发电技术、储能技术的发展，电力系统日益呈现出电力电子化特征，新型电力系统设备得到大量应用。新型电力系统元件包括 FACTS 设备〔包括静止无功补偿器（SVC）、静止无功发生器（SVG）、可控串联补偿装置（TCSC）、统一潮流控制器（UPFC）等交流输电系统中的电力电子装备〕、VSC-HVDC 设备、新能源发电设备（风力发电、光伏发电、生物质发电等）、储能设备（锂电池储能、超级电容器储能、超导储能、液流储能等）以及其他新型设备或装置。新型电力系统元件具有典型的电力电子化特征，包括由高频电力电子器件构成的一次系统和复杂的控制系统。在建立电力系统模型时必须考虑这些新型电力系统元件并建立能反映其特征的相应数学模型。根据不同的研究目的，新型电力系统元件模型可采用机电模型和电磁模型，其中电磁模型包括平均值模型和详细开关模型。新型电力系统元件模型的精确化、实用化和风电场、光伏电站等值技术，成为电力系统建模的研究热点。

2. 电力系统仿真算法

电力系统仿真算法一般是指传统的数值计算方法，主要涉及线性/非线性方程组求解、数值积分、特征方程求解、非线性规划等多个数学领域，分别用于解决潮流计算、暂态稳定计算、小干扰计算、最优潮流计算等各种计算问题。其中，线性方程组求解最常见的是三角分解法，非线性方程组的求解最常用的是迭代法，特别是牛顿—拉夫逊方法。此外，也可将非线性方程求解转化为非线性规划问题，使用由数学规划方法衍生而来的各种算法求解。微分方程的求解主要采用数值积分法，包括显式数值积分算法、隐式数值积分算法。其中，显式数值积分算法有欧拉法（前向欧拉法、后向欧拉法）、改进欧拉法和龙格—库塔法等，隐式数值积分算法主要是隐式梯形积分法。显式算法直接进行求解，不存在迭代和收敛的问题，计算速度快，但精度不高；隐式算法采用牛顿法进行迭代求解，存在收敛性问题，但精度较高。根据求解时所需的历史状态信息量，数值积分法又可分为单步法和多步法。单步法只需要一步的状态信息，可以自起步，而多步法需要多于一步的状态信息，不能自起步。

电力系统元件模型一般可以表达为一阶常微分方程，因此下面介绍一阶常微分方程的经典数值积分算法原理。

对于一阶常微分方程

$$\frac{\mathrm{d}x}{\mathrm{d}t} = f(x) \tag{10-1}$$

设 x 的初值为 $x(t_0)$，计算步长为 $h = t_n - t_{n-1}(n=1,2,3,\cdots)$，则 t_1 时刻的 x 精确值为

$$x(t_1) = x(t_0) + \int_{t_0}^{t_1} f(x)\mathrm{d}t \tag{10-2}$$

根据对上式中积分项的离散化方式不同，微分方程具有多种数值求解方法，经典的数值积分算法包括前向欧拉法、后向欧拉法、改进欧拉法、隐式梯形积分法、龙格—库塔法等。

（1）前向欧拉法。

在进行 $t_n \sim t_{n+1}$ 数值积分运算时，前向欧拉法基于上一步状态运算值 x_n 的微分数值计算当前步的状态运算值 x_{n+1}，计算公式为

$$x_{n+1} = x_n + hf(x_n) \tag{10-3}$$

式（10-3）中 h 为仿真计算步长，前向欧拉法采用固定步长，属于单步显式解法，计算简单，但由于是显式积分，等效电阻为负，因此稳定性差。固定计算步长后，当仿真步数越多，则计算误差就越大，当步长较大时，前向欧拉法的精度并不高，因此在实际数值求解中不经常使用。

（2）后向欧拉法。

在进行 $t_n \sim t_{n+1}$ 数值积分运算时，后向欧拉法基于当前步状态运算值 x_{n+1} 的微分数值计算当前步的状态运算值 x_{n+1}，计算公式为

$$x_{n+1} = x_n + hf(x_{n+1}) \tag{10-4}$$

后向欧拉法采用固定步长，上式是关于 x_{n+1} 的差分方程，需要求解方程，因此属于单步隐式解法。后向欧拉法计算简单，计算效率高，具有一阶精度，局部截断误差较大，精度低。

（3）改进欧拉法。

在进行 $t_n \sim t_{n+1}$ 数值积分运算时，改进欧拉法是分预报和校正两步进行的，计算公式为

预报 $$x_{n+1}^0 = x_n + hf(x_n) \tag{10-5}$$

校正 $$x_{n+1} = x_n + \frac{h}{2}\left[f(x_n) + f(x_{n+1}^0)\right] \tag{10-6}$$

式（10-5）中 x_{n+1}^0 为当前步状态预报值，在使用中可以进行多次校正，一般情况下只校正一次即可。改进欧拉法本质上属于单步显式解法，具有二阶精度，计算速度快，但稳定性较差，在实际电力系统仿真中有一定应用。

（4）隐式梯形积分法。

该方式采用由上一步状态的微分数值和当前步状态运算值 x_{n+1} 的微分数值所决定的梯形面积来进行积分离散化，计算公式为

$$x_{n+1} = x_n + \frac{h}{2}\big[f(x_n) + f(x_{n+1})\big] \tag{10-7}$$

这种方法属于单步隐式解法，具有二阶精度，精度与改进欧拉法相当。隐式梯形积分法具有良好的数值稳定性，常与牛顿法相结合，广泛用于电力系统数字仿真。

二、电力系统物理仿真原理

电力系统物理仿真的理论基础是相似理论（也称作模拟理论），它是研究各种自然现象或物理规律相似必须满足什么条件的科学理论。相似的概念包括多种，例如根据相似的内容可分为几何相似、物理相似、数学相似；根据相似的维度可分为同轴相似和异轴相似；根据相似的程度可分为绝对相似和局部相似。

1. 相似理论

相似理论包括相似第一定理、相似第二定理和相似第三定理。相似第一定理给出了相似系统的相似指标或相似判据应该满足的条件，相似第二定理给出了相似系统相似判据的数量及求取相似判据的方法，相似第三定理给出了系统相似的充分和必要条件。

（1）相似第一定理。

相似第一定理给出了相似系统应该满足的条件，其内容为相似现象或相似系统的相似指标等于1或相似判据数值相等。下面结合图 10-1 所示的两个 RL 电路为例进行说明。

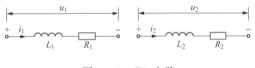

图 10-1　RL 电路

两个 RL 电路的方程为

$$\begin{cases} u_1 = i_1 R_1 + L_1 \dfrac{\mathrm{d}i_1}{\mathrm{d}t_1} \\ u_2 = i_2 R_2 + L_2 \dfrac{\mathrm{d}i_2}{\mathrm{d}t_1} \end{cases} \tag{10-8}$$

式（10-8）中符号含义如图 10-1 所示，对上式进行无量纲化处理得到

$$\begin{cases} \dfrac{u_1}{i_1 R_1} = 1 + \dfrac{L_1}{i_1 R_1} \dfrac{\mathrm{d}i_1}{\mathrm{d}t_1} \\ \dfrac{u_2}{i_2 R_2} = 1 + \dfrac{L_2}{i_2 R_2} \dfrac{\mathrm{d}i_2}{\mathrm{d}t_1} \end{cases} \tag{10-9}$$

如果两个电路的电气特性相似，则各自对应的物理量之间存在一定的比例关系，即

$$\begin{cases} u_1 = M_u u_2 \\ i_1 = M_i i_2 \\ R_1 = M_R R_2 \\ L_1 = M_L L_2 \\ t_1 = M_t t_2 \end{cases} \tag{10-10}$$

$M_x(x=u,\ I,\ R,\ L,\ t)$ 为对应物理量的比例系数，将式（10-10）代入式（10-9）第一式中得到

$$\frac{M_u}{M_i M_R} \frac{u_2}{i_2 R_2} = 1 + \frac{M_L}{M_t M_R} \frac{L_2}{i_2 R_2} \frac{di_2}{dt_1} \tag{10-11}$$

对比式（10-9）与式（10-11），两个电路相似条件为

$$\begin{cases} \dfrac{M_u}{M_i M_R} = 1 \\[2mm] \dfrac{M_L}{M_t M_R} = 1 \end{cases} \tag{10-12}$$

式中：$\dfrac{M_u}{M_i M_R}$、$\dfrac{M_L}{M_t M_R}$ 称为相似指标，而 $\dfrac{u_1}{i_1 R_1}$、$\dfrac{u_2}{i_2 R_2}$、$\dfrac{L_1}{R_1 t_1}$、$\dfrac{L_2}{R_2 t_2}$ 称为相似判据。

不难推出，由于相似指标为 1，两个电路对应的相似判据是相等的，即

$$\begin{cases} \dfrac{u_1}{i_1 R_1} = \dfrac{u_2}{i_2 R_2} \\[2mm] \dfrac{L_1}{R_1 t_1} = \dfrac{L_2}{R_2 t_2} \end{cases} \tag{10-13}$$

（2）相似第二定理。

相似第二定理给出了相似系统相似判据的数量及求取相似判据的方法。该定理的内容可以表示为假设任一物理现象是由 n 个不同的物理量组成，这些物理量中有 k 个是独立的，另外 $n-k$ 个则是不独立的，则表示这一物理现象的方程式也可以用 k 个无量纲的量完整地表达出来。如果所研究的物理现象的关系方程（数学方程）已知，可以用方程分析法求判据的数量及得到相似判据。如果关系方程未知，可以用量纲分析法求判据的数量及得到相似判据。

方程分析法是将得到的关系方程进行无量纲化处理，即用方程中任一项去除方程各项，使方程成为无量纲形式。在无量纲化处理时，若遇到微分或积分运算时，按照式（10-14）去掉微分和积分运算符号并保留参加运算的变量

$$\frac{di}{dt} \rightarrow \frac{i}{t},\ \frac{d^2 i}{dt^2} \rightarrow \frac{i^2}{t^2},\ \int i dt \rightarrow it,\ \iint i dx dy \rightarrow ixy \tag{10-14}$$

经过无量纲化处理后除去为"1"和不独立的那些项外，其余各项都是相似判据。

量纲分析法不必列出描述物理现象的关系方程式，其实质是利用从描述现象的诸物理量在量纲上的相互关系来求取相似判据，从诸物理量的量纲分析入手，从形式推理出发去研究相似判据。

（3）相似第三定理。

相似第一定理和相似第二定理给出了相似系统的性质和必要条件，但没有给出相似的充要条件，相似第三定理指出了相似系统的充要条件。第三定理的内容为如果由方程引出

的相似判据相同，且初始条件和边界条件相似，则两现象相似。

需要指出的是，在具体应用相似理论时，还有一些注意事项或附加条件，因篇幅所限不再赘述。

2. 电力系统元件的模拟

根据相似理论，模型系统和原型系统的物理现象相似，意味着在两个系统中用于描述现象过程的对应参数和变量在整个研究过程中，保持一个不变的、无量纲的比例系数。在电力系统分析与研究中，一般把系统的方程式写成标幺值形式。只要模型系统的变量和参数的标幺值与原型系统对应变量或参数的标幺值相等，则模型系统和原型系统就可以实现相似。电力系统物理仿真，是基于相似理论通过对电力系统元件的模拟而实现的。电力系统虽然很复杂，但是还是由简单元件组成，只要模型系统中的每一个元件都与原型系统对应相似，并且按原型系统连接起来（即边界条件相似），则整个系统就相似于原型系统。需要说明的是，根据研究的具体问题，模型系统一般只需要满足局部相似条件，而非绝对相似条件，就可以实现模型系统与原型系统在指定现象上或动态过程中的相似性，满足物理仿真的需要。通常，电力系统物理仿真中对于电力系统元件的模拟，主要是模拟电路的相似性，而没有顾及场的相似性。为了获得电特性的相似，模拟发电机和变压器的模型在结构上是特殊设计的，所以其几何空间场和内部电磁场分布与真实发电机和变压器是不相似的。模拟输电线路的模型在结构上采用了由集总参数元件构成的等值 π 形链式电路，与真实输电线路相比不但几何上不相似，空间上也没有对应的点，但在电特性方面相似。

根据相似条件，在模拟同步发电机时，要求发电机的各个阻抗参数标幺值相等，具体包括同步电抗（X_d、X_q）、暂态电抗（X'_d、X'_q）、次暂态电抗（X''_d、X''_q）、励磁绕组电抗（X_f）、励磁绕组电阻（R_f）、阻尼绕组电抗（X_D）、阻尼绕组电阻（R_D）。在动态模拟中，一般希望模型系统和原型系统的物理现象具有相同的时间标尺，因此以秒为单位的时间常数应该相等，包括励磁绕组时间常数（T_{d0}）、转子惯性时间常数（T_j）。此外，模拟比的确定和模型机参数的调整也是模拟同步发电机时重要的内容。模拟比包括电压模拟比、电流模拟比、阻抗模拟比和功率模拟比，这四个模拟比系数只有两个是独立的，可以任意选择进行设计。模型机参数调整包括改变功率比、改变电压比、调整漏抗、调整气隙、调整励磁绕组时间常数、调整转子惯性时间常数。不同参数的调整需要用到不同的具体方法，例如调整漏抗可采用外串电抗器的方法，调整励磁绕组时间常数可采用改变负电阻器补偿度的方式，调整转子惯性时间常数可采用外加飞轮片的方法。

在模拟励磁系统时，除了要求如上所述的同步发电机模型与原型的转子励磁回路阻抗参数标幺值和时间常数相等以外，还要求励磁系统模型与原型在对应的各元件具有相似的静态和动态特性，例如励磁机特性、励磁调节器特性等。

在模拟调速系统时，可以把原型调速系统按一定的相似条件加以缩小，但由于结构复杂，特性和参数调整不方便，一般采用数学方法模拟，即找出原型调速系统的运动方程，根据相似原理，用另一种具有同样方程的装置进行模拟。

研究电力系统电磁过程时，变压器模拟主要是实现外部电气特性和过渡过程的相似，没必要保证内部电磁和磁场的相似，因此可以作为一个集总参数元件进行模拟。除了特别关注各种损耗参数的相似条件外，其他相似条件与发电机类似。在实际的物理仿真应用中，根据具体问题对变压器采取局部相似即可。

电力线路的模拟，在实验室条件下很难实现分布参数电力线路的物理模拟。在研究一般的电磁和机电过程时，只关注线路两端或某些位置上的电压、电流变化特性，可以采用π形等值电路，以集总参数电路或分段集总参数电路来模拟实际电力线路。

电力系统负荷由多种具有不同静态特性和动态特性的负荷类型构成，影响因素多，随机性大，只能采用近似模拟的方式。负荷近似物理模拟的主要条件包括：

（1）各类负荷的比例相一致；

（2）负荷静态特性一致；

（3）模型与原型负荷等值电动机惯性常数一致；

（4）模型与原型负荷等值电动机定、转子阻抗参数标幺值一致；

（5）模型与原型负荷等值电动机轴上阻力机械特性一致；

（6）供电线路电气参数和接地方式一致。

无穷大系统的模拟采用近似模拟，如果系统容量比发电机容量大十倍以上，就可以认为系统相对发电机是无穷大系统。实验室无穷大系统是由一台调压器和一台变压器组成。调压器用来改变系统电压，变压器起到与实际电网隔离的作用。在建立模拟系统时，实验室无穷大系统的内阻抗值应该归算到模拟系统中。

第二节　电力系统数字仿真

电力系统数字仿真是通过建立电力系统数学模型（数学方程式）并借助专门的数学计算工具和数值算法求解进行研究的方法，通过计算机数值迭代直观展示电气量变化过程，实质上是一种基于数学方法的实验方式。根据不同的分类标准，电力系统仿真可以分为多种类型。根据电力系统动态过程时间与系统仿真时间的关系可分为实时仿真和非实时仿真；根据仿真所需数据来源可分为在线仿真和离线仿真；根据仿真变量描述方法可分为时域仿真和频域仿真；根据仿真动态过程时间尺度可分为电磁暂态仿真、机电暂态仿真、中长期动态仿真。数字仿真系统的优点是不受被研究系统规模大小和结构复杂性的限制，计算速度快、使用灵活、扩展方便、成本相对低廉，是当前电力系统仿真发展的主要方向。本节对电力系统电磁暂态仿真、机电暂态仿真、实时数字仿真的工具软件进行介绍，给出典型的电力系统仿真算例。

一、电磁暂态仿真

电磁暂态仿真主要用于分析和计算电力系统故障或操作后从数微秒到数秒之间的电磁暂态过程，对相关电力设备进行合理设计，确定已有设备能否安全运行，并研究相应的限制和保护措施。常用的电磁暂态仿真程序包括电磁暂态计算程序 EMTP、PSCAD/EMTDC、MATLAB/Simulink 电力系统工具箱（PSB）、NETOMAC、Power-Factory 等。

1. MATLAB/Simulink 简介

MATLAB/Simulink 是世界上广泛使用的商用数学软件/可视化仿真工具，MATLAB

是运算核心，Simulink 是内嵌于其中的可视化仿真工具，用于多域仿真及模型设计。MATLAB/Simulink 允许用户以图形化的方式建立电路、运行仿真、分析结果。两个软件高度集成、相互融合。MATLAB 语言简单直接，编程效率高；Simulink 实现可视化的动态仿真，也实现了与 MATLAB、C 或者 FORTRAN 语言甚至是硬件之间的数据传递，扩展了功能。用户不仅能在 Simulink 中将 MATLAB 算法融入模型，还能将仿真结果导出至 MATLAB 做进一步分析。MATLAB/Simulink 提供了丰富的不同专业领域的仿真工具箱，其中电力系统仿真工具箱（PSB）是专门用于电路、电力电子系统、电动机系统、电力传输等领域的动态时域仿真和数据分析，功能非常强大。

MATLAB/simulink 在电气领域的主要功能包括：

（1）利用 Powergui 进行系统潮流计算；

（2）仿真同步发电机突然短路的暂态过程；

（3）模拟简单电力系统的静态稳定性；

（4）仿真输电线路的故障行波和变压器绕组内部故障；

（5）仿真高压直流输电系统的直流/交流线路故障。

MATALB/Simulink 的基本仿真算法采用状态空间法，为适应不同的仿真对象和仿真需求，提供了不同的求解器（Solver）供用户选用。不同类型的求解器，采用的积分算法不同，例如欧拉法、阿达姆斯法、龙格—库塔法等。MATALB/Simulink 支持固定步长求解器和变步长求解器两类求解器。前者的仿真步长是常数，后者的仿真步长根据模型的动态特性可变。

（1）可变步长求解器。

1）Ode45：基于显式四/五阶龙格—库塔法，采用单步解法，只要知道前一步的解，即可计算出当前的解，无需附加初值。首先使用 Ode45 求解模型是大多数仿真模型的最佳选择，Simulink 也将 Ode45 作为默认求解器。

2）Ode23：基于显式二/三阶龙格—库塔法，采用单步解法，在容许误差和计算略带刚性的问题方面，该求解器整体优于 Ode45。

3）Ode15s：采用一种可变阶数的 Numerical Differentiation Formulas（NDFs）算法，采用多步解法，当遇到刚性问题或者使用 Ode45 不通时，可以考虑这种求解器。

4）Ode23t：采用一种采用自由内插方法的梯形算法，在模型有一定刚性且要求解没有数值衰减时，可以使用该求解器。

（2）固定步长求解器。

1）Ode5：采用固定步长的 Ode45 算法。

2）Ode4：采用四阶的龙格—库塔法。

3）Ode2：采用一种改进的欧拉算法。

4）Ode1：采用欧拉算法。

打开 Simulink 软件，单击模型窗口"Simulation→Configuration Parameters"菜单命令打开设置仿真参数的对话框，或者右击模型窗口中的空白处，在弹出的快捷菜单中选择"Configuration Parameters"也可打开上述对话框。在 Solver 面板下，用户可以设定仿真类型及求解器，如图 10 - 2 所示。

图 10 - 3 为 MATLAB 2020a 的工作环境主界面，顶部为菜单栏；右边停靠的窗口是

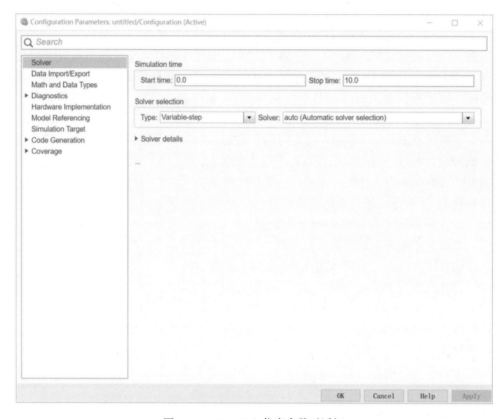

图 10 - 2   Simulink 仿真参数对话框

工作（空间）区（WorkSpace），中间部分为可供用户输入程序语言和控制指令的工作区。

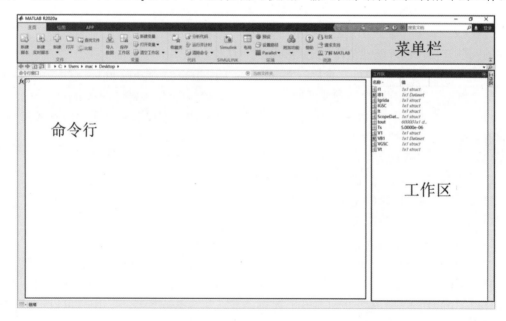

图 10 - 3   MATLAB 工作环境主界面

点击 MATLAB 工作环境主界面顶部的"Simulink"按钮，选中"Blank Model"后，新建一个工程项目，点击顶部菜单栏中的"Library Browser"可打开元件库浏览器（Library Browser），如图 10 - 4 所示，可以浏览其中的各个元件库，从特定元件库中选择所需要的元件，可以拖放至模型编辑窗口的空白画布区，开始模块的搭建工作。

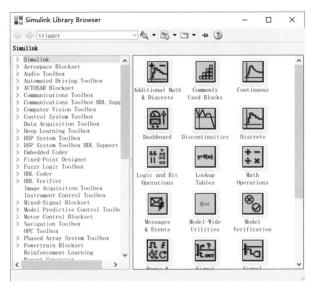

图 10 - 4　Simulink 元件库界面

仍以简单的交流电源串联 RLC 电路为例介绍仿真模型建立方法。新建一个工程，命名为"Test1"，从元件库中选取所需要的元件，拖到空白画布上；点击需要旋转的元件，按住"Control＋R"或"Control＋L"组合键将其旋转到合适的方向放置于画布合适的位置；用鼠标将各个元件之间通过带箭头的信号线连接，将所有元件通过信号线连接后，就完成了模型的搭建工作。应当注意的是，库中一部分元件自带有箭头作为输入与输出端口，另一部分元件则以方形作为端口，这两部分元件之间无法直接相连，在搭建仿真模型时应注意尽量选择同一个库中的元件，避免不同元件之间无法接线的问题。建立的仿真模型如图 10 - 5 所示。

模型中设置了电流表元件（Current Measurement）检测电流，检测的电流通过示波器（Scope）元件进行观察，如图 10 - 6 所示。

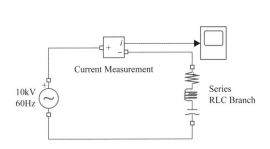

图 10 - 5　交流电源串联 RLC 电路 Simulink 仿真模型

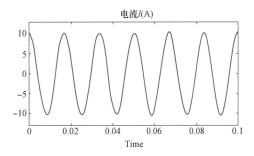

图 10 - 6　RLC 电路电流仿真结果

在空白画布中得到由元件连接的模型后，如需修改元件的默认参数，可以双击元件或者右键单击元件，下拉列表中选中"Block Parameters"，打开属性对话框，进行模块参数的设置。图 10-7 显示了 Simulink 主库中"AC Voltage Source"的参数设置对话窗口，一共有"Parameters"和"Load Flow"两个标签，每个标签下面可以进行相应参数的设置与编辑，详细介绍可参考 Simulink 帮助文档。

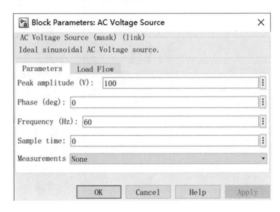

图 10-7　单相交流电压源模块参数对话框

2. 电磁暂态仿真算例—PSS 对四机两区域系统低频振荡的抑制

（1）算例原型。

电力系统稳定器（Power System Stabilizer，PSS）是发电机励磁调节器的附加控制功能，在第四章已经讲述。目前电网中几乎所有的主力机组励磁调节器都要配置电力交流稳定器 PSS。在重负荷长线路情况下，并网运行的发电机在受到扰动下易于发生低频振荡，危及系统的稳定。当系统出现低频振荡时，电力系统稳定器 PSS 会自动地根据电压速率的变化来调整发电机的励磁电流，以增加系统的阻尼，最终达到平息振荡的目的。

图 10-8 为一个四机两区域测试系统，用于比较有无电力系统稳定器（PSS）模型对系统发生故障时的影响。其中，Area1、Area2 代表两个区域电网，区域电网内部包括发电机、PSS 模块、调速器、励磁器等各个详细模块，$f^{(3)}$ 表示三相短路故障，R、X 分别代表输电线路电阻及电抗。当两区域电网之间联络线上发生三相短路故障时，会激发低频振荡，在投入 PSS 和不投入 PSS 时，系统将会呈现不同的稳定性。

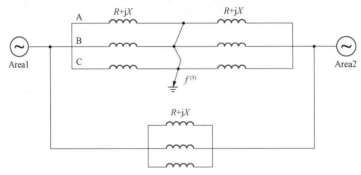

图 10-8　四机两区域测试系统接线图

（2）仿真模型。

根据前述的四机两区域系统建立的仿真模型如图 10 - 9 所示，两个完全对称的区域电网（区域电网 1，区域电网 2）由两条 230kV 输电线路连接，输电线路长度为 220km，频率为 60Hz，采用 π 型等效电路形式，可双击线路元件对基本参数进行设置；利用"Fault"库中三相故障模块（Three Phase Fault）来模拟三相接地故障，可通过"Switching times"来设置故障的发生时刻和持续时间。

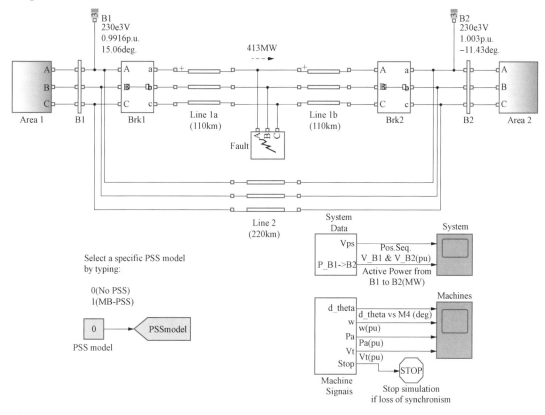

图 10 - 9　四机两区域系统仿真模型

双击区域电网模块图标，能看到每一区域电网的详细配置，如图 10 - 10 所示。每个区域电网配备 2 台相同的额定参数为 20kV/900MVA 的发电机。汽轮机模型、PSS 模型、调速器模型、励磁系统模型进行了层次化封装，双击封装模块就能看到各部分的详细结构。

下面简要介绍模型中的主要元件——PSS 模型、励磁系统模型、调速器模型。

1）PSS 模型根据 DL/T 583—2006《大中型水轮发电机静止整流励磁系统及装置技术条件》，PSS 被划分为"广义形式的单输入电力系统稳定器（PSS1A 型）"和"双输入电力系统稳定器（PSS2A）"。本算例中采用的是 PSS1A 型 PSS，输入量是转子转速/系统功率，共由测量、放大、滤波、超前-滞后相位补偿、限幅 5 个环节组成，输出量是电压。PSS 模型结构如图 10 - 11 所示。

2）调速器模型。调速器模型由比例调节器、速度继电器和控制动力闸门开度的伺服电机组成。调速器模型内嵌于 Steam Turbine and Governor（汽轮机与调速器）模块内，参数有增益 K_p、永久下垂系数 R_p、速度继电器和门伺服电机时间常数 T_{sr} 和 T_{sm}，具体含

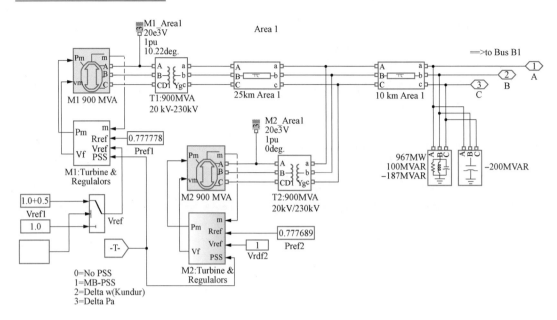

图 10-10   区域电网仿真模型

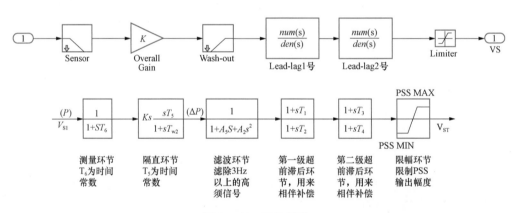

图 10-11   PSS模型

义可参考 Simulink 帮助文档。调速器模型如图 10-12 所示。

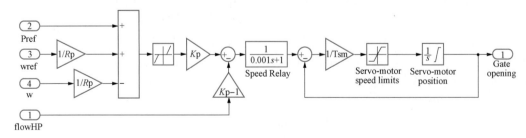

图 10-12   调速器模型

3）励磁系统模型。励磁系统模型输入部分包括 V_{ref}、V_d、V_q、V_{stab} 参数，其中，V_{ref} 为电压基准，V_d、V_q 为发电机 d、q 轴电压，V_{stab} 为 PSS 模型输出的电压调整量，以提供电力系统阻尼，抑制低频振荡，输出 V_f 是同步电机的转子励磁电压，励磁系统模型的结构如图 10 - 13 所示。

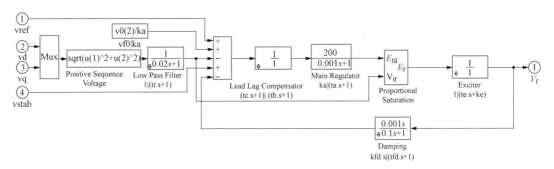

图 10 - 13 励磁系统模型

励磁系统模块中主要包括低通滤波环节、调节器、励磁机、励磁系统稳定器等部分，参数有低通滤波时间常数 T_r、励磁器增益 K_e 和时间常数 T_e 及调速器增益 K_a 和时间常数 T_a 等参数，具体的含义可以参考 Simulink 帮助文档。

（3）仿真结果。

在稳态时，区域电网 1 向区域电网 2 输出有功功率 413MW。将三相短路故障的投入时间设置为 1.1s，分别对有、无 PSS 两种情况进行仿真，线路传送功率 Power B1—>B2、M1 发电机转子转速 dω（标幺值）以及输出电压 V_t（标幺值）进行分析。仿真结果如图 10 - 14 所示。

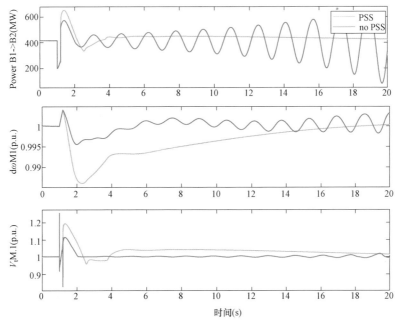

图 10 - 14 线路传输功率、发电机转速以及机端电压

由仿真结果能看到，当系统不投入 PSS 模块时，三相短路故障可使系统功率、发电机转速和电压发生振荡，对系统稳定性造成威胁；当系统投入 PSS 模块后，系统产生了很好的阻尼作用，故障切除后系统各项参数变化平稳，最终均能很快趋于稳态。

二、机电暂态仿真

电力系统机电暂态仿真主要用于分析电力系统的稳定性（包括受到大扰动后的暂态稳定性和受到小扰动后的静态稳定性），即分析当电力系统在某一正常运行状态下受到某种干扰后，能否经过一段时间恢复到原来的运行状态或过渡到一个新的稳定运行状态的问题。常用的机电暂态仿真程序包括 PSS/E、中国电力科学研究院的 PSASP 及 BPA－PSD、SYMPOW、NETOMAC、PowerFactory 等。

1. PSASP 简介

电力系统分析综合程序（Power System Analysis Software Package，PSASP）是由中国电力科学研究院研发的高度集成和开放的具有自主知识产权的大型软件包，主要用于系统规划设计人员确定经济合理、技术可行的规划设计方案；运行调度人员确定电力系统运行方式、分析系统事故、寻求反事故措施；科研人员研究新设备、新元件投入系统等新问题以及高等院校的教学和科研工作。

PSASP 的开发始于 1973 年，在国产 DJS－170 机（即早期的一种晶体管计算机）上用机器指令编写而成。由于当时的计算机硬件水平很低，难以满足实际电力系统分析计算对收敛性好、计算速度快和存储量占用少的要求，程序开发受到很大限制。为解决这一问题，PSASP 在国内率先采用稀疏矩阵技术开发了牛顿法潮流计算程序、复杂故障暂态稳定计算程序、网络化简程序等，能计算的电力系统规模也得以扩大。

PSASP 主要经历了以下几个阶段：

1973 年～1980 年，早期的机器指令版；

1980 年～1986 年，大中型机 FORTRAN 语言版；

1986 年～1995 年，微机 DOS 版；

1995 年～2003 年，微机 Windows 版；

2006 年，全图形化 PSASP V7。

为了便于用户使用以及扩充软件功能，PSASP7.0 版设计和开发了图模一体化支持平台。该平台具备多文档界面，可以方便地建立电网分析的各类数据，绘制所需要的各种图形（单线图、地理位置接线图、厂站主接线图等）。该平台服务于 PSASP 各计算模块，在此之上可以进行各种分析计算，输出计算结果。

PSASP 拥有强大丰富的计算功能，能够进行电力系统（输电、供电和配电系统）稳态、暂态以及故障在内的各种分析计算，具体包括以下几方面。

（1）稳态分析：潮流计算、网损分析、最优潮流和无功优化、静态安全分析、谐波潮流、静态等值等。

（2）故障分析：短路计算、复杂故障计算以及继电保护整定计算等。

1）机电暂态分析：暂态稳定计算、直接法暂态稳定计算、电压稳定计算、小干扰稳定计算、动态等值。

2）其他：控制系统参数优化与协调以及电磁—机电暂态分析的次同步谐振计算、马达启动等。

在解决不同的问题时，PSASP 提供了不同的计算方法，简要介绍如下。

（1）潮流计算程序计算方法。

潮流计算在数学上可归结为求解非线性方程组，而对于非线性方程组问题，各种求解方法都离不开迭代。为保证计算的收敛性，PSASP 潮流计算程序提供了 PQ 分解法、牛顿法（功率式）、最优因子法（非线性规划法）、牛顿法（电流式）、PQ 分解转牛顿法五种方法供选择。

（2）最优潮流计算程序计算方法。

最优潮流计算在数学上可归结为有约束的非线性规划问题，其求解过程同样是一个迭代过程。PSASP 最优潮流计算程序中提供了牛顿法、内点法、线性规划公式法、线性规划摄动法四种算法供选择。

（3）静态安全分析程序计算方法。

由于 PSASP 静态安全分析计算实际上是进行多个潮流方案的计算，因而其计算方法与 PSASP 潮流计算完全相同，有 PQ 分解法、牛顿法（功率式）、最优因子法（非线性规划法）、牛顿法（电流式）、PQ 分解转牛顿法。

（4）短路计算程序计算方法。

短路计算的一般方法是利用对称分量法实现 ABC 系统与 120 系统参数转换，列出正、负、零序网络方程，推导出故障点的边界条件方程，将网络方程与边界条件方程联立求解，求出短路电流及其他分量。

（5）暂态稳定计算程序计算方法。

PSASP 暂态稳定计算具体的算法为采用隐式梯形积分法通过迭代求解微分方程、采用直接三角分解和迭代相结合的方法求解网络方程，微分方程和网络方程两者交替迭代，直至收敛，以完成一个仿真步长的求解。

（6）小干扰稳定计算程序计算方法。

特征值分析法广泛用于求解小干扰稳定问题，PSASP 小干扰稳定计算程序提供了 QR 法、逆迭代转 Rayleigh 商迭代法、同时迭代法、Arnoldi 法四种特征值计算方法。

PSASP 可以绘制电力系统单线图，也可以绘制电力系统地理位置接线图。以单线图编辑环境为例，启动 PSASP 图模一体化支持平台，点击工具栏"新建工程"建立作业，之后给新建的单线图命名，完成空作业的建立并进入到 PSASP 的主窗口，如图 10 - 15 所示。该窗口由菜单条、工具栏、绘图窗口、导航窗口、信息反馈窗口以及工程管理窗口等部分组成。

在建立仿真模型之前，首先点击元件数据菜单，设定区域数据、分区数据、厂站数据。之后，点击主窗口右侧工具箱栏或点击菜单栏的"绘图"按钮，选择所需要的元件图标，然后点击绘图区域空白处便完成元件建立，如图 10 - 16 所示。

若要编辑模型中元件参数，双击元件或者右键单击元件，从弹出菜单中选择"数据"，打开属性对话框，可以设置或编辑元件的参数。以母线参数设置为例，双击母线元件，弹出母线参数设置界面，如图 10 - 17 所示，在该对话框中可以设置母线基准电压、电压上下限等参数，用户可根据实际需要进行设置。

图 10 - 15　PSASP 软件主窗口

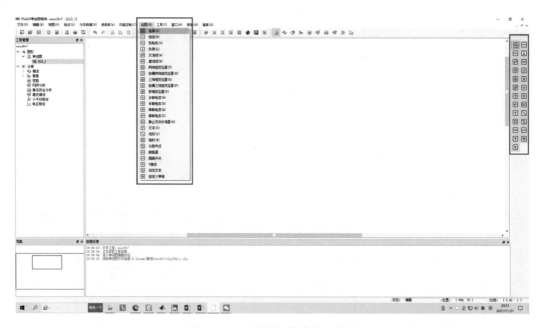

图 10 - 16　"绘图"菜单与工具箱

2. 机电暂态仿真算例—美国西部联合电网（WSCC）三机九节点系统潮流计算

（1）算例原型。

以美国西部联合电网（WSCC）三机九节点系统（WSCC9 系统）为例进行潮流计算，WSCC9 系统的电路原理如图 10 - 18 所示。该系统包括母线、发电机、变压器、交流线以及负荷，分为两个区域，其中区域 1 包括两台发电机和五个节点（母线），区域 2 包括一台发电机和四个节点，输电系统电压等级为 230kV。

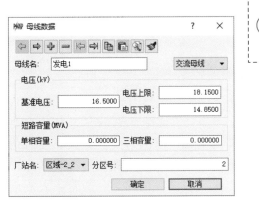

图 10-17 母线元件参数设置对话框

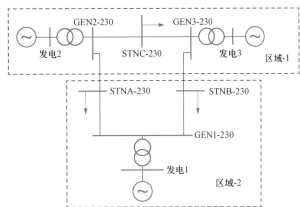

图 10-18 WSCC9 系统电路原理图

（2）仿真模型及仿真结果。

在 PSASP 上建立了 WSCC9 系统仿真模型，如图 10-19 所示。系统功率基准值取 $S_B=100\text{MVA}$，发电机 1 出口母线电压基准值取 $U_B=16.5\text{kV}$，发电机 2 出口母线电压基准值取 $U_B=18\text{kV}$，发电机 3 出口母线电压基准值取 $U_B=13.8\text{kV}$，其余母线电压基准值取 $U_B=230\text{kV}$。发电机 1 设为系统平衡节点，设置电压幅值为 1.04p.u.，电压参考相角为 0°；发电机 2 和发电机 3 都设为 PV 节点，分别设置有功出力为 1.63p.u. 和 0.85p.u.，设置电压幅值均为 1.025 p.u.。

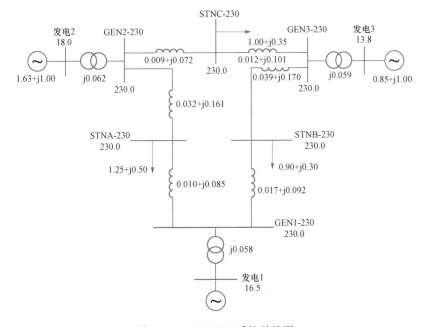

图 10-19 WSCC9 系统单线图

仿真模型建立完成后，进入潮流计算步骤。当计算结束后，潮流计算结果会显示在单线图上面，包括母线电压、线路潮流、负荷功率、发电机输出功率等。点击右侧工具栏里的潮流计算结果输出按钮也同样可以查看详细信息。所有元件的结果报告可以根据需求输出至 EXCEL 文档或者文本文档。例如，选中物理母线选框，不选择区域、分区、厂/站选框，在"单位选项"中选择输出有名值，点击输出按钮，所有母线结果会通过一个文本文档建立并显示出来，如图 10 - 20 所示。

物理母线

作业名：1　　　计算日期：2021/11/12　　时间：09:50:45

单位：kA\kV\MW\Mvar

区域
Whole net

母线名称	电压幅值	电压相角
GEN-2	18.45000	9.28001
GEN-3	14.14500	4.66475
GEN2-230	235.92695	3.71970
GEN3-230	237.44117	1.96672
STNC-230	233.65299	0.72754
GEN-1	17.16000	0.00000
GEN1-230	235.93132	-2.21679
STNA-230	228.99509	-3.98881
STNB-230	232.91049	-3.68740

图 10 - 20　潮流信息结果

三、实时数字仿真

前面介绍的仿真工具均为非实时仿真程序，其限制在于：为计算实际系统 1s 的响应大多要花费数分钟乃至几小时的时间。这种非实时仿真的速度不能满足与外部物理控制设备和保护装置进行实时交互试验的需要。通常，人们借助于模拟仿真器来进行外部物理控制设备和保护装置的测试，但是模拟仿真器价格较贵，运行费用也较高。实时数字仿真器最主要的优势则是可以实时运行，并集中了数字仿真软件和模拟仿真器的优点。

电力系统实时数字仿真仿真速度与实际系统动态过程完全相同，主要用于接入实际装置构成电力系统数字—物理混合仿真系统，实现对继电保护、安全自动装置及测控装置的测试验证。常用的电力系统实时数字仿真系统包括 RTDS、HYPERSIM、RT - LAB、ANENE、中国电力科学研究院的 ADPSS、上海远宽公司（Modeling Tech）的 MT 系列及 PXI 系统实时仿真系统等。

1. RTDS 简介

实时数字仿真器 RTDS（Real Time Digital Simulators）是实时全数字电磁暂态电力系统仿真装置，它的出现为电力系统的设计、运行及研究提供了新的解决方案。RTDS 提供的结果可以比传统的仿真系统稳定、精确，这是因为 RTDS 代表的系统特性包含了很大的频率范围（直流频率到 4kHz）。在这个频率范围内，RTDS 是精确分析电力系统现象的理想工具。RTDS 典型的计算步长为 $50\mu s$，即对 50Hz 工频分为 400 个步长，每个步长都对参数改变后的网络重新计算一次。由于 RTDS 是实时的，它能直接与各种电力系统控制和保护装置相连接，在 RTDS 上进行测试比其他测试方法更全面、更便捷。

RTDS 常用于新型继电保护产品的研究开发中，作为进行一些特殊试验的手段，提供继电保护装置在一次电力系统中实际运行的仿真环境，通过数字—物理闭环测试，确保继电保护产品在设计开发中的先进性及在现场运行中的可靠性。已逐步开展的继电保护产品的主要试验内容有各类常规线路常见故障下继电保护装置的仿真试验，同杆双回线跨线故障情况下保护的动作行为，变压器空投励磁涌流现象对继电保护动作行为的影响，并联电容、并联电抗器保护动作的正确性，电动机保护测试，间隙放电、断线又接地故障等非常见性故障的仿真研究。

用于自动电压调节器（AVR）的测试也是 RTDS 应用之一。用 RTDS 仿真一次系统和励磁系统中的其他部件，与实际的 AVR 构成闭环测试环境。RTDS 也可用于高压直流控制装置性能分析及其他电力系统安全控制装置的测试与分析。

前面已经介绍过，利用节点分析法进行电路求解的仿真软件统称为 EMTP 类软件。

RTDS 是实时数字仿真系统中具有代表性的 EMTP 类软件。节点分析法的核心思想是把网络中的所有元件模型都采用隐式梯形积分法在一个仿真步长内等效为一个不变的等值电阻和反映历史记录的等值电流源组成的等值电路，然后根据这个等值电路建立节点方程式，对其形成的导纳矩阵求逆，即可求出所需的解。隐式梯形积分法是电力系统仿真分析中行之有效的求解算法，主要由于它数值稳定性好，可以采用大步长，可通过联立求解同步发电机的差分方程和网络的代数方程来消除接口误差。但是，当电力网络中存在断路器操作时，采用这种方法将使非状态变量产生不正常的摆动，造成数值震荡。针对这种现象，研究人员将 CDA（Critical Damping Adjustment）引入到隐式梯形积分方法中，并取得较好的效果。

在 RSCAD 主窗口，单击工具栏中的"Draft"按钮，选中"New Circuit"单选按钮，点击"OK"，即打开 Draft 窗口界面，如图 10 - 21 所示。Draft 界面主要由画布区、元件库区、消息区、画布鸟瞰区构成，其次还包括画布菜单栏、画布鸟瞰区、画布工具栏、元件库鸟瞰区、库工具栏等辅助区域。

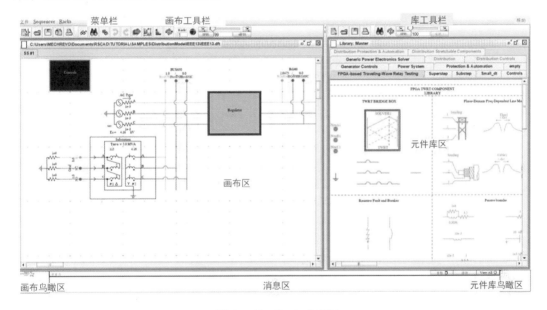

图 10 - 21 Draft 主窗口

点开元件库，如图 10 - 22 所示，在元件库中单击某个元件，此时被选中的原件周围出现黑色框。单击鼠标右键，选择"Copy"。移动鼠标指针到画布目标位置，单击左键就可把该元件放置到画布上。当把所有的元件放在画布上并用导线连接后，就初步完成了仿真模型的搭建。

双击所选中元件，在弹出的元件属性窗口中选择不同的选项卡即可查看/设置元件的各种参数，如图 10 - 23 所示。参数设置界面提供了对于参数的描述、参数单位、最大及最小范围等信息。在对参数进行设置时，有些需要直接输入，有些是下拉列表选项方式设置。

2. 实时数字仿真算例—风力发电系统数字—物理混合仿真实验

（1）算例原理。

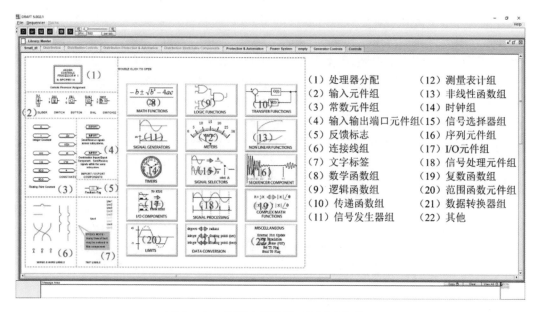

图 10-22　RTDS 元件库（控制系统库）

（1）处理器分配	（12）测量表计组				
（2）输入元件组	（13）非线性函数组				
（3）常数元件组	（14）时钟组				
（4）输入输出端口元件组	（15）信号选择器组				
（5）反馈标志	（16）序列元件组				
（6）连接线组	（17）I/O 元件组				
（7）文字标签	（18）信号处理元件组				
（8）数学函数组	（19）复数函数组				
（9）逻辑函数组	（20）范围函数元件组				
（10）传递函数组	（21）数据转换器组				
（11）信号发生器组	（22）其他				

rtds_vsc_INDM

ENABLE GTAO D/A OUTPUT　SIGNAL NAMES FOR RUNTIME AND D/A
ENABLE MONITORING IN RUNTIME　ENABLE FACEPLATE D/A OUTPUT
MOTOR ELECTRICAL PARAMETERS　MECHANICAL PARAMETERS
INITIAL CONDITIONS　CONTROLS COMPILER INPUT
VSC INDUCTION MACHINE CONFIGURATION　ENABLE POWER CALCULATIONS

名称	描述	值	单位	最小	最大
Name	MACHINE NAME	G1IM			
prc12	If BRIDGE uses 2 proc, place on #:	1		1	2
tysat	Specification of Saturation Curve	Linear			
nmrt	Number of sets of rotor windings:	One			
rf2in	Enable added internal rotor resistance:	No		0	1
radd1	-- If Yes, initial added internal R:	0.0	p.u.	0.0	30.0
rv2in	Enable Internal Voltage sources for rotor:	No		0	1
rf2cn	Enable External Passive/Active rotor connection:	Active		0	1
zvsrc	-- with Intn Vsrcs or Active, is initial V on rotor to be 0:	No		0	1
spcsp	-- for None/Passive or initial rotor V=0, specify initial:	Slip		0	1
zroc	Override: Force all initial currents to 0:	No		0	1

更新　取消　取消全部

图 10-23　元件参数设置

　　进入 21 世纪，新能源发电技飞速发展，电力系统中新能源装机比例和发电量日益提高，其中风力发电和光伏发电已经成为仅次于火电和水电的电力系统电源。双馈式风电机组采用变速恒频（Variable Speed Constant Frequency，VSCF）发电技术，实现了风能的高效追踪和优质电力输出，是目前应用最广的风电机型。双馈式风电机组结构如图 10-24 所示。风力机通过齿轮箱驱动双馈感应发电机（Doubly Fed Induction Generator，DFIG），DFIG 定子与电网相连，转子通过双 PWM 变流器（包括网侧变换器 GSC 和转子侧变换器 RSC）与电网相连。通过控制双 PWM 变流器可调节 DFIG 转子电流，实现对发电机转速或输出功率的控制。

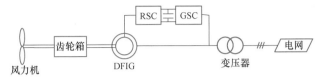

图 10-24　双馈风电机组结构

（2）仿真模型及仿真结果。

搭建出双馈风电机组的 RTDS 模型如图 10-25 所示，其中图（a）为整体模型，包括动力部分模型（包括风力机、传动链）、电气部分模型［包括电网模型（GRID）和小步长模块（BRDG1）］、测量模块（METERS）；图（b）为小步长模块（BRDG1）的展开图，包括发电机（M1）、接口变压器（T1）、双 PWM 变流器（GSC 和 RSC 主电路，不包括控制器）。在进行数字—物理仿真时，由 RTDS 仿真机运行该模型，控制功能则由实际控制器实现。

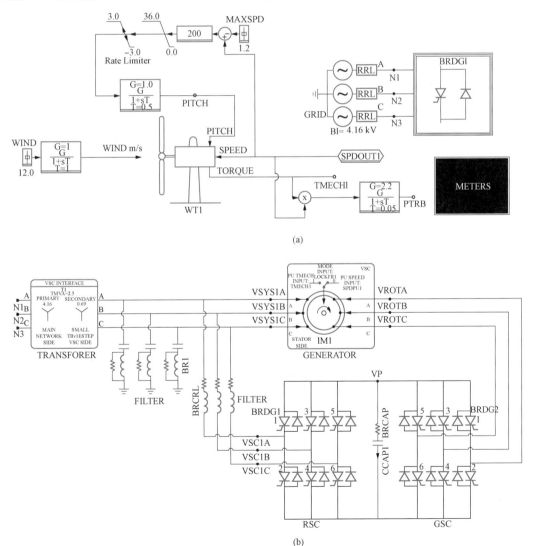

图 10-25　双馈风电机组 RTDS 仿真模型

（a）整体模型；（b）小步长模型

图 10 - 25 所示的仿真模型不包括变流器控制部分，变流器的控制是由外界的实际控制器实现。实际控制器通过数据输入输出板卡与 RTDS 实现通信，构成数字—物理混合仿真实验平台，如图 10 - 26 所示。

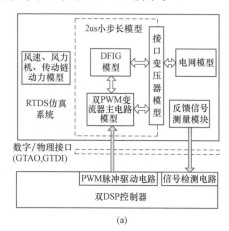

（a）　　　　　　　　　　（b）

图 10 - 26　基于 RTDS 的数字—物理混合仿真平台

（a）混合仿真平台原理；（b）混合仿真平台实物

图 10 - 27 为两种风速情况下仿真得到的电网电压和定子电流，图（a）、（b）风速分别为 9m/s 和 12m/s。可以看出定子电流与电网电压反相，表示发电机只输出有功功率。图 10 - 28 表示了风速由 8m/s 阶跃为 12m/s 过程中的 DFIG 定、转子电流。定子电流频率恒定，幅值的变化反映了 DFIG 输出功率的变化，而转子电流频率反映了机组转速的变化情况。

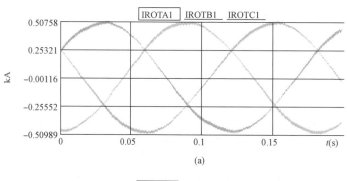

（a）

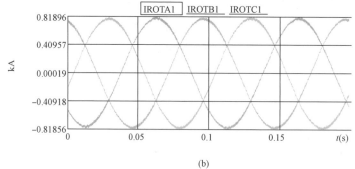

（b）

图 10 - 27　不同风速下 DFIG 转子电流

（a）9m/s；（b）12m/s

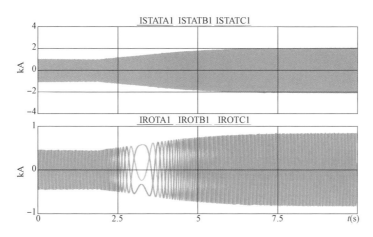

图 10-28 不同风速下 DFIG 定子电流（上图）和转子电流（下图）

第三节 电力系统物理仿真

电力系统物理仿真也称实物仿真、物理模拟，电力系统物理仿真是基于相似理论，采用与原型系统具有相同物理性质并且按照一定比例缩小的物理模型开展实验研究的方法，电力系统的物理模型由模拟发电机、模拟变压器、模拟线路、模拟负荷以及有关的控制、测量、保护等模拟装置构成，可以模拟电力系统的实时运行状态和动态特性，因此电力系统物理仿真也称为电力系统动态模拟（简称动模）。电力系统物理仿真的特点是现象直观明了，能够考虑许多在数学模型中难以计及的因素，可以较真实地反映系统的全动态过程。此外，电力系统物理仿真不需要建立数学模型，可以将实际控制保护装置接入系统，考核装置的功能和性能。电力系统物理仿真的缺点是待研究的系统规模不能太大，实验成本较高，灵活性不强。本节将对电力系统自动化试验平台和基于该平台的电力系统自动化系列实验进行介绍。

一、电力系统自动化试验平台

电力系统物理仿真需要借助多种基于相似理论设计开发的实验平台，例如电力系统综合自动化实验平台、电力系统监控实验平台、电气控制实验平台、继电保护实验平台、电机实验平台等。下面介绍与电力系统自动化课程内容密切相关的电力系统综合自动化实验平台和电力系统微机监控实验平台。

1. 电力系统综合自动化试验台

电力系统综合自动化试验台可以开展单机无穷大系统的多种实验内容，包括发电机准同期、电力系统运行方式、发电机自动励磁调节、电力系统稳定等。试验台主要由发电机组、试验操作台和无穷大系统三大部分组成，如图 10-29 所示。

微课：电力系统综合自动化试验台介绍

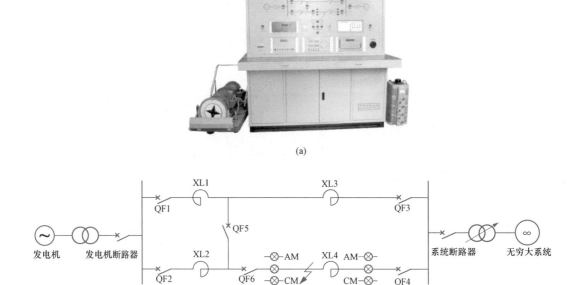

(a)

(b)

图 10-29 电力系统综合自动化试验台及单机系统主接线

(a) 电力系统综合自动化试验台；(b) 单机无穷大系统主接线

电力系统自动化
综合试验微课：
机组启动、并
网与解列（1）

电力系统自动化
综合试验微课：
机组启动、并
网与解列（2）

（1）发电机组。

它是由同在一个轴上的三相同步发电机（$S_N = 2.5\text{kVA}$，$V_N = 400\text{V}$，$n_N = 1500\text{r. p. m}$），模拟原动机用的直流电动机（$P_N = 2.2\text{kW}$，$V_N = 220\text{V}$）以及测速装置和功角指示器组成。

（2）试验操作台。

试验操作台是由输电线路单元、微机线路保护单元、负荷调节和同期单元、仪表测量和短路故障模拟单元等组成。其中负荷调节和同期单元是由微机调速装置、微机励磁调节器、微机准同期控制器等微机型自动装置和其相对应的手动装置组成。

1）输电线路采用双回路远距离输电线路模型，每回线路分成两段，并设置中间开关站，使发电机与系统之间可构成四种不同联络阻抗。

2）微机保护装置，具有过流选相跳闸、自动重合闸功能，备有事故记录功能。

3）微机调速装置，具有测量发电机转速、测量电网频率、测量系统功角、手动模拟调节、手动数字调节、微机自动调速以及过速保护等功能。

4）微机励磁调节器，励磁方式可选择他励、自并励两种；控制方式可选择恒U_F（发电机端电压）、恒I_L（励磁电流）、恒α（全控桥控制角）、恒Q（发电机输出无功功率）等四种；设有定子过电压保护和励磁电流反时限延时过励限制、最大励磁电流瞬时限制、欠励限制、伏赫限制等辅助励磁功能；设有按有功功率反馈的电力系统稳定器 PSS；励磁调节器控制参数可在线修改、在线固化，灵活方便，并具有实验录波功能，可以记录U_F、I_L、U_L、P、Q、α等信号的时间响应曲线。

5）微机准同期控制器，按恒定导前时间原理工作，选择全自动准同期合闸或者半自动准同期合闸；测定断路器的开关时间；测定合闸误差角；改变频差允许值和电压差允许值，观察不同整定值时的合闸效果；按定频调宽原理实现均频均压控制，整定均频均压脉冲宽度系数；整定均频均压脉冲周期，观察不同整定值时的均频均压效果，观察合闸脉冲相对于三角波的位置；测定导前时间和导前角度；整定导前时间；输出合闸出口电平信号。

6）仪表测量和短路故障模拟单元，由各种测量表计及其切换开关、各种带指示灯操作按钮和各种类型的短路故障设置/操作单元等部分组成。

试验操作台的"操作面板"上有模拟接线图，操作按钮与模拟接线图中被操作的对象结合起来，并用灯光颜色表示其工作状态，具有直观的效果。试验数据可以通过测量仪表和 LED 数码显示得出，还可显示出同步发电机功角、晶闸管触发角等量。同时可以通过数字存储示波器，观测发电机电压、系统电压、励磁电压以及准同期时的脉动电压等电压波形，观测各晶闸管上的电压波形以及各种控制信号的脉冲波形，同时观测到同步发电机短路时的电流、电压波形等。图 10-30 给出了电力系统综合自动化试验台一次系统原理图。

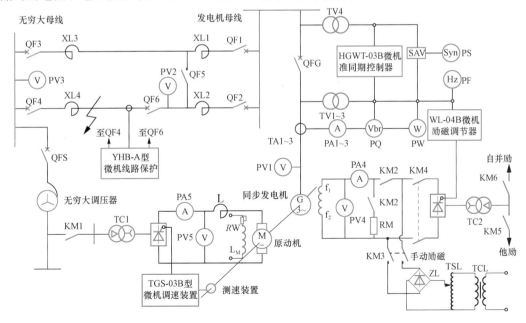

图 10-30 电力系统综合自动化试验台一次系统原理图

（3）无穷大系统。

无穷大电源是由 15kVA 的自耦调压器组成。通过调整自耦调压器的变比可以改变无穷大母线的电压。

电力系统综合自动化试验台的实验内容覆盖电力系统自动化专业的主要专业课程，可以开展如下实验内容。

（1）电力系统自动装置系列实验，包括同步发电机准同期并列实验、同步发电机励磁控制系统实验、同步发电机自动调速器控制实验等。

（2）电力系统继电保护实验，包括输电线路电流、电压保护实验、阻抗保护实验、发电机保护实验、自动重合闸实验、故障录波实验等。

（3）电力系统稳定分析实验，包括单机—无穷大系统静态稳定（极限功率）实验、有/无自动励磁调节器时功率特性实验、静态稳定性影响因素及改善措施（自动励磁调节器、网络结构、发电机电动势）实验、暂态稳定性影响因素及改善措施（短路类型、保护时限、励磁控制、自动重合闸）实验。

2. 电力系统微机监控试验台

电力系统微机监控试验台如图 10 - 31（a）所示，该试验台配合电力系统综合自动化试验台，可以构成开放式多机电力网（复杂电力系统）综合试验系统。多机电力网（复杂电力系统）综合试验系统由 3～5 台相当于实际电力系统中发电厂的电力系统综合自动化试验台、1 台相当于实际电力系统调度通信中心的电力系统微机监控试验台、6 条不同长度的输电线路和 3 组可改变功率大小的负荷组成。整个一次系统构成一个可灵活配置的多机环型电力网络，如图 10 - 31（b）所示。

电力系统主网按 500kV 电压等级来模拟，MD 母线为 220kV 电压等级，每台发电机按 600MW 机组来模拟，无穷大电源短路容量为 6000MVA。A 站、B 站相联通过双回 400km 长距离线路将功率送入无穷大系统，也可将母联断开分别输送功率。在距离 100km 的中间站的母线 MF 经联络变压器与 220kV 母线 MD 相联，D 站在轻负荷时向系统输送功率，而当重负荷时则从系统吸收功率（当两组大小不同的 A，B 负荷同时投入时）从而改变潮流方向。C 站一方面经 70km 短距离线路与 B 站相联，另一方面与 E 站并联经 200km 中距离线路与无穷大母线 MG 相联，本站还有地方负荷。

电力网是具有多个节点的环形电力网，通过投切线路，能灵活的改变接线方式，如切除 XLC 线路，电力网则变成了一个辐射形网络，如切除 XLF 线路，则 C 站、E 站要经过长距离线路向系统输送功率，如 XLC、XLF 线路都断开，则电力网变成了 T 型网络。通过分别改变发电机有功、无功可改变潮流的分布，通过投、切负荷也可以改变电力网潮流的分布，也可以将双回路线改为单回路线输送来改变电力网潮流的分布，还可以调整无穷大母线电压来改变电力网潮流的分布。

在不同的网络结构前提下，针对 XLB 线路的三相故障，可进行故障计算分析实验，此时当线路故障时其两端的线路开关 QF_C、QF_F 跳开。

基于电力系统微机监控试验台可以开展多机系统（复杂电力系统）实验，包括复杂电力系统运行方式实验、复杂电力系统调度运行实验、多机系统稳定性分析实验等。

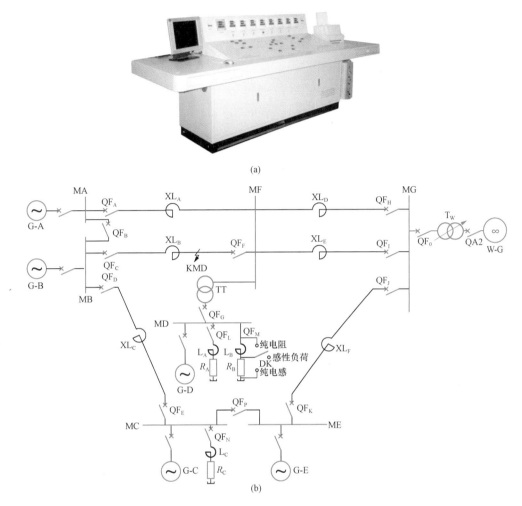

图 10-31　电力系统微机监控试验台及多机系统主接线

（a）电力系统微机监控试验台；（b）多机系统主接线

二、电力系统自动化实验

1. 同步发电机准同期并列实验

（1）实验原理。

将同步发电机并入电力系统的合闸操作通常采用准同期并列方式。准同期并列要求在合闸前通过调整待并发电机组的电压和转速，当满足电压幅值和频率条件后，根据恒定导前时间原理，由运行操作人员手动或由准同期控制器自动选择合适时机发出合闸命令。这种并列操作的合闸冲击电流一般很小，并且机组投入电力系统后能被迅速拉入同步。根据并列操作的自动化程度不同，又分为手动准同期、半自动准同期和全自动准同期三种准同期方式。手动准同期并列，应在正弦整步电压的最低点时合闸。考虑到断路器的固有合闸时间，实际发出合闸命令的时刻应提前一个相应的时间或角度。自动准同期并列，通常采用恒定导前时间原理工作，这个导前时间可按断路器的合闸时间整定。准同期控制器根据给定的允许压差和允许频差，不断地检查准同期条件是否满足，在不满足要求时闭锁合闸并且发出均压均频控制脉冲，调整发电机电压和频率。当所有条件均满足时，在整定的导前时刻送出合闸脉冲。

（2）实验内容。

1）机组启动。合上操作电源开关，检查实验台上各开关状态，各开关信号灯应绿灯亮、红灯熄。根据实验要求，设置调速器工作方式（模拟方式、微机方式）以及励磁方式（手动励磁、微机他励、微机自并励）及励磁调节器控制方式（恒 U_F 方式、恒 I_L 方式、恒 α 方式、恒 Q 方式），合上励磁开关；把实验台上"同期方式"开关置于"断开"位置；合上系统电源开关和线路开关 QF1，QF3，检查系统电压是否接近额定值；合上原动机开关，按调速器"停机/开机"按钮使调速器启动，根据选择的调速器工作方式，采用手动调节或自动调节启动电动机到额定转速；根据选择的励磁方式及励磁调节器控制方式的不同，采用手动调节或励磁调节器自动调节将发电机电压建压到与系统电压相等。

2）手动准同期实验。满足准同期并列条件合闸，手动准同期实验需要将"同期方式"转换开关置"手动"位置。在这种情况下，要满足并列条件，需要手动调节发电机电压、频率，直至电压差、频差在允许范围内，相角差在零度前某一合适位置时，手动操作合闸按钮进行合闸。实验过程如下：①观察微机准同期控制器上显示的发电机电压和系统电压，如果不满足压差要求则操作微机励磁调节器上的"增磁"或"减磁"按钮进行调压，直至"压差闭锁"灯熄灭；②观察微机准同期控制器上显示的发电机频率和系统频率，如果不满足频差要求则操作微机调速器上的"增速"或"减速"按钮进行调速，直至"频差闭锁"灯熄灭；③当压差、频差均满足条件后，观察整步表上旋转灯位置，当旋转至 0°位置前某一合适时刻合闸，观察合闸时的冲击电流。

偏离准同期并列条件合闸（本实验项目只限于实验室进行，不能在电厂机组上使用！），实验分别在单独一种并列条件不满足的情况下合闸，记录功率表冲击情况。实验过程如下：①电压差和相角差条件满足，频率差不满足条件时（包括发电机频率大于、小于电网频率两种情况，注意频率差不要大于 0.5Hz）手动合闸，观察并记录实验台上有功功率表和无功功率表指针偏转方向及偏转量，观察冲击电流的大小；②频率差和相角差条件满足，电压差不满足条件时（包括发电机端电压大于、小于电网电压两种情况，注意电压差不要大于额定电压的 10%）手动合闸，观察并记录实验台上有功功率表和无功功率表指针偏转方向及偏转量，观察冲击电流的大小；③频率差和电压差条件满足，相角差不满足条件时（包括发电机电势相位超前、滞后电网电压相位两种情况，注意相角差不要大于30°），观察并记录实验台上有功功率表和无功功率表指针偏转方向及偏转量，观察冲击电流的大小。

电力系统自动化综合试验
微课：同步发电机准
同期并列试验（1）

电力系统自动化综合试验
微课：同步发电机准
同期并列试验（2）

3）半自动准同期实验和全自动准同期实验。将"同期方式"转换开关置于"半自动"或"全自动"位置，按下准同期控制器上的"同期"按钮即向准同期控制器发出同期并列命令，此时，同期命令指示灯亮，微机正常灯闪烁加快。采用半自动同期方式时，准同期控制器将给出相应操作指示信息，运行人员可以按指示进行相应操作。当压差、频差满足条件后，整步表上旋转灯光旋转至接近 0°位置时，准同期控制器会自动发出合闸命令，"合闸出口"灯亮，随后并网开关灯亮，表示已经成功合闸。采用自动同期方式时，微机准同期控制器将自动进行均压、均频控制并检测合闸条件，一旦合闸条件满足即发出合闸命令。

2. 励磁控制系统实验

（1）实验原理。

图 10 - 30 给出了励磁控制系统接线，通过励磁开关（KM5、KM6）切换可以选择微机他励方式和微机自并励方式：当三相全控整流桥的交流输入电源取自发电机机端时，构成自并励励磁系统；当交流输入电源取自 380V 市电时，构成他励励磁系统。这两种励磁方式的全控整流桥均由微机励磁调节器控制。微机励磁调节器有恒 U_F、恒 I_L、恒 α、恒 Q 四种控制方式，其中恒 α 方式是一种开环控制方式，只限于他励方式下使用。如果选择了手动励磁方式，则励磁调节器和全控整流桥将被可调变压器和不控整流桥取代，进行手动励磁调节。

同步发电机并入电力系统之前，励磁调节器能维持机端电压在给定水平。当操作励磁调节器的增/减磁按钮，可以升高或降低发电机电压；当发电机并网运行时，操作增/减磁按钮，可以增加或减少发电机的无功输出，其机端电压按调差特性曲线变化。发电机正常运行时，三相全控桥处于整流状态，控制角 α 小于 90°；当正常停机或事故停机时，励磁调节器使控制角 α 大于 90°实现逆变灭磁。此外，试验平台设置了电阻灭磁回路，如图 10 - 30 所示，RM 为灭磁电阻，KM2 为灭磁开关。除了正常的励磁控制功能，励磁调机器也集成了电力系统稳定器 PSS、强励、励磁限制（过励限制器、欠励限制器）等辅助功能。

（2）实验内容。

1）同步发电机启励实验。发电机自动启励建压，整个启励过程由机组转速控制，无需人工干预，这就是发电厂机组的正常起励方式。操作步骤如下：①将"励磁方式开关"切到"微机自励"方式，投入"励磁开关"；②按下"恒 U_F"按钮选择恒 U_F 控制方式，此时恒 U_F 指示灯亮；③使调节器操作面板上的"灭磁"按钮为弹起松开状态（注意，此时灭磁指示灯仍然是亮的）；④启动机组；⑤注意观察，当发电机转速接近额定时（频率≥47Hz），灭磁灯自动熄灭，同理，发电机停机时，也可由转速控制逆变灭磁。

同步发电机励磁
控制实验微课：
同步发电机自
动启励实验

改变系统电压，重复启励（无需停机、开机，只需灭磁、解除灭磁），观察记录发电机电压的跟踪精度和有效跟踪范围以及在有效跟踪范围外起励的稳定电压。

同步发电机的启励有恒 U_F 方式起励，恒 α 方式起励和恒 I_L 方式起励三种。其中，除了恒 α 方式启励只能在他励方式下有效外，其余两种方式起励都可以分别在他励和自并励两种励磁方式下进行。

恒 U_F 方式启励，现代励磁调节器通常有设定电压起励和跟踪系统电压启励的两种启励方式。设定电压启励，是指电压设定值由运行人员手动设定，启励后的发电机电压稳定在手动设定的电压水平上；跟踪系统电压启励，是指电压设定值自动跟踪系统电压，人工不能干预，启励后的发电机电压稳定在与系统电压相同的电压水平上，有效跟踪范围为

85％～115％额定电压；跟踪系统电压启励方式是发电机正常发电运行默认的启励方式，而设定电压启励方式通常用于励磁系统的调试试验。

同步发电机励磁
控制实验微课：
不同控制方式
启励实验

恒 I_L 方式启励，也是一种用于试验的启励方式，其设定值由程序自动设定，人工不能干预，启励后的发电机电压一般为 20％额定电压左右；恒 α 方式启励只适用于他励励磁方式，可以做到从零电压或残压开始由人工调节逐渐增加励磁，完成启励建压任务。

同步发电机励磁
控制实验微课：
灭磁实验

2）灭磁实验。灭磁是励磁系统保护不可或缺的功能，灭磁只能在同步发电机非并网运行状态下进行（发电机并网状态下灭磁会导致失去同步，产生过电压危及转子绝缘）。灭磁实验包括逆变灭磁实验和电阻灭磁实验，实验过程如下：①选择"微机自励"励磁方式或者"微机他励"励磁方式，采用恒 U_F 控制方式；②起动机组启励建压、增磁，使同步发电机进入空载额定运行状态；③如果按下励磁调机器上的"灭磁"按钮，灭磁指示灯亮，发电机执行逆变灭磁，如果直接按下"励磁开关"绿色按钮，则会跳开励磁开关并同时接入电阻灭磁回路。在这两种灭磁方式下，分别注意观察表和励磁电压表的变化以及励磁电压波形的变化。

同步发电机励磁
控制实验微课：
强励实验

3）强励实验。在并网运行时，通过设置单相接地和两相相间短路故障可观察强励过程。实验过程如下：①选择"微机自励"励磁方式或者"微机他励"励磁方式，采用恒 U_F 控制方式；②启动机组起励建压，满足条件后并网；③在发电机有功功率和无功功率输出为 50％额定负荷时，进行单相接地和相间短路实验，观察发电机端电压、励磁电流、励磁电压变化情况。

同步发电机励磁
控制实验微课：
欠励实验

4）欠励实验。欠励限制是通过欠励限制器实现的，其原理是根据给定的欠励限制方程和当前有功功率 P 计算对应的无功功率下限 $Q_{min}=aP+b$，将当前无功功率 Q 与 Q_{min} 相比，若 $Q_{min}<Q$ 欠励限制器不动作；若 $Q_{min}>Q$ 欠励限制器动作，自动增加无功输出以满足 $Q_{min}<Q$。实验过程如下：①选择"微机自励"励磁方式或者"微机他励"励磁方式，采用恒 U_F 控制方式；②启动机组起励建压，满足条件后并网；③调节有功功率输出分别为 0、50％、100％的额定功率，通过减小励磁电流或升高系统电压方式使发电机进相运行，直到欠励限制器动作（励磁调节器面板上的欠励限制指示灯亮），记录此时的有功功率和无功功率，绘出欠励限制曲线 $P=f(Q)$。

5）PSS实验。微机励磁调节器中集成了 PSS，可通过实验测试 PSS 的作用。实验过程如下：①选择"微机自励"励磁方式或者"微机他励"励磁方式，采用恒 U_F 控制方式；②启动机组起励建压，满足条件后并网；③在不投入 PSS 的条件下，增加发电机有功输出，直到系统开始振荡或失步，记录此时的机端电压、有功功率、功角；④投入 PSS 的条件下，增加发电机有功输出，直到系统开始振荡或失步，记录此时的机端电压、有功功率、功角；⑤比较 PSS 投入和 PSS 不投入两种情况下功率极限和功角极限的差异，验证 PSS 抑制振荡的作用。

同步发电机励磁
控制实验微课：
PSS实验

6）停机灭磁实验。发电机解列后，直接控制调速器停机，励磁调节器在转速下降到43HZ以下时自动进行逆变灭磁。待机组停稳，断开原动机开关，跳开励磁和线路等开关，切除操作电源总开关。

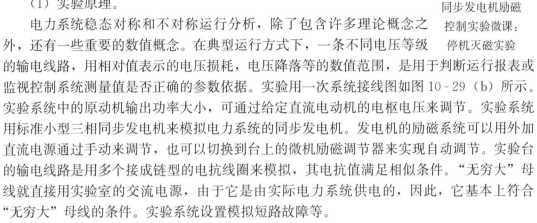

同步发电机励磁
控制实验微课：
停机灭磁实验

3.电力系统系统稳态运行方式实验

（1）实验原理。

电力系统稳态对称和不对称运行分析，除了包含许多理论概念之外，还有一些重要的数值概念。在典型运行方式下，一条不同电压等级的输电线路，用相对值表示的电压损耗，电压降落等的数值范围，是用于判断运行报表或监视控制系统测量值是否正确的参数依据。实验用一次系统接线图如图10-29（b）所示。实验系统中的原动机输出功率大小，可通过给定直流电动机的电枢电压来调节。实验系统用标准小型三相同步发电机来模拟电力系统的同步发电机。发电机的励磁系统可以用外加直流电源通过手动来调节，也可以切换到台上的微机励磁调节器来实现自动调节。实验台的输电线路是用多个接成链型的电抗线圈来模拟，其电抗值满足相似条件。"无穷大"母线就直接用实验室的交流电源，由于它是由实际电力系统供电的，因此，它基本上符合"无穷大"母线的条件。实验系统设置模拟短路故障等。

（2）实验内容。

1）单回路稳态对称运行实验。在实验中，原动机采用手动模拟方式开机，励磁采用手动励磁方式，然后启机、建压、并网后调整发电机电压和原动机功率，使输电系统处于不同的运行状态（输送功率的大小，线路首、末端电压的差别等），观察记录线路首、末端的测量表计值及线路开关站的电压值，计算、分析、比较运行状态不同时，运行参数变化的特点及数值范围，为电压损耗、电压降落、沿线电压变化、两端无功功率的方向（根据沿线电压大小比较判断）等。

2）双回路对称运行与单回路对称运行比较实验。按实验①的方法进行实验②的操作，只是将原来的单回线路改成双回路运行。将实验①的结果与实验②进行比较和分析。

3）单回路稳态非全相运行实验。确定实现非全相运行的接线方式，断开一相时，与单回路稳态对称运行时相同的输送功率下比较其运行状态的变化。具体操作方法如下：①首先按双回路对称运行的接线方式；②输送功率按实验1）中单回路稳态对称运行的输送功率值一样；③微机保护定值整定：动作时间0秒，重合闸关闭；④在故障单元，选择单相故障相，整定故障时间为$0''<t<100''$；⑤进行单相短路故障，此时微机保护切除故障相，跳开QF1、QF3开关，即只有一回线路的两相在运行。观察此状态下的三相电流、电压值与实验1）进行比较。

电力系统自动化综合试验
微课：单机—无穷大系统
稳态运行方式试验（1）

电力系统自动化综合试验
微课：单机—无穷大系统
稳态运行方式试验（2）

4. 电力系统稳定实验

（1）实验原理。

电力系统稳定性包括小扰动下的静态稳定和大扰动下的暂态稳定性。电力系统稳定性取决于同步发电机的功率特性，以隐极式同步发电机为例，单机无穷大电力系统的功率特性方程为

$$P_E = \frac{E_q U}{X_\Sigma} \sin\delta \tag{10-15}$$

式中：E_q 为发电机空载电动势；U 为系统母线电压；X_Σ 为发电机空载电动势与系统母线之间的阻抗和（包括发电机阻抗、变压和线路阻抗）；δ 为发电机功角。

同步发电机极限功率为

$$P_{EM} = \frac{E_q U}{X_\Sigma} \tag{10-16}$$

静态稳定性的分析方法包括 $dP_E/d\delta$ 法、小干扰分析法，暂态稳定性的分析方法一般采用等面积准则。在实验中一般选用极限功率、（故障）极限切除时间 $T_{Critical}$ 分别作为评估静态稳定和暂态稳定水平的指标。利用电力系统综合自动化试验台，可以通过对励磁方式、输电线路联络阻抗、故障类型以及微机保护的配置，开展电力系统稳定性影响因素及改善措施等实验。

（2）电力系统静态稳定实验内容。

电力系统自动化综合试验
微课：电力系统功率特性
和功率极限试验（1）

电力系统自动化综合试验
微课：电力系统功率特性
和功率极限试验（2）

1）励磁方式对静态稳定影响实验。通过实验测定无励磁调节、手动励磁调节、自动励磁调节三种情况下发电机的极限功率，可以验证不同励磁方式对静态稳定性的影响。实验过程如下：①选择励磁方式，对于前两种情况选用手动励磁方式，第三种情况选用"微机自并励"或者"微机他励"励磁方式，并且励磁调节器设置为恒 U_L 控制方式；②启动机组并起励建压，满足条件后并网；③逐步调节原动机功率增加发电机输出有功功率，第一种情况不调节发电机励磁，第二种情况手动调节励磁保持发电机端电压恒定，第三种情况无需干预，励磁调节器自动调节发电机端电压；④通过实验，记录三种情况下的极限功率，比较不同励磁方式对电力系统静态稳定的影响。

2）网络结构对静态稳定影响实验。通过实验测定不同输电线路联络阻抗下发电机的极限功率，可以验证网络结构对静态稳定的影响。实验过程如下：①在固定某种励磁方式条件下（例如采用"微机他励"励磁方式及恒 U_F 控制方式），输电线路分别选择单回路和双回路；②启动机组并起励建压，满足条件后并网；③逐步调节原动机功率增加发电机输出有功功率，分别测定两种输电回路下的极限功率，比较不同网络结构对电力系统静态稳定的影响。

（3）电力系统暂态稳定实验内容。

电力系统自动化综合
试验微课：电力系统
暂态稳定试验（1）　　　电力系统自动化综合
试验微课：电力系统
暂态稳定试验（2）　　　电力系统自动化综合
试验微课：电力系统
暂态稳定试验（3）　　　电力系统自动化综合
试验微课：电力系统
暂态稳定试验（4）

1）强励对暂态稳定影响实验。通过设置微机励磁调节器的控制方式，可以验证强行励磁对提高暂态稳定性的作用：如采用恒 α 控制方式，无强行励磁功能；采用恒 U_L 控制方式，则具备强行励磁功能。实验过程如：①选择"微机他励"励磁方式，分别采用恒 α 控制方式、恒 U_F 控制方式；②启动机组并起励建压，满足条件后并网；③调节发电机输出功率至额定功率的一半；④在输电线路上设置故障类型及故障时间，在微机保护装置进行保护整定（一开始可设置比较小的动作延时）；⑤触发故障进行实验，观察系统运行的稳定性；⑥通过逐步增加保护动作延时时间反复实验，直到系统失去稳定，得到极限切除时间，验证强励对暂态稳定性的提升作用。

2）自动重合闸对暂态稳定影响实验。试验台的微机保护装置具有自动重合闸功能，可以验证自动重合闸对提高暂态稳定性的作用。实验过程如下：①选择"微机自励"励磁方式或者"微机他励"励磁方式，采用恒 U_F 控制方式；②启动机组起励建压，满足条件后并网；③调节发电机输出功率至额定功率的一半；④在输电线路上设置单相接地故障，整定保护动作时间，屏蔽自动重合闸功能；⑤用前述逐步增加保护动作延时反复实验的方法得到极限切除时间；⑥开放自动重合闸功能并设置重合闸时间，重新通过反复实验得到极限切除时间，通过对比，验证重合闸对提高暂态稳定性的作用。

5. 复杂电力系统调度运行实验

（1）实验原理。

电力系统自动化综合试验
微课：复杂电力系统
运行方式试验（1）　　　　　电力系统自动化综合试验
微课：复杂电力系统
运行方式试验（2）

复杂电力系统是通过一台电力系统微机监控试验台与多台电力系统综合自动化试验台联合构成的实验系统实现物理仿真，其中电力系统微机监控试验台相当于实际电力系统调度通信中心，同时也实现了对复杂电力网络和负荷的物理仿真，电力系统综合自动化试验台相当于实际电力系统中发电厂，整个实验系统模拟的复杂电力系统如图 10 - 31（b）所示。该实验系统采用分层分布式结构，上位机（调度主站）和现地控制单元（LCU）之间采用通信网络相联，对于实际各厂站来说 LCU 就是厂站 RTU，而在试验系统中，LCU 的功能直接由电力系统综合自动化试验台中的微机励磁调节器、微机调速器、准同期控制器以及电力系统微机监控试验台中的智能仪表和控制执行单元（PLC）实现。主站与LCU之间通过通信网络实现电力系统自动化的"四遥"及SCADA等功能，并且在主站软件支持下实现复杂电力系统的调度运行。借助电力系统微机监控试验台与电力系统综合自动化试验台构成的实验系统，可完成四遥技术、频率与有功功率调整、电压与无功功率调整、调度运行、潮流控制、多机系统稳定等实验内容。

（2）实验内容。

1）网络结构变化对系统潮流影响实验。在相同的运行条件下，即各发电机的运行参数保持不变，通过LCU执行遥控功能改变网络结构，观察系统中运行参数的变化，验证网络变化对潮流的影响。实验过程如下：①启机，构建如图10-31（b）所示的复杂电力系统，系统环网运行，负荷都投入；②开环运行，切除XL_C线路，QF_D，QF_E打开，系统由环网运行转为开环运行，观察潮流变化情况；③保持环网运行，但双回线改为单回线，观察潮流变化情况。

2）负荷或电源投切对系统潮流影响实验。通过LCU执行调度中心下发的遥控功能实现负荷或电源的投切，可改变系统的潮流及运行方式。实验过程如下：①启机，构建如图10-31（b）所示的复杂电力系统，系统环网运行，其他负荷都投入，只有地方负荷B不投入；②投入负荷B，观察潮流变化情况；③切除发电机D，观察潮流变化情况。

3）发电机出力调节对系统潮流影响实验。通过LCU执行调度中心下发的遥调功能实现发电机输出有功功率和无功功率的调节，可改变系统的潮流及运行方式。实验过程如下：①启机，构建如图10-31（b）所示的复杂电力系统，系统环网运行，其他负荷都投入；②调节发电机A的有功功率，观察潮流变化情况；③调节发电机D的无功功率，观察潮流变化情况。

第四节　电力系统虚拟仿真

除了上电力系统数字仿真和物理仿真技术以外，为了发挥两者各自优势，还出现了以某种模式将数字仿真和物理仿真进行融合的仿真技术。第一种是数字—物理混合仿真，又称为电力系统数模混合仿真或者硬件在环（HIL）仿真，它是在电力系统实时数字仿真的基础上，接入实际物理装置（如实际控制器）构成数字—物理混合仿真系统的一种研究方法。其优点是综合了数字仿真和物理仿真的特点，可开展从电磁暂态到机电暂态的全过程实时仿真，比数字仿真更加接近实际。第二种是虚拟仿真技术，它利用虚拟现实技术再现物理实验台的外观、结构，同时利用计算机数字仿真技术模拟物理仿真的原理、流程。简言之，虚拟仿真可以看成一种以物理仿真场景方式进行展现的数字仿真技术。虚拟仿真的优点是可以多视角生动形象地展示仪器设备，并能模拟真实物理仿真的流程和操作方法，直观展示实验中的各种数据和状态，供实验人员观察和记录实验结果。虚拟仿真技术充分发挥了物理仿真的真实直观性和数字仿真的低成本灵活性的特点，在教学和培训中具有广阔的应用前景。本节将以华北电力大学开发电力系统虚拟仿真实验教学平台为例，介绍虚拟仿真实验环境和操作方法。

一、电力系统虚拟仿真实验平台

华北电力大学电力系统虚拟仿真实验平台（以下简称虚拟实验平台）是由华北电力大

学电力系统自动化教研团队开发的虚拟教学平台。该平台利用信息化的重要技术，构建高度仿真的实验模型，使学生可在网络终端开展电力系统自动化实验，达到教学大纲所要求的教学效果。图 10-32 为平台主界面，可以选择实验内容，目前可以开展的实验内容包括发电机组并网、潮流分析和功率调节、稳态不对称运行、发电机组解列。图 10-33 为虚拟仿真实验场景，其中图（a）为模拟实验环境中的发电机并网控制实验平台，包括低压配电柜、发变电保护柜、发电机同期柜、本地监视控制柜、励磁功率单元柜和励磁调节器柜，图（b）、图（c）分别为模拟水电站的内部场景和外部场景。

图 10-32　虚拟实验平台程序主界面

虚拟实验平台具有以下特点。

（1）情景融合性好。学生在平台进行虚拟实验时，能够深入体验操作流程，充分置身于与实际相近的环境之中。例如启动水轮发电机组时可清晰观察水轮机水流涌入和发电机的传动细节，操作开关柜时柜门的开合以及各种按钮、旋钮的开闭等也让学生身临其境。

（2）电力设施还原度高。本实验平台高度还原电力工区以及区内设备，让学生在虚拟条件下也能真实感受电力系统各环节实际运行环境。例如在发电机并网实验中同学们可观看到主要的操作控制柜以及水电站内外环境，如图 10-33 所示。

（3）平台承载数据量大。在实验过程中，用户操作后，实验平台可以快速得到各节点支路的电压、电流、功率的实时数值，并展示在界面中，便于学生观测总结规律。

（4）交互性好。教师可以在平台上向学生布置学习任务，学生按步骤完成任务后进行提交，系统可自动为其打分作为参考，实现了教师端—平台—学生端的良好交互。

二、电力系统虚拟仿真实验方法

电力系统虚拟仿真实验平台采用网址链接访问方式，开展虚拟仿真实验之前需要首先登录系统，图 10-34（a）为电力系统虚拟仿真实验登录页面，输入账号、密码和验证码后就进入实验平台，如图 10-34（b）所示。点击"启动实验"，系统进入加载页面，进行数据和实验环境的加载，如图 10-35 所示。

系统加载完成后，进入图 10-36 所示的程序主界面，在该页面上选择实验内容：目前

(a)

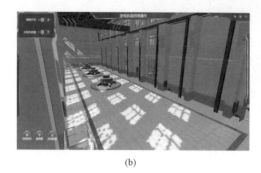

(b)

(c)

图 10-33　虚拟仿真实验平台中的虚拟仿真实验场景

（a）发电机并网控制平台；（b）水电站厂房内部；（c）水电站外部

(a)

(b)

图 10-34　虚拟仿真实验平台登录页面

（a）登录前页面；（b）登录后页面

可以选择的实验有"发电机组并网""潮流分析和功率调节""稳态不对称运行"以及"发电机组解列"。以"潮流分析和功率调节"实验为例，图 10-36 为实验主界面，界面主区域展示实验系统接线，可以动态显示系统运行参数状态并能进行实验操作。界面边缘区域展示系统的主要参数和实验步骤提示，并且在实验操作过程中还会跳出相应的虚拟操作场景，增加实验的直观性和真实感。界面右上角有三个按钮，分别是"实验成绩""操作说明""返回"。点击"操作说明"获得实验操作方法指导，点击"实验成绩"，可以进入实验得分统计模块，查看本次实验各环节的完成及得分情况，如图 10-37 所示。点击"返回"，可以结束本次实验，返回平台主界面。

图 10-35 虚拟实验平台加载页面

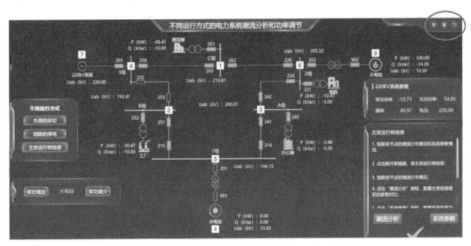

图 10-36 "潮流分析和功率调节"虚拟实验主界面

图 10-37 虚拟实验平台成绩统计模块

习题与思考题

10-1　电力系统仿真与实验的基本技术包括哪些？各自的原理和特点有何区别？

10-2　电力系统数字仿真中采用的经典数值积分算法包括哪些？

10-3　相似理论的第一定理、第二定理、第三定理分别为电力系统物理模拟提供了什么理论依据？

10-4　电力系统数字仿真的类型和主要商用仿真程序包括哪些？

10-5　电力系统电磁暂态仿真和机电暂态仿真的区别是什么？

10-6　简述电力系统自动化试验平台的组成以及基于该平台可开展的实验内容。

10-7　简述 WDT-ⅢC 电力系统综合自动化试验台中微机励磁调节器有哪些控制方式和励磁方式。

10-8　简述数字仿真和物理仿真进行融合方式，说明电力系统虚拟仿真技术和数字—物理混合仿真技术的区别。

附录　仿真算例——六机二十三节点系统潮流计算

1. 算例原型

以某六机二十三节点系统为例进行潮流计算，系统接线及电子数据表如附图 1 所示。

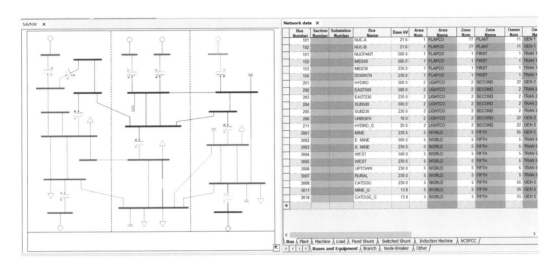

附图 1　六机二十三节点系统接线图与电子数据表

2. 选择解法器

选择"Power Flow→Solution→Solve（NSOLPNSL/FDNS/SOLV/MSLV）"菜单，打开解法器选择对话框，如附图 2 所示。对话框中包含两个标签，第一个标签"Newton"，在该面板上包含固定斜率的解耦法、牛顿拉夫逊法和 PQ 解耦法三个解法器；还有区域交换功率控制、求解选项、分接头调整和无功功率约束等。第二个标签"Gauss"，面板上包含两个解法器：高斯赛德尔法和修正高斯赛德尔法，另外还有区域交换功率控制、求解选项。本算例选择固定斜率的解耦法。

3. 仿真结果

发电机母线 101、102 电压基准值取 $U_B=21.6\text{kV}$，设置电压幅值为 1.02p. u.，有功输出功率 $P=750\text{MW}$；发电机母线 206 电压基准值取 $U_B=18\text{kV}$，设置电压幅值为 0.98p. u.，有功输出功率 $P=800\text{MW}$；发电机母线 211 电压基准值取 $U_B=20\text{kV}$，设置电压幅值为 1.04p. u.，有功输出功率 $P=600\text{MW}$；发电机母线 3018 电压基准值取 $U_B=13.8\text{kV}$，设置电压幅值为 1.02p. u.，有功输出功率 $P=100\text{MW}$。设置 5 个 PV 节点，17 个 PQ 节点，其中 8 条母线上带有负荷发电机母线 3011 设为系统平衡节点，设置电压幅值为 1.04p. u.，电压参考相角为 0°。进入潮流仿真界面后，在文件菜单中选择 Open 菜单，选择打开后缀为（*. sav）的数据文件，也可以选择打开后缀为（*. sld）的原理图文件，即可导入仿真数据，如附图 3 所示。该仿真模型结构如左侧原理图所示，部分母线参数如

附图 2　牛顿拉夫逊选项与高斯赛德尔选项

右侧电子数据表视图所示。运行结果可以选择 "Power Flow→Reports→Bus based reports" 菜单进行查看，部分结果数据如附图 3 所示。

```
Output Bar
          PTI INTERACTIVE POWER SYSTEM SIMULATOR--PSS(R)E        FRI, NOV 12 2021  23:21
PSS(R)E PROGRAM APPLICATION GUIDE EXAMPLE                            RATING    %MVA FOR TRANSFORMERS
BASE CASE INCLUDING SEQUENCE DATA                                  SET  1    % I  FOR NON-TRANSFORMER BRANCHES

BUS   101   NUC-A      21.600 CKT     MW     MVAR     MVA    %  1.0200PU  16.55 X--- LOSSES ---X X---- AREA -----X X---- ZONE -----X  101
    FROM GENERATION                 750.0   81.3R   754.4   84 22.032KV         MW     MVAR   1 FLAPCO           77 PLANT
    TO    151   NUCPANT   500.00  1   750.0   81.3   754.4   60 1.0000UN         1.64   74.39   1 FLAPCO            1 FIRST

BUS   102   NUC-B      21.600 CKT     MW     MVAR     MVA    %  1.0200PU  16.55 X--- LOSSES ---X X---- AREA -----X X---- ZONE -----X  102
    FROM GENERATION                 750.0   81.3R   754.4   84 22.032KV         MW     MVAR   1 FLAPCO           77 PLANT
    TO    151   NUCPANT   500.00  1   750.0   81.3   754.4   60 1.0000UN         1.64   74.39   1 FLAPCO            1 FIRST

BUS   151   NUCPANT    500.00 CKT     MW     MVAR     MVA    %  1.0119PU  10.89 X--- LOSSES ---X X---- AREA -----X X---- ZONE -----X  151
    TO SHUNT                          0.0   614.3   614.3       505.94KV         MW     MVAR   1 FLAPCO            1 FIRST
    TO    101   NUC-A     21.600  1  -748.4   -6.9   748.4   60 1.0000LK         1.64   74.39   1 FLAPCO           77 PLANT
    TO    102   NUC-B     21.600  1  -748.4   -6.9   748.4   60 1.0000LK         1.64   74.39   1 FLAPCO           77 PLANT
    TO    152   MID500    500.00  1   465.9  -167.8  495.2   41                  5.52   97.60   1 FLAPCO            1 FIRST
    TO    152   MID500    500.00  2   465.9  -167.8  495.2   41                  5.52   97.60   1 FLAPCO            1 FIRST
    TO    201   HYDRO     500.00  1   564.8  -264.9  623.8   51                  3.52   52.80   2 LIGHTCO           2 SECOND

BUS   152   MID500     500.00 CKT     MW     MVAR     MVA    %  1.0170PU  -1.12 X--- LOSSES ---X X---- AREA -----X X---- ZONE -----X  152
    TO    151   NUCPANT   500.00  1  -460.4   -94.8  470.1   39       508.49KV   MW     MVAR   1 FLAPCO            1 FIRST
    TO    151   NUCPANT   500.00  2  -460.4   -94.8  470.1   39                  5.52   97.60   1 FLAPCO            1 FIRST
    TO    153   MID230    230.00  1   740.3   297.4  797.8   32 1.0094LK         0.00   31.35   1 FLAPCO            1 FIRST
    TO    202   EAST500   500.00  1    42.5    30.9   52.5    4                  0.06    0.79   2 LIGHTCO           2 SECOND
    TO    3004  WEST      500.00  1   138.1  -138.8  195.8                       0.56    5.56   5 WORLD             5 FIFTH

BUS   153   MID230     230.00 CKT     MW     MVAR     MVA    %  0.9935PU  -3.24 X--- LOSSES ---X X---- AREA -----X X---- ZONE -----X  153
    TO LOAD-PQ                       200.0   100.0   223.6       228.50KV        MW     MVAR   1 FLAPCO            1 FIRST
    TO    152   MID500    500.00  1  -740.3  -266.1  786.6   31 1.0000UN         0.00   31.35   1 FLAPCO            1 FIRST
    TO    154   DOWNTN    230.00  1   251.7   100.9  271.2   91                  3.78   34.00   1 FLAPCO            1 FIRST
    TO    154   DOWNTN    230.00  2   209.8    80.8  224.8   75                  3.15   28.33   1 FLAPCO            1 FIRST
    TO    3006  UPTOWN    230.00  1    78.7   -15.6   80.3                       0.06    0.78   5 WORLD             5 FIFTH

Progress  Alerts/Warnings  POUT  LOUT  CHECKVOLTAGELIMITS  LOUT  POUT
```

附图 3　潮流计算结果标准报表

报表的好处在于容易统计，但如果想从直觉上来看的话，原理图显示模式更具有优势。附图 4 为原理图模式显示的计算结果。

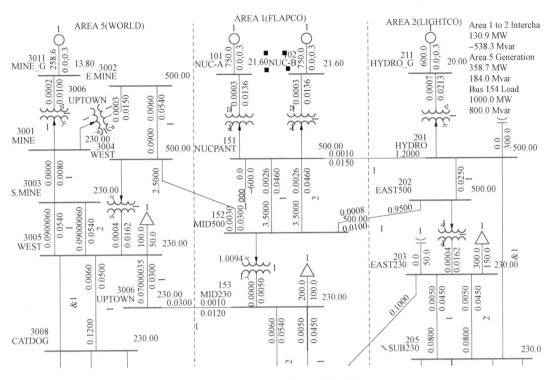

附图 4　基于原理图模式的结果

参 考 文 献

[1] 王梅义、吴竞昌、蒙定中.大电网系统技术（第二版）[M].北京：中国电力出版社，1995.

[2] 王葵，孙莹.电力系统自动化（第二版）[M].北京：中国电力出版社，2007.

[3] 李先彬.电力系统自动化（第五版）[M].北京：中国电力出版社，2007.

[4] 杨冠城.电力系统自动装置原理（第四版）[M].北京：中国电力出版社，2007.

[5] 刘东，张沛超，李晓露.面向对象的电力系统自动化[M].北京：中国电力出版社，2009.

[6] 胡刚.智能变电站实用知识问答[M].北京：电子工业出版社，2012.

[7] 耿建风.智能变电站设计与应用[M].北京：中国电力出版社，2012.

[8] 高翔.智能变电站技术[M].北京：中国电力出版社，2012.

[9] 张永健.电网监控与调度自动化（第二版）[M].北京：中国电力出版社，2007.

[10] 周凤岐，卢晓东.最优估计理论[M].北京：高等教育出版社，2009.

[11] 王士政.电网调度自动化与配网自动化技术[M].北京：中国水利水电出版社，2003.

[12] 浙江省电力公司.IEC61850在变电站中的工程应用[M].北京：中国电力出版社，2012.

[13] 高翔.数字化变电站应用技术[M].北京：中国电力出版社，2008.

[14] 罗承沐，张贵新.电子式互感器与数字化变电站[M].北京：中国电力出版社，2012.

[15] 赵琳.非线性系统滤波理论[M].北京：国防工业出版社，2012.

[16] 刘振亚.智能电网技术[M].北京：中国电力出版社，2010.

[17] 刘振亚.智能电网知识读本[M].北京：中国电力出版社，2010.

[18] 刘振亚.智能电网知识问答[M].北京：中国电力出版社，2010.

[19] 吴文传，张伯明，孙宏斌.电力系统调度自动化[M].北京：清华大学出版社，2011.

[20] 黑龙江省电力有限公司.现代电网运行与控制（上下册）[M].北京：中国电力出版社，2010.

[21] 李坚.电网运行及调度技术问答[M].北京：中国电力出版社，2004.

[22] 万千云，梁惠盈，齐立新.电力系统运行实用技术问答[M].北京：中国电力出版社，2005.

[23] 康重庆，夏清，刘梅.电力系统负荷预测[M].北京：中国电力出版社，2007.

[24] 牛东晓，曹树华.电力系统负荷预测技术及其应用[M].北京：中国电力出版社，2009.

[25] 万千云，赵智勇.万英电力系统运行技术[M].北京：中国电力出版社，2007.

[26] 李基成.现代同步发电机励磁系统设计及应用[M].北京：中国电力出版社，2009.

[27] 李金平，沈明山，姜余祥.电子系统设计（第二版）[M].北京：电子工业出版社，2012.

[28] 竺士章.发电机励磁系统试验[M].北京：中国电力出版社，2005.

[29] 王君亮.同步发电机励磁系统原理与运行维护[M].北京：中国电力出版社，2010.

[30] 江智伟.变电站自动化及其新技术[M].北京：中国电力出版社，2006.

[31] 韦钢，张永健，陆剑锋，丁会凯.电力工程概论[M].北京：中国电力出版社，2005.

[32] 夏道止.电力系统分析[M].北京：中国电力出版社，2004.

[33] 周全仁，张海.现代电网自动控制系统及其应用[M].北京：中国电力出版社，2004.

[34] 刘笙.电力系统基础[M].北京：科学出版社，2002.

[35] 熊信银，张步涵.电力系统工程基础[M].武汉：华中科技大学出版社，2003.

[36] 倪以信，陈寿孙，张宝霖.动态电力系统的理论和分析[M].北京：清华大学出版社，2002.

[37]《电力系统调频与自动发电控制》编委会.电力系统调频与自动发电控制[M].北京：中国电力出版社，2006.

［38］刘延冰，李红斌，叶国雄，王晓琪．电子式互感器原理、技术及应用［M］．科学出版社，2009.

［39］包红旗．HGIS 与数字化变电站［M］．北京：中国电力出版社，2009.

［40］张瑛，赵芳，李全意．电力系统自动装置［M］．北京：中国电力出版社，2006.

［41］郭培源．电力系统自动控制新技术［M］．北京：科学出版社，2001.

［42］陈珩．电力系统稳态分析［M］．北京：中国电力出版社，2007.

［43］刘取．电力系统稳定性及发动机励磁控制［M］．北京：中国电力出版社，2007.

［44］于尔铿，刘广一，周京阳．能量管理系统（EMS）［M］．北京：科学出版社，2001.

［45］秦永元，张洪钺，汪叔华．卡尔曼滤波与组合导航原理［M］．西安：西北工业大学出版社，2004.

［46］丁书文．变电站综合自动化技术［M］．北京：中国电力出版社，2005.

［47］李岩松．高精度自适应光学电流互感器及其稳定性研究［R］．华北电力大学博士学位论文，2004.

［48］袁荣湘．电力系统仿真技术与实验［M］．北京：中国电力出版社，2011.

［49］电力系统分析综合程序 7.0 版图模一体化平台用户手册［R］．北京：中国电力科学研究院电网数字仿真技术研究所，2008.

［50］杨德先，陆继明．电力系统综合实验——原理与指导（第 2 版）［M］．北京：机械工业出版社，2010.

［51］WDT-ⅢC 电力系统综合自动化试验台使用说明书［R］．武汉：华中科技大学武汉华大电力自动化技术有限责任公司，2008.

［52］张磊，郭莲英，丛滨．MATLAB 实用教程［M］．北京：人民邮电出版社，2014.

［53］田芳，黄彦浩，史东宇，等．电力系统仿真分析技术的发展趋势［J］．中国电机工程学报，2014.5，34（13）：2151-2163.

［54］王成山，李鹏，王立伟．电力系统电磁暂态仿真算法研究进展［J］．电力系统自动化，2009.4，33（7）：97-103.

［55］刘栋，唐绍普，胡祥楠，等．电力系统基础仿真算法对比分析研究［J］．全球能源互联网，2018.3，1（2）：137-143.

［56］岳程燕，田芳，周孝信，等．电力系统电磁暂态-机电暂态混合仿真接口原理［J］．电网技术，2006.1，30（1）：23-27.

［57］汤勇．电力系统数字技术的现状与发展［J］．电力系统自动化，2002.9，26（17）：66-70.

［58］刘其辉，李万杰．双馈风力发电及变流控制的数/模混合方案分析与设计［J］．电力系统自动化，2011.1，35（1）：83-86.

［59］糜作维，周遥，王林．电力系统仿真工具综述［J］．电气开关，2010，48（04）：8-10＋14.

［60］陈璟华，陈少华，毛晓明，等．电力系统综合自动化实验台及其教学应用［J］．中国电力教育，2012，224（1）：92-94.